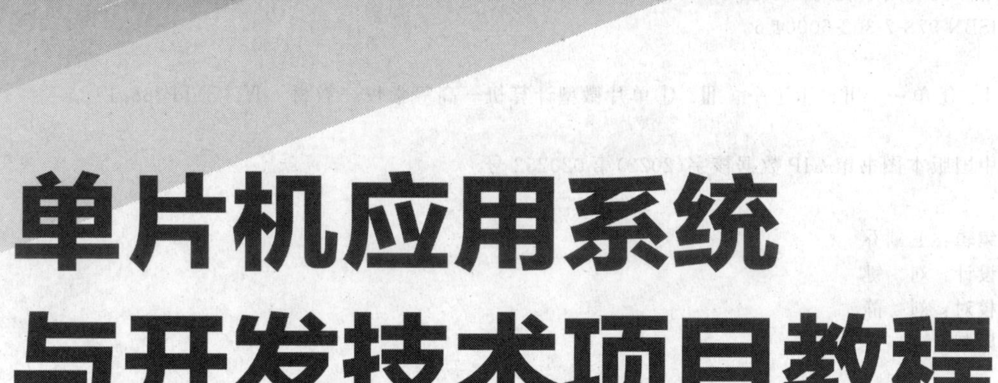

单片机应用系统与开发技术项目教程

（第2版）

丁向荣◎编著

清華大學出版社
北京

内容简介

STC15W4K32S4单片机成功纳入了著名EDA工具Proteus仿真软件元器件库中，利用Proteus 8.9 SP0版本可以真正地实施STC单片机仿真了。本书引入Proteus 8.9 SP0仿真软件，集设计、仿真与实操三位一体，采用"教、学、做"一体化教学，以单片机内部资源以及常用外围接口资源为项目导向，基于任务驱动组织教学内容，采用C语言编程，融单片机原理、单片机接口技术、电子系统设计于一体，共10个项目、30个任务、12个课题、8个附录。另外，本书还以电子版的形式提供了提高项目，可扫描书中二维码免费下载，既能满足单片机的基本教学要求，又提供给学生可持续学习的空间。

本书可作为高职（含中高三二衔接）电子信息类、电子通信类、自动化类、计算机应用类专业"单片机原理与应用"课程教材，也可作为职教本科、应用型本科相关专业"单片机应用技术"课程的教学用书。此外，本书还可作为电子设计竞赛、单片机应用工程师考证的培训教材，也是传统8051单片机应用工程师升级转型的参考书籍。

图书在版编目（CIP）数据

单片机应用系统与开发技术项目教程/丁向荣编著.—2版.—北京：清华大学出版社，2022.3
ISBN 978-7-302-60004-6

Ⅰ.①单… Ⅱ.①丁… Ⅲ.①单片微型计算机－高等学校－教材 Ⅳ.①TP368.1

中国版本图书馆CIP数据核字（2022）第020252号

责任编辑：王剑乔
封面设计：刘　键
责任校对：刘　静
责任印制：沈　露

出版发行：清华大学出版社
　　网　　址：http://www.tup.com.cn，http://www.wqbook.com
　　地　　址：北京清华大学学研大厦A座　　**邮　　编**：100084
　　社 总 机：010-83470000　　**邮　　购**：010-62786544
　　投稿与读者服务：010-62776969，c-service@tup.tsinghua.edu.cn
　　质量反馈：010-62772015，zhiliang@tup.tsinghua.edu.cn
　　课件下载：http://www.tup.com.cn，010-83470410
印 装 者：天津鑫丰华印务有限公司
经　　销：全国新华书店
开　　本：185mm×260mm　　**印　张**：22　　**字　　数**：500千字
版　　次：2017年2月第1版　　2022年4月第2版　　**印　　次**：2022年4月第1次印刷
定　　价：69.00元

产品编号：086553-01

序1
PREFACE

21世纪,全球全面进入了计算机智能控制/计算时代,而其中的一个重要方向就是以单片机为代表的嵌入式计算机控制/计算。由于适合中国工程师和学生入门的8051单片机有30多年的应用历史,绝大部分工科院校均有此专业必修课,有几十万名对该单片机十分熟悉的工程师可以相互交流开发和学习心得,有大量的经典程序和电路可以直接套用,从而大幅降低了开发风险,极大地提高了开发效率,这也是STC宏晶科技(江苏国芯科技有限公司)基于8051系列单片机产品的巨大优势。

Intel 8051技术诞生于20世纪70年代,不可避免地面临着落伍危机,如果不对其进行大规模创新,我国的单片机教学与应用就会陷入被动局面。为此,STC宏晶科技对8051单片机进行了全面的技术升级与创新,经历了STC89/90、STC10/11、STC12、STC15系列,累计上百种产品:全部采用Flash技术(可反复编程10万次以上)和ISP/IAP(在系统可编程/在应用可编程)技术;针对抗干扰进行了专门设计,超强抗干扰;进行了特别加密设计,如STC15系列现无法解密;对传统8051进行了全面提速,指令速度最快提高了24倍;大幅提高了集成度,如集成了A/D、CCP/PCA/PWM(PWM还可当D/A使用)、高速同步串行通信端口SPI、高速异步串行通信端口UART、定时器、看门狗、内部高精准时钟(±1%温飘,−40~+85℃,可彻底省掉外部昂贵的晶振)、内部高可靠复位电路(可彻底省掉外部复位电路)、大容量SRAM、大容量E^2PROM、大容量Flash程序存储器等。针对大学教学,现在的STC15系列一个单芯片就是一个仿真器,定时器改造为支持16位自动重载(学生只需学一种模式),串行口通信波特率计算改造为[系统时钟/4/(65536−重装数)],极大地简化了教学,针对实时操作系统RTOS推出了不可屏蔽的16位自动重载定时器,并且在最新的STC-ISP烧录软件中提供了大量的贴心工具,如范例程序/定时器计算器/软件延时计算器/波特率计算器/头文件/指令表/Keil仿真设置等。封装也从传统的PDIP40发展到DIP8/DIP16/DIP20/SKDIP28、SOP8/SOP16/SOP20/SOP28、TSSOP20/TSSOP28、DFN8/QFN28/QFN32/QFN48/QFN64、LQFP32/LQFP48/LQFP64S/LQFP64L,每个芯片的I/O口从6个到62个不等,价格从0.89元到5.9元不等,极大地方便了客户选型和设计。

2014年4月,STC宏晶科技重磅推出了STC15W4K32S4系列单片机,该系列单片机宽电压工作范围,无须任何转换芯片,可直接通过计算机USB接口进行ISP下载编程,集成了更多的 SRAM(4KB)、定时器 7 个(5 个普通定时器＋CCP 定时器 2)、串口(4 个)，集成了更多的高性能部件(如比较器、带死区控制的 6 路 15 位专用 PWM 等)；增加了功能强大的 STC-ISP 在线编程软件，包含了项目发布、脱机下载、RS-485 下载、程序加密后传输下载、下载需口令等功能，并已申请专利。STC15W4K32S4 一个芯片就是一个仿真器(OCD、ICE)，其成本低廉，只需人民币 5.6 元，实现一个芯片就可以仿真，再也不需要 J-Link/D-Link 了。

学校的学生单片机入门到底应该先学 32 位的好还是先学 8 位的 8051 好？我觉得还是 8 位的 8051 单片机好。因为现在大学嵌入式只有 64 个学时，甚至只有 48 个学时，学生能把 8 位的 8051 单片机学懂，今后只要给他时间，他就能触类旁通了。但如果只给 48 个学时去学 ARM，学生没有学懂，最多只能搞些函数调用，没有意义，培养不出真正的人才。所以大家反思说，还是应该先以 8 位单片机入门。C 语言要与 8051 单片机融合教学，大一第一学期就要开始学，现在有些中学的课外兴趣小组大多在学习 STC 的 8051＋C 语言。大三学有余力的学生再选修 32 位嵌入式单片机课程。

感谢 Intel 公司发明了经久不衰的 8051 体系结构，感谢英国 Lab Center Electronics 公司将 STC15W4K32S4 单片机纳入到了 Proteus 软件中，感谢丁向荣老师的新书，有机融合了 STC15W4K32S4 单片机与 Proteus 软件，集设计、仿真与实操于一体，保证了单片机教学的先进性，保证了中国 30 年来的单片机教学与世界同步，本书是 STC 大学计划推荐教材、STC 高性能单片机联合实验室上机实践指导教材、STC 杯单片机系统设计大赛参考教材、全国大学生电子设计竞赛 STC 单片机参考教材。

江苏国芯科技有限公司　姚永平

2022.2

序2

PREFACE

Proteus 仿真软件被用于全球数千所高职、大专和大学，每年为数十万名学生提供电子学、嵌入式设计和 PCB 布局的教学。

Proteus 仿真软件是基于原理图的微控制器仿真工具，已经成为嵌入式系统教学的事实标准。现在，已经支持 700 多种主流处理器芯片以及更多嵌入式外围设备和更多技术，相对于市场上的其他工具，Proteus 仍然是该领域的全球领导者。

Proteus 由于其强大的仿真引擎 Prospice、独特的微控制器模型仿真、逼真的可视化工具和世界级的 PCB 布局设计工具，被广泛应用于电子信息课程群里的入门(导论)课程、电子学基础课程、计算机硬件课程、单片机微控制课程、嵌入式系统设计课程、物联网课程和 PCB 设计课程等教学中，并成为事实上的教育标准。

单片机/微控制器仿真是 Proteus 真正引领潮流的地方。整个学习过程在软件中进行，原理图模块用作“虚拟硬件”仿真，VSM Studio IDE 模块用于程序开发和编译。可以仿真微控制器系统，如使用中断、ADC 读取数据或设置 UART 等。操作者可以随时设置断点和暂停，查看原理图上的源代码或电压电平，然后单步执行代码。可以使用寄存器窗口、变量窗口和监视窗口显示相关信息，甚至可以显示诊断信息和整个仿真的数据信息。

国产 STC51 芯片由于集成了大量外设、高性价比及高可靠性的特点，被国内各级教育机构师生广泛用于实验教学、电子竞赛和项目开发，包括丁向荣教授在内的很多老师呼吁，希望 Proteus 能增加对 STC51 的仿真模型开发，使采用 STC51 作为单片机课程主芯片的师生也能便利使用 Proteus 进行仿真教学与实训。在江苏国芯科技有限公司的大力支持下，经过数月的协作与开发，2021 年 5 月我们终于发布了包含 STC51 模型的 Proteus 8.9 汉化版。

丁向荣教授长期从事单片机的课程教学与科研，对 STC 芯片有非常娴熟的教学及应用开发实践经验，现在丁教授结合 Proteus 仿真的方法，将基于 STC51 单片机课程的教学与实验进行了重新设计和呈现，相信本书一定能以全新的方法和视角为广大师生提供帮助。

风标电子技术有限公司　匡载华

2022.3

前言

FOREWORD

在广大单片机教育工作者的呼吁下，在广州风标电子技术有限公司和江苏国芯科技有限公司的通力合作下，经过数月的协作与开发，2021 年 5 月终于发布了包含 STC15W4K32S4 单片机模型的 Proteus 8.9 汉化版。Proteus 软件真正地可以仿真 STC 单片机了，教师再也不用考虑如何向学生解释 Proteus 软件中没有 STC 单片机模型，仿真时需要选择其他单片机模型，而且不能仿真 STC 单片机接口模块的功能了。

本书第 1 版于 2017 年 2 月出版，出版以来深受兄弟院校同行的认可，作为广东省省级资源共享课程"单片机应用系统与开发技术"的配套教材，也一直与同行们保持密切的沟通与交流。本书的再版（修订）主要基于 STC15W4K32S4 单片机成功纳入著名 EDA 工具 Proteus 仿真软件中的契机，相比第 1 版做了如下调整与补充。

（1）基于 Proteus 仿真，集设计、仿真与实操三位一体，进一步强化课程的实践性与应用性。

（2）教材内容分纸质部分与电子部分，纸质部分满足"单片机原理与应用"相关课程的基本要求，电子部分满足单片机技术的可持续性学习（即提高项目，可通过扫描目录末尾处的二维码免费下载）。

（3）丰富了附录内容，主要增加了 STC15W4K32S4 单片机指令系统表、STC15W4K32S4 单片机特殊功能寄存器查询一览表以及库函数的制作方法，一是拓展单片机的可持续学习空间，二是增强单片机学习的便捷性，三是增强单片机应用系统开发的应用性。

（4）教学资源丰富，包括教学课件、习题答案、程序文件及 Proteus 仿真图等。

根据多年单片机教学经验，在学生中普遍存在这样一个问题：觉得单片机课程很重要，但觉得很难，不知道怎么学。因此，在学生学习单片机课程前要让学生明白以下三件事。

（1）学习单片机有什么用？单片机技术是现代电子系统设计的核心技术，学习单片机就是利用单片机设计一个个具有智能化、自动化功能的单片机应用系统。

（2）单片机主要学什么？学习单片机有哪些资源，以及如何使用这些资源。

（3）怎么学习单片机？单片机的学习应该分成三个方面：一是掌握一种编程语言（C 语言或者汇编语言，本书采用的是 C 语言）；二是掌握单片机应用系统的开发工具（Keil C 集成开发环境、Proteus 仿真软件以及 STC-ISP 在线编程工具）；三是学习单片机的各种资源特性与应用编程。

本书由丁向荣编著，在修订过程中，得到STC单片机创始人姚永平先生和广州风标电子技术有限公司匡载华先生的大力支持，姚永平先生担任本书的主审。本书在任务程序的仿真调试过程中得到了广州风标电子技术有限公司工程师们的支持，尤其得到汪伟捷工程师的直接帮助，在此向他们一并表示衷心的感谢。

由于编著者水平有限，书中有疏漏和不妥之处，敬请读者不吝指正。

编著者

2022.3

目录
CONTENTS

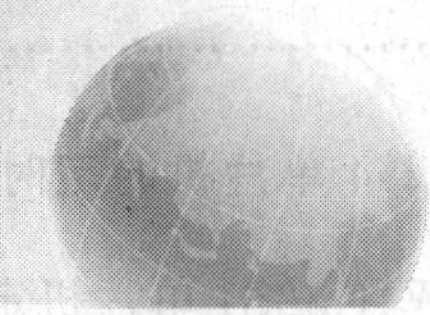

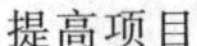

提高项目

工程文件、教学课件
和习题答案

项目  Project 1

单片机及单片机应用系统认知

本项目要达到的目标包括两个方面：一是让读者理解单片机的概念、发展历史、发展现状与应用，建立起学习兴趣；二是建立起单片机应用系统的概念，通过用 Proteus 软件进行仿真，感受单片机的作用及其在现代电子系统设计中的地位。

知识点：

- 微型计算机的基本结构与工作过程。
- 单片机与单片机应用系统的基本概念。
- Proteus 软件的基本功能。

技能点：

- 应用 Proteus 软件绘制单片机应用系统电路图。
- 应用 Proteus 软件调试单片机应用系统。

任务 1 单片机简介

任务说明

单片机实际上是微型计算机发展的一个分支，其组成与基本原理是与微型计算机一致的。本任务从微型计算机的组成及工作过程讲起，引申到单片机，学习单片机的概念、应用领域、市场状况以及发展趋势。

相关知识

一、微型计算机的基本组成

图 1-1-1 所示为微型计算机的组成框图，由中央处理单元（CPU）、存储器（ROM、

RAM）和输入/输出接口（I/O接口）以及连接它们的总线组成。微型计算机配上相应的输入/输出设备（如键盘、显示器），就构成了微型计算机系统。

1. 中央处理单元（CPU）

中央处理单元（CPU）由运算器和控制器两部分组成，是微型计算机的核心。

1）运算器

运算器由算术逻辑单元（ALU）、累加器和寄存器等几部分组成，主要负责数据的算术运算和逻辑运算。

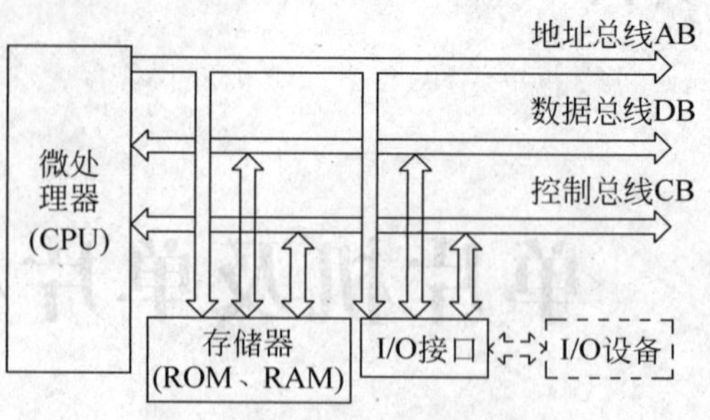

图1-1-1 微型计算机组成框图

2）控制器

控制器由程序计数器、指令寄存器、指令译码器、时序发生器和操作控制器等组成，是发布命令的“决策机构”，即协调和指挥整个微型计算机系统的操作。

2. 存储器（ROM、RAM）

通俗来讲，存储器是微型计算机的仓库，包括程序存储器和数据存储器两部分。程序存储器用于存储程序以及一些固定不变的常数和表格数据，一般由只读存储器（ROM）组成；数据存储器用于存储运算中的输入、输出数据或中间变量数据，一般由随机存取存储器（RAM）组成。

3. 输入/输出接口（I/O接口）

微型计算机的输入/输出设备简称外设，如键盘、显示器等，有高速的，也有低速的；有机电结构的，也有全电子式的。由于输入/输出设备种类繁多，且速度各异，因而它们不能直接地同高速工作的CPU相连。输入/输出接口（I/O接口）是CPU与输入/输出设备的连接桥梁，其作用相当于一个转换器，保证CPU与外设间协调工作。不同的外设需要不同的I/O接口。

4. 总线

CPU与存储器、I/O接口通过总线相连，包括地址总线、数据总线和控制总线。

1）地址总线

地址总线用于CPU寻址，其多少标志着CPU的最大寻址能力。若地址总线的根数为16，则CPU的最大寻址能力为$2^{16}=64$KB。

2）数据总线

数据总线用于CPU与外围器件（存储器、I/O接口）交换数据，数据总线的多少标志着CPU一次交换数据的能力，决定CPU的运算速度。通常所说的CPU的位数，是指数据总线的位数。例如8位机，是指该计算机的数据总线为8位。

3）控制总线

控制总线用于确定CPU与外围器件交换数据的类型，主要为读和写两种类型。

二、指令、程序与编程语言

一台完整的微型计算机由硬件和软件两部分组成，缺一不可。上面所述为微型计算机的硬件部分，是看得到、摸得着的实体部分，但微型计算机硬件只有在软件的指挥下，才能发挥其效能。微型计算机采取"存储程序"的工作方式，即事先把程序加载到计算机的存储器中，启动运行后，计算机自动地按照程序工作。

指令是规定微型计算机完成特定任务的命令，微处理器根据指令指挥与控制计算机各部分协调地工作。

程序是指令的集合，是解决某项具体任务的一组指令。在用微型计算机完成某项工作任务之前，人们必须事先将计算方法和步骤编制成由逐条指令组成的程序，并预先将它以二进制代码(机器代码)的形式存放到程序存储器中。

编程语言分为机器语言、汇编语言和高级语言。

(1) 机器语言用二进制代码表示，是机器能直接识别和执行的语言。因此，用机器语言编写的程序称为目标程序。机器语言具有灵活、直接执行和速度快的优点，但可读性、移植性以及重用性较差，编程难度较大。

(2) 汇编语言用英文助记符来描述指令，是面向机器的程序设计语言。采用汇编语言编写程序，既保持了机器语言的一致性，又增强了程序的可读性，并且降低了编写难度。但使用汇编语言编写的程序，机器不能直接识别，还要由汇编程序或者叫汇编语言编译器将其转换成机器指令。

(3) 高级语言采用自然语言描述指令功能，与微型计算机的硬件结构及指令系统无关。它有更强的表达能力，可方便地表示数据的运算和程序的控制结构，能更好地描述各种算法，而且容易学习和掌握。但高级语言编译生成的程序代码一般比用汇编程序语言设计的程序代码要长，执行的速度也慢。高级语言并不是特指的某一种具体的语言，而是包括很多编程语言，如目前流行的 Java、C、C++、C ♯、Pascal、Python、Lisp、Prolog、FoxPro、VC 等，这些语言的语法、命令格式都不相同。目前，在单片机、嵌入式系统应用编程中，主要采用 C 语言编程，具体应用中还增加了面向单片机、嵌入式系统硬件操作的语句，如 Keil C(或称为 C51)。

三、微型计算机的工作过程

微型计算机启动后，自动按照存储在程序存储器中的程序指挥计算机各部件协调地工作，完成程序指定的工作任务。

微型计算机执行程序时，是按照程序存储的顺序逐条执行指令，每条指令执行的工作过程是一样的。执行一条指令的过程分为三个阶段：取指、指令译码与执行指令。每执行完一条指令，自动转向执行下一条指令。

1. 取指

根据程序计数器中的地址，到程序存储器中取出指令代码，并送到指令寄存器中。

2. 指令译码

指令译码器对指令寄存器中的指令代码进行译码，判断出当前指令代码的工作任务。

3. 执行指令

判断出当前指令代码的任务后，控制器自动发出一系列微指令，指挥微型计算机协调地动作，完成当前指令指定的工作任务。

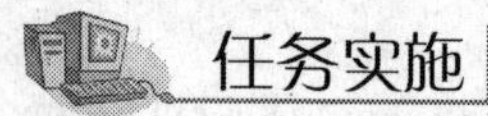

任务实施

一、单片机的概念

将微型计算机的基本组成部分(CPU、存储器、I/O 接口以及连接它们的总线)集成在一块芯片中构成的计算机，称为单片微型计算机，简称单片机。

由于单片机完全做嵌入式应用，故又称为嵌入式微控制器。根据单片机数据总线的宽度不同，主要分为 4 位机、8 位机、16 位机和 32 位机。在高端应用(图形图像处理与通信等)中，32 位机应用越来越普及；但在中、低端控制应用中，在将来较长一段时间内，8 位单片机仍是主流机种，近期推出的增强型单片机产品内部集成有高速 I/O 接口以及 ADC、DAC、PWM、WDT 等接口部件，并在低电压、低功耗、串行扩展总线、程序存储器类型、存储器容量和开发方式(在线系统编程 ISP)等方面都有较大的发展。

单片机自身是一个只能处理数字信号的装置，必须配置好相应的外围接口器件或执行器件，才是一个能完成具体任务的工作系统，称为单片机应用系统。

二、单片机的应用与发展趋势

1. 单片机的应用领域

由于单片机具有较高的性能价格比、良好的控制性能和灵活的嵌入特性，因此在各个领域里都获得了极为广泛的应用。

1）智能仪器仪表

单片机用于各种仪器仪表，提高了仪器仪表的使用功能和精度，使其智能化；同时，简化了仪器仪表的硬件结构，以便完成产品升级换代，如各种智能电气测量仪表、智能传感器等。

2）机电一体化产品

机电一体化产品是集机械技术、微电子技术、自动化技术和计算机技术于一体，具有智能化特征的各种机电产品。单片机在机电一体化产品的开发中发挥着巨大的作用，典型产品如机器人、数控机床、自动包装机、点钞机、医疗设备、打印机、传真机、复印机等。

3）实时工业控制

单片机还可以用于各种物理量的采集与控制。电流、电压、温度、液位、流量等物理参数的采集和控制均可用单片机方便地实现。在这类系统中，采用单片机作为系统控制器，可以根据被控对象的不同特征采用不同的智能算法，实现期望的控制指标，从而提高生产效率和产品质量，如电动机转速控制、温变控制与自动生产线等。

4）分布系统的前端模块

在较复杂的工业系统中，经常要采用分布式测控系统采集大量的分布参数。在这类系统中，采用单片机作为分布式系统的前端采集模块。系统具有运行可靠，数据采集方便灵活，成本低廉等一系列优点。

5）家用电器

家用电器是单片机的又一个重要应用领域，前景十分广阔，如空调器、电冰箱、洗衣机、电饭煲、高档洗浴设备、高档玩具等。

另外，在交通领域，汽车、火车、飞机、航天器等均广泛应用单片机，如汽车自动驾驶系统、航天测控系统、飞机黑匣子等。

2. 单片机的发展趋势

1970 年微型计算机研制成功之后，随着大规模集成电路的发展，出现了单片机，并且按照不同的需求，形成了系统机与单片机两个独立的分支。美国 Intel 公司 1971 年研制出 4 位单片机 4004，1972 年研制出雏形 8 位单片机 8008，特别是 1976 年 MCS-48 单片机问世，在这四十几年间，单片机经历了四次更新换代，大约每两到三年更新一代，集成度增加一倍，功能翻一番，发展速度之快、应用范围之广，达到惊人的地步。单片机已渗透到人们生产和生活的诸多领域，可谓“无孔不入”。

纵观四十多年的发展过程，单片机朝着多功能、多选择、高速度、低功耗、低价格、扩大存储容量和加强 I/O 功能及结构兼容方向发展。预计今后的发展趋势将体现在以下几个方面。

1）多功能

在单片机中，尽可能多地把应用系统所需的存储器、各种功能的 I/O 接口都集成在一块芯片内，即外围器件内装化，如把 LED、LCD 或 VFD 显示驱动器集成在单片机中。

2）高性能

为了提高速度和执行效率，使用 RISC 体系结构、并行流水线操作和 DSP 等设计技术，使单片机的指令运行速度大大提高，电磁兼容等性能明显优于同类型微处理器。

3）产品系列化

评价单片机的应用情况，根据应用系统对 I/O 接口的要求分层次配置，使单片机产品系列化，使用户在进行应用系统开发时总能选择到既满足系统功能要求，又不浪费的单片机，提高产品的性能价格比。

4）推行串行扩展总线

推行串行扩展总线可以显著减少引脚数量，简化系统结构。随着外围器件串行接口的开发，单片机的串行接口逐步普遍化、高速化，使得并行扩展接口技术日渐衰退。许多公司推出了删除并行总线的非总线单片机，当需要外扩器件（存储器、I/O 接口等）时，采用串行扩展总线，甚至用软件模拟串行总线来实现。

三、单片机市场情况

单片机市场上主要以 8 位机和 32 位机（ARM）为主。通常所说的单片机指的是 8 位机；32 位机一般称为 ARM。

1. MCS-51 系列单片机与 51 兼容机

MCS-51 系列单片机是美国 Intel 公司研发的，但该公司后来的发展重点并不在单片机上，因此市场上很难见到 Intel 公司生产的单片机。市场上更多的是以 MCS-51 系列单片机为核心和框架的 51 兼容机。它的主要生产厂家有美国 Atmel 公司、荷兰 Philips 公司、中国台湾的华邦电子股份有限公司和深圳宏晶科技。本书以国产卓越的增强型 8051 单片机——STC15 系列单片机为学习机型。

2. PIC 系列单片机

Microchip 单片机是市场份额增长较快的机型，其主要产品是 16 C 系列 8 位单片机，CPU 采用 RISC 结构，仅 33 条指令，运行速度快。Microchip 单片机没有掩膜产品，全部是

OTP 器件。Microchip 强调节约成本的最优化设计，适于用量大、档次低、价格敏感的产品。

目前，Microchip 为全球超过 65 个国家或地区的 5 万多个客户提供服务。大部分芯片有其兼容的 Flash 程序存储器的芯片，支持低电压擦写，擦写速度快，而且允许多次擦写，程序修改方便。

3. AVR 单片机

1997 年，由 Atmel 公司挪威设计中心的 A 先生与 V 先生利用 Atmel 公司的 Flash 新技术，共同研发出 RISC 精简指令集的高速 8 位单片机，简称 AVR。AVR 单片机的推出，废除了机器周期，抛弃复杂指令计算机(CISC)追求指令完备的做法；采用精简指令集，以字作为指令长度单位，将内容丰富的操作数与操作码安排在一字之中，取指周期短，又可预取指令，实现流水作业，故可高速执行指令。

AVR 单片机具有增强型的高速同/异步串口，具有硬件产生校验码、硬件检测和校验侦错、两级接收缓冲、波特率自动调整定位(接收时)、屏蔽数据帧等功能，提高了通信的可靠性，方便编写程序，更便于组成分布式网络和实现多机通信系统的复杂应用。AVR 单片机博采众长，拥有独特的技术，因此占有一定的市场份额。

任务 2　单片机应用系统的虚拟仿真

Proteus 仿真软件包括原理图设计模块(ISIS)和 PCB 制作模块(ARES)，它是一款集单片机片内资源、片外资源于一体的仿真软件，它无须单片机应用电路硬件的支持，就能进行单片机应用系统的仿真与测试。

本任务学习与实践应用 Proteus 仿真软件 ISIS 模块的基本操作方法，包括绘制电路原理图、加载用户程序并实施系统调试。一是学会 Proteus 仿真软件的操作方法，为今后调试单片机应用系统奠定基础；二是通过运行 Proteus 软件仿真单片机应用系统，建立单片机应用系统的概念，体会单片机在现代电子系统设计的作用与地位，培养学生的学习兴趣以及对单片机知识的渴望。

Proteus ISIS 是英国 Labcenter 公司开发的电路分析与实物仿真软件。它运行于 Windows 操作系统上，可以仿真、分析(SPICE)各种模拟器件和集成电路。该软件的特点如下。

1. 实现单片机仿真和 SPICE 电路仿真相结合

Proteus 具有模拟电路仿真、数字电路仿真、单片机及其外围电路组成的系统的仿真、RS-232 动态仿真、I^2C 调试器、SPI 调试器、键盘和 LCD 系统仿真的功能；拥有各种虚拟仪器，如示波器、逻辑分析仪、信号发生器等。

2. 支持主流单片机系统的仿真

目前 Proteus 支持的单片机类型有 68000 系列、8051 系列、AVR 系列、PIC12 系列、PIC16 系列、PIC18 系列、Z80 系列、HC11 系列、ARM7 以及各种外围芯片。

提示：Proteus 8.9 版本支持 STC15 系列中的 STC15W4K32S4 单片机。本书是实践部分采用仿真与实操相结合，先仿真，仿真无误后再实物验证。

3. 提供软件调试功能

在硬件仿真系统中，Proteus 具有全速、单步、设置断点等调试功能，可以观察各个变量、寄存器的当前状态，因此在该软件仿真系统中，也必须具有这些功能。

简单来说，Proteus ISIS 软件可以仿真一个完整的单片机应用系统，具体步骤如下。

(1) 新建工程：选择原理图设计。

(2) 利用 Proteus ISIS 软件绘制单片机应用系统的电路原理图。

(3) 将用 Keil C 集成开发环境编译生成的机器代码文件加载到单片机中。

(4) 运行程序，进入调试。

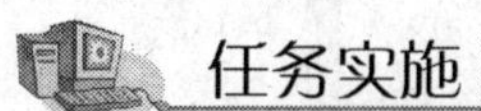

任务实施

一、单片机应用系统与程序功能

图 1-2-1 所示为 LED 流水灯控制电路，当 K1 断开时，流水灯右移；当 K1 合上时，流水灯左移。

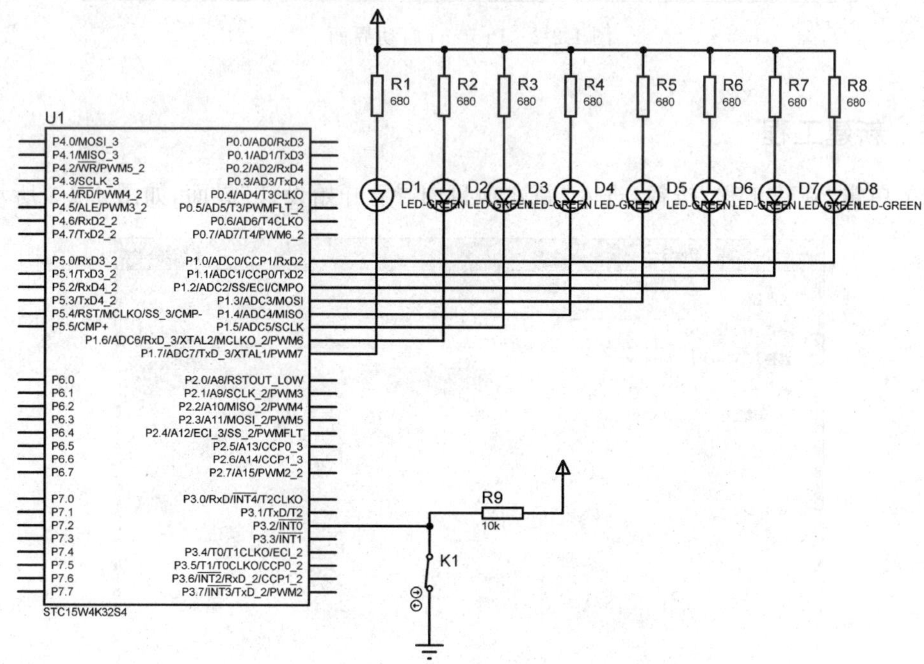

图 1-2-1　LED 流水灯控制电路

二、Proteus 的启动

双击 Proteus 软件运行图标，即可启动 Proteus 软件，如图 1-2-2 所示为 Proteus 的启动界面。

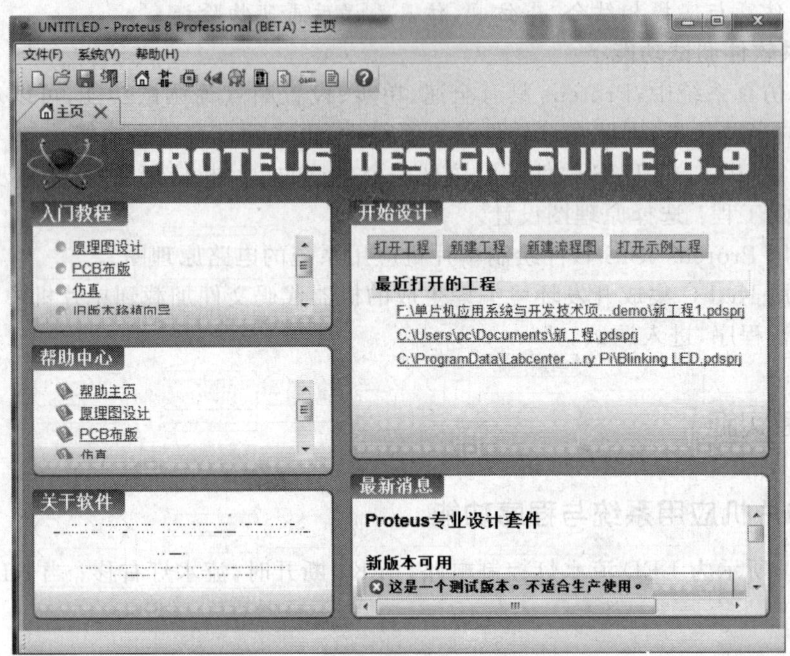

图 1-2-2 Proteus 启动界面

三、新建工程

(1) 单击“新建工程”按钮，进入“新建项目向导：开始设计”界面，如图 1-2-3 所示。

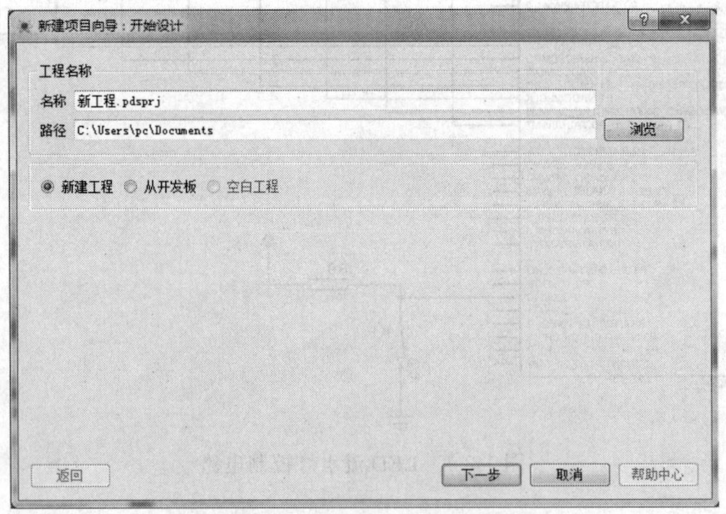

图 1-2-3 新建项目向导：开始设计

（2）在图 1-2-3 所示的“名称”文本框中输入新建的工程名，在“路径”文本框中输入新建工程存放的路径，选中“新建工程”单选按钮，如图 1-2-4 所示。

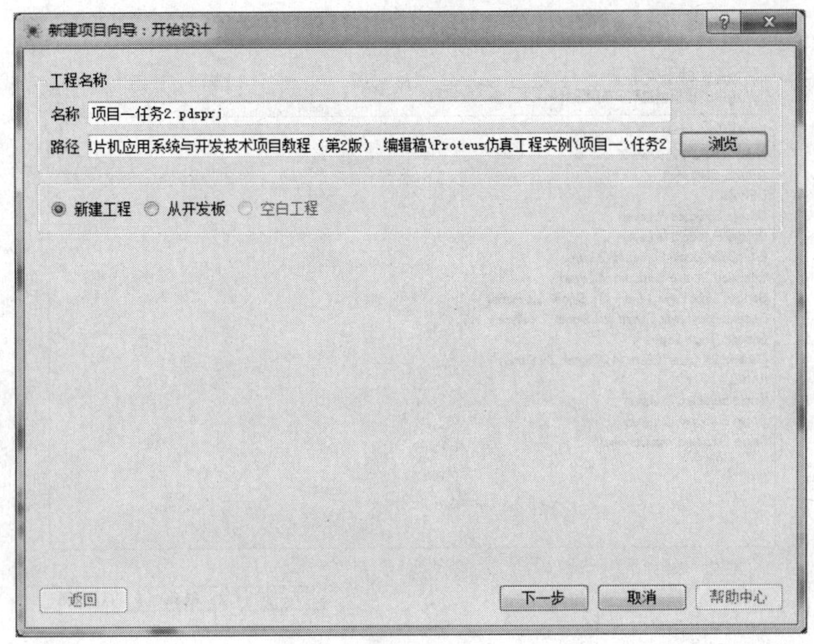

图 1-2-4　输入工程名与工程路径

（3）在图 1-2-4 中，单击“下一步”按钮，进入“新建项目向导：原理图设计”界面，如图 1-2-5 所示。选中“从选中的模版中创建原理图。”单选按钮，并在列表中选择 DEFAULT 选项。

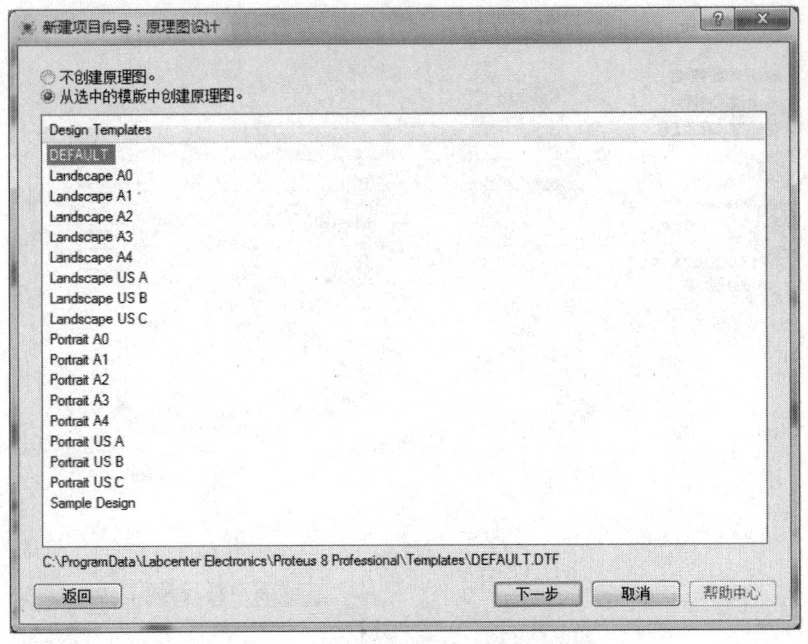

图 1-2-5　新建项目向导：原理图设计

（4）在图 1-2-5 中，单击“下一步”按钮，进入“新建项目导向：PCB 布版”界面，如图 1-2-6 所示。选中“不创建 PCB 布版设计。”单选按钮。

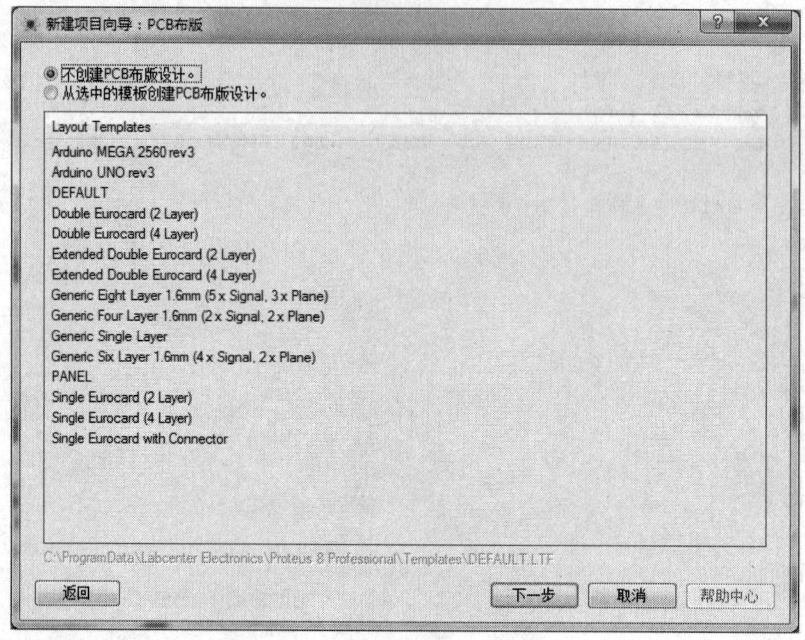

图 1-2-6　新建项目向导：PCB 布版

（5）在图 1-2-6 中，单击“下一步”按钮，进入“新建项目向导：固件”界面，如图 1-2-7 所示。选中“没有固件项目”单选按钮。

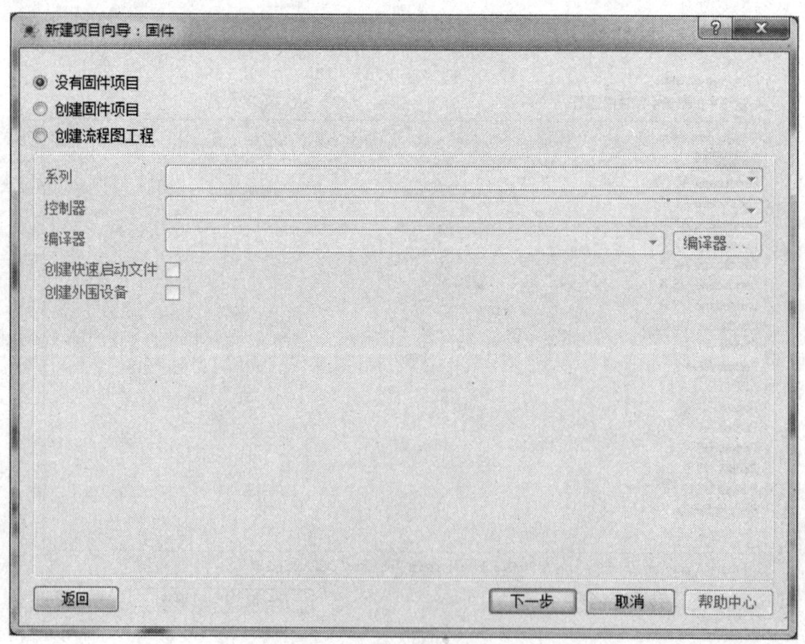

图 1-2-7　新建项目向导：固件

(6) 在图 1-2-7 中,单击"下一步"按钮,进入"新建项目向导：概要"界面,如图 1-2-8 所示。

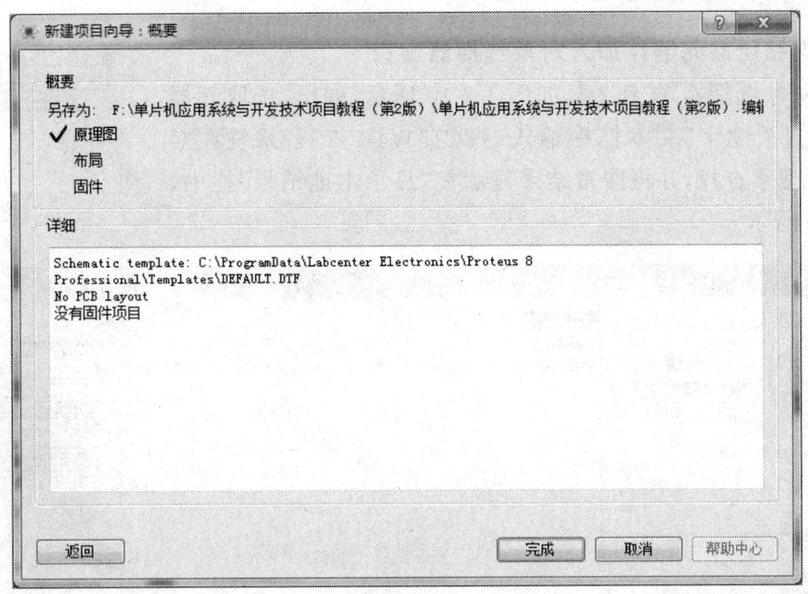

图 1-2-8　新建项目向导：概要

(7) 在图 1-2-8 中,核对新建工程信息,无误后单击"完成"按钮,即完成新建工程项目的流程,进入 Proteus 的 ISIS 界面,如图 1-2-9 所示。

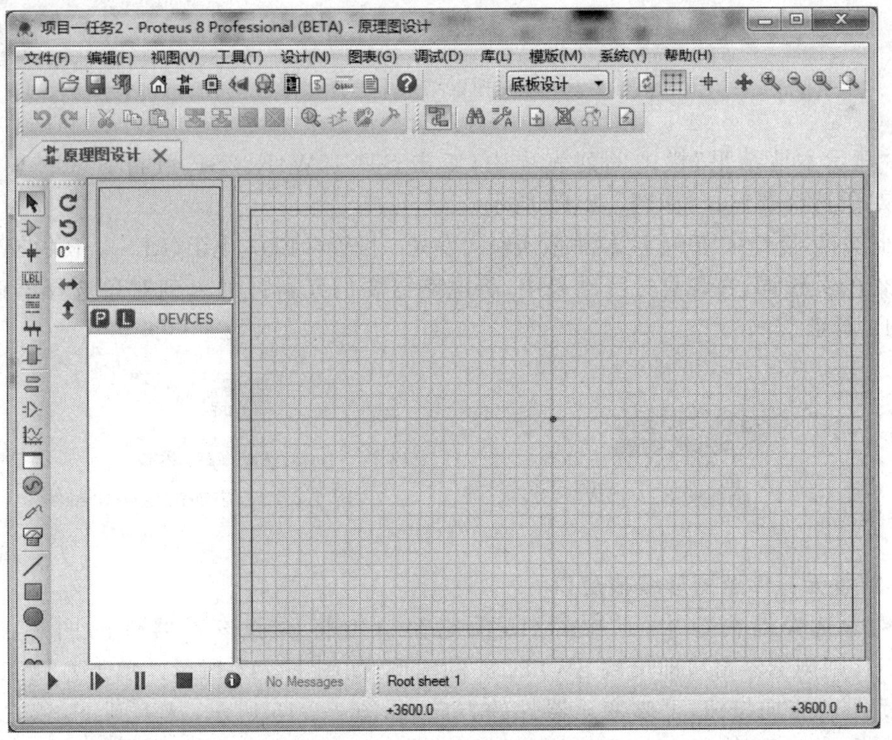

图 1-2-9　原理图设计界面

四、Proteus 绘制电路原理图

1. 将电路所需元器件加入对象选择器窗口

单击“对象选择器”按钮 P，如图 1-2-10 所示，弹出“选取元器件”页面，在“关键字”文本框中输入 STC15W4K32S4，系统在对象库中进行搜索查找，并将搜索结果显示在“显示本地结果”栏中，如图 1-2-11 所示。

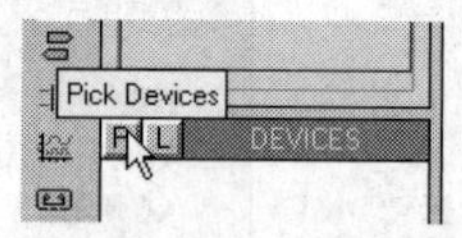

图 1-2-10　打开元器件搜索窗口

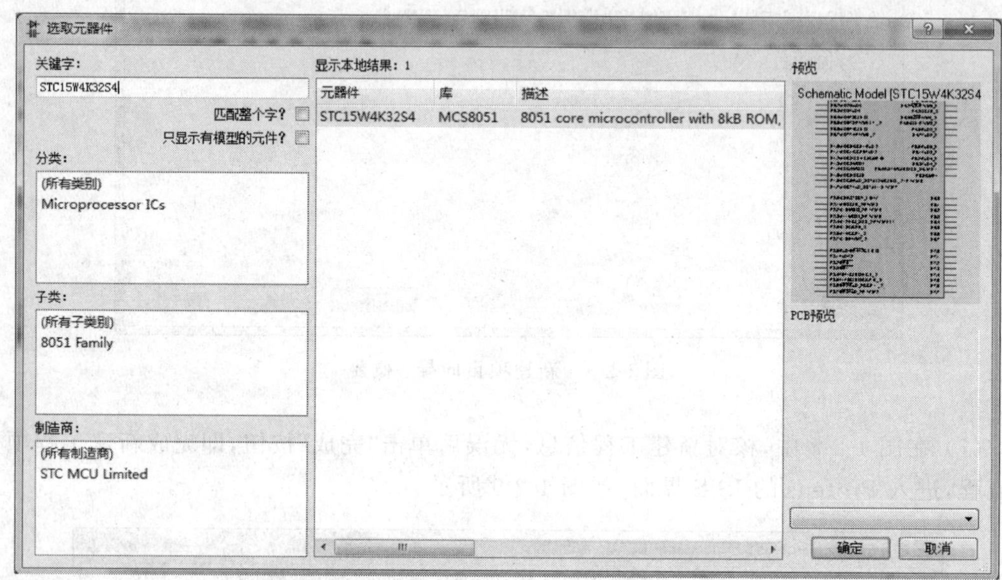

图 1-2-11　在搜索结果中选择元器件

在“显示本地结果”栏中的列表项中，双击 STC15W4K32S4，可将 STC15W4K32S4 添加至对象选择器窗口，如图 1-2-12 所示。

以此类推，接着在“关键字”栏中依次输入发光二极管(LED)、电阻(RES)、开关(SWITCH)等元器件的关键词，在各自选择结果中，将电路需要的元器件加入到对象选择器窗口，如图 1-2-13 所示。

图 1-2-12　添加的 STC15W4K32S4

图 1-2-13　添加的电路元器件

2. 放置元器件至图形编辑窗口

在对象选择器窗口中，选中器件，预览窗口中将显示该元器件的图形，如选中 SWITCH，则浏览器窗口即出现 SWITCH 的图形，如图 1-2-14 所示。单击左侧工具栏中的电路元器件方向按钮，可改变元器件的方向，如图 1-2-15 所示，从上到下，依次为顺时针旋转 90°、逆时针旋转 90°、自由角度旋转（在方框中输入角度数，回车）、左右对称翻转、

上下对称翻转。

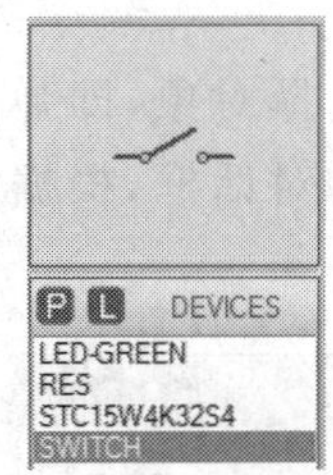

图 1-2-14　元器件的浏览窗口

图 1-2-15　元器件方向的调整

将鼠标置于图形编辑窗口任意位置，单击，在鼠标位置即会出现该元器件对象，将鼠标移动(元器件对象会跟随鼠标移动)到该对象的欲放置位置，再单击，该对象被完成放置。同理，将 LED、RES 和其他元器件放置到图形编辑窗口中，如图 1-2-16 所示。

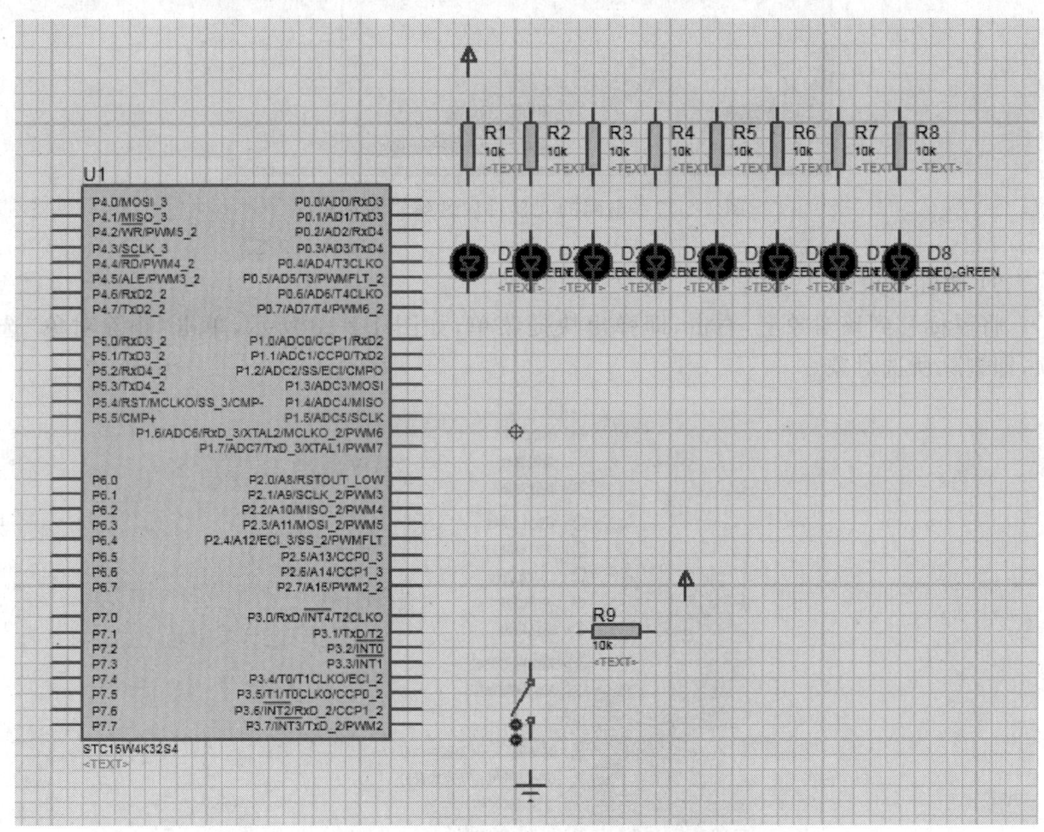

图 1-2-16　放置元器件(布局)

3. 编辑图形

1) 移动元器件对象

若元器件对象位置需要移动，将鼠标移到该对象上，单击选择对象，该对象的颜色将变至红色，表明该对象已被选中，按下鼠标左键，拖动鼠标，将对象移至新位置后，松开鼠标，完成移动操作。

2）编辑元器件属性

若要修改元器件属性，将鼠标移到该对象上，双击选择对象，即弹出元件属性编辑对话框，如图 1-2-17 所示为电阻(RES)的元器件属性编辑对话框，根据元件属性要求修改后确定即可。

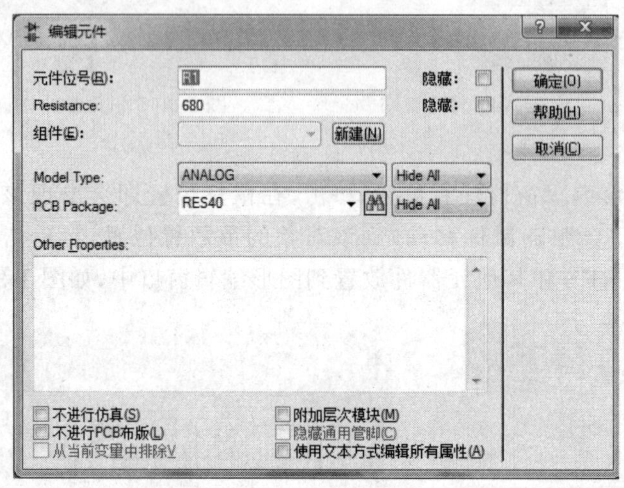

图 1-2-17　电阻的元器件属性编辑对话框

3）删除对象

将鼠标移到该对象上，右击，即弹出快捷菜单，如图 1-2-18 所示，单击“删除对象”选项，即删除所选对象。

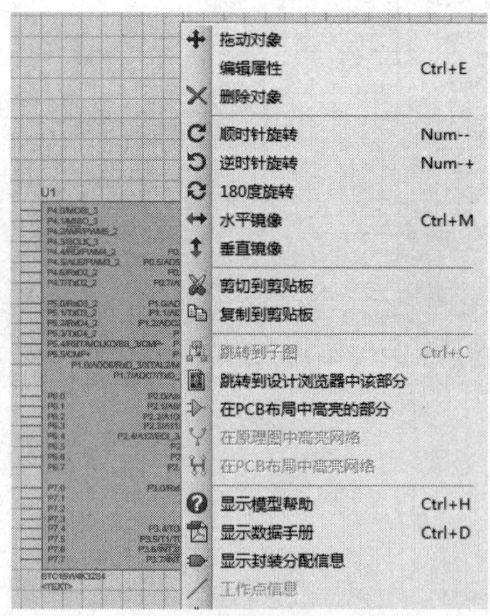

图 1-2-18　鼠标右键快捷菜单

4. 放置电源、地、输入/输出端口符号

单击输入/输出端口选择按钮，有关输入/输出端口、电源、公共地等电气符号将出现在对象选择器的窗口中，如图 1-2-19 所示，利用选择、放置元器件同样的方法，放置电源、公共地符号。

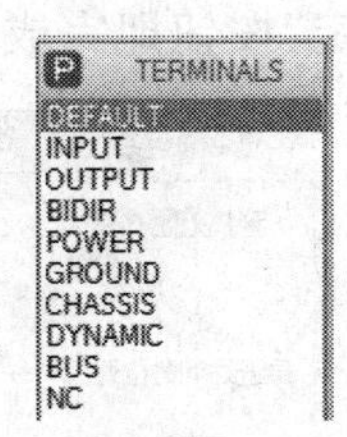

图 1-2-19　电源、地、输入/输出端口符号

5. 电气连接

Proteus 软件具有自动布线功能，当选中按钮时，Proteus 软件处于自动布线状态，否则为手工布线状态。

当需要两个电气连接点时，将鼠标移至其中的一个电气连接点，到位时会自动显示一个小红圆点，单击；再将鼠标移至另一个电气连接点，同样，到位时会自动显示一个小红圆点，单击即完成该两个电气连接点的电气连接。

五、Proteus 仿真软件实施单片机仿真

1. 编辑、编译用户程序

不论用汇编语言，还是用 C 语言编写的源程序，都需要用编译程序将源程序转换为单片机认识的机器代码(二进制代码)程序。Keil C 集成开发环境集输入、编辑、编译与调试于一体，是目前常用的开发工具。Keil C 集成开发环境的操作使用将在项目二的任务 2 中详细学习与实践。在本任务中直接使用已编译的用户程序代码程序“项目一任务 2. hex”。

2. 将用户程序机器代码文件下载到单片机中

将鼠标移到单片机位置，右击，弹出单片机属性编辑对话框，如图 1-2-20 所示。

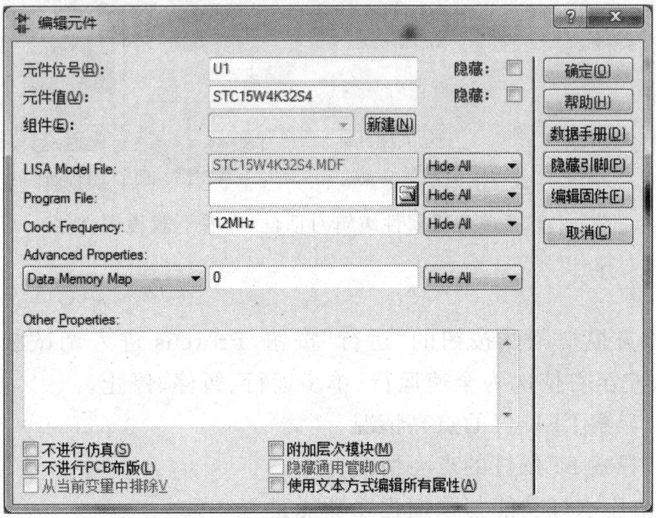

图 1-2-20　单片机属性编辑对话框

在 Program File 编辑行的对话框中直接输入要下载文件所在的路径与文件名；或用鼠标单击 Program File 编辑行中的文件夹按钮，即会弹出查找、选择文件的对话框，找到要下载的程序文件，即项目一任务 2. hex，如图 1-2-21 所示，单击打开按钮，所选程序文件

即出现在 Program File 编辑行的对话框中,如图 1-2-22 所示,再单击单片机属性编辑框的“确定”按钮即完成程序下载工作。

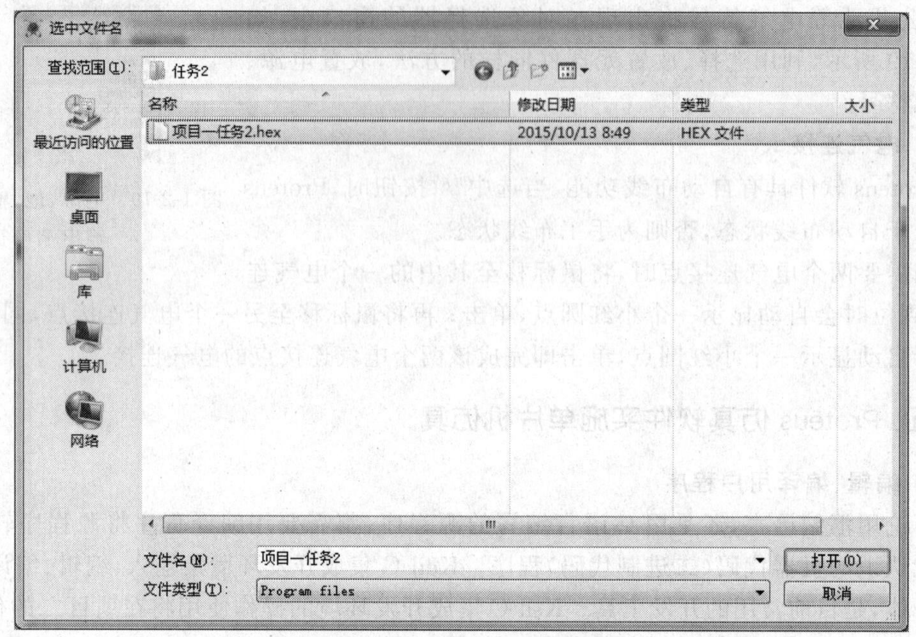

图 1-2-21 选择要下载的程序文件

图 1-2-22 单片机属性编辑对话框(查看下载程序文件)

3. 模拟调试

单击窗口左下方模拟调试按钮的“运行”按钮,Proteus 进入调试状态。调试按钮如图 1-2-23 所示,从左至右依次为全速运行、单步运行、暂停、停止。

(1) K1 合上,观察 LED 灯的点亮情况。

(2) K1 断开,观察 LED 灯的点亮情况。

(3) 归纳、总结流水灯功能与预期程序功能是否一致?

图 1-2-23 调试按钮

任务拓展

电子时钟的仿真调试。图 1-2-24 所示为电子时钟电路图,用 Proteus 绘制电路并加载电子时钟程序(项目一任务 2 拓展. hex),运行程序,观察电子时钟并将电子时钟的时间设置为当前时间。其中,K0 为调节时间的方式键(含秒十位数、分十位数与个位数、时十位数与个位数,选中位会闪烁显示),K1 为加 1 键,K2 为减 1 键。

注：排电阻的关键词是 RESPACK-8,LED 数码管显示器的关键词是 7SEG-MPX6-CC,项目一任务拓展 2.hex 程序见本书配套资源。

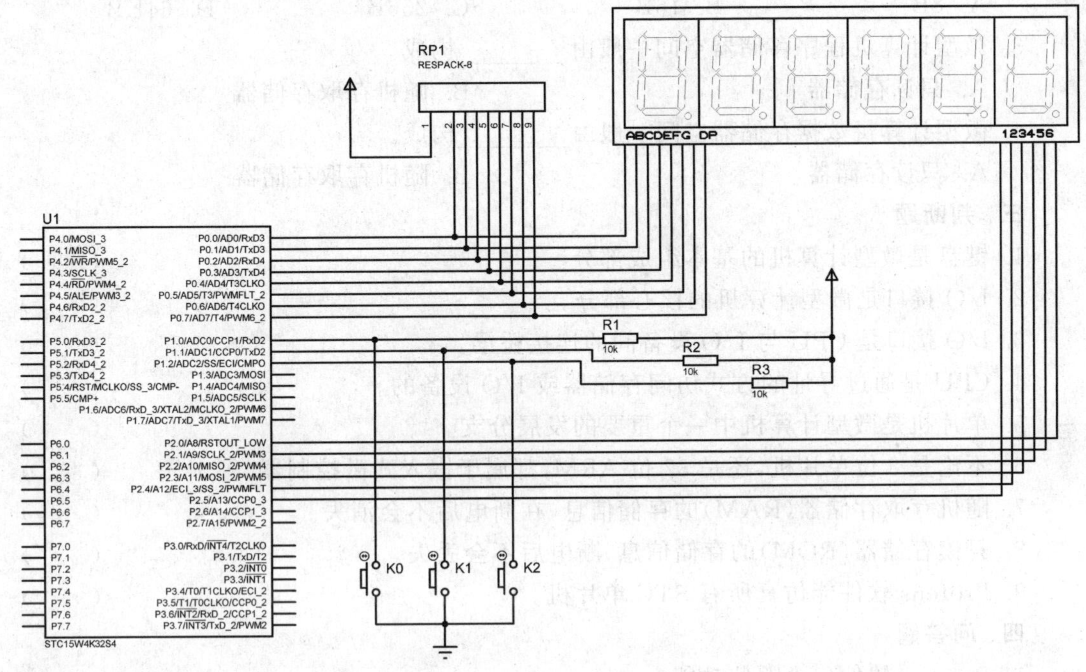

图 1-2-24　电子时钟电路图

习　题

一、填空题

1. 微型计算机由________、________、I/O 接口以及连接它们的总线组成。

2. 微型计算机的 CPU 通过地址总线、数据总线、控制总线与外围电路连接与访问。其中,地址总线用于________,地址总线的数据量决定________；数据总线用于________,数据总线的数量决定________；控制总线用于________。

3. I/O 接口的作用是________________________________。

4. 按存储性质,微型计算机存储器分为________和数据存储器两种类型。

5. 16 位 CPU 是指________总线的位数为 16 位。

6. 若 CPU 地址总线的位数为 16,那么 CPU 的最大寻址能力为________。

7. 微型计算机按照指令在程序存储中的存放顺序执行指令。在执行指令时,包含取指、________、执行指令三个工作过程。

8. 微型计算机系统由微型计算机和________组成。

二、选择题

1. 当 CPU 的数据总线位数为 8 时，标志着 CPU 一次交换数据能力为________位。

A. 1　　B. 4　　C. 16　　D. 8

2. 当 CPU 地址总线为 8 位时，标志着 CPU 的最大寻址能力为________。

A. 8B　　B. 16B　　C. 256B　　D. 64KB

3. 微型计算机程序存储器空间一般由________构成。

A. 只读存储器　　B. 随机存取存储器

4. 微型计算机数据存储器空间一般由________构成。

A. 只读存储器　　B. 随机存取存储器

三、判断题

1. 键盘是微型计算机的基本组成部分。（　）
2. I/O 接口是微型计算机的核心部分。（　）
3. I/O 接口是 CPU 与 I/O 设备间的连接桥梁。（　）
4. CPU 是通过寻址的方式访问存储器或 I/O 设备的。（　）
5. 单片机是微型计算机中一个重要的发展分支。（　）
6. 不论是 8 位单片机，还是 32 位 ARM，都属于嵌入式微控制器。（　）
7. 随机存取存储器(RAM)的存储信息，在断电后不会消失。（　）
8. 只读存储器(ROM)的存储信息，断电后不会丢失。（　）
9. Proteus 软件能仿真所有 STC 单片机。（　）

四、问答题

1. Proteus 软件包含哪些功能？
2. Proteus 软件能仿真的 STC 单片机是什么型号？
3. 在 Proteus 工作界面，如何建立自己的元器件库？在绘图中，如何调整元器件的放置方向？
4. 在 Proteus 工作界面，如何将元器件放置在画布中？如何移动元器件以及设置元器件的工作参数？
5. 如何绘制元器件间电气连接点的连线？如何在画布空白区放置电气连接点？
6. 如何给电气连接点设置网络标号？如何通过网络标号实现元器件间的电气连接？
7. 描述 Proteus 软件实现单片机应用系统虚拟仿真的工作流程。
8. 利用 Proteus 软件绘图时，如何调用电源、公共地、输入/输出端口符号？
9. 查找资料，自学画总线以及标注网络标号。

项目二 Project 2

单片机应用系统的开发工具

本项目要达到的目标包括三个方面：一是让读者认识与理解通用单片机应用系统开发板常用电路模块的电路结构与作用；二是了解单片机应用系统的开发流程，学会用 Keil C 集成开发环境输入、编辑、编译与调试用户程序；三是学会用 STC-ISP 在线编程软件进行在线编程与在线仿真。

知识点：

◆ 单片机应用系统开发板常用电路模块的电路结构与作用。

◆ Keil C 集成开发环境的基本功能。

◆ STC-ISP 在线编程软件的基本功能。

◆ Keil C 集成开发环境与 IAP15W4K58S4 单片机在线仿真的基本设置。

技能点：

◆ 阅读电路图，编制电子工艺文件、测试电子元器件，电子焊接与电路测试。

◆ 应用 Keil C 集成开发环境输入、编辑、编译与调试单片机应用程序。

◆ 应用 STC-ISP 在线编程软件将用户程序下载到单片机中。

◆ 应用 STC-ISP 在线编程软件进行在线仿真。

任务 1　单片机应用系统的硬件开发平台

任务说明

GQDJL-Ⅱ型单片机开发板是我们“单片机应用系统与开发技术”课程组在 GQDJL 型单片机开发板基础上研制的升级版。它保持了全开放式的结构，升级了 MCU；通过跳线设置，可兼容 STC 全系列 MCU。

GQDJL-Ⅱ型单片机开发板包括单片机最小系统、ISP 在线编程模块、简单键盘与矩阵键盘模块、单次脉冲电路、独立 LED 模块、数码 LED 模块、D/A 转换模块、日历时钟 I^2C 串行总线模块、E^2PROM 存储器模块、DS18B20 单总线模块、放大器模块、红外发射与接收模块、热敏传感模块、光敏传感模块、低通滤波模块、D 触发器模块等；还配置了 DIP40 活动式插座，可以很方便地扩展外围器件接口；并专门配置了扩展槽，以便外接电路板模块（如 1602 字符型 LCD 显示器、12864 图形 LCD 显示器）。该开发板的自身资源可完成基本接口电路的实验实训；利用扩展座或扩展槽，可完成各种新型器件的实验实训，以及构成完整的电子系统。通过对 GQDJL-Ⅱ型单片机开发板布局与各模块接口电路的分析，应了解 GQDJL-Ⅱ型单片机开发板的结构与各模块电路的功能特性与连接方法。

本任务主要是识图，包括 PCB 顶层图、SCH 图。通过读图与分析，掌握各模块电路的功能特性，熟悉开发板，以及单片机应用系统硬件开发平台的焊接与测试。

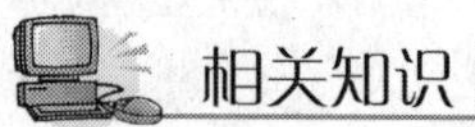

相关知识

一、GQDJL-Ⅱ型单片机开发板的布局

图 2-1-1 所示为 GQDJL-Ⅱ型单片机开发板的布局图，图 2-1-2 所示为 GQDJL-Ⅱ型单片机开发板的实物照片。

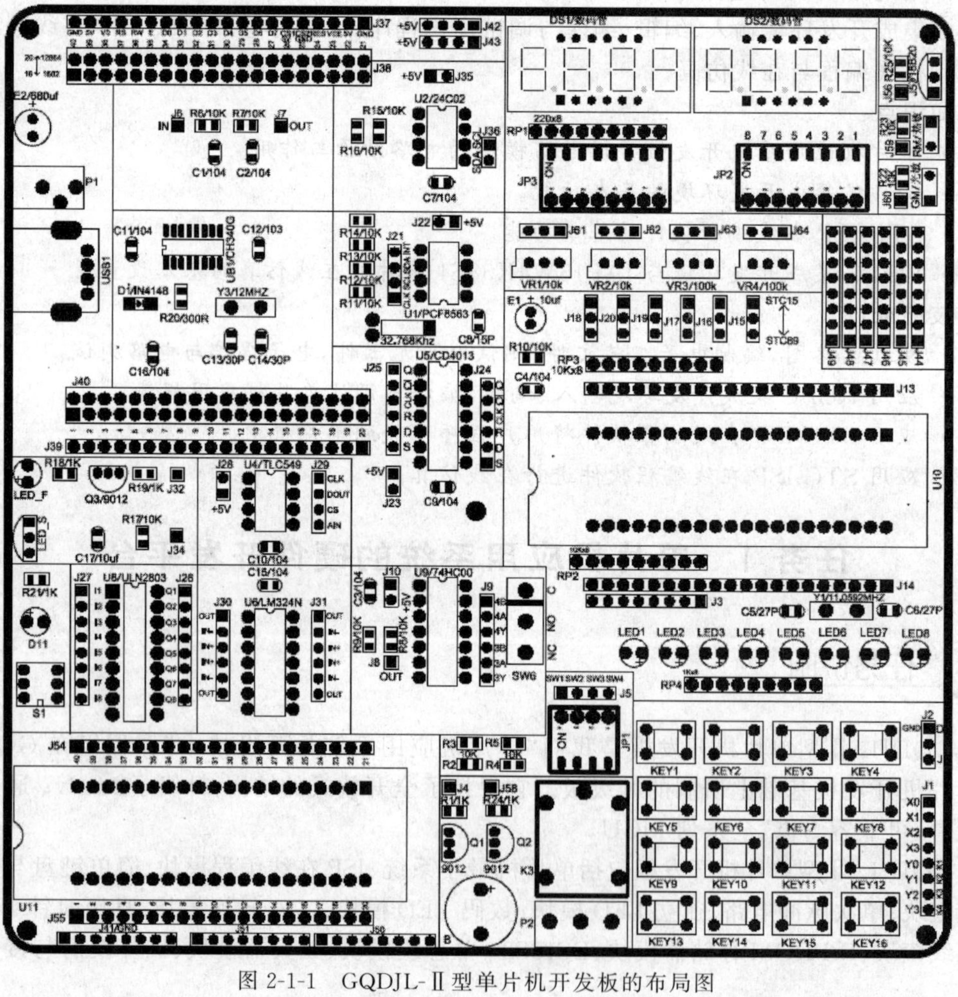

图 2-1-1 GQDJL-Ⅱ型单片机开发板的布局图

图 2-1-2　GQDJL-Ⅱ型单片机开发板实物照片

二、电路模块的功能分析

1. 单片机最小系统模块

图 2-1-3 所示为单片机最小系统模块电路与接口。GQDJL-Ⅱ型单片机开发板兼容 STC15 系列和非 STC15 系列(STC89、STC90、STC10/11、STC12)单片机，而这两个系列的单片机在引脚上是不兼容的，并且 STC15 系列内置了时钟与复位电路。因此，本开发板采用跳线的方式来兼容 STC15 系列和非 STC15 系列单片机(STC89/STC90 系列、STC10/11 系列、STC12 系列等)。当 J15、J16、J17、J18、J19、J20 的 2、3 脚相接时，系统使用非 STC15 系列 MCU，如 STC89C52RC 单片机；当 J15、J16、J17、J18、J19、J20 的 2、1 脚相接时，系统使用 STC15 系列 MCU，如本系统使用的 STC15W4K32S4 单片机。

单片机最小系统模块是整个开发系统的核心电路，此后的实验实训都是围绕单片机模块来构建，即单片机＋接口电路。单片机 U10 采用 STC89C52RC 或 STC15W4K32S4，具有在线下载程序功能；时钟电路由 Y1(11.0592MHz 晶振)、C_5(27pF 电容)、C_6(27pF 电容)组成；复位电路由 E_1(10μF 电解电容)、R_{10}(10kΩ)按键组成；R_{P2}(10kΩ×8)、R_{P3}(10kΩ×8)为单片机 P0、P2 口的上拉电阻，便于 P0、P2 口直接与各类外围接口器件连接。E_2(680μF 电解电容)、C_{16}、C_4(104 电容)用于去耦以及高频振荡。其中，E_2、C_{16} 在图 2-1-5 中。

单片机的 40 个引脚分别通过 J13、J14 引出。

注：STC89C52RC 单片机 P0、P1、P2、P3 口的引脚排列为 P0.0～P0.7 对应 39～32，P1.0～P1.7 对应 1～8，P2.0～P2.7 对应 21～28，P3.0～P3.7 对应 10～17。

STC15W4K32S4 单片机并行 I/O 口的引脚排列为：P0.0～P0.7 对应 1～8，P1.0～P1.7 对应 9～16，P2.0～P2.7 对应 32～39，P3.0～P3.7 对应 21～28，P4.1、P4.2、P4.4、P4.5 对应 29、30、31、40，P5.4、P5.5 对应 17、19。

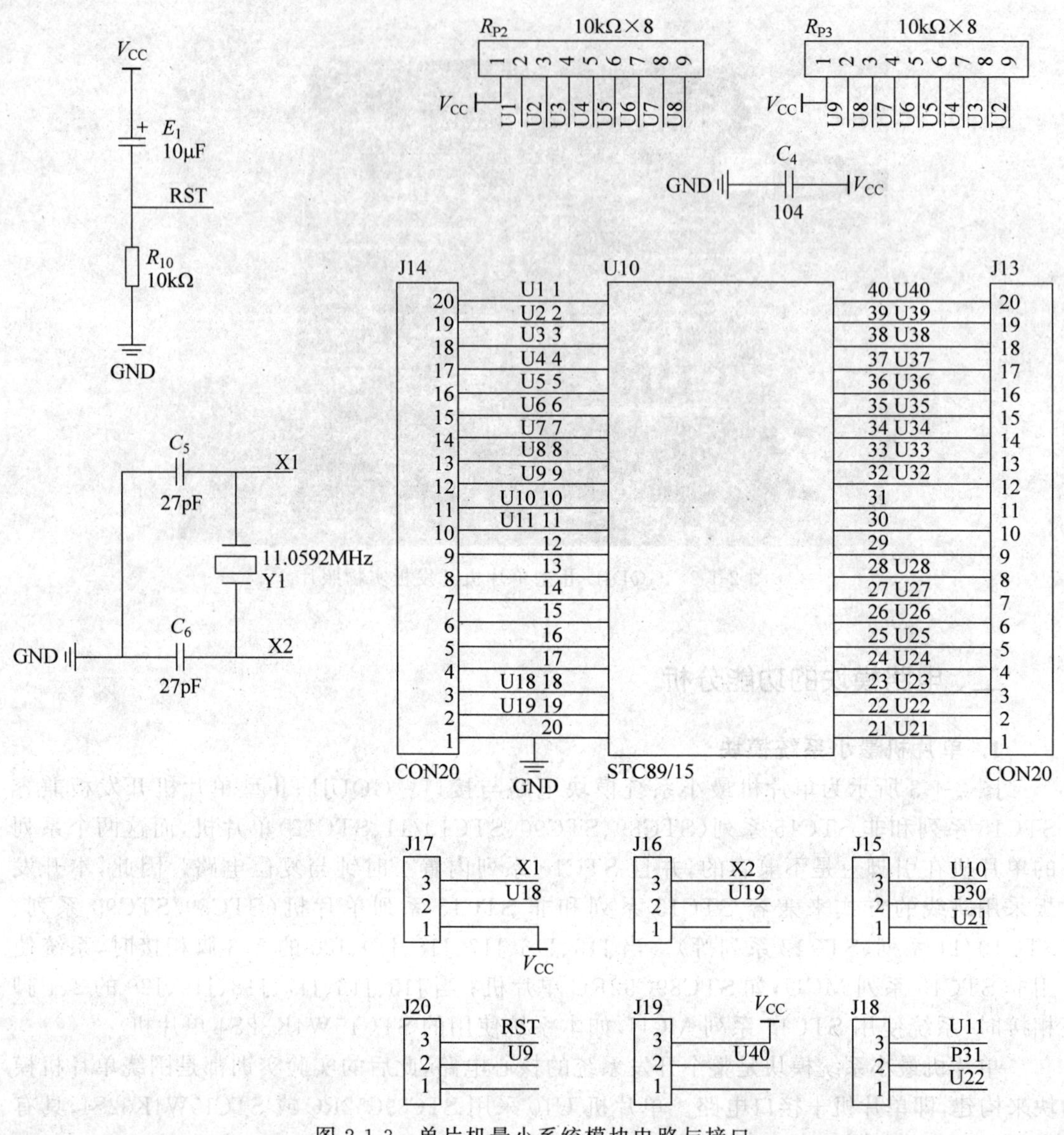

图 2-1-3　单片机最小系统模块电路与接口

2. ISP 在线编程模块

图 2-1-4 所示为 ISP 在线编程模块,由 UB1(CH340G)、Y3(12MHz 晶振)、C_{13}、C_{14}(30pF)、C_{11}(104 电容)、D1(1N4148)、R_{20}(300Ω)、C_{12}(103 电容)组成。CH340G 是 USB 与 TTL 串口信号转换芯片,通过网络标号 P30、P31 与 STC15W4K32S4 单片机的 P3.0、P3.1 引脚相接,通过网络标号 U+、U-与开发板的 USB 座相接,进而与 PC USB 接口相接。下载时,必须先安装 USB 模拟串口驱动程序,获取 USB 模拟串口的串口号;然后应用 STC-ISP 在线编程软件,按取得的串口完成程序下载。

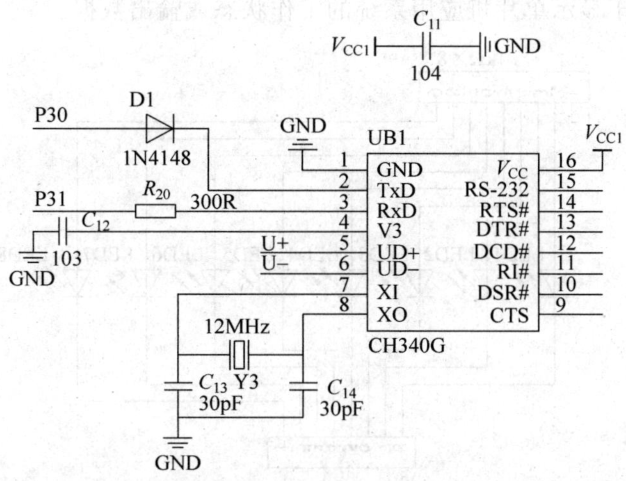

图 2-1-4　ISP 在线编程模块

3. 电源与指示模块

图 2-1-5 所示为电源模块电路与接口，由 S1（双刀双掷开关）、USB1（USB 座）、P1（电源插座）、R_{21}（1kΩ）、D11（LED 红色指示灯）和 E_2（680μF 电解电容）、C_{16}（104 电容）组成。单片机开发板的电源由两种方式提供：一般在调试阶段，建议采用 USB 接口从计算机中获取；当调试结束时，从 P1（电源插座）输入其他形式的 5V 直流电源。S1 为电源开关，D11 为电源指示灯。

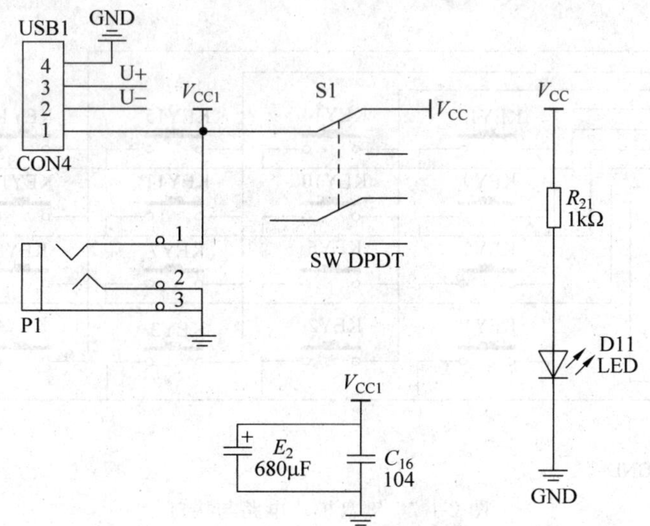

图 2-1-5　电源模块电路与接口

4. LED 灯模块

图 2-1-6 所示为 LED 灯模块电路与接口，共有 8 个独立的 LED 灯（LED1～LED8）显示电路。R_{P4}（1kΩ×8）排阻为 LED 灯的限流电阻；LED1～LED8 灯的驱动信号从 J3 的

1～8 插针输入，用于显示单片机应用系统的工作状态或输出数据。

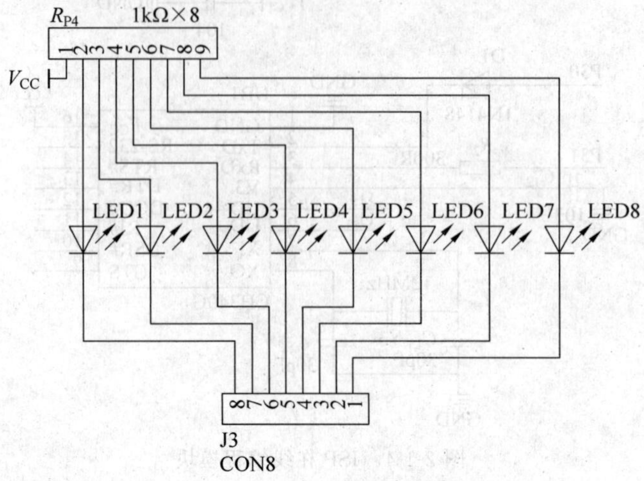

图 2-1-6　LED 灯模块电路与接口

注：LED 灯是低电平驱动，即输入低电平时灯亮，输入高电平时灯灭。

5. 键盘模块（含简单键盘与矩阵键盘）

图 2-1-7 所示为键盘模块电路与接口，由 KEY1～KEY16、J1、J2 组成。

当 J2 的 2、1 脚短接时，为简单键盘，J1 的 5、6、7、8 引脚分别用于输出 KEY1、KEY2、KEY3、KEY4 的按键信号；当 J2 的 2、3 脚短接时，为矩阵键盘，J1 的 5、6、7、8 引脚输出矩阵键盘的列信号，J2 的 1、2、3、4 引脚输出矩阵键盘的行信号。

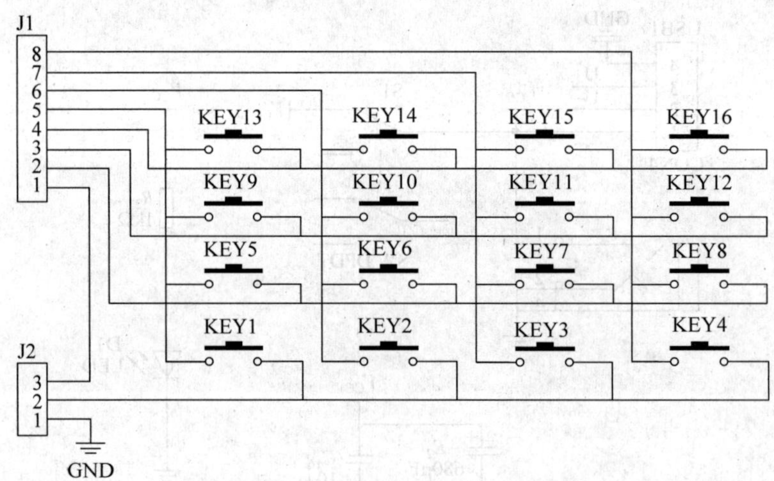

图 2-1-7　键盘模块电路与接口

6. 开关量输出模块

图 2-1-8 所示为开关量输出模块电路与接口，共有 4 个独立开关电路。R_2 与 SW1、R_3 与 SW2、R_4 与 SW3、R_5 与 SW4 构成 4 路开关信号，从 J5 插针输出，用于向单片机输入开关信号，起到传输命令或数据的目的。

注：SW1、SW2、SW3、SW4 通过一个 4 位的拔码开关实现。

7. 数码 LED 显示模块

图 2-1-9 所示为 8 位数码 LED 显示模块电路与接口，由 R_{P1}（220Ω×8）、DS1、DS2、JP2、JP3 构成。DS1 为高 4 位共阴极 LED 数码显示器件，DS2 为低 4 位共阴极 LED 数码显示器件，限流电阻为 220Ω。其中，JP2、JP3 为拨码开关。上拨为 ON 时，正常显示；下拨为 OFF 时，关闭显示。

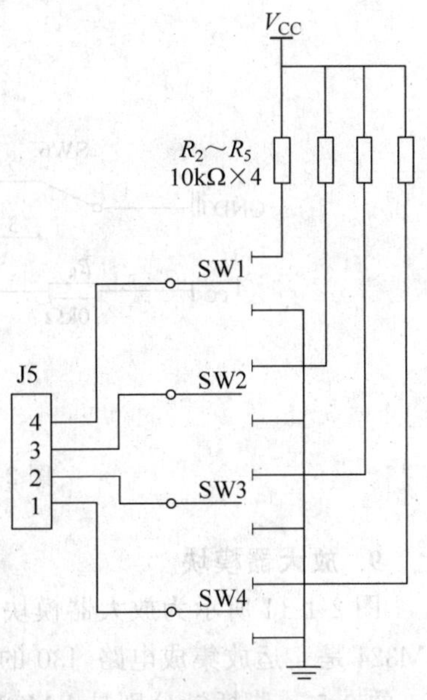

图 2-1-8　开关量输出模块电路与接口

段驱动信号（高电平有效）从 JP3 插针输入，位驱动信号（低电平有效）从 JP2 插针输入。若为 STC15 系列单片机，段码信号从 P0 口输出，位码信号从 P2 口输出；若为 STC89 系列单片机，段码信号从 P1 口输出，位码信号从 P0 口输出。

数码 LED 显示内容较丰富，主要用于显示十进制数码或其他英文字母。

8. 单次脉冲模块

图 2-1-10 所示为单次脉冲模块电路与接口，由 U9（74HC00）、R_8（10kΩ）、R_9（10kΩ）、SW6 和 J8、J9、J10 构成。单次脉冲发生器是由 74HC00（4-2 输入与非门）中的 1、2 与非门电路构成的双稳态触发器，SW6 是触发开关，每按一次，J8 插针输出一个脉冲。J10 用于提供 74HC00 的工作电源，当 J10 的 1、2 脚短接时，74HC00 得电工作，否则不得电。J9 是 74HC00 中的 3、4 与非门的输入/输出引脚插针。其中，J9 的 1、2、3 脚是 74HC00 的 4 与非门的输入/输出引出端，J9 的 4、5、6 脚是 74HC00 的 3 与非门的输入/输出引出端。

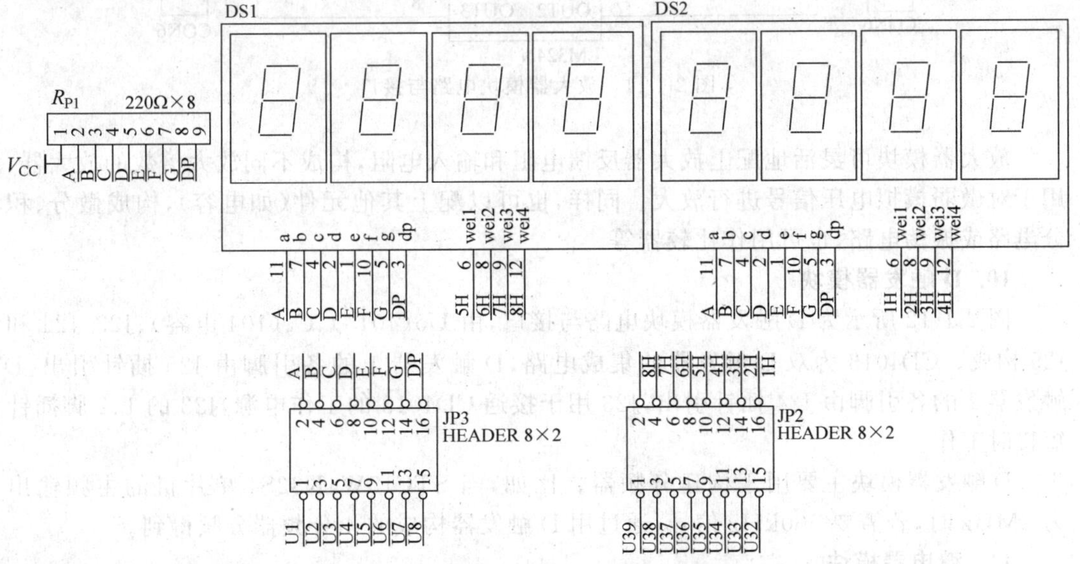

图 2-1-9　8 位数码 LED 显示模块电路与接口

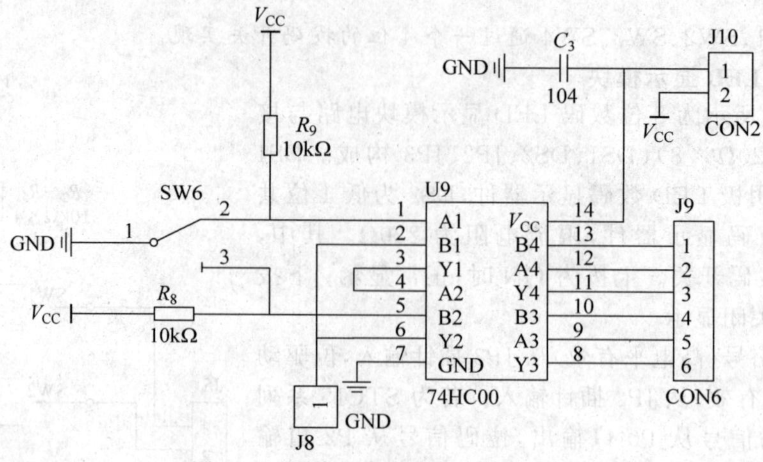

图 2-1-10　单次脉冲模块电路与接口

9. 放大器模块

图 2-1-11 所示为放大器模块电路与接口，由 U6(LM324)、C_{15}(104 电容)、J30、J31 构成。LM324 是 4 运放集成电路，J30 的 1、2、3 脚插针，J30 的 6、5、4 脚插针，J31 的 1、2、3 脚插针，J31 的 6、5、4 脚插针分别是 LM324 中 4 个运放的输出端、反相输入端与同相输入端。

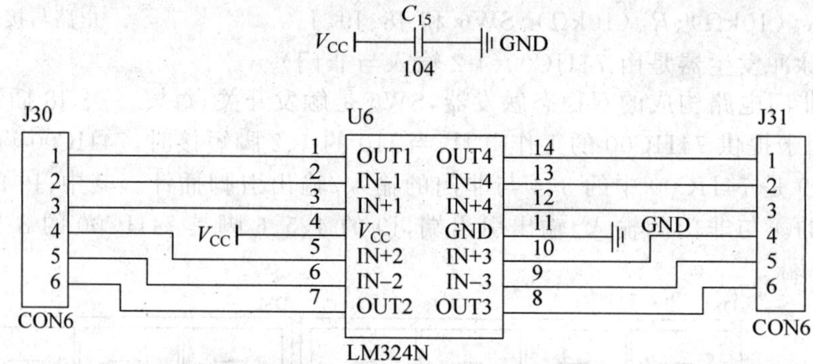

图 2-1-11　放大器模块电路与接口

放大器模块可灵活地配上放大器反馈电阻和输入电阻，构成不同放大倍数的放大器，用于对微弱模拟电压信号进行放大。同样，也可以配上其他元件(如电容)，构成微分、积分电路或振荡电路，也可用作比较器等。

10. D 触发器模块

图 2-1-12 所示为 D 触发器模块电路与接口，由 U5(4013)、C_9(104 电容)、J23、J24 和 J25 构成。CD4013 为双 D 触发器的集成电路，D 触发器 1 的各引脚由 J25 插针引出，D 触发器 2 的各引脚由 J24 插针引出，J23 用于接通 CD4013 的工作电源，J23 的 1、2 脚插针短接时工作。

D 触发器模块主要用于构建分频器。比如，当 STC15W4K32S4 单片机的主频输出为 2MHz 时，若需要 500kHz 信号，通过用 D 触发器构成的 4 分频器分频得到。

11. 继电器模块

图 2-1-13 所示为继电器模块电路与接口，由 Q2(PNP 小功率管)、K3(继电器)、R_{24}

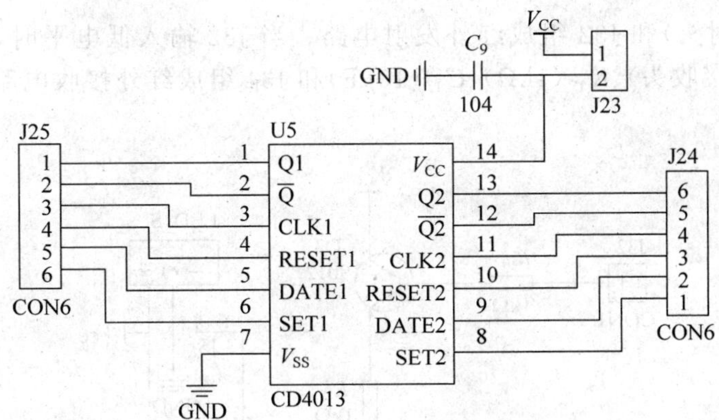

图 2-1-12　D触发器模块电路与接口

(1kΩ)、P2(3 位接线座)和 J58 构成。K3 为 5V 小型继电器,P2 为 K3 继电器常闭、常开开关触点的输出接线座,可作为交、直流开关使用。

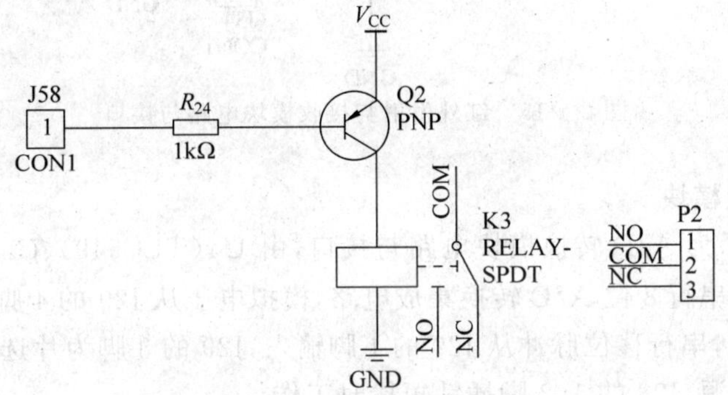

图 2-1-13　继电器模块电路与接口

12. 蜂鸣器模块

图 2-1-14 所示为蜂鸣器模块电路与接口,由 Q1(PNP 小功率管)、B(5V 蜂鸣器)、R_1(1kΩ)和 J4 构成。B 为 5V 直流蜂鸣器,J4 插针用于接驱动电平,低电平驱动。

蜂鸣器模块电路用于单片机应用系统的声音报警。

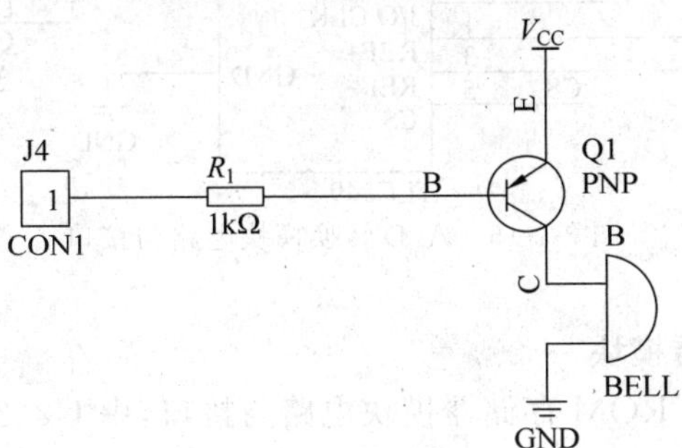

图 2-1-14　蜂鸣器模块电路与接口

13. 红外发射与接收模块

图 2-1-15 所示为红外发射与接收模块电路与接口,由 Q3(9012)、R_{18}(1kΩ)、R_{19}(1kΩ)、

LED_F(红外发射头)和 J32 组成红外发射电路。当 J32 输入低电平时,发射红外信号;由 LED_S(红外接收头)、R_{17}(1kΩ)、C_{17}(10μF)和 J34 组成红外接收电路;J34 用于输出红外接收信号。

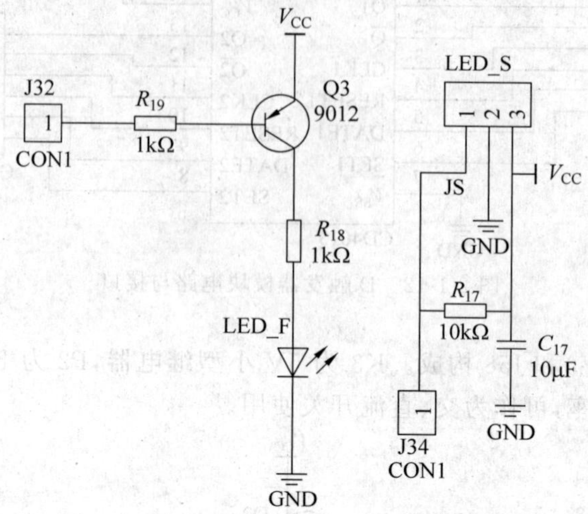

图 2-1-15 红外发射与接收模块电路与接口

14. A/D 转换模块

图 2-1-16 所示为 A/D 转换模块电路与接口,由 U4(TLC549)、C_{10}(104)、J28 和 J29 构成。TLC549 是串行 8 位 A/D 转换集成电路,模拟电压从 J29 的 4 脚输入,串行数字量从 J29 的 2 脚输出,串行移位脉冲从 J29 的 1 脚输入,J29 的 3 脚为片选端。J28 用于接通 TLC549 的工作电源,J28 的 1、2 脚插针短接时工作。

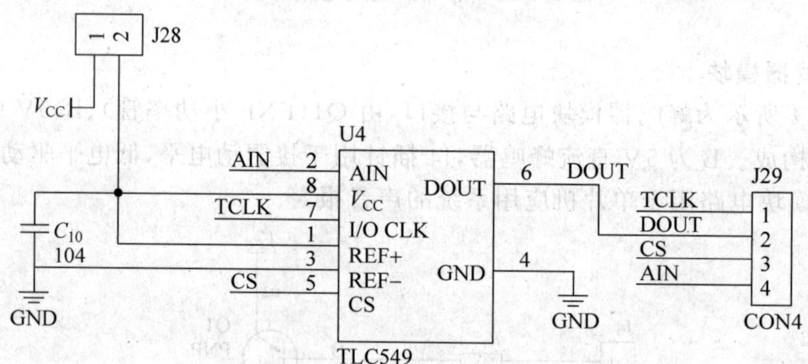

图 2-1-16 A/D 转换模块电路与接口

15. E^2PROM 存储器模块

图 2-1-17 所示为 E^2PROM 存储器模块电路与接口,由 U2(24C02)、R_{15}、R_{16}(10kΩ)、J35 和 J36 组成。J36 的 1、2 脚插针分别是 24C02 串行时钟 SCL、串行数据 SDA 的引出端,J35 用于接通 24C02 的工作电源,J35 的 1、2 脚插针短接时工作。

24C02 是 Atmel 公司生产的 I^2C 串行总线型 256 字节的 E^2PROM 存储器,用于存储单片机应用系统中既容易修改,断电后又不能丢失的工作参数。

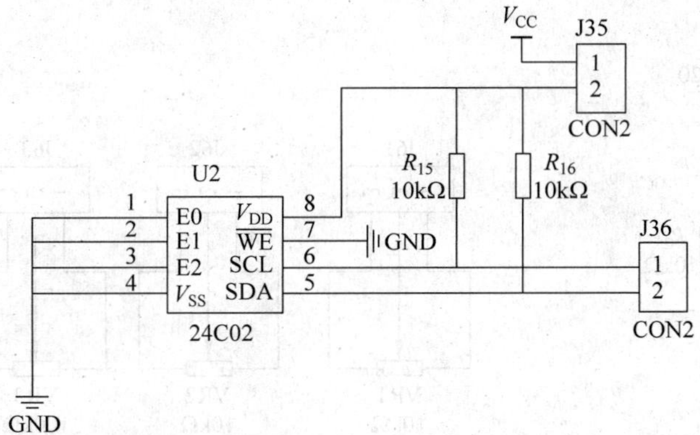

图 2-1-17　E^2PROM 存储器模块电路与接口

16. 日历时钟 I^2C 串行总线模块

图 2-1-18 所示为日历时钟 I^2C 串行总线模块电路与接口，由 U1(PCF8563)、Y2(32.768kHz)、C_8(15pF)、R_{11}～R_{14}(10kΩ)、C_7(104 电容)、J21 和 J22 组成。J21 的 1、2、3、4 脚插针分别是 PCF8563 的 CLKOUT、SCL、SDA、$\overline{\text{INT}}$ 的引出端，J22 用于接通 PCF8563 的工作电源，J22 的 1、2 脚插针短接时工作。

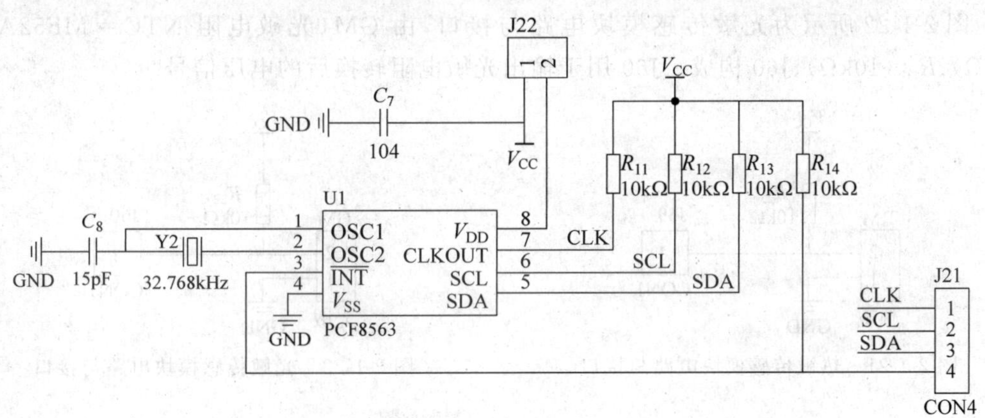

图 2-1-18　日历时钟 I^2C 串行总线模块电路与接口

PCF8563 是 Philips 公司生产的 I^2C 串行总线型日历时钟电路，可独立产生日历时钟信号，单片机通过 I^2C 串行总线读取即可。

17. DS18B20 单总线模块

图 2-1-19 所示为 DS18B20 单总线模块电路与接口，由 J57(外接 DS18B20)、R_{25}(10kΩ)和 J56 组成。DS18B20 是 Dallas 公司生产的单总线型数字温度计，能独立测温，并通过 A/D 转换，形成数字形式的温度数据。单片机通过串行单总线读取数据。

18. 电位器模块

图 2-1-20 所示为电位器模块电路与接口，由 VR1～VR4 和 J61～J64 组成，VR1、VR2 是 10kΩ 精密电位器；VR3、VR4 是 100kΩ 精密电位器；J61～J64 是 VR1～VR4 对应的输出插针，用于提供各种电阻阻值，比如用作集成运放的反馈电阻和输入电阻，或外接电源利用电阻分压原理形成可调直流输出电压。

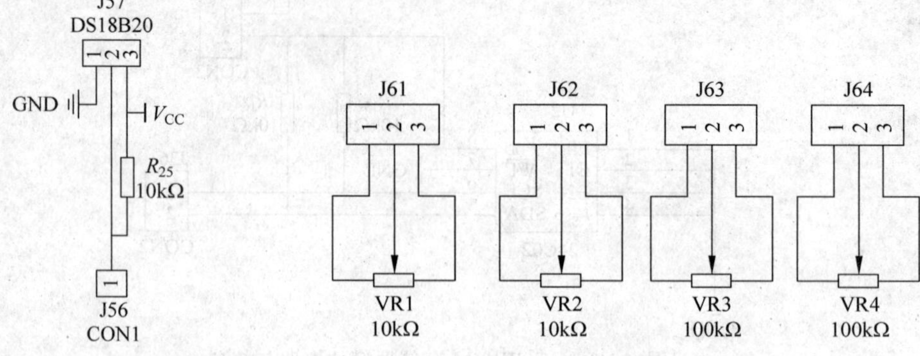

图 2-1-19　DS18B20 单总线模块电路与接口

图 2-1-20　电位器模块电路与接口

19. 热敏传感模块

图 2-1-21 所示为热敏传感模块电路与接口，由 RM（热敏电阻 5528）、R_{23}（10kΩ）、J59 构成。J59 用于输出热敏电阻转换后的电压信号。

20. 光敏传感模块

图 2-1-22 所示为光敏传感模块电路与接口，由 GM（光敏电阻 NTC＝MF52AT/10kΩ）、R_{22}（10kΩ）、J60 构成。J60 用于输出光敏电阻转换后的电压信号。

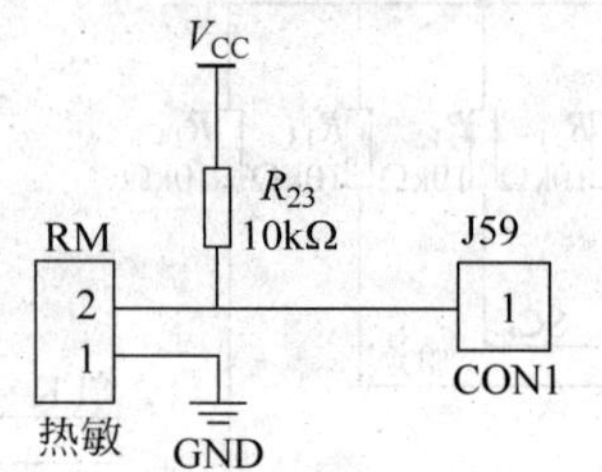

图 2-1-21　热敏传感模块电路与接口

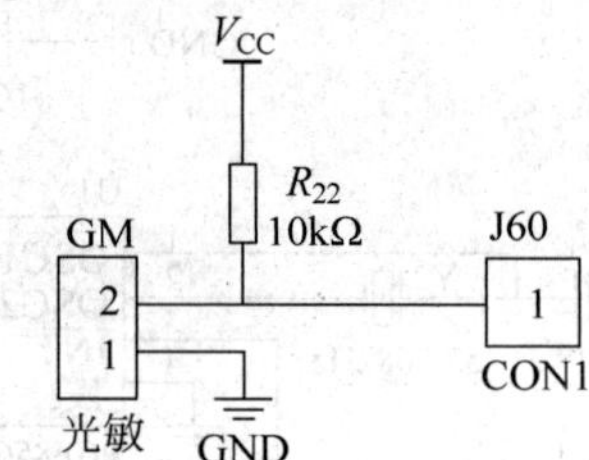

图 2-1-22　光敏传感模块电路与接口

21. 低通滤波器模块

图 2-1-23 所示为低通滤波模块电路与接口，由 R_6（10kΩ）、R_7（10kΩ）、C_1（104 电容）、C_2（104 电容）和 J6、J7 构成。该模块用于对 PWM 信号进行低通滤波，实现 D/A 转换。J6 用于输入 PWM 信号（数字信号），J7 用于输出模拟信号。

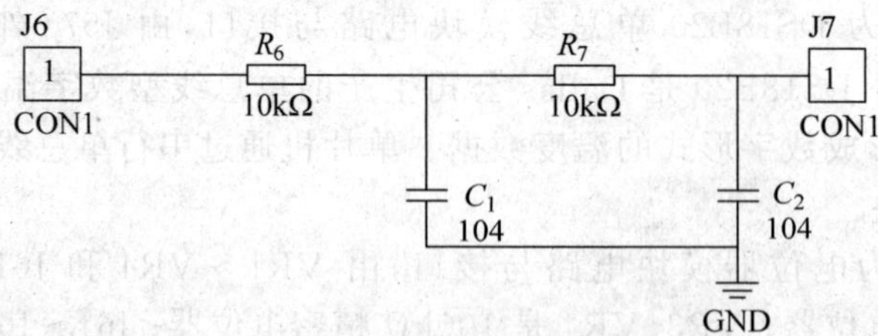

图 2-1-23　低通滤波器模块电路与接口

22. 功率驱动模块

如图 2-1-24 所示为功率驱动模块，由 U8(ULN2803)、J26、J27 组成。其中，J27 为功率驱动输入端，J27 为功率驱动输出端，用于驱动更大的电路负载。ULN2803 为 8 路达林顿驱动集成模块。

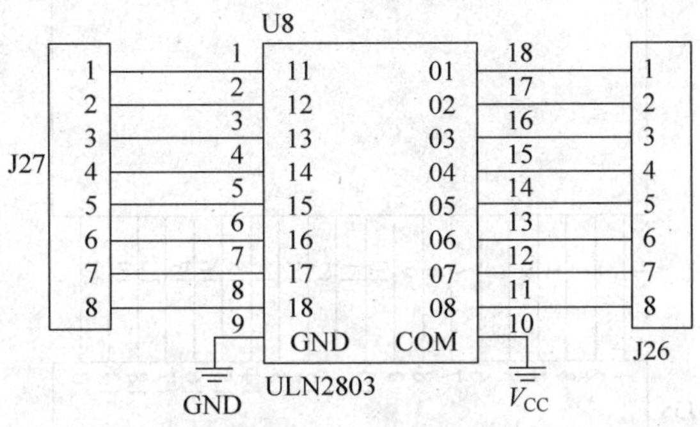

图 2-1-24 功率驱动模块

23. 电源、地与通用中继连接模块

图 2-1-25 所示为电源、地与通用中继连接模块，由 J41～J51 组成。其中，J41 为地线连接插针，J42、J43 为电源线连接模块，J44～J51 插针为通用连接模块。

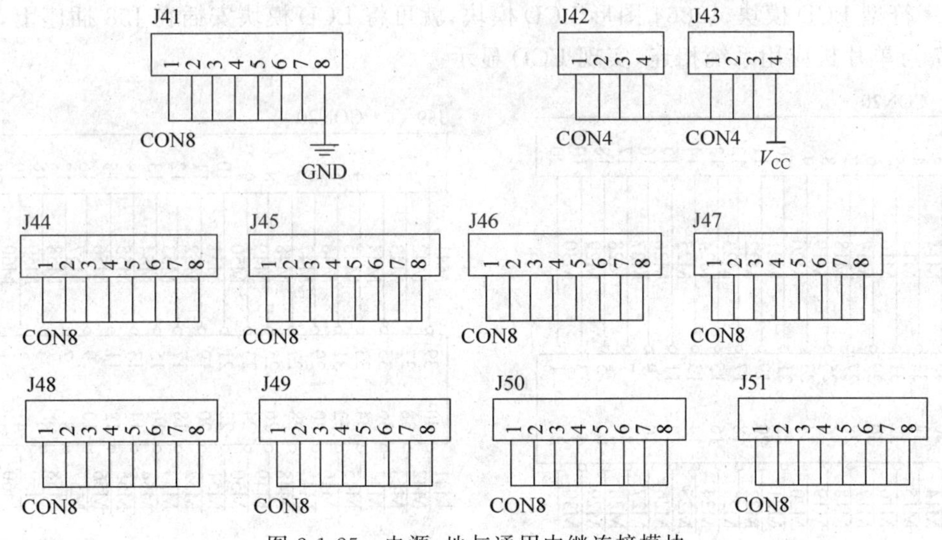

图 2-1-25 电源、地与通用中继连接模块

24. 活动扩展槽连接模块

图 2-1-26 所示为活动扩展槽连接模块，由 U11(40 针拉杆扩展槽)、J54 和 J55 组成。单插(小于 20 针)或双插(40 针以下)的集成电路可安放在 U11 插座上，再通过 J54 或 J55 与单片机应用系统的其他电路相连，实现电路扩展。

25. 电路扩展模块

图 2-1-27 所示为电路扩展模块，由 J37、J38 和 J39、J40 组成。其中，J37、J38 为一对，

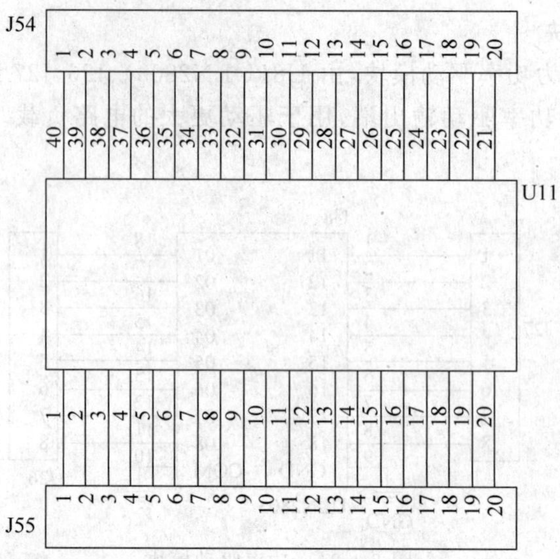

图 2-1-26　活动扩展槽连接模块

J38 为插座，J37 为与 J38 对应的连接插针；J39、J40 为一对，J40 为插座，J39 为与 J40 对应的连接插针。当需要外接扩展电路模块时，将外接扩展电路通过插针与 J38、J40 相接，再通过 J37、J39 与单片机应用系统电路相接，构成较复杂的电子系统。例如市场上的 1602 字符型 LCD 模块、12864 图形 LCD 模块，就可将 LCD 模块安插在 J38 插座上，再通过 J37 与单片机应用系统相连，实现 LCD 显示。

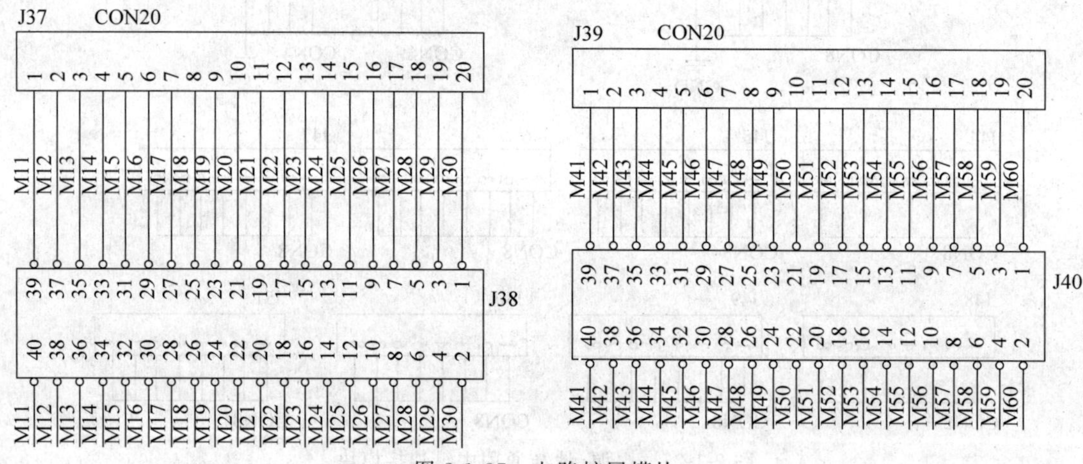

图 2-1-27　电路扩展模块

三、主要元器件的测试方法

1. 电阻

用万用表电阻挡检测电阻值是否与标称值相符。

2. 电位器

用万用表检测电位器的活动端与固定端的电阻，并旋转调节手柄，观察电阻是否能从

0 变化到标称值。

3. 电容

1）小电容

用数字万用表电容测试功能进行测试。

2）电解电容

用机械万用表测试电解电容的充放电情况：一是观察电容充放电的快慢程度，它反映了电容容量的大小。慢，说明电容的容量较大；快，说明电容容量较小。二是观察充放电结束时电容的电阻情况。正常时，电阻应为无穷大；若电阻为一个有限值，说明该电容漏电，电阻越小，漏电越严重。

4. LED 灯

可直接用 3V 纽扣电池正向连接 LED 灯。若灯亮，说明 LED 灯正常。

5. 数码管

数码管的每一笔画都是由一只 LED 灯形成的，因此可通过检查 LED 灯的方法检查数码管每一段的显示情况。

6. 蜂鸣器

可直接用 5V 电源接蜂鸣器的正、负极。若蜂鸣声洪亮，说明蜂鸣器正常。

7. 继电器

用 5V 电源给继电器线圈通、断电，应能听到继电器中有触点跳动的声音。

四、焊点的质量要求

1. 电气性能良好

高质量的焊点应是焊料与工件金属界面形成牢固的合金层，以保证良好的导电性能。不能简单地将焊料堆附在工件金属表面而形成虚焊，这是焊接工艺中的大忌。

2. 具有一定的机械强度

焊点的作用是连接两个或两个以上器件，并使电气接触良好。电子设备有时要工作在振动的环境中，为使焊接件不松动或脱落，焊点必须具有一定的机械强度。锡铅焊料中的锡和铅的强度都比较低，有时在焊接较大和较重的元器件时，为了增加强度，可根据需要增加焊接面积，或将元器件引线、导线先行网绕、绞合、钩接在接点上再进行焊接。所以，采用锡焊的焊点一般都是被锡铅焊料包围的接点。

3. 焊点上的焊料要适量

焊点上的焊料过少，不仅会降低机械强度，而且会由于表面氧化层逐渐加深而导致焊点早期失效；焊点上的焊料过多，既增加成本，又容易造成焊点桥连（短路），也会掩盖焊接缺陷。所以，焊点上的焊料要适量。印制电路板焊接时，焊料布满焊盘，且呈裙状展开时，最为适宜。

4. 焊点表面应光亮且均匀

良好的焊点表面应光亮且色泽均匀。这主要是由助焊剂中未完全挥发的树脂成分形成的薄膜覆盖在焊点表面，能防止焊点表面氧化。如果使用了消光剂，则对焊点的光泽不做要求。

5. 焊点不应有毛刺、空隙

若焊点表面存在毛刺、空隙，不仅不美观，还会给电子产品带来危害，尤其在高压电路部分，将产生尖端放电而损坏电子设备。

6. 焊点表面必须清洁

对于焊点表面的污垢，尤其是焊剂的有害残留物质，如果不及时清除，酸性物质会腐蚀元件引线、接点及印刷电路，吸潮会造成漏电，甚至短路、燃烧，从而带来严重隐患。

五、锡焊的工艺要素

1. 工件金属材料应具有良好的可焊性

可焊性即可浸润性，是指在适当温度下，工件金属表面与焊料在助焊剂的作用下能形成良好的结合，生成合金层的性能。铜是导电性能良好且易于焊接的金属材料，常用元器件的引线、导线及接点等多数采用铜材料制成。金、银的可焊性好，但价格昂贵；铁、镍的可焊性较差。为提高可焊性，通常在铁、镍合金的表面先镀一层锡、铜、金或银等金属，以提高其可焊性。

2. 工件金属表面应洁净

工件金属表面若存在氧化物或污垢，会严重影响焊料在界面上形成合金层，造成虚焊、假焊。轻度的氧化物或污垢可通过助焊剂来清除，较严重的氧化物要通过化学或机械的方法清除。

3. 正确选用助焊剂

助焊剂是一种略带酸性的易熔物质，在焊接过程中可以熔解工件金属表面的氧化物和污垢，并提高焊料的流动性，有利于焊料浸润和扩散，在工件金属与焊料的界面形成牢固的合金层，保证焊点质量。助焊剂种类很多，效果也不一样。使用时，必须根据工件金属材料、焊点表面状况和焊接方式来选用。

4. 正确选用焊料

焊料的成分及性能与金属材料的可焊性、焊接的温度及时间、焊点的机械强度等相适应，焊接工艺中的焊料是锡铅合金，根据锡铅的比例及含有其他少量金属成分的不同，其焊接特性有所不同。应根据不同的要求正确选择焊料。

5. 控制焊接温度和时间

热能是进行焊接必不可少的条件。热能的作用是熔化焊料，提高工件金属温度，加速原子运动，使焊料浸润工件金属表面，扩散到工件金属界面的晶格中，形成合金层。温度过低，会造成虚焊；温度过高，会损坏元器件和印制电路板。合适的温度是保证焊点质量的重要因素。在手工焊接时，控制温度的关键是选用具有适当功率的电烙铁和掌握焊接时间。电烙铁功率较大时，应适当缩短焊接时间；电烙铁功率较小时，可适当延长焊接时间。根据焊接面积的大小，经过多次实践，才能把握好焊接工艺的这两个要素。焊接时间过短，会使温度太低；焊接时间过长，会使温度太高。一般情况下，焊接时间应不超过3s。

任务实施

一、熟悉GQDJL-Ⅱ型单片机开发板元件清单

阅读表2-1-1所示GQDJL-Ⅱ型单片机开发板元件清单，然后对照各模块电路，按照

表 2-1-2 所示格式汇总 GQDJL-Ⅱ型单片机开发板的元件清单。

表 2-1-1　GQDJL-Ⅱ型单片机开发板的元件清单

序号	名称(Comment)	元件号(Designator)	元件值(Value)	数量(Quantity)
1	电解电容	E_1	10μF/16V/4×7	1
2		E_2	680μF/16V/8×12	1
3	可调电位器	VR3,VR4	100kΩ/3296	2
4		VR1,VR2	10kΩ/3296	2
5	0805 贴片电容	C_{13},C_{14}	30pF	2
6		C_5,C_6	27pF	2
7		C_{12}	103(0.01μF)	1
8		C_1,C_2,C_3,C_4,C_7,C_9,C_{10},C_{11},C_{15},C_{16}	104(0.1μF)	10
9		C_{17}	10μF	1
10		C_8	15pF	1
11		R_1,R_{18},R_{19},R_{21},R_{24}	1kΩ	5
12		R_2,R_3,R_4,R_5,R_6,R_7,R_8,R_9,R_{10},R_{11},R_{12},R_{13},R_{14},R_{15},R_{16},R_{17},R_{22},R_{23},R_{25}	10kΩ	19
13		R_{20}	300Ω	1
14	排阻	R_{P1}	220Ω×8	1
15		R_{P2},R_{P3}	10kΩ×8	2
16		R_{P4}	1kΩ×8	1
17	插针	J4,J6,J7,J8,J32,J34,J56,J58,J59,J60	1 位/2.54	10
18		J10,J22,J23,J28,J35,J36	2 位/2.54	6
19		J15,J16,J17,J18,J19,J20,J61,J62,J63,J64,J2	3 位/2.54	11
20		J5,J21,J29,J42,J43	4 位/2.54	5
21		J9,J24,J25,J30,J31	6 位/2.54	5
22		J1,J3,J26,J27,J41,J44,J45,J46,J47,J48,J49,J50,J51	8 位/2.54	13
23		J13,J14,J37,J39,J54,J55	20 位/2.54	6
24	温度传感器	J57	DS18B20	1
25	接线端子	P2	3 位/KF301-3P	1
26	蜂鸣器	B	5V 有源	1
27	三极管	Q1,Q2,Q3	S9012	3
28	继电器	K3	JQC-3F	1
29	共阴数码管	DS1,DS2	0.36/4 位	2
30	电源座	P1	3.5～1.1mm	1
31	微动开关	SW6	鼠标微动开关/KW10	1
32	USB 插座	USB1	90°弯脚	1
33	插针母座	J38,J40	2×20P	2
34	拨码开关	JP1(SW1、SW2、SW3、SW4)	4×2/红色	1
35	拨码开关	JP2,JP3	8×2/蓝色	2
36	贴片二极管	D1	D1206/1N4148	1
37	红外发射管	LED_F	5mm/940nm	1
38	红外接收管	LED_S	CHQ1838	1

续表

序号	名称(Comment)	元件号(Designator)	元件值(Value)	数量(Quantity)
39	发光二极管	D11,LED1,LED6	红色/5mm	3
40		LED2,LED7	黄色/5mm	2
41		LED4,LED5	白色/5mm	2
42		LED3,LED8	绿色/5mm	2
43	芯片	U9	DIP14/74HC00	1
44		U6	DIP14/LM324N	1
45		U1	DIP8/PCF8563	1
46	单片机	U10	DIP40/IAP15W4K58S4	1
47	芯片	U5	DIP14/CD4013	1
48	贴片芯片	UB1	SOP16/CH340G	1
49	芯片	U2	DIP8/24C02	1
50		U4	DIP8/TLC549	1
51		U8	DIP18/ULN2803	1
52	自锁开关 SW DPDT	S1	KG1	1
53	轻触按键 S	KEY1, KEY2, KEY3, KEY4, KEY5, KEY6, KEY7, KEY8, KEY9,KEY10,KEY11,KEY12, KEY13,KEY14,KEY15,KEY16	6×6×6	16
54	晶振	Y1	11.0592MHz	1
55		Y2	32.768kHz	1
56		Y3	12MHz	1
57	光敏电阻	GM	5528/光敏电阻	1
58	热敏电阻	RM	NTC-MF52AT/10kΩ/5%	1
59	芯片座	U1,U2,U4	DIP8/8 脚	3
60		U5,U6,U9	DIP14/14 脚	3
61		U8	DIP18/18 脚	1
62		U10,U11	DIP40/40 脚(拉杆式)	2
63	跳帽		黄色	12
64	铜柱		M3×8+4	5
65	螺母		M3	5
66	PCB 板			1
67	圆孔插座	J57	3P/2.54	1
68	USB 下载供电线		公对公	1
69	杜邦线		8 位	4
70	杜邦线		1 位	20

表 2-1-2　按模块分类汇总

序号	元件号	元器件名称	规格、类型	封装	所属模块

二、编制 GQDJL-Ⅱ型单片机开发板生产的电子工艺文件

对照 GQDJL-Ⅱ型单片机开发板 PCB 图以及 GQDJL-Ⅱ型单片机开发板实物电路

板，根据掌握的电子工艺知识，学以致用，编制电子工艺文件。

提示：

(1) 根据元器件的体积、类型制定元器件的焊接顺序。通用焊接顺序是先贴片元件后通孔元件、先矮后高、先里后外、先小后大。

(2) 对于有极性的元器件，要注意元器件极性与在 PCB 上极性的一致性。

(3) 对于集成电路芯片，要注意芯片标志与在 PCB 上标志的一致性。

三、元器件的识别与测试

(1) 按照表 2-1-1 所示元器件清单，领取 GQDJL-Ⅱ型单片机开发板的元器件。

(2) 按照表 2-1-2 所示元器件清单，按电路模块分类，并一一测试，发现问题，及时更换。

四、电路焊接

根据领取到的元器件，查看封装后，适当调整上一任务制定的电子工艺文件；然后，按照电子工艺文件组装与焊接。

注意：

(1) 在焊接过程中，务必确认元器件位置与极性无误后，方可焊接。在元器件焊接过程中，容易混淆、出错的方面有：排阻的阻值、方向问题，IC 座的方向问题，IC 座与插针位置混淆，二极管及电解电容的问题等。

(2) 焊接时，要热焊（要有足够的温度），不要“力焊”。

(3) 万一焊错，不要盲目拆焊，交由指导教师安排补救措施。

五、电路测试

(1) 目测：用双眼观察电路板各焊点，检查是否存在假焊、虚焊或漏焊，线路间是否存在短路与断路现象。

(2) 插上各电源模块的供电短路帽，检查总电源端对地电阻，查看是否有短路。若无，进入下一步测试；若有，拔下各电路模块的电源短路帽，用万用表检测各电路模块的电源端对地端的电阻，找出有短路的电路模块。

(3) 拔下短路帽，用 USB 线将开发板与 PC 相连，然后接通电源开关，用万用表检测各电路模块供电端。正常时，各供电端应有＋5V 供电电压。

(4) 断电，插上各电路模块的短路帽；通电，观察是否有异常情况出现。若无，说明电路焊接正常。

六、联机测试

用已知单片机应用系统电路进行联机测试，即将包含有应用程序的单片机插入单片机插座并锁紧。按照教师指定单片机应用系统（图 1-2-1）进行电路连接，然后上电运行程序。若系统功能符合要求，说明 GQDJL-Ⅱ型单片机开发板系统基本正常。

任务2　Keil C集成开发环境的操作使用

任务说明

单片机应用系统由硬件和软件两部分组成，单片机应用系统的开发包括硬件设计与软件设计。作为单片机自身，只能识别机器代码，而为了使人们便于记忆、识别和编写应用程序，一般采用汇编语言或C语言编程，为此需要一个工具能将汇编语言源程序或C语言源程序转换成机器代码程序。Keil C集成开发环境就是一个融汇编语言和C语言编辑、编译与调试于一体的开发工具。目前流行的Keil C集成开发环境版本主要有：Keil μVision2、Keil μVision3和Keil μVision4。

本任务以程序实例，系统地学习与实践Keil μVision4，完成用户程序的输入、编辑、编译与模拟仿真调试。

相关知识

一、单片机应用程序的编辑、编译与调试流程

单片机应用程序的编辑、编译一般采用Keil C集成开发环境实现，但程序调试有多种方法，如Keil C集成开发环境的软件仿真调试与硬件（在线）仿真调试、硬件的在线调试与专用仿真软件（Proteus）的仿真调试，如图2-2-1所示。

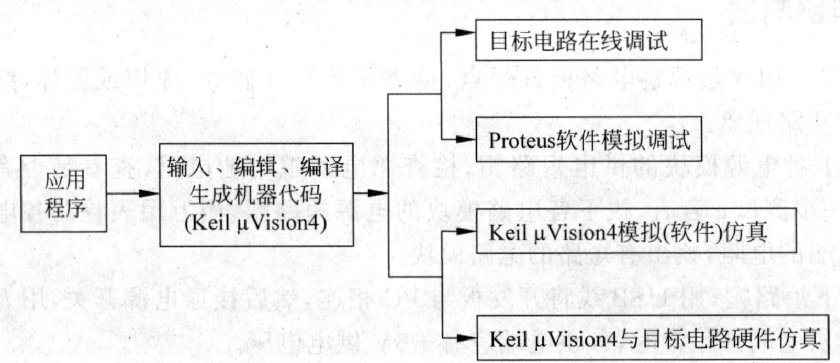

图2-2-1　应用程序的编辑、编译与调试流程

二、Keil C集成开发环境

1. Keil μVision4的编辑、编译界面

Keil μVision4集成开发环境依据工作特性，分为编辑、编译界面和调试界面。启动Keil μVision4后，进入编辑、编译界面，如图2-2-2所示。在此环境下创建、打开用户项目文件，进行汇编源程序或C51源程序的输入、编辑与编译。

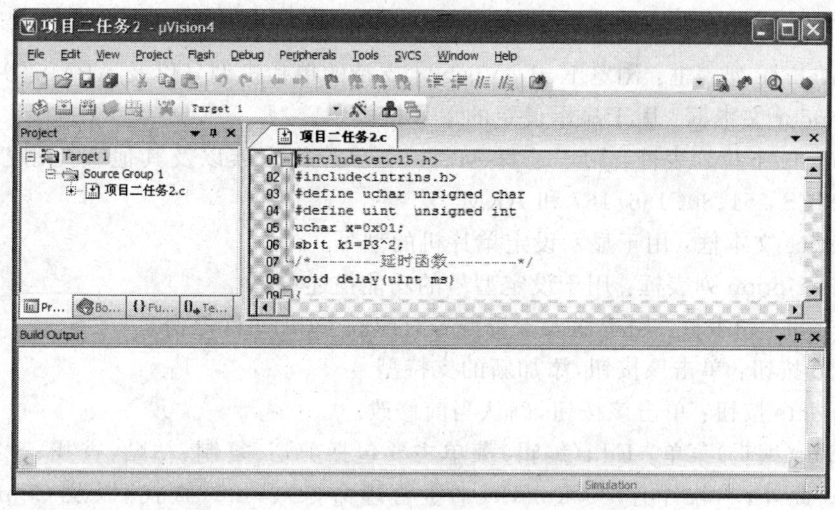

图 2-2-2　Keil μVision4 编辑、编译用户界面

1) 菜单栏

Keil μVision4 在编辑、编译界面和调试界面的菜单栏是不一样的，灰白显示的为当前界面的无效菜单项。

(1) File(文件)菜单：File(文件)菜单命令主要用于对文件的常规(新建文件、打开文件、关闭文件与文件存盘等)操作，其功能、使用方法与一般的 Word、Excel 等应用程序一致。但 File 菜单的 Device Database 命令是特有的，用于修改 Keil μVision4 支持的 8051 芯片型号以及 ARM 芯片的设定。Device Database 对话框如图 2-2-3 所示，用户可在其中添加或修改 Keil μVision4 支持的单片机型号以及 ARM 芯片。

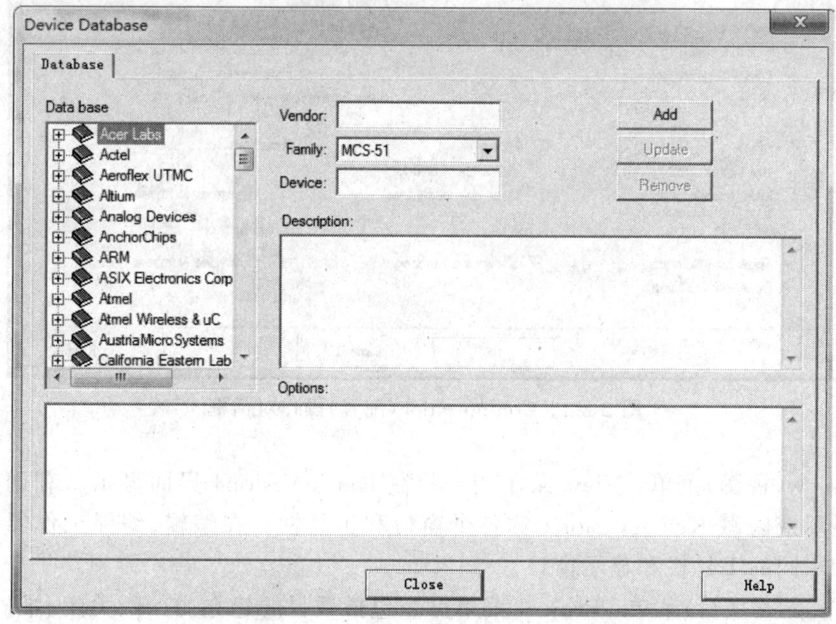

图 2-2-3　Device Database 对话框

Device Database 对话框中各选项的功能如下所述。

① Database 列表框：浏览 Keil μVision4 支持的单片机型号以及 ARM 芯片。

② Vendor 文本框：用于显示设定的单片机类别。

③ Family 下拉列表框：用于选择 MCS-51 单片机家族以及其他微控制器家族，有 MCS-51、MCS-251、80C166/167 和 ARM。

④ Device 文本框：用于显示设定单片机的型号。

⑤ Description 列表框：用于设定型号的功能描述。

⑥ Options 列表框：用于输入支持型号对应的 DLL 文件等信息。

⑦ Add 按钮：单击该按钮，添加新的支持型号。

⑧ Update 按钮：单击该按钮，确认当前修改。

（2）Edit（编辑）菜单：Edit（编辑）菜单主要包括剪切、复制、粘贴、查找、替换等通用编辑操作。此外，本软件有 Bookmark（书签管理命令）、Find（查找）以及 Configuration（配置）等操作功能。其中，Configuration（配置）选项用于设置软件的工作界面参数，如编辑文件的字体大小以及颜色等参数。Configuration（配置）操作对话框如图 2-2-4 所示，有 Editor（编辑）、Colors & Fonts（颜色与字体）、User Keywords（设置用户关键词）、Shortcut Keys（快捷关键词）、Templates（模板）、Other（其他）等配置选项。

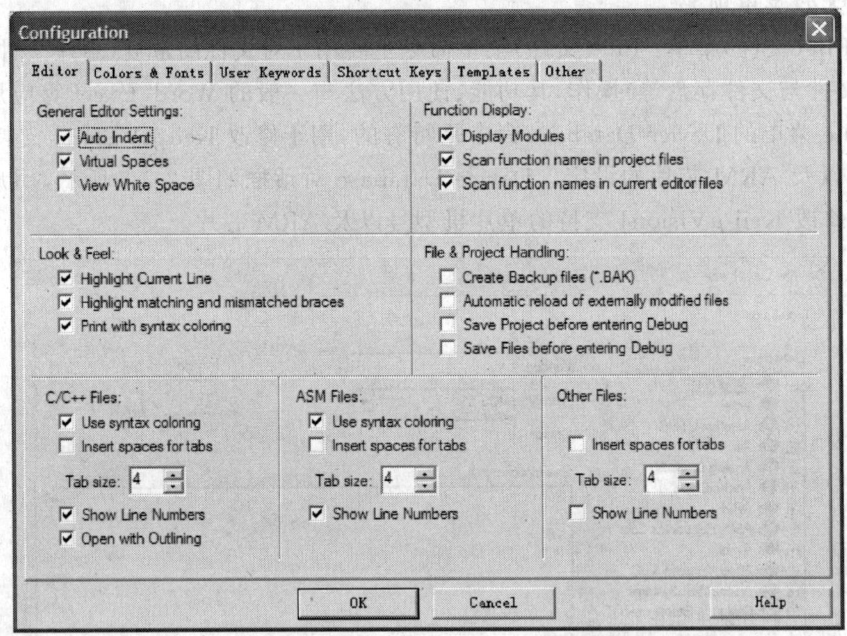

图 2-2-4　Configuration（配置）操作对话框

（3）View（视图）菜单：View 菜单用于控制 Keil μVision4 界面显示。利用其中的命令，可以显示或隐藏 Keil μVision4 的各个窗口和工具栏。在编辑、编译工作界面及调试界面中，有不同的工具栏和显示窗口。

（4）Project（项目）菜单：Project 菜单命令包括项目的建立、打开、关闭、维护、目标环境设定、编译等命令。各 Project 菜单命令的功能介绍如下。

① New Project：建立一个新项目。

② New Multi-Project Workspace：新建多项目工作区域。

③ Open Project：打开一个已存在的项目。

④ Close Project：关闭当前项目。

⑤ Export：导出为 μVision3 格式。

⑥ Manage：工具链、头文件和库文件的路径管理。

⑦ Select Device for Target：为目标选择器件。

⑧ Remove Item：从项目中移除文件或文件组。

⑨ Options：修改目标、组或文件的选项设置。

⑩ Build Target：编译修改过的文件，并生成应用程序。

⑪ Rebuild Target：重新编译所有文件，并生成应用程序。

⑫ Translate：传输当前文件。

⑬ Stop Build：停止编译。

(5) Flash(下载)菜单：Flash 菜单命令主要用于控制程序下载到 E^2PROM。

(6) Debug(调试)菜单：Debug 菜单命令用于软件仿真环境下的调试，提供断点、单步、跟踪与全速运行等操作命令。

(7) Peripherals(外设)菜单：包含外围模块菜单命令，用于芯片的复位和片内功能模块的控制。

(8) Tools(工具)菜单：Tools 菜单命令主要用于支持第三方调试系统，包括 Gimpel Software 公司的 PC-Lint 和西门子公司的 Easy-Case。

(9) SVCS(软件版本控制系统)菜单：SVCS 菜单命令用于设置和运行软件版本控制系统(Software Version Control，SVCS)。

(10) Window(窗口)菜单：Window(窗口)菜单命令用于设置窗口的排列方式，与 Windows 的窗口管理兼容。

(11) Help(帮助)菜单：Help(帮助)菜单命令用于提供软件帮助信息和版本说明。

2) 工具栏

Keil μVision4 在编辑、编译界面和调试界面有不同的工具栏。在此介绍编辑、编译界面的工具栏。

(1) 常用工具栏：图 2-2-5 所示为 Keil μVision4 的常用工具栏，从左至右依次为 New(新建文件)、Open(打开文件)、Save(保存当前文件)、Save All(保存全部文件)、Cut(剪切)、Copy(复制)、Paste(粘贴)、Undo(取消上一步操作)、Redo(恢复上一步操作)、Navigate Backwards(回到先前的位置)、Navigate Forwards(前进到下一个位置)、Insert/Remove Bookmark(插入或删除书签)、Go to Previous Bookmark(转到前一个已定义书签处)、Go to the Next Bookmark(转到下一个已定义书签处)、Clear All Bookmarks(取消所有已定义的书签)、Indent Selection(右移一个制表符)、Unindent Selection(左移一个制表符)、Comment Selection(选定文本行内容)、Uncomment Selection(取消选定文本行内容)、Find in Files...(查找文件)、Find...(查找内容)、Incremental Find(增量查找)、Start/Stop Debug Session(启动或停止调试)、Insert/Remove Breakpoint(插入或删除断

点）、Enable/Disable Breakpoint（允许或禁止断点）、Disable All Breakpoint（禁止所有断点）、Kill All Breakpoint（删除所有断点）、Project Windows（窗口切换）、Configuration（参数配置）等工具图标。单击工具图标，执行图标对应的功能。

图 2-2-5　常用工具栏

（2）编译工具栏：图 2-2-6 所示为 Keil μVision4 的编译工具栏，从左至右依次为 Translate（传输当前文件）、Build（编译目标文件）、Rebuild（编译所有目标文件）、Batch Build（批编译）、Stop Build（停止编译）、Down Load（下载文件到 Flash ROM）、Select Target（选择目标）、Target Option...（目标环境设置）、File Extensions、Books and Environment（文件的组成、记录与环境）、Manage Multi-Project Workspace（管理多项目工作区域）等工具图标。单击图标，执行图标对应的功能。

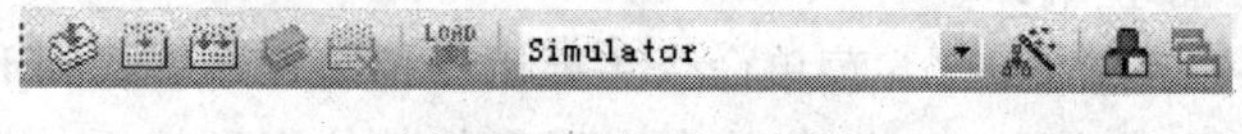

图 2-2-6　编译工具栏

3）窗口

Keil μVision4 的窗口在编辑、编译界面和调试界面有不同的窗口。在此介绍编辑、编译界面的窗口。

（1）编辑窗口：在编辑窗口中，用户可以输入或修改源程序。Keil μVision4 的编辑器支持程序行自动对齐和语法高亮显示。

（2）项目窗口：选择菜单命令 View → Project Window，或单击工具图标，可以显示或隐藏项目窗口（Project Window）。该窗口主要用于显示当前项目的文件结构和寄存器状态等信息。项目窗口中共有 4 个选项页，分别为 Files、Books、Functions、Templates。Files 选项页显示当前项目的组织结构，可以在该窗口中直接单击文件名打开文件，如图 2-2-7 所示。

图 2-2-7　项目窗口中的 Files 选项页

（3）输出窗口：Keil μVision4 的编译信息输出窗口（Output Window）用于显示编译时的输出信息，如图 2-2-8 所示。在窗口中，双击输出的 Warning 或 Error 信息，可以直接调转至源程序警告或错误所在行。

```
Build Output
Build target 'Simulator'
compiling HELLO.C...
linking...
Program Size: data=30.1 xdata=0 code=1096
"HELLO" - 0 Error(s), 0 Warning(s).
```

图 2-2-8　Keil μVision4 的编译信息输出窗口

2. Keil μVision4 的调试界面

Keil μVision4 集成开发环境除了可以编辑 C 语言源程序和汇编语言源程序以外，还可以软件模拟调试和硬件仿真调试用户程序，验证用户程序的正确性。在模拟调试中主要学习两个方面的内容：一是程序的运行方式；二是查看与设置单片机内部资源的状态。

选择菜单命令 Debug→Start/Stop Debug Session，或单击工具栏中的“调试”按钮 ，系统进入调试界面，如图 2-2-9 所示；若复选“调试”按钮 ，则退出调试界面。

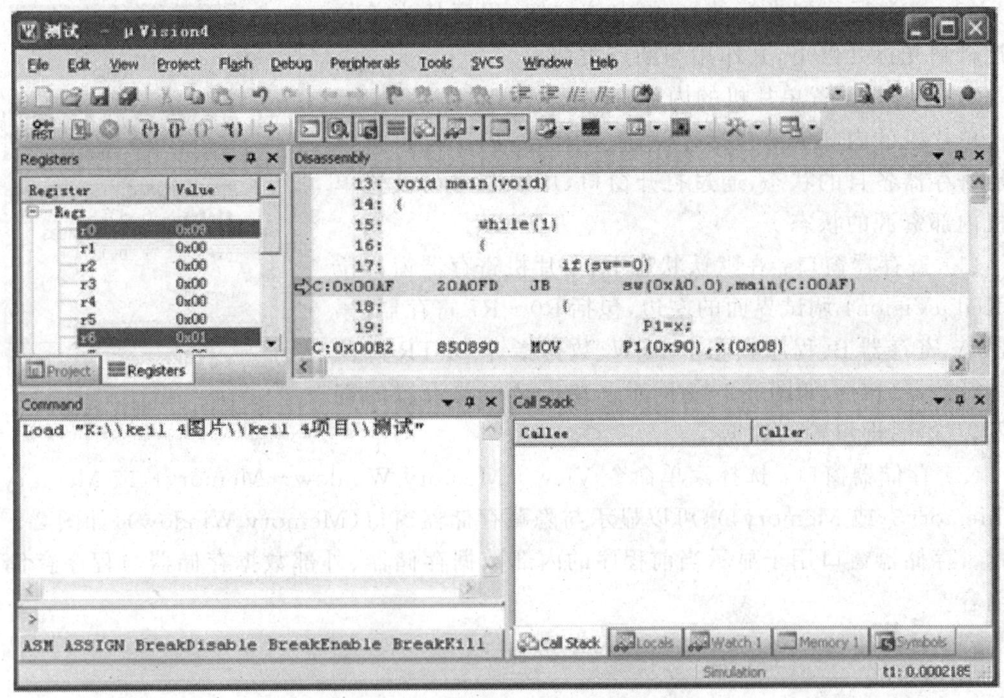

图 2-2-9　Keil μVision4 的调试界面

1）程序的运行方式

图 2-2-10 所示为 Keil μVision4 的运行工具栏，从左至右依次为 Reset（程序复位）、Run（程序全速运行）、Stop（程序停止运行）、Step（跟踪运行）、Step Over（单步运行）、Step Out（跳出跟踪）、Run to Cursor Line（运行至光标处）等工具图标。单击工具图标，执行图标对应的功能。

图 2-2-10　Keil μVision4 运行工具栏

（1） （程序复位）：使单片机恢复到初始状态。

（2） （程序全速运行）：从 0000H 开始运行程序。若无断点，则无障碍运行程序；若遇到断点，在断点处停止，再按“全速运行”，从断点处继续运行。

注： 用鼠标在程序某行双击，即设置断点，在程序行的左边出现一个红色方框；反之，取消断点。断点调试主要用于分块调试程序，便于缩小查找故障范围。

（3） （程序停止运行）：从程序运行状态中退出。

（4）（跟踪运行）：每单击该按钮一次，系统执行一条指令，包括子程序（或子函数）的每一条指令。运用该工具，可逐条进行指令调试。

（5）（单步运行）：每单击该按钮一次，系统执行一条指令，但系统把调用子程序指令当作一条指令执行。

（6）（跳出跟踪）：当执行跟踪操作进入某个子程序时，单击该按钮，可从子程序中跳出，回到调用该子程序指令的下一条指令处。

（7）（运行到光标处）：单击该按钮，程序从当前位置运行到光标处停下，其作用与断点类似。

2）查看与设置单片机的内部资源

单片机的内部资源包括存储器、寄存器、内部接口特殊功能寄存器各自的状态，通过打开窗口，可以查看与设置单片机内部资源的状态。

（1）寄存器窗口：在默认状态下，单片机寄存器窗口位于 Keil μVision4 调试界面的左边，包括 R0～R7 寄存器、累加器 A、寄存器 B、程序状态字 PSW、数据指针 DPTR 以及程序计数器（PC），如图 2-2-11 所示。单击选中要设置的寄存器，双击后即可输入数据。

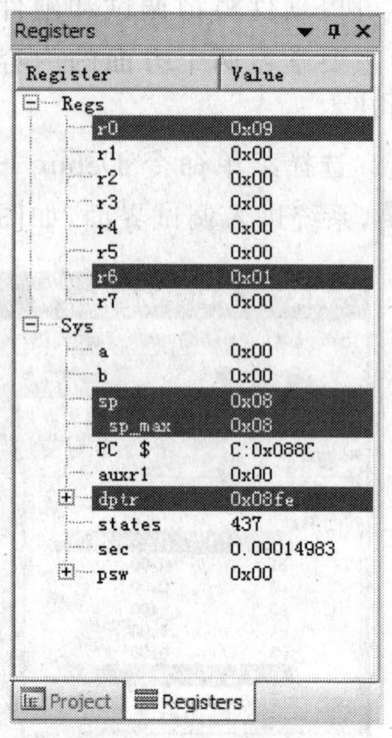

图 2-2-11　寄存器窗口

（2）存储器窗口：选择菜单命令 View→Memory Window→Memory1（或 Memory2，或 Memory3，或 Memory4），可以显示与隐藏存储器窗口（Memory Window），如图 2-2-12 所示。存储器窗口用于显示当前程序的内部数据存储器、外部数据存储器与程序存储器的内容。

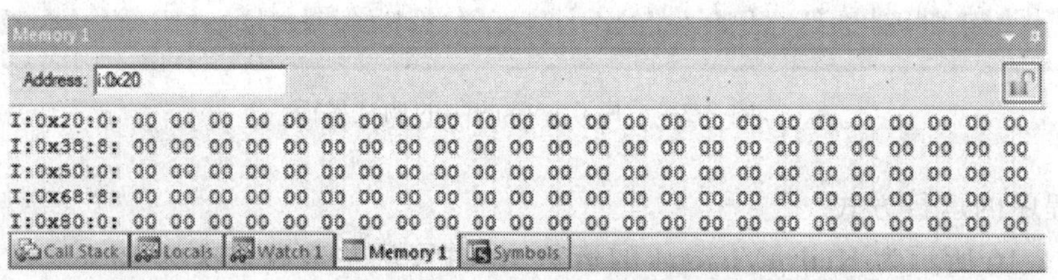

图 2-2-12　存储器窗口

在 Address 地址框中输入存储器类型与地址，存储器窗口中可显示相应类型和相应地址为起始地址的存储单元的内容。通过移动垂直滑动条可查看其他地址单元的内容，或修改存储单元的内容。

① 输入“C：存储器地址”，显示程序存储区相应地址的内容。

② 输入“I：存储器地址”，显示片内数据存储区相应地址的内容，图 2-2-12 所示为片内数据存储器 20H 单元为起始地址的存储内容。

③ 输入“X：存储器地址”，显示片外数据存储区相应地址的内容。

在窗口数据处右击，可以在快捷菜单中选择修改存储器内容的显示格式或修改指定存储单元的内容，比如修改 20H 单元内容为 55H，如图 2-2-13 和图 2-2-14 所示。

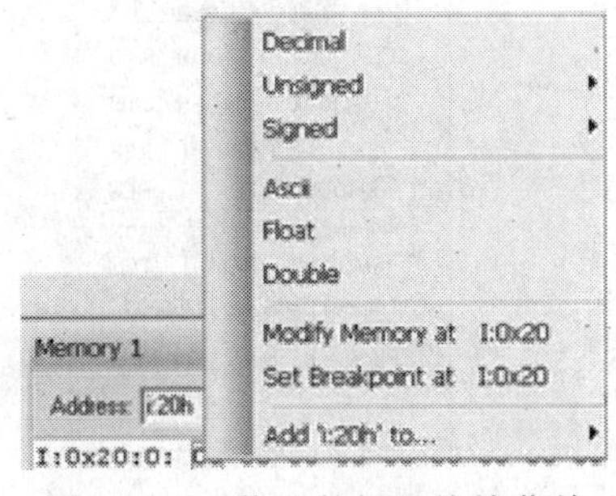

图 2-2-13　修改数据的快捷菜单

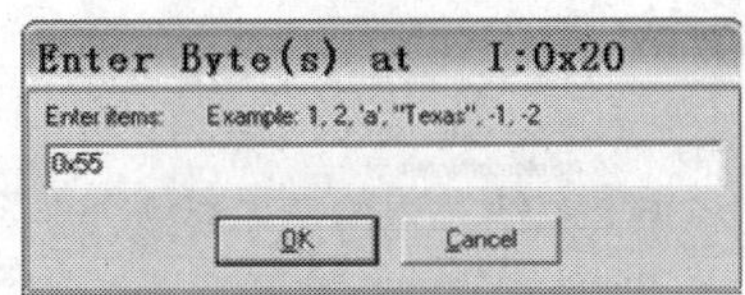

图 2-2-14　输入数据 55H

(3) I/O 口控制窗口：进入调试模式后，选择菜单命令 Peripherals→I/O-Port，再在下级子菜单中选择显示与隐藏指定 I/O 口(P0、P1、P2、P3 口)的控制窗口，如图 2-2-15 所示。使用该窗口，可以查看各 I/O 口的状态，设置输入引脚状态。在相应的 I/O 口中，上为 I/O 口输出锁存器值，下为输入引脚状态值，通过鼠标单击相应位，方框中的"√"与空白框切换。"√"表示"1"，空白框表示"0"。

(4) 定时器控制窗口：进入调试模式后，选择菜单命令 Peripherals→Timer，再在下级子菜单中选择显示与隐藏指定的定时器/计数器控制窗口，如图 2-2-16 所示。使用该窗口，可以设置对应定时器/计数器的工作方式，观察和修改定时器/计数器相关控制寄存器的各个位，以及定时器/计数器的当前状态。

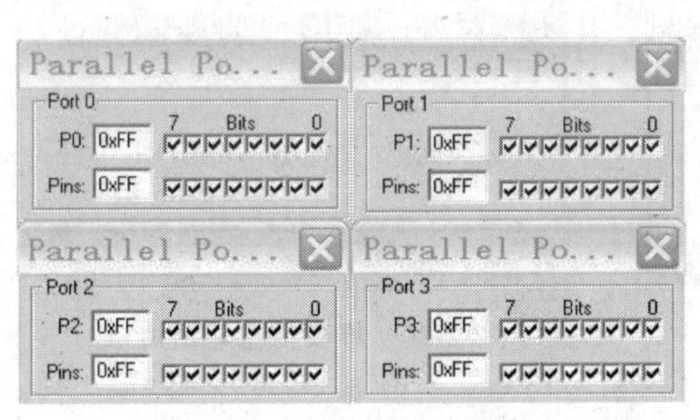

图 2-2-15　I/O 口控制窗口

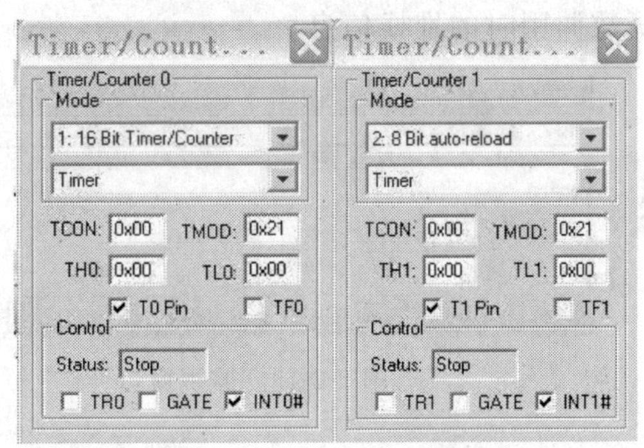

图 2-2-16　定时器/计数器控制窗口

(5) 中断控制窗口：进入调试模式后，选择菜单命令 Peripherals→Interrupt，可以显示与隐藏中断控制窗口，如图 2-2-17 所示。中断控制窗口用于显示和设置 8051 单片机的中断系统。根据单片机型号的不同，中断控制窗口有所区别。

(6) 串行口控制窗口：进入调试模式后，选择菜单命令 Peripherals→Serial，可以显示与隐藏串行口的控制窗口，如图 2-2-18 所示。使用该窗口，可以设置串行口的工作方式，观察和修改串行口相关控制寄存器的各个位，以及发送、接收缓冲器的内容。

(7) 监视窗口：进入调试模式后，在菜单命令 View→Watch Window 中，共有 Locals、Watch ＃1、Watch ＃2 等选项，每个选项对应一个窗口。单击相应选项，可以显

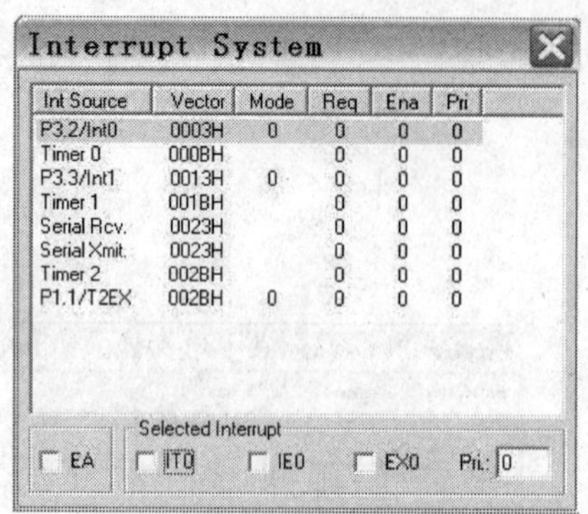

图 2-2-17　中断控制窗口

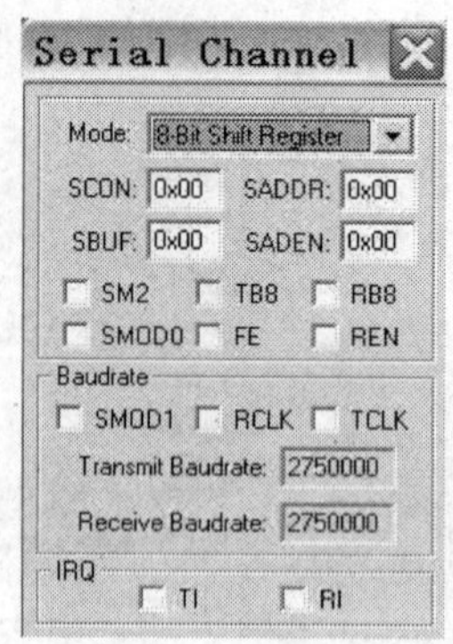

图 2-2-18　串行口控制窗口

示与隐藏对应的监视输出窗口(Watch Window)，如图 2-2-19 所示。使用该窗口，可以观察程序运行中特定变量或寄存器的状态，以及函数调用时的堆栈信息。

① Locals：该选项用于显示当前运行状态下的变量信息。

② Watch ＃1：监视窗口 1，可以按 F2 键添加要监视的名称，Keil μVision4 在程序运行中全程监视该变量的值。如果为局部变量，则运行变量有效范围外的程序时，该变量的值以“????”的形式表示。

③ Watch ＃2：监视窗口 2，操作与使用方法同监视窗口 1。

(8) 堆栈信息窗口：进入调试模式后，选择菜单命令 View→Call Stack Window，可以显示与隐藏堆栈信息输出窗口，如图 2-2-20 所示。使用该窗口，可以观察程序运行中函数调用时的堆栈信息。

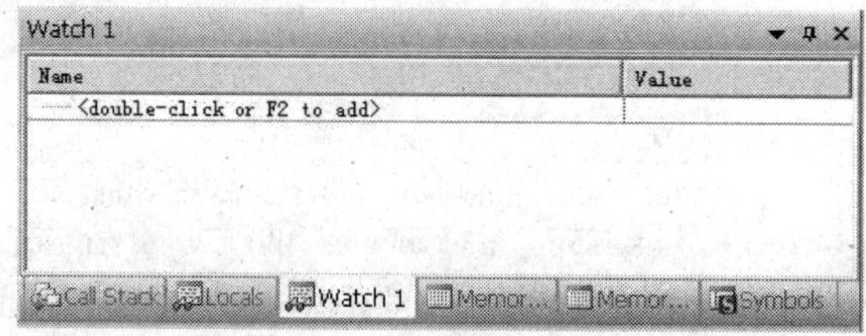

图 2-2-19　监视窗口

图 2-2-20　堆栈信息输出窗口

(9) 反汇编窗口：进入调试模式后，选择菜单命令 View→Disassembly Window，可以显示与隐藏编译后窗口(Disassembly Window)，同时显示机器代码程序与汇编语言源程序(或 C51 的源程序和相应的汇编语言源程序)，如图 2-2-21 所示。

```
Disassembly
C:0x0000    020003    LJMP    C:0003
C:0x0003    787F      MOV     R0,#0x7F
C:0x0005    E4        CLR     A
C:0x0006    F6        MOV     @R0,A
C:0x0007    D8FD      DJNZ    R0,C:0006
C:0x0009    758108    MOV     SP(0x81),#x(0x08)
C:0x000C    02004A    LJMP    C:004A
C:0x000F    0200AF    LJMP    main(C:00AF)
C:0x0012    E4        CLR     A
```

图 2-2-21　反汇编窗口

任务实施

一、示例程序功能与示例源程序

1. 程序功能

流水灯控制：当开关合上时，流水灯左移；当开关断开时，流水灯右移。左移间隔时间为 1s，右移时间间隔为 0.5s。

2. 源程序清单（项目二任务 2.c）

```
#include<stc15.h>
#include<intrins.h>
#define uchar unsigned char
#define uint unsigned int
uchar x=0x01;
sbit k1=P3^2;
void Delay1ms()           //@12.000MHz
{
    unsigned char i, j;

    i = 12;
    j = 169;
    do
    {
        while (--j);
    } while (--i);
}

void delay(uint ms)
{
    uint j;
    for(j=0;j<ms;j++)Delay1ms();
}
void main(void)
{
    while(1)
    {
        if(k1==0)
        {
            P1=x;
            x=_crol_(x,1);
            delay(1000);
        }
        else
        {
            P1=x;
            x=_cror_(x,1);
            delay(500);
        }
    }
}
```

二、应用 Keil μVision4 集成开发环境前的准备工作

因为 Keil μVision4 软件中自身不带 STC 系列单片机的数据库和头文件，为了在 Keil μVision4 软件设备库中直接选择 STC 系列单片机，以及在编写程序时直接使用 STC 系列单片机新增的特殊功能寄存器，需要用 STC-ISP 在线编程软件中的工具，将 STC 系列单片机的数据库(包括 STC 单片机型号、STC 单片机头文件与 STC 单片机仿真驱动)添加到 Keil μVision4 软件设备库中，操作方法如下。

图 2-2-22　STC-ISP 在线编程软件“Keil 仿真设置”选项

(1) 运行 STC-ISP 在线编程软件，选择“Keil 仿真设置”项，如图 2-2-22 所示。

(2) 单击“添加型号和头文件到 Keil 中 添加 STC 仿真器驱动到 Keil 中”按钮，弹出“浏览文件夹”对话框，如图 2-2-23 所示，选择 Keil 的安装目录(如 C:\Keil)，如图 2-2-24 所示。单击“确定”按钮，完成添加工作。

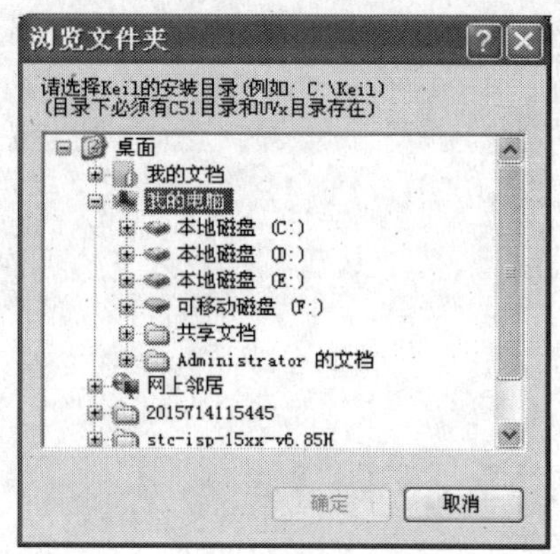

图 2-2-23　“浏览文件夹”对话框

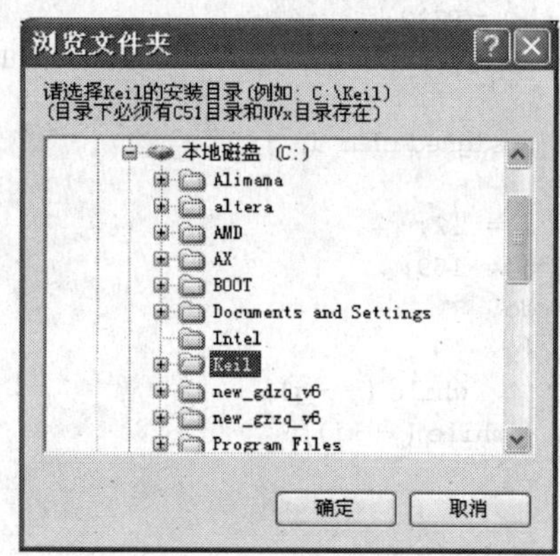

图 2-2-24　选择 Keil 的安装目录

(3) 查看 STC 的头文件。

添加的头文件在 Keil 安装目录的子目录下，如 C:\Keil\C51\INC。打开 STC 文件夹，查看添加的 STC 单片机头文件，如图 2-2-25 所示。其中，STC15.H 头文件适用于所有 STC15 系列单片机。

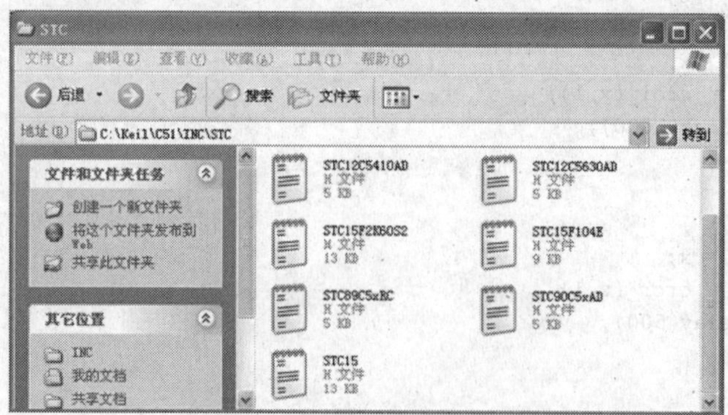

图 2-2-25　生成的 STC 单片机头文件

三、应用 Keil μVision4 集成开发环境输入、编辑、编译与调试用户程序

应用 Keil μVision4 集成开发环境的流程如下：创建项目→输入、编辑应用程序→把程序文件添加到项目中→编译与连接(包含生成机器代码文件)→调试程序。

1. 创建项目

Keil μVision4 中的项目是一个特殊结构的文件，它包含与应用系统相关的所有文件的相互关系。在 Keil μVision4 中，主要使用项目来开发单片机应用系统程序。

(1) 创建项目文件夹。

根据存储规划，创建一个存储项目的文件夹，如 E:\项目一任务 2。

(2) 启动 Kiel μVision4，选择菜单命令 Project→New μVision Project，弹出 Create New Project(创建新项目)对话框。选择新项目要保存的路径，并输入项目文件名，如图 2-2-26 所示。Keil μVision4 项目文件的扩展名为. uvproj。

(3) 单击"保存"按钮，弹出 Select a CPU Data Base File(选择 CPU 数据库)对话框。其中有 Generic CPU Data Base 和 STC MCU Database 2 个选项，如图 2-2-27 所示。选择 STC MCU Database 并单击 OK 按钮，弹出 Select Device for Target'Tarqet 1...'(STC 数据库)单片机型号对话框。移动垂直条查找目标芯片(如 STC15W4K32S4 系列)，如图 2-2-28 所示。

图 2-2-26　Create New Project 对话框

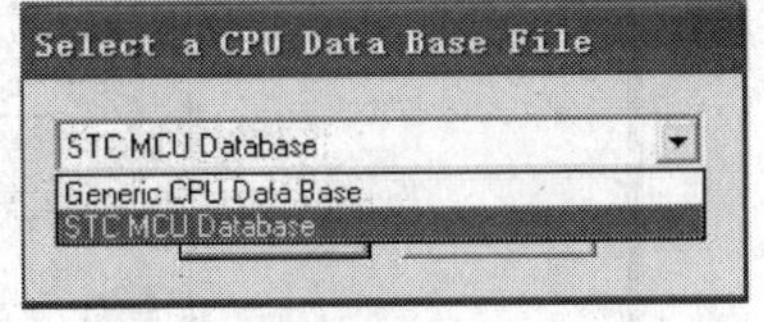

图 2-2-27　选择 CPU 数据库对话框

(4) 单击 Select Device for Target'Tarqet 1...'对话框中的 OK 按钮，程序询问是否将标准 51 初始化程序(STARTUP. A51)加入项目中，如图 2-2-29 所示。单击"是"按钮，程序自动复制标准 51 初始化程序到项目所在目录，并将其加入项目。一般情况下，单击"否"按钮。

2. 编辑程序

选择菜单命令 File→New，弹出程序编辑工作区。在编辑区中，按示例程序(项目二任务 2. c)所示源程序清单输入与编辑程序，如图 2-2-30 所示，并以"项目二任务 2. c"文件名保存，如图 2-2-31 所示。

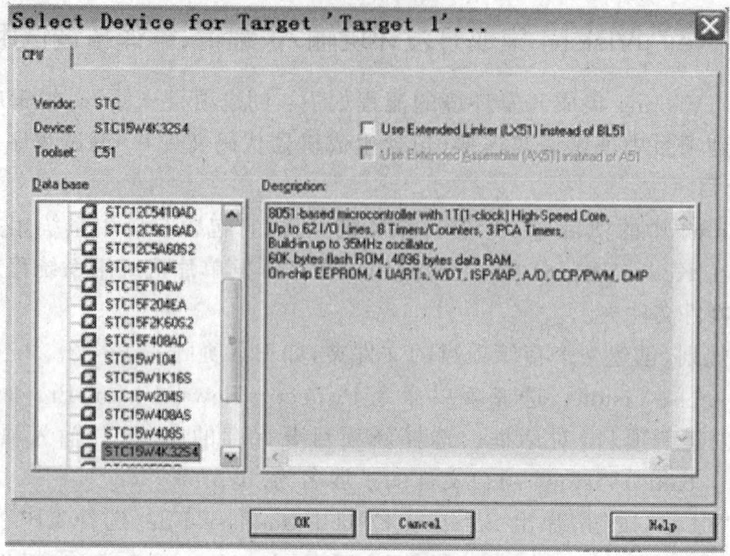

图 2-2-28　选择 STC 目标芯片

图 2-2-29　添加标准 51 初始化程序确认框

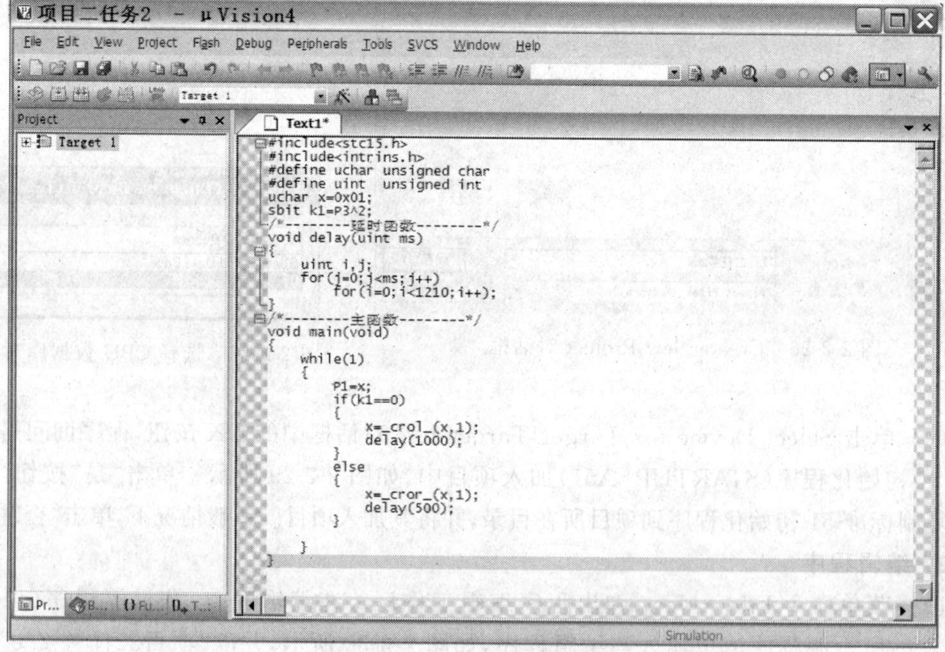

图 2-2-30　在编辑框中输入程序

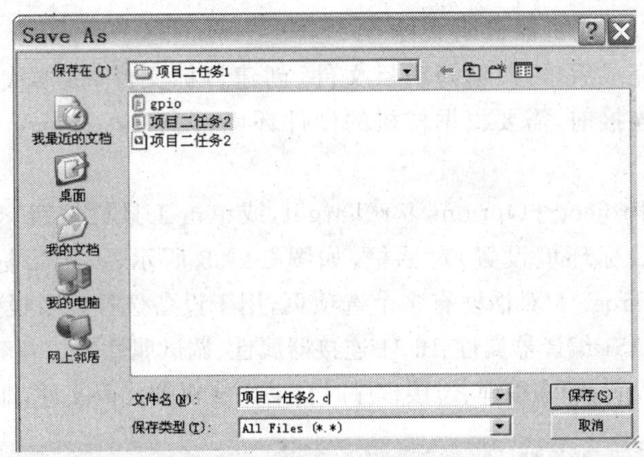

图 2-2-31 保存文件

注：保存时，应注意选择文件类型。若编辑的是汇编语言源程序，以.ASM为扩展名存盘；若编辑的是C51程序，以.c为扩展名存盘。

3. 将应用程序添加到项目中

选中项目窗口中的文件组后右击，在弹出的快捷菜单中选择Add Files to Group（添加文件）项，如图2-2-32所示，弹出为项目添加文件（源程序文件）的对话框，如图2-2-33所示。选择文件"项目二任务2.c"，然后单击Add按钮添加文件，再单击Close按钮关闭添加文件对话框。

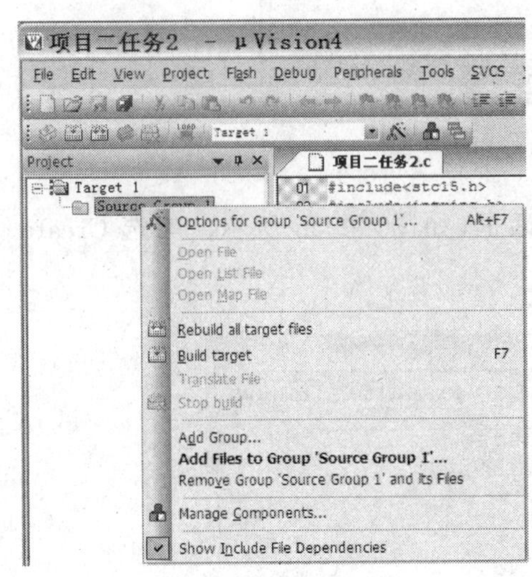

图 2-2-32 选择为项目添加文件的快捷菜单

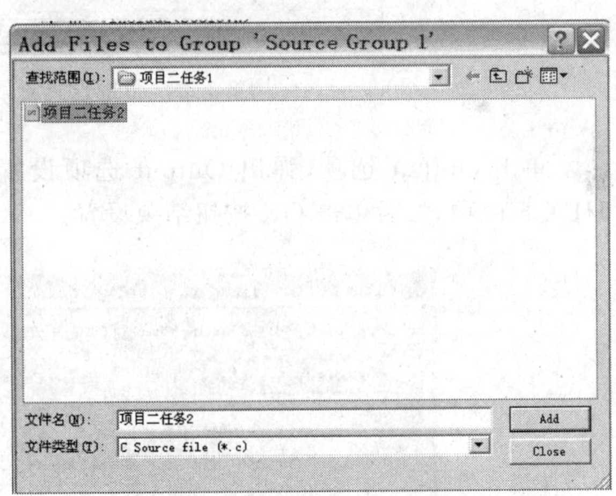

图 2-2-33 为项目添加文件的对话框

展开项目窗口中的文件组。查看添加的文件，如图2-2-34所示。

可连续添加多个文件。添加所有必要的文件后，可以在程序组目录下查看并管理。双击选中的文件，可以在编辑窗口中将其打开。

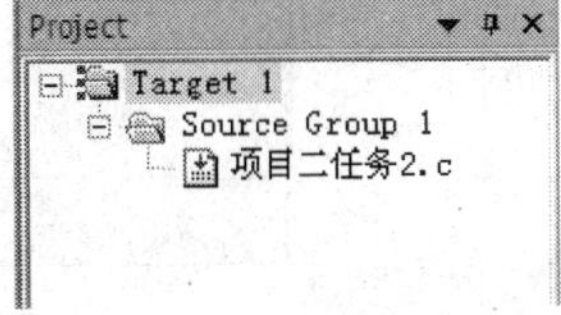

图 2-2-34 查看添加的文件

4. 编译与连接、生成机器代码文件

项目文件创建完成后，可以编译项目文件，创建目标文件（机器代码文件以.HEX为扩展名）。在编译、连接前，需要根据样机的硬件环境，在Keil μVision4中进行目标配置。

1）环境设置

选择菜单命令Project→Options for Target，或单击工具栏按钮，弹出Options for Target'Tarqet 1'（目标环境设置）对话框，如图2-2-35所示，设定目标样机的硬件环境。Options for Target 'Tarqet 1'对话框有多个选项页，用于设备选择以及设置目标属性、输出属性、C51编译器属性、A51编译器属性、BL51连接器属性、调试属性等。一般情况下按默认设置应用，但有一项必须设置，即在编译、连接程序时自动生成机器代码文件，即项目二任务2.hex。

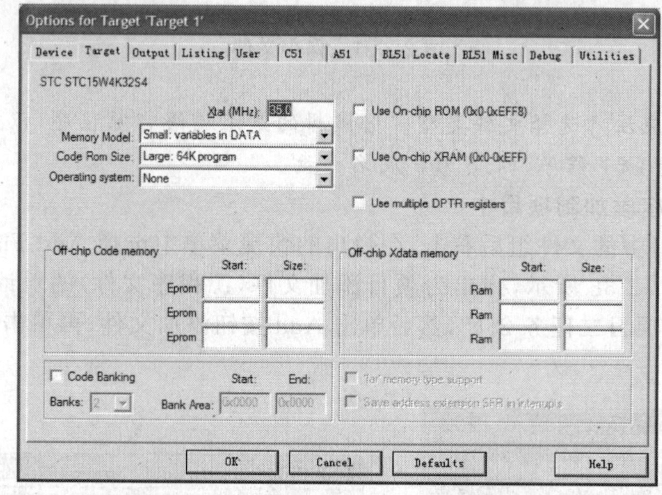

图 2-2-35　目标设置对话框（Target 选项）

单击Output选项，弹出Output选项设置对话框，如图2-2-36所示。勾选Create HEX File项，然后单击OK按钮结束设置。

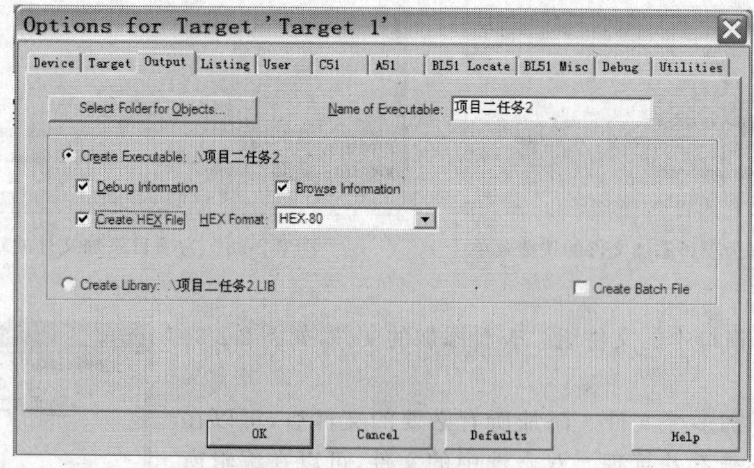

图 2-2-36　Output 选项（设置创建 HEX 文件）

2）编译与连接

选择菜单命令 Project→Build target(Rebuild target files)或单击编译工具栏中的编译按钮，启动编译、连接程序，在输出窗口中将输出编译、连接信息，如图 2-2-37 所示。如提示“0 Error”，表示编译成功；否则，提示错误类型和错误语句位置。双击错误信息，光标将出现在程序错误行。修改程序后，必须重新编译，直至提示“0 Error”为止。

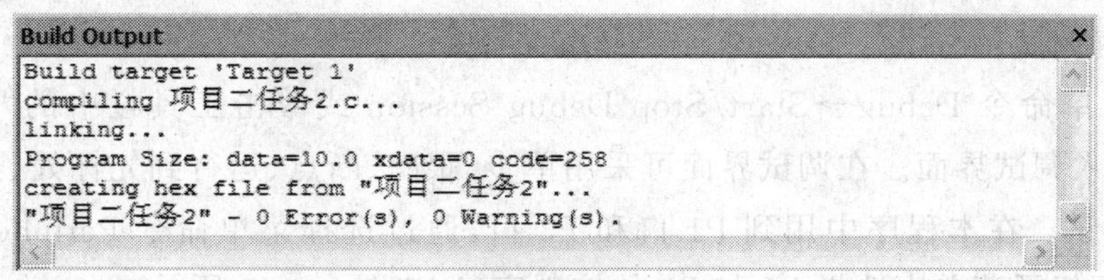

图 2-2-37　编译与连接信息

3）查看 HEX 机器代码文件

HEX(或 hex)类型文件是机器代码文件，是单片机运行文件。打开项目文件夹，查看是否存在机器代码文件，如图 2-2-38 所示。项目二任务 2.hex 就是编译时生成的机器代码文件。

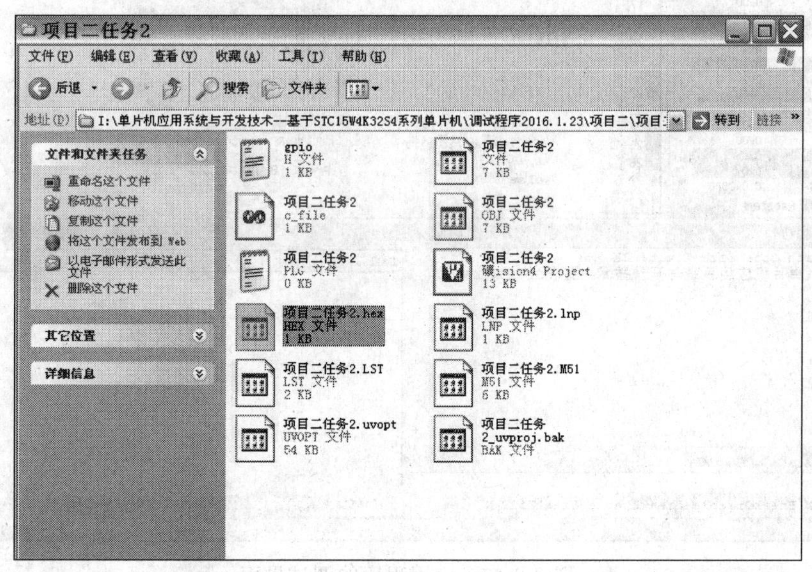

图 2-2-38　查看 hex 文件

5. Keil μVision4 的软件模拟仿真

1）设置软件模拟仿真方式

打开编译环境设置对话框，打开 Debug 选项页，选中 Use Simulator，如图 2-2-39 所示，然后确定，Keil μVision4 集成开发环境被设置为软件模拟仿真。

注： 默认状态下是软件模拟仿真。

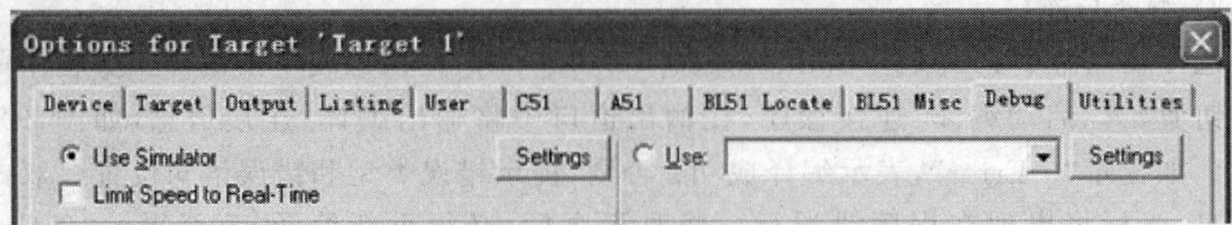

图 2-2-39 目标设置对话框

2）仿真调试

选择菜单命令 Debug→Start/Stop Debug Session 或单击工具栏中的“调试”按钮，系统进入调试界面。在调试界面可采用单步、跟踪、断点、运行到光标处、全速运行等方式进行调试。在本程序中用到 P1 口和 P3 口，通过选择菜单命令 Peripherals→I/O-Port，再在下级子菜单中选择 P1 与 P3 的控制窗口，如图 2-2-40 所示。

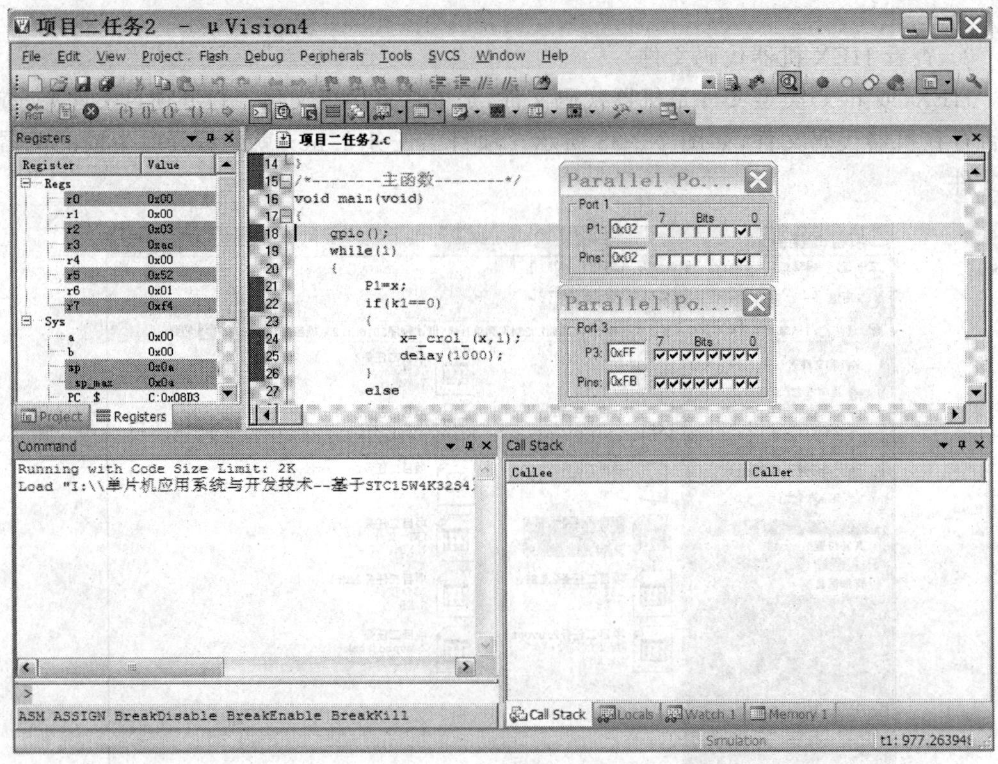

图 2-2-40 应用程序的调试界面

（1）设置 P3.2 为高电平，再单击工具栏中的“全速运行”按钮。观察 P1 口，应能看到代表高电平输出的“√”循环往右移动。

（2）设置 P3.2 为低电平，观察 P1 口，应能看到代表高电平输出的“√”循环往左移动。

任务3　STC单片机应用程序的在线编程与在线调试

STC单片机采用基于Flash ROM的ISP/IAP技术，可对STC单片机进行在线编程。本任务主要学习PC与STC单片机串行口之间的通信线路，以及STC-ISP在线编程软件的操作使用方法，以程序实例系统地讲解STC单片机的在线编程与在线调试。

一、STC系列单片机在线可编程(ISP)电路

STC系列单片机用户程序下载是通过PC的RS-232串口与单片机的串口通信的，但目前大多数PC已没有RS-232接口。本节介绍采用USB接口进行转换的在线编程电路。

1. STC系列单片机USB接口的在线编程电路

图2-3-1所示为采用CH340G转换芯片进行USB与STC单片机串口转换的通信电路。其中，P3.0是STC系列单片机的串行接收端，P3.1是STC单片机的串行发送端，D+、D−是PC USB接口的数据端。

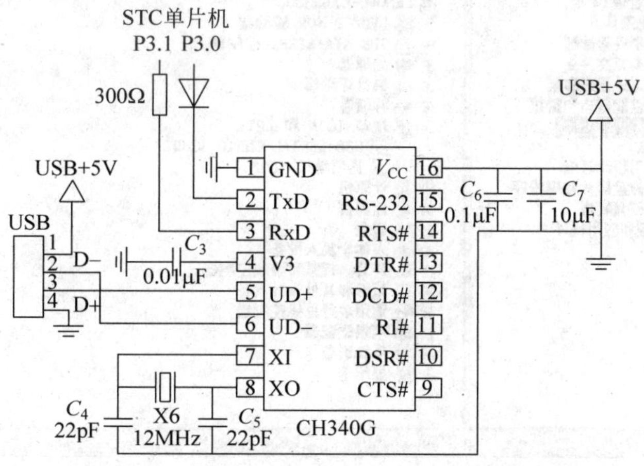

图2-3-1　STC单片机在线可编程(ISP)电路

通信线路建立后，还需安装USB转串口驱动程序，才可以建立起PC与单片机之间的通信。USB转串口驱动程序可在STC单片机的官方网站(www.stcmcudata.com)下载，文件名为USB转RS-232板驱动程序(CH341SER)。下载后的文件图标如图2-3-2所示。

图 2-3-2　USB 转串口驱动程序图标

启动 USB 转 RS-232 串口驱动程序，弹出安装界面，如图 2-3-3 所示。单击“安装”按钮，系统进入安装流程。安装完成后，提示安装成功信息，如图 2-3-4 所示。此时，打开计算机设备管理器的端口选项，就能查看到 USB 转串口的模拟串口号，如图 2-3-5 所示，USB 的模拟串口号是 COM3。程序下载时，必须按 USB 的模拟串口号设置在线编程（下载程序）的串口号。STC-15 系列单片机的在线编程软件具备自动侦测 USB 模拟串口的功能，可直接在串口号选择项中选择。

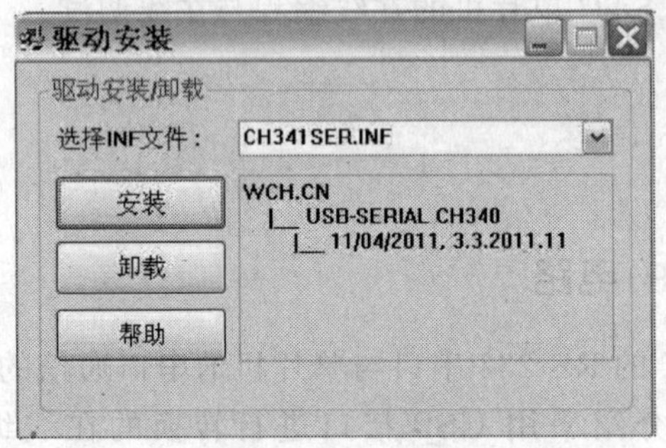

图 2-3-3　USB 转串口驱动安装界面

图 2-3-4　USB 转串口驱动安装成功信息

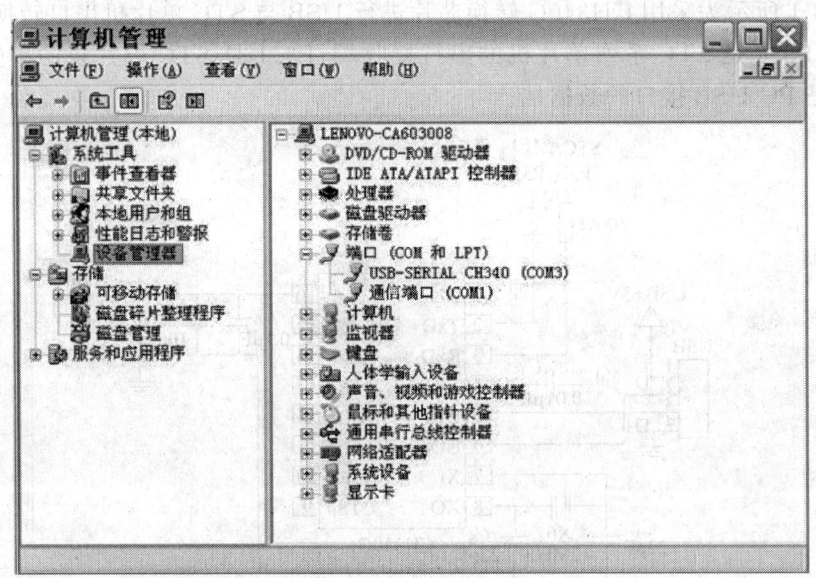

图 2-3-5　查看 USB 转串口的模拟串口号

2. STC15W4K32S4 单片机直接 USB 接口的在线编程电路

STC15W4K32S4 及型号以 STC15W4K 开头的单片机采用最新的在线编程技术，STC15W4K32S4 及型号以 STC15W4K 开头的单片机除了可以通过 USB 转串口芯片（CH340G）转换数据外，还可直接与 PC 的 USB 端口相连进行在线编程。PC 与单片机的在线编程电路如图 2-3-6 所示。当 STC15W4K32S4 单片机直接与 PC 的 USB 端口相连进行在线编程时，不具备在线仿真功能。

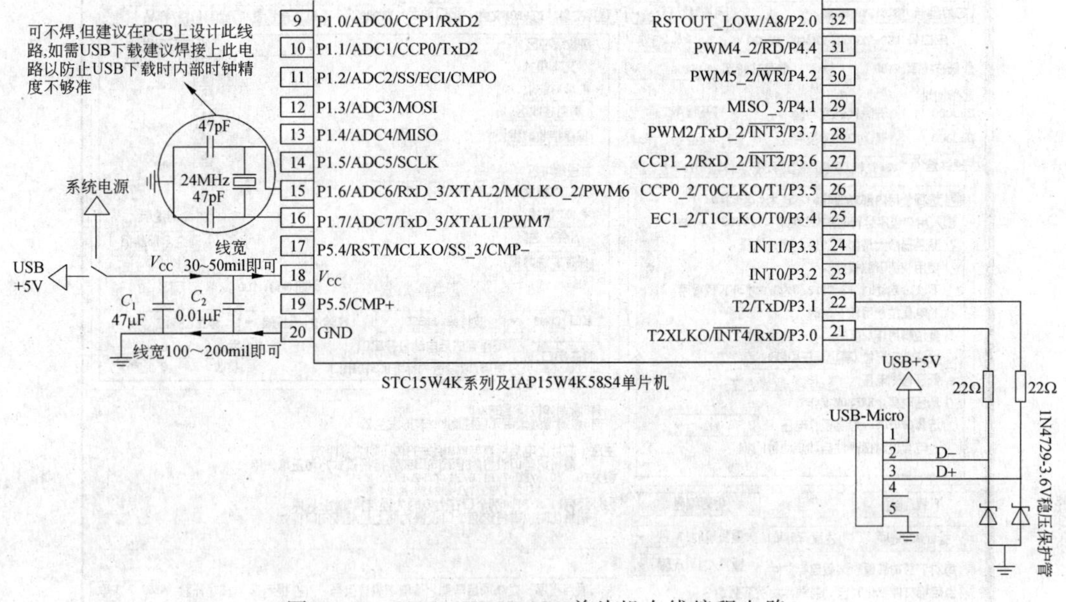

图 2-3-6　STC15W4K32S4 单片机在线编程电路

(1) 若用户单片机直接使用 USB 供电，则在用户单片机插入 USB 插口时，计算机自动检测到 STC15W4K 系列或 IAP15W4K58S4 单片机插入 USB 接口；如果用户第一次使用该计算机对 STC15W4K 系列或 IAP15W4K58S4 单片机进行 ISP 下载，该计算机会自动安装 USB 驱动程序，而 STC15W4K 系列或 IAP15W4K58S4 单片机自动处于等待状态，直到计算机安装驱动程序完毕并发送"下载/编程"命令给它。

(2) 若用户单片机使用系统电源供电，则单片机系统必须在停电后插入计算机 USB 接口。在用户单片机插入计算机 USB 接口并供电后，计算机会自动检测到 STC15W4K 系列或 IAP15W4K58S4 单片机插入 USB 接口；如果用户第一次使用该计算机对 STC15W4K 系列或 IAP15W4K58S4 单片机进行 ISP 下载，该计算机会自动安装 USB 驱动程序，而 STC15W4K 系列或 IAP15W4K58S4 单片机自动处于等待状态，直到计算机安装驱动程序完毕并发送"下载/编程"命令给它。

二、单片机应用程序的下载与运行

1. 单片机连接

用 USB 线将 PC 与 STC15W4K32S4 系列单片机开发板（如 GQDJL-Ⅱ型单片机开发板）的电源、数据接口插座（USB 插座或 micro 插座）相接。

2. 单片机应用程序的下载

利用 STC-ISP 在线编程软件，可将单片机应用系统的用户程序（HEX 文件）下载到单片机中。STC-ISP 在线编程软件可在 STC 单片机的官方网站（www.stcmcudata.com）下载。运行下载程序（如 STC_ISP_V6.82P），弹出如图 2-3-7 所示程序界面。按左边标注顺序操作，即可完成单片机应用程序下载任务。

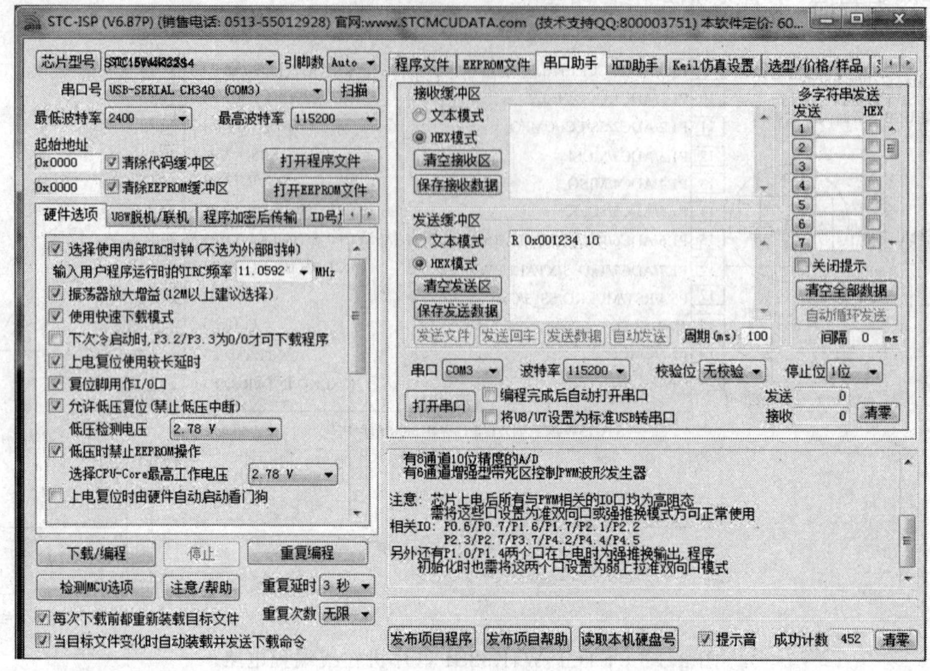

图 2-3-7　STC-ISP 在线编程软件工作界面

注：STC-ISP 在线编程软件界面的右侧为单片机开发过程中常用的工具。

步骤 1：选择单片机型号。必须与所使用单片机的型号一致。单击“芯片型号”的三角按钮，找到 STC15W4K32S4 系列并展开，然后选择 STC15W4K32S4 单片机。

步骤 2：选择串口号。根据本机 USB 模拟的串口号选择，即 USB-SERIAL CH340（COM3）。

步骤 3：打开文件。打开要烧录到单片机中的程序，这是经过编译而生成的机器代码文件，扩展名为.hex，如“项目二任务 3.hex”。

步骤 4：设置“硬件选项”。一般情况下，选择默认设置。

（1）勾选“选择使用内部 IRC 时钟（不选为外部时钟）”；在“输入用户程序运行时的 IRC 频率”的从下拉列表中选择时钟频率。

（2）勾选“振荡器放大增益（12M 以上建议选择）”复选框。

（3）勾选“使用快速下载模式”复选框。

（4）不勾选“下次冷启动时，P3.2/P3.3 为 0/0 才可下载程序”复选框。

（5）勾选“上电复位使用较长延时”复选框。

（6）勾选“复位脚用作 I/O 口”复选框。

（7）勾选“允许低压复位（禁止低压中断）”，并选择低压检测电压。

（8）勾选“低压时禁止 EEPROM 操作”，并选择 CPU-Core 最高工作电压。

（9）不勾选“上电复位时由硬件自动启动看门狗”复选框，并选择看门狗定时器分频系数。

(10) 勾选“空闲状态时停止看门狗计数”复选框。

(11) 根据实际应用情况，选择“下次下载用户程序时擦除 E^2PROM 区”。

(12) 根据实际应用情况，选择“P2.0 上电复位后为低电平”。

(13) 根据实际应用情况，选择“串口 1 数据线[RxD, TxD]从[P3.0, P3.1]切换到[P3.6, P3.7]，P3.7 输出 P3.6 的输入电平”。

(14) 根据实际应用情况，选择“是否为强推挽输出”。

(15) 根据实际应用情况，选择“程序区结束处添加重要参数”(包括 BandGap 电压，32KHz 唤醒定时器频率，24MHz 和 11.0592MHz 内部 IRC 设定参数)。

(16) 输入 Flash 空白处填充值。

步骤 5：下载。单击下载“下载/编程”按钮后，按 SW19 键，重新给单片机上电，启动用户程序下载流程。用户程序下载完毕，单片机自动运行用户程序。

(1) 若勾选“每次下载前都重新装载目标文件”，当用户程序发生修改时，不需要执行步骤 2，直接执行步骤 5 即可。

(2) 若勾选“当目标文件变化时自动装载并发送下载命令”，当用户程序发生修改后，系统会自动侦测到，然后启动用户程序装载并发送下载命令流程。用户只需重新给单片机上电，即可完成用户程序下载。

3. 单片机应用程序运行

(1) 当用户程序下载完毕后，单片机自动运行用户程序。

(2) 单片机上电后，如无下载程序任务流，自动运行单片机片内已有的程序。

任务实施

一、示例程序功能、电路与源程序

1. 程序功能

编程实现在 P1.7、P1.6、P4.1、P4.2 口控制 LED 灯循环点亮。

2. 硬件电路

根据题意，在 STC15W4K32S4 单片机的 P1.7、P1.6、P4.1、P4.2 口分别接一只低电平驱动的 LED 灯，如图 2-3-8 所示。

3. 程序清单

因为 P1.7 和 P1.6 引脚与 STC15W4K32S4 单片机增强型 PWM 的输出有关，在上电复位后，P1.7 和 P1.6 引脚处于高阻状态，不能用于正常的输入/输出，必须重新设置其工作状态；又因为与 STC15W4K32S4 单片机增强型 PWM 的输出有关的引脚分布在不同的 I/O 口，难以记忆，为了便于编程，设计一个 I/O 初始化函数 gpio()，将所有的 I/O 口统一设置为准双向口工作模式，并存储在文件 gpio.h 中。在后期编程中，只需先包含 gpio.h，再调用 gpio()函数，STC15W4K32S4 单片机的所有 I/O 引脚就能正常地输入/输出，而不受增强型 PWM 模块的影响。

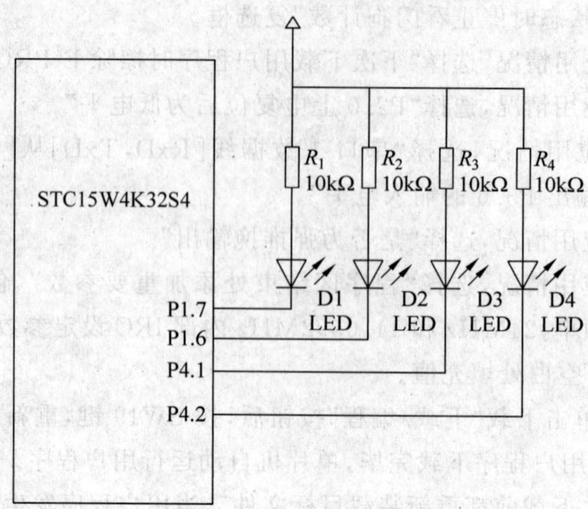

图 2-3-8　4 位流水灯控制电路

（1）I/O 口初始化文件：gpio. h。

```
void gpio()                                          //初始化 I/O 口
{
    P0M1 = 0;  P0M0 = 0;  P1M1 = 0;  P1M0 = 0;
    P2M1 = 0;  P2M0 = 0;  P3M1 = 0;  P3M0 = 0;
    P4M1 = 0;  P4M0 = 0;  P5M1 = 0;  P5M0 = 0;
}
```

（2）项目二任务 3 程序文件：项目二任务 3. c。

```
#include <stc15.h>
#include <intrins.h>
#include <gpio.h>
#define uchar unsigned char
#define uint unsigned int
/* --------- 1ms 延时函数,从 STC-ISP 工具中获得 --------- */
void Delay1ms()                                     //@12MHz
{
    unsigned char i, j;

    i = 12;
    j = 169;
    do
    {
        while (--j);
    } while (--i);
}
/* ------------- xms 延时函数 ---------------- */
void delay(uint x)                                  //@12MHz
{
    uint i;
    for(i = 0;i < x;i++)
```

```
        {
            Delay1ms();
        }
    }
/* ------------- 主函数 ----------------- */
void main(void)
{
    gpio();
    while(1)
    {
        P17 = 0;
        delay(1000);
        P17 = 1;
        P16 = 0;
        delay(1000);
        P16 = 1;
        P41 = 0;
        delay(1000);
        P41 = 1;
        P42 = 0;
        delay(1000);
        P42 = 1;
    }
}
```

二、示例程序的输入、编辑与编译

利用 Keil μVision4 分别输入、编辑“项目二任务 3. c”文件和 gpio. h 文件，并编译，生成机器代码程序“项目二任务 3. hex”。

三、示例程序的在线编程(程序的下载)

利用 STC-ISP 在线编程软件，将“项目二任务 3. hex”代码下载到 STC15W4K32S4 系列单片机开发板的单片机程序存储器中。

四、示例程序的在线调试

(1) STC15W4K32S4 单片机在 STC-ISP 在线编程软件下载程序结束后，自动运行用户程序。观察 4 位 LED 灯的运行情况并记录。

(2) 注释主函数中的语句“gpio();”，重新编译，并下载与运行程序。观察 LED 流水灯的运行情况。

知识延伸

STC-ISP 在线编程软件的工具箱

STC-ISP 在线编程软件除了可以实现在线编程(程序下载)外，还包含很多实用工具，介绍如下。

（1）串口助手：可作为 PC RS-232 串口的控制终端，用于 PC RS-232 串口发送与接收数据。

（2）Keil 设置：一是向 Keil C 集成开发环境添加 STC 系列单片机机型、STC 单片机头文件以及 STC 仿真驱动器；二是生成仿真芯片。

（3）范例程序：提供 STC 各系列、各型号单片机应用例程。

（4）波特率计算器：用于自动生成 STC 各系列、各型号单片机串口应用时所需波特率的设置程序。

（5）软件延时计算器：用于自动生成所需延时的软件延时程序。

（6）定时器计算器：用于自动生成所需延时的定时器初始化设置程序。

（7）头文件：提供用于定义 STC 各系列、各型号单片机特殊功能寄存器以及可寻址特殊功能寄存器位的头文件。

（8）指令表：提供 STC 系列单片机的指令系统，包括汇编符号、机器代码、运行时间等。

（9）自定义加密下载：用户先将程序代码通过一套专用密钥加密，然后将加密后的代码通过串口下载。此时，下载传输的是加密文件，通过串口分析出来的是加密后的乱码，没有加密密钥，这些密码无任何价值，起到防止在烧录程序时被操作人员通过监测串口分析出代码的目的。

（10）脱机下载：在脱机下载电路的支持下，提供脱机下载功能，用于批量生产。

（11）发布项目程序：发布项目程序的功能主要是将用户的程序代码与相关的选项设置打包成为一个可以直接对目标芯片进行下载编程的超级简单的用户界面的可执行文件。用户可以定制（自行修改发布项目程序的标题、按钮名称以及帮助信息），还可以指定目标计算机的硬盘号和目标芯片的 ID 号。指定目标硬盘号后，便可控制发布应用程序只能在指定计算机上运行；复制到其他计算机，应用程序不能运行。同样地，指定了目标芯片的 ID 号后，用户代码只能下载到具有相应 ID 号的目标芯片中；对于 ID 号不一致的其他芯片，不能下载编程。

任务拓展

（1）在线编程与调试“项目二任务 2. hex”程序，并记录运行结果。

（2）在“项目二任务 2. c”程序中，增加 I/O 口初始化功能，再编辑、编译程序，并上机调试程序。比较两者的区别，并说明原因。

任务 4　STC 单片机应用程序的在线仿真

任务说明

本任务主要学习如何运用 STC-ISP 在线编程软件，将 STC15W4K32S4 单片机设置为仿真芯片，以及设置 Keil μVision4 的在线仿真硬件环境，实施 STC 单片机在线仿真。

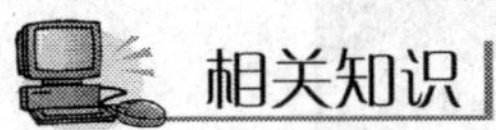

Keil μVision4 的硬件仿真需要与外围 8051 单片机仿真器配合实现。STC15W4K32S4 系列单片机只有 IAP15W4K58S4 单片机和 IAP15W4K61S4 单片机可用作仿真芯片。在此，选用 IAP15W4K58S4 单片机，它兼有在线仿真功能。

1. Keil μVision4 的硬件仿真电路连接

Keil μVision4 的硬件仿真电路实际上就是相应的程序下载电路，如图 2-3-1 所示。STC15W4K32S4 系列单片机开发板中已有连接，但 MCU 芯片要换成 IAP15W4K58S4 型号。

2. 设置 STC 仿真器

STC 单片机由于有了基于 Flash 存储器的在线编程(ISP)技术，无仿真器、编程器就可实行单片机应用系统开发，但为了满足习惯于采用硬件仿真的单片机应用工程师的要求，STC 也开发了 STC 硬件仿真器，而且是一大创新：单片机芯片既是仿真芯片，又是应用芯片。下面简单介绍 STC 仿真器的设置与使用。

创建仿真芯片的操作如下。

运行 STC-ISP 在线编程软件，然后选择“Keil 仿真设置”选项，如图 2-4-1 所示。

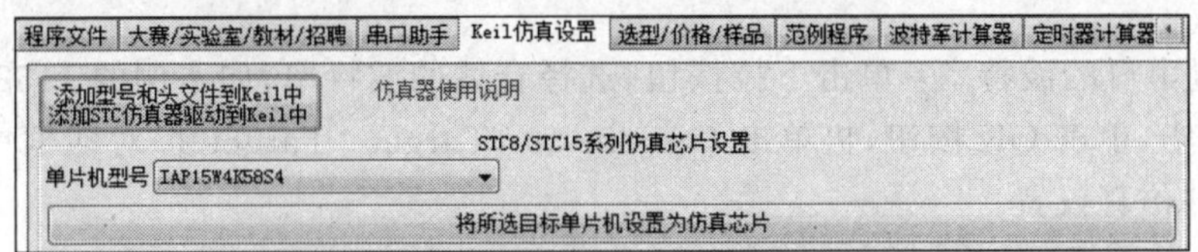

图 2-4-1　设置仿真芯片

在单片机型号的下拉菜单中选择 IAP15W4K58S4 单片机，单击“将所选目标单片机设置为仿真芯片”，即启动“下载/编程”功能，重新给单片机上电，启动用户程序下载流程。完成后该芯片即为仿真芯片，可与 Keil μVision4 集成开发环境进行在线仿真。

3. 设置 Keil μVision4 硬件仿真调试模式

(1) 打开编译环境设置对话框，再打开 Debug 选项页，然后选择 STC Monitor-51 Driver，并勾选 Load Application at Startup 和 Run to main()复选框，如图 2-4-2 所示。

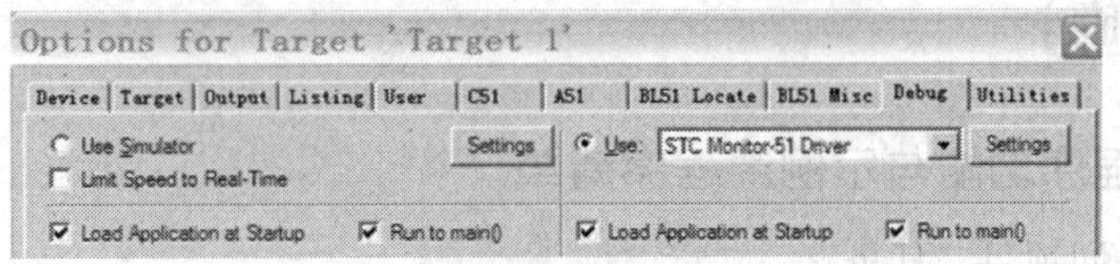

图 2-4-2　目标设置对话框

(2) 设置 Keil μVision4 硬件仿真参数。

单击图 2-4-2 右上角的 Settings 按钮，弹出硬件仿真参数设置对话框，如图 2-4-3 所示。根据仿真电路使用的串口号(或 USB 驱动的模拟串口号)选择串口端口。

① 选择串口：根据硬件仿真时，选择实际使用的串口号(或 USB 驱动时的模拟串口号)，如本例的 COM3。

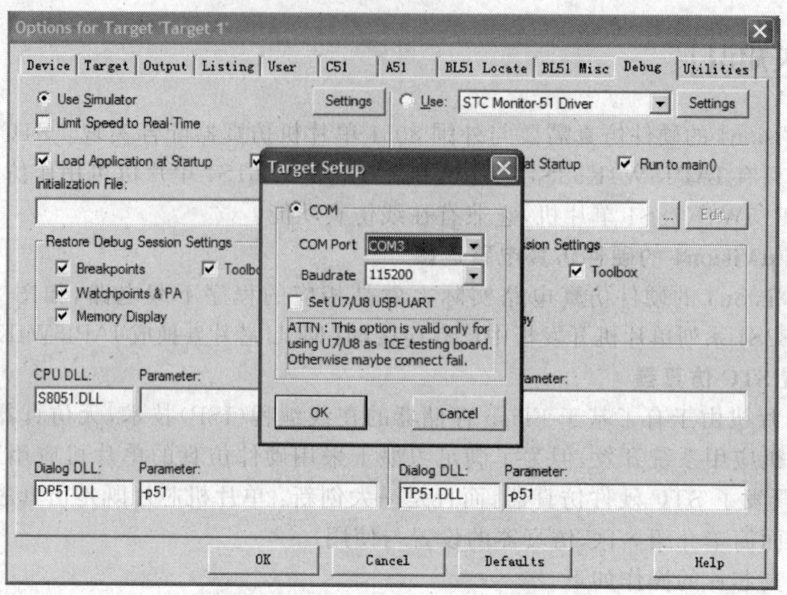

图 2-4-3　Keil μVision4 硬件仿真参数

② 设置串口的波特率：单击下拉按钮，选择合适的波特率，如本例的 115200。

设置完毕，单击 OK 按钮，再单击 Options for Target 'Target 1'对话框中的 OK 按钮，完成硬件仿真设置。

4. 在线仿真调试

同软件模拟调试一样，选择菜单命令 Debug→Start/Stop Debug Session 或单击工具栏中的调试按钮，进入调试界面；若再次单击调试按钮，则退出调试界面。在线调试除可以在 Keil μVision4 集成开发环境调试界面观察程序运行信息外，还可以直接从目标电路观察程序的运行结果。

Keil μVision4 集成开发环境在在线仿真状态下，能查看 STC 单片机新增内部接口的特殊功能寄存器状态。打开 Debug 选项页，可查看 ADC、CCP、SPI 等接口状态。

任务实施

一、示例程序功能与示例源程序清单

本示例程序同项目二任务 3。

二、将 IAP15W4K58S4 单片机设置为仿真芯片

见项目二任务 4 相关知识部分。

三、设置 Keil μVision4 为在线仿真模式

(1) 打开编译环境设置对话框，再打开 Debug 选项页，选中 STC Monitor-51 Driver，再勾选 Load Application at Startup 和 Run to main()复选框，如图 2-4-2 所示。

（2）设置 Keil μVision4 硬件仿真参数。

① 选择串口：根据硬件仿真时，选择实际使用的串口号（或 USB 驱动时的模拟串口号），如本例的 COM3。

② 设置串口的波特率：单击下拉按钮，选择合适的波特率，如本例的 115200。

设置完毕，单击 OK 按钮，再单击 Options for Target 'Target'对话框中的 OK 按钮，完成硬件仿真设置。

四、在线仿真调试

选择菜单命令 Debug→Start/Stop Debug Session 或单击工具栏中的"调试"按钮，Keil μVision4 系统进入调试界面。

打开 Debug 选项页，然后单击 ALL Ports 选项，弹出 STC 单片机的所有 I/O 口，如图 2-4-4 所示。此时，既可在 Keil μVision4 系统中观察运行结果，也可同在线调试一样在 STC 单片机实验箱中查看运行结果。

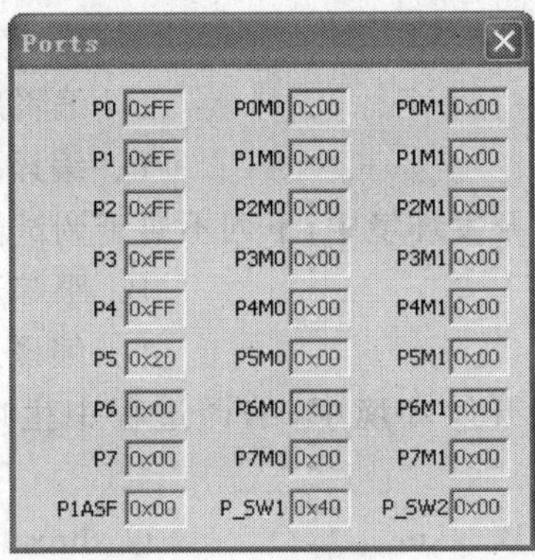

图 2-4-4　Keil μVision4 在线仿真状态下的 STC 单片机 I/O 口

习　　题

一、填空题

1. GQDJL-Ⅱ型单片机开发板中在线编程（下载程序）电路采用的 USB 转串口芯片是________。

2. GQDJL-Ⅱ型单片机开发板中的 8 位 LED 数码管模块采用的数码管器件是________位共________极的。

3. GQDJL-Ⅱ型单片机开发板是全开放式结构，兼容 STC89C51 系列单片机与________系列单片机。

4. GQDJL-Ⅱ型单片机开发板中的 LM324 是________芯片。

5. GQDJL-Ⅱ型单片机开发板中的 CD4013 是________芯片。

6. GQDJL-Ⅱ型单片机开发板中的 74HC00 是________芯片。

7. 在 Keil μVision4 集成开发环境中，既可以编辑、编译 C 语言源程序，也可以编辑、编译________源程序。

8. 在 Keil μVision4 集成开发环境中，除了可以编辑、编译用户程序外，还可以________用户程序。

9. 在 Keil μVision4 集成开发环境中，编译时允许自动创建机器代码文件状态下，其默认文件名与________相同。

10. STC 单片机能够识别的文件类型称为________，其后缀名是________。

二、选择题

1. GQDJL-Ⅱ型单片机开发板的在线编程电路中，USB 转串口采用的芯片是________。

A. MAX232　　B. CH340G　　C. CH340T　　D. LM324

2. 在 Keil μVision4 集成开发环境中，勾选 Create HEX File 选项后，默认状态下，机器代码名称与________相同。

A. 项目名　　B. 文件名　　C. 项目文件夹名

3. 在 Keil μVision4 集成开发环境中，下列不属于编辑、编译界面操作功能的是________。

A. 输入用户程序　　B. 编辑用户程序

C. 全速运行程序　　D. 编译用户程序

4. 在 Keil μVision4 集成开发环境中，下列不属于调试界面操作功能的是________。

A. 单步运行用户程序　　B. 跟踪运行用户程序

C. 全速运行程序　　D. 编译用户程序

5. 在 Keil μVision4 集成开发环境中，编译过程中生成的机器代码文件的后缀名是________。

A. c　　B. asm　　C. hex　　D. uvproj

6. 在下列 STC 单片机中，不能实现在线仿真的芯片是________。

A. IAP15F2K61S2　　B. STC15W4K32S4

C. IAP15W4K61S4　　D. IAP15W4K58S4

三、判断题

1. STC89C52RC 单片机与 STC15W4K32S4 单片机在相同封装下，其引脚排列是一样的。（　）

2. 在 Keil μVision4 集成开发环境下，在编译过程中，默认状态下会自动生成机器代码文件。（　）

3. 在 Keil μVision4 集成开发环境中，若不勾选 Create HEX File 选项后编译用户程序，即不能调试用户程序。（　）

4. Keil μVision4 集成开发环境既可以用于编辑、编译 C 语言源程序，也可以编辑、编译汇编语言源程序。（　）

5. 在 Keil μVision4 集成开发环境调试界面中，默认状态下选择的仿真方式是软件模拟仿真。（　）

6. 在 Keil μVision4 集成开发环境调试界面中，若调试的用户程序无子函数调用，那么单步运行与跟踪运行的功能完全一致。（　）

7. 在 Keil μVision4 集成开发环境中，若编辑、编译的源程序类型不同，所生成机器代码文件的后缀名不同。（　）

8. STC-ISP 在线编程软件是直接通过 PC USB 接口与单片机串口进行数据通信的。（　）

9. 在 STC-ISP 在线编程软件中，单击下载程序按钮后，一定要让单片机重新上电才能完成程序下载工作。（　）

10. STC15W4K32S4 单片机既可用作目标芯片，又可用作仿真芯片。（　）

11. 以 STC15W 开头的 STC 单片机与 IAP15W4K58S4 单片机可不经过 USB 转串口芯片，直接与 PC USB 接口相连，实现在线编程功能。（　）

12. STC15W4K32S4 单片机可不经过 USB 转串口芯片，直接与 PC USB 接口相连，实现在线编程功能。（　）

四、问答题

1. 简述应用 Keil μVision4 集成开发环境开发单片机应用程序的工作流程。
2. 在 Keil μVision4 集成开发环境中，如何根据编程语言的种类选择存盘文件的扩展名？
3. 在 Keil μVision4 集成开发环境中，如何切换编辑与调试程序界面？
4. 在 Keil μVision4 集成开发环境中，有哪几种程序调试方法？各有什么特点？
5. 在 Keil μVision4 集成开发环境中，调试程序时，如何观察片内 RAM 的信息？
6. 在 Keil μVision4 集成开发环境中，调试程序时，如何观察片内通用寄存器的信息？
7. 在 Keil μVision4 集成开发环境中，调试程序时，如何观察或设置定时器、中断与串行口的工作状态？
8. 简述利用 STC-ISP 在线编程软件下载用户程序的工作流程。
9. 通过怎样的设置，可以实现下载程序时自动更新用户程序代码？
10. 通过怎样的设置，可以实现当用户程序代码发生变化时自动更新用户程序代码，并启动下载命令？
11. IAP15W4K58S4 单片机既可用作目标芯片，又可用作仿真芯片。当用作仿真芯片时，应如何操作？
12. 简述在 Keil μVision4 集成开发环境中，硬件仿真（在线仿真）的设置。

五、电路设计题

1. 在 GQDJL-Ⅱ型单片机开发板中，设计一个 LED 灯测试电路。
2. 在 GQDJL-Ⅱ型单片机开发板中，设计一个 LED 数码管灯测试电路。
3. 在 GQDJL-Ⅱ型单片机开发板中，设计一个蜂鸣器测试电路。
4. 在 GQDJL-Ⅱ型单片机开发板中，设计一个继电器测试电路。
5. 在 GQDJL-Ⅱ型单片机开发板中，设计一个单次脉冲测试电路。
6. 在 GQDJL-Ⅱ型单片机开发板中，利用 CD4013 双 D 触发器电路，设计一个 4 分频电路并测试。
7. 在 GQDJL-Ⅱ型单片机开发板中，用 LM324 集成运放和电位器设计一个放大倍数为 21 的放大电路并测试。
8. 在 GQDJL-Ⅱ型单片机开发板中，利用 74HC00 完成 $F=AB$ 的逻辑功能，画出电路图并测试。

项目三 Project 3

STC15W4K32S4系列单片机增强型8051内核

本项目要达到的目标：一是让读者理解 STC15W4K32S4 系列单片机的基本结构与资源配置情况；二是掌握 STC15W4K32S4 系列单片机的时钟、复位与外部引脚的接口特性。

知识点：

- STC15W4K32S4 系列单片机的 CPU。
- STC15W4K32S4 系列单片机的资源配置。
- STC15W4K32S4 系列单片机复位的概念、复位原理与复位种类。
- STC15W4K32S4 系列单片机时钟的来源。
- STC15W4K32S4 系列单片机的引脚特性。

技能点：

- 选择复位电平。
- 设置时钟的来源与时钟的频率。
- 设置系统时钟的分频系数。
- 设置主时钟输出。

任务 1 STC15W4K32S4 系列单片机概述

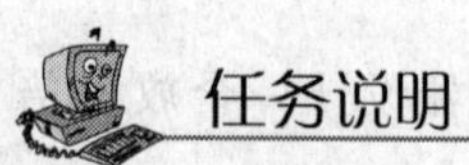

任务说明

STC 增强型 8051 单片机是在经典 8051 单片机框架上发展起来的。增强型 8051 单片机指令系统与经典 8051 单片机指令系统完全兼容，因此，有必要了解经典 8051 单片机的基本配置情况，从而系统地理解 STC 增强型 8051 单片机的资源配置情况。

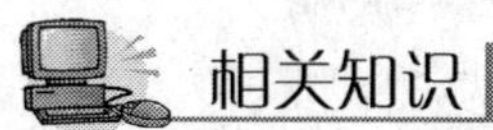

一、MCS-51 系列单片机的产品系列

MCS-51 系列单片机是美国 Intel 公司研发的，其内部资源如表 3-1-1 所示。

表 3-1-1　MCS-51 系列单片机的内部资源

型号	程序存储器	数据存储器/B	定时器/计数器	并行 I/O 口	串行口	中断源
8031	无	128	2	32	1	5
8032	无	256	3	32	1	6
8051	4KB ROM	128	2	32	1	5
8052	8KB ROM	256	3	32	1	6
8751	4KB EPROM	128	2	32	1	5
8752	8KB EPROM	256	3	32	1	6

1. 根据片内程序存储器配置情况分类

(1) 无 ROM 型：片内没有配置任何类型的程序存储器，如 8031/8032 单片机。

(2) ROM 型：片内配置的程序存储器的类型是掩膜 ROM，如 8051/8052 单片机。

(3) EPROM 型：片内配置的程序存储器的类型是 EPROM，如 8751/8752 单片机。

提示：目前，8051 兼容单片机的程序存储器类型大多是 Flash ROM，可多次编程，且可在线编程。

2. 根据片内资源配置数量分类

(1) 基本型(或称 51 型)：片内程序存储器为 4KB，片内数据存储器为 128B，定时器/计数器 2 个，对应的机型为 8031/8051/8751。

(2) 扩展型(或称 52 型)：片内程序存储器为 8KB，片内数据存储器为 256B，定时器/计数器 3 个，对应的机型为 8032/8052/8752。

二、MCS-51 系列单片机的主要特点

MCS-51 系列单片机以其典型的结构，完善的总线专用寄存器集中管理，众多的逻辑位操作功能及面向控制的丰富的指令系统，被称为“一代名机”，为其他单片机的发展奠定了基础。正因其优越的性能和完善的结构，许多厂商沿用或参考其体系结构，丰富和发展了 MCS-51 单片机，如 Philips、Dallas、Atmel 等著名的半导体公司推出了兼容 MCS-51 的单片机产品，我国台湾地区 Winbond 公司发展了兼容 C51 的单片机品种，深圳宏晶科技有限公司推出了增强型 8051 单片机 STC 系列。

近年来 8051 单片机飞速发展，在原来的基础上发展了高速 I/O 口、A/D 转换器，以及 PWM(脉宽调制)、WDT 等增强型功能，并完善了低电压、微功耗、扩展串行总线(I^2C)和控制网络总线(CAN)等功能。

任务实施

STC 系列单片机概述

STC 系列单片机是深圳宏晶科技公司研发的增强型 8051 内核单片机。相对于传统的 8051 内核单片机，STC 系列在片内资源、性能以及工作速度上都有很大的改进，尤其采用了基于 Flash 的在线系统编程（ISP）技术，使得单片机应用系统的开发更加简单，无须仿真器或专用编程器就可开发单片机应用系统，也便于学习单片机相关知识。

STC 单片机产品系列化、种类多，现有超过百种单片机产品，能满足不同应用系统的控制需求。按照工作速度与片内资源配置的不同，STC 系列单片机有若干系列产品。按照工作速度，分为 12T/6T 和 1T 系列。12T/6T 系列是指 1 个机器周期可设置为 12 个时钟或 6 个时钟，包括 STC89 和 STC90 两个系列；1T 系列是指 1 个机器周期仅为 1 个时钟，包括 STC11/10 和 STC12/15 等系列。STC89、STC90 和 STC11/10 系列属基本配置，而 STC12/15 系列产品相应地增加了 PWM、A/D 和 SPI 等接口模块。在每个系列中包含若干产品，其差异主要是片内资源数量。在应用选型时，应根据控制系统的实际需求，选择合适的单片机，即单片机内部资源要尽可能地满足控制系统要求，减少外部接口电路；同时，选择片内资源时遵循“够用”原则，极大地保证单片机应用系统的高性能价格比和高可靠性。

STC15 系列单片机采用 STC-Y5 超高速 CPU 内核，在相同频率下，速度比早期 1T 系列单片机（如 STC12、STC11、STC10 系列）快 20%。

1. STC15W4K32S4 系列单片机资源配置

STC15W4K32S4 系列单片机的资源配置简述如下。

(1) 增强型 8051 CPU：1T 型，即每个机器周期只有 1 个系统时钟，速度比传统 8051 单片机快 8～12 倍。

(2) 工作电压：2.4～5.5V。

(3) ISP/IAP 功能：在系统可编程/在应用可编程。其中，STC15W4K 开头的以及 STC15W4K32S4 单片机可直接采用 USB 进行在线编程。

(4) 内部高可靠复位：ISP 编程时，16 级复位门槛电压可选，可彻底省掉外围复位电路。

(5) 内部高精度 R/C 时钟：±1%温漂（－40～85℃）。常温下，温漂为±0.6%；ISP 编程时，内部时钟 5～35MHz 可选（5.5296MHz、11.0592MHz、22.1184MHz、33.1776MHz 等，也可直接输入频率值）。

(6) Flash 程序存储器：16KB、32KB、40KB、48KB、60KB、61KB、63.5KB 可选。

(7) 4096 字节 SRAM：包括常规的 256 字节 RAM 和内部扩展的 3840 字节 XRAM。

(8) 大容量的数据 Flash（E^2PROM），擦写次数十万次以上。

(9) 7 个定时器：包括 5 个 16 位可重装载初始值的定时器/计数器（T0、T1、T2、T3、T4）和 2 路 CCP（可再实现 2 个定时器）。

(10) 4个全双工异步串行口：串口1、串口2、串口3、串口4。

(11) 8通道高速10位ADC，速度达30万次/秒。8路PWM可用作8路D/A使用。

(12) 6通道15位专门的高精度PWM(带死区控制)。

(13) 2通道CCP。

(14) 高速SPI串行通信接口。

(15) 6路可编程时钟输出：T0、T1、T2、T3、T4以及主时钟输出。

(16) 比较器，可当1路ADC使用，可用作掉电检测。

(17) 最多62个I/O口，可设置为4种工作模式。

(18) 硬件看门狗(WDT)。

(19) 低功耗设计：低速模式、空闲模式、掉电模式(停机模式)。

它还具有多种掉电唤醒的资源：

① 低功耗掉电唤醒专用定时器。

② 唤醒引脚：INT0、INT1、$\overline{\text{INT2}}$、$\overline{\text{INT3}}$、$\overline{\text{INT4}}$、CCP0、CCP1、RxD、RxD2、RxD3、RxD4、T0、T1、T2、T3、T4等。

(20) 支持程序加密后传输，仿拦截。

(21) 支持RS-485下载。

(22) 先进的指令集结构，兼容传统8051单片机指令集，有硬件乘法、除法指令。

2. STC15W4K32S4系列单片机机型一览表与命名规则

1) STC15W4K32S4系列单片机机型一览表

STC15W4K32S4系列单片机各机型的不同之处主要体现在程序存储器与E^2PROM容量方面，具体情况如表3-1-2所示。

表3-1-2　STC15W4K32S4系列单片机机型一览表

型　　号	程序存储器容量/KB	数据存储器SRAM容量/KB	E^2PROM容量	复位门槛电压	内部精准时钟	程序加密后传输(防拦截)	可设程序更新口令	支持RS-485下载	封装类型
STC15W4K16S4	16	4	43KB	16级	可选	有	是	是	LQFP64L、LQFP64S、QFN64、QFN48、LQFP48、LQFP44、LQFP32、SOP28、SKDIP28、PDIP40
STC15W4K32S4	32	4	27KB	16级	可选	有	是	是	
STC15W4K40S4	40	4	19KB	16级	可选	有	是	是	
STC15W4K48S4	48	4	11KB	16级	可选	有	是	是	
STC15W4K56S4	56	4	3KB	16级	可选	有	是	是	
IAP15W4K61S4	61	4	IAP	16级	可选	有	是	是	
IAP15W4K58S4	58	4	IAP	16级	可选	有	是	是	
IRC15W4K63S4	63.5	4	IAP	固定	24MHz	无	否	否	

2) STC15W4K32S4系列单片机的命名规则

STC15W4K32S4系列单片机的命名规则如图3-1-1所示。

本书选用STC15W4K32S4单片机作为教学机型，全面介绍STC单片机技术，培养学生应用STC单片机完成相关设计的能力。

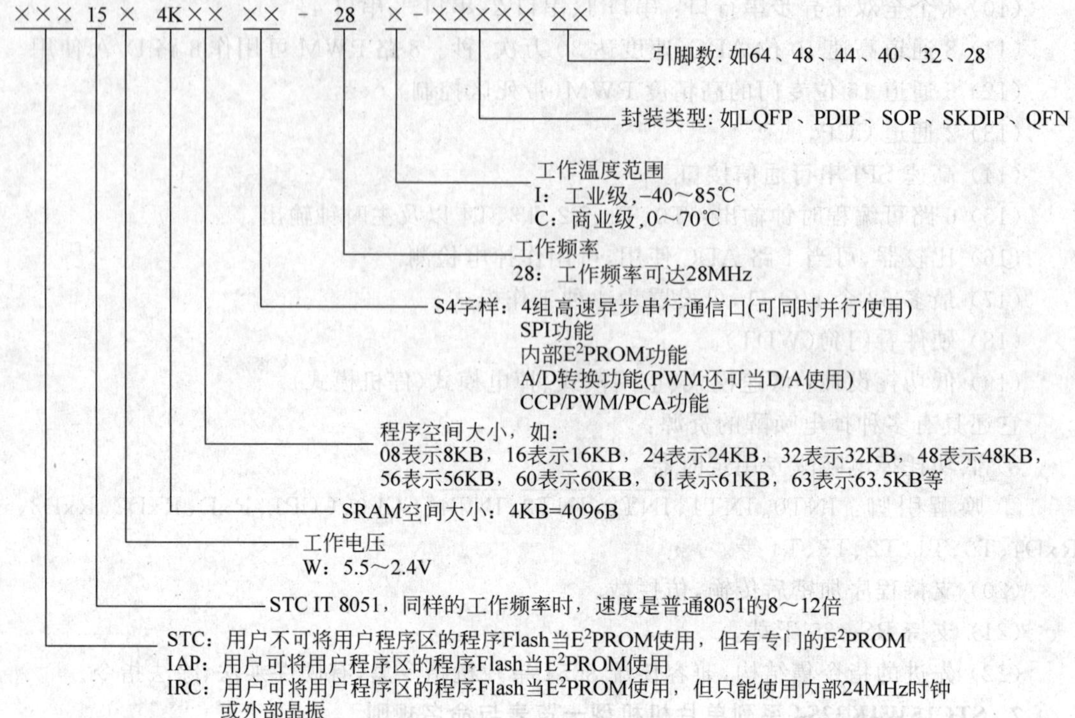

图 3-1-1　STC15W4K32S4 系列单片机的命名规则

任务 2　STC15W4K32S4 单片机的结构与工作原理

以 STC15W4K32S4 单片机为例，从宏观上理解 STC15W4K32S4 系列单片机的内部资源与工作原理。

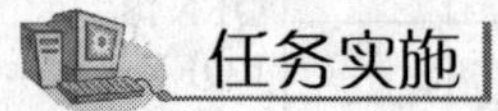

一、STC15W4K32S4 单片机的内部结构

STC15W4K32S4 单片机的内部结构框图如图 3-2-1 所示。

STC15W4K32S4 单片机包含 CPU、程序存储器（程序 Flash）、数据存储器（基本 RAM、扩展 RAM、特殊功能寄存器）、E^2PROM（数据 Flash）、定时器/计数器、串行口、中断系统、比较器、ADC 模块、CCP 模块（可当 DAC 使用）、增强型 PWM 模块、SPI 接口以及硬件看门狗、电源监控、专用复位电路、内部高精度 R/C 时钟等模块。

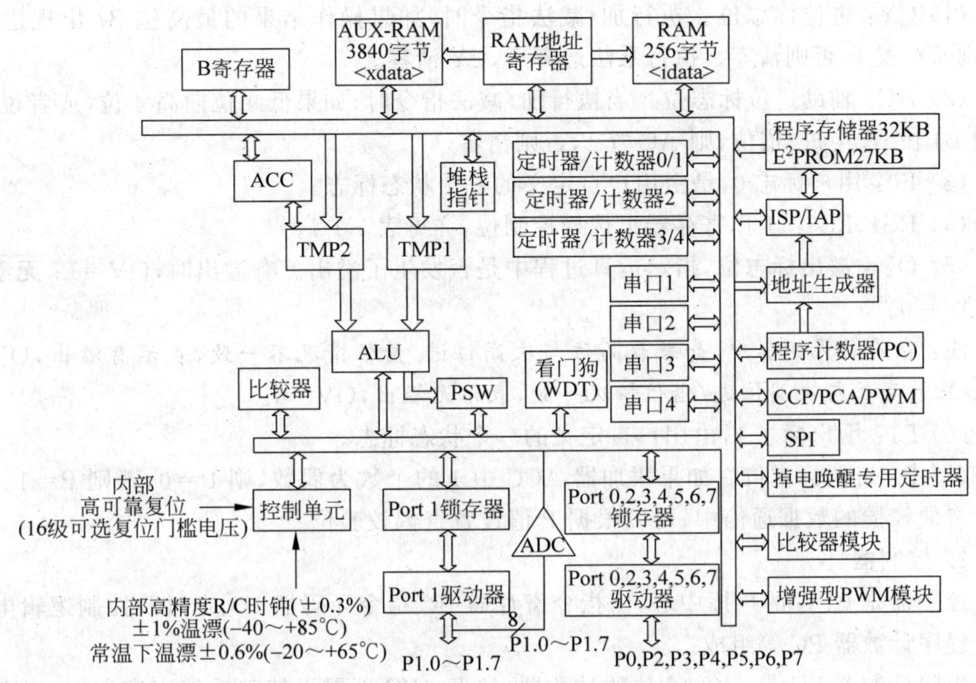

图 3-2-1　STC15W4K32S4 单片机的内部结构框图

二、CPU 结构

STC15W4K32S4 单片机的中央处理器 CPU 由运算器和控制器组成。它的作用是读入并分析每条指令，以便控制单片机的各功能部件执行指定的运算或操作。

1. 运算器

运算器由算术/逻辑运算部件 ALU、累加器 ACC、寄存器 B、暂存器（TMP1、TMP2）和程序状态标志寄存器 PSW 组成，实现算术与逻辑运算、位变量处理与传送等操作。

ALU 功能极强，既可实现 8 位二进制数据的加、减、乘、除算术运算和与、或、非、异或、循环等逻辑运算，还具有一般微处理器不具备的位处理功能。

累加器 ACC，又记作 A，用于向 ALU 提供操作数和存放运算结果，是 CPU 中工作最繁忙的寄存器。大多数指令的执行都要通过累加器 ACC。

寄存器 B 是专门为乘法和除法运算设置的寄存器，用于存放乘法和除法运算的操作数和运算结果。对于其他指令，可作为普通寄存器使用。

程序状态标志寄存器 PSW，简称程序状态字，用来保存 ALU 运算结果的特征和处理状态。这些特征和状态可以作为控制程序转移的条件，供程序判别和查询。PSW 的各位定义如下：

	地址	B7	B6	B5	B4	B3	B2	B1	B0	复位值
PSW	D0H	CY	AC	F0	RS1	RS0	OV	F1	P	0000 0000

(1) CY：进位标志位。执行加/减法指令时，如果操作结果的最高位 B7 出现进/借位，则 CY 置 1，否则清零。执行乘法运算后，CY 清零。

(2) AC：辅助进位标志位。当执行加/减法指令时，如果低 4 位向高 4 位(或者说 B3 位向 B4 位)产生进/借位，则 AC 置 1，否则清零。

(3) F0：用户标志 0，是由用户自定义的一个状态标志。

(4) RS1、RS0：工作寄存器组选择控制位，详见表 5-1-1。

(5) OV：溢出标志位，指示运算过程中是否发生了溢出。有溢出时，OV=1；无溢出时，OV=0。

注：在有符号运算中，如果最高位与次高位进/借位情况不一致，表示有溢出，OV=1；如果最高位与次高位进/借位情况一致，表示无溢出，OV=0。

(6) F1：用户标志 1，由用户自定义的一个状态标志。

(7) P：奇偶标志位。如果累加器 ACC 中 1 的个数为偶数，则 P=0，否则 P=1。在具有奇偶校验的数据通信中，可以根据 P 值设置奇偶校验位。

2. 控制器

控制器是 CPU 的指挥中心，由指令寄存器 IR、指令译码器 ID、定时及控制逻辑电路以及程序计数器 PC 等组成。

程序计数器 PC 是一个 16 位的计数器(注意：PC 不属于特殊功能寄存器)。它总是存放着下一个要取指令字节在程序存储器中存放的 16 位地址。每取完一个指令字节，PC 的内容自动加 1，为取下一个指令字节做准备。因此，一般情况下，CPU 是按指令顺序执行程序的，只有在执行转移、子程序调用指令和中断响应时例外，此时由指令或中断响应过程自动给 PC 置入新的地址。总之，PC 指到哪里，CPU 就从哪里开始执行程序。

指令寄存器 IR 保存当前正在执行的指令。执行一条指令，先要把它从程序存储器取到指令寄存器 IR 中。指令内容包含操作码和地址码两部分，操作码送指令译码器 ID，并形成相应指令的微操作信号；地址码送操作数形成电路，以便形成实际的操作数地址。

定时与控制是微处理器的核心部件，它的任务是控制“取指令、执行指令、存取操作数或运算结果”等操作，向其他部件发出各种微操作信号，协调各部件工作，完成指令指定的工作任务。

三、STC15W4K32S4 单片机引脚功能

STC15W4K32S4 单片机有 LQFP64、LQFP48、LQFP44、LQFP32、PDIP40、SOP28、SOP32、SKDIP28 等封装形式。图 3-2-2 和图 3-2-3 所示为 LQFP44 和 PDIP40 封装引脚图。

下面以 STC15W4K32S4 单片机的 PDIP40 封装为例，介绍其引脚功能。由图 3-2-3 可知，除 18 脚、20 脚为电源、地以外，其他引脚都可用作 I/O 口。也就是说，STC15W4K32S4 单片机不需外围电路，只需接上电源，就构成一个单片机最小系统。因此，这里以 STC15W4K32S4 单片机的 I/O 口引脚为主线，描述 STC15W4K32S4 单片机的各引脚功能。

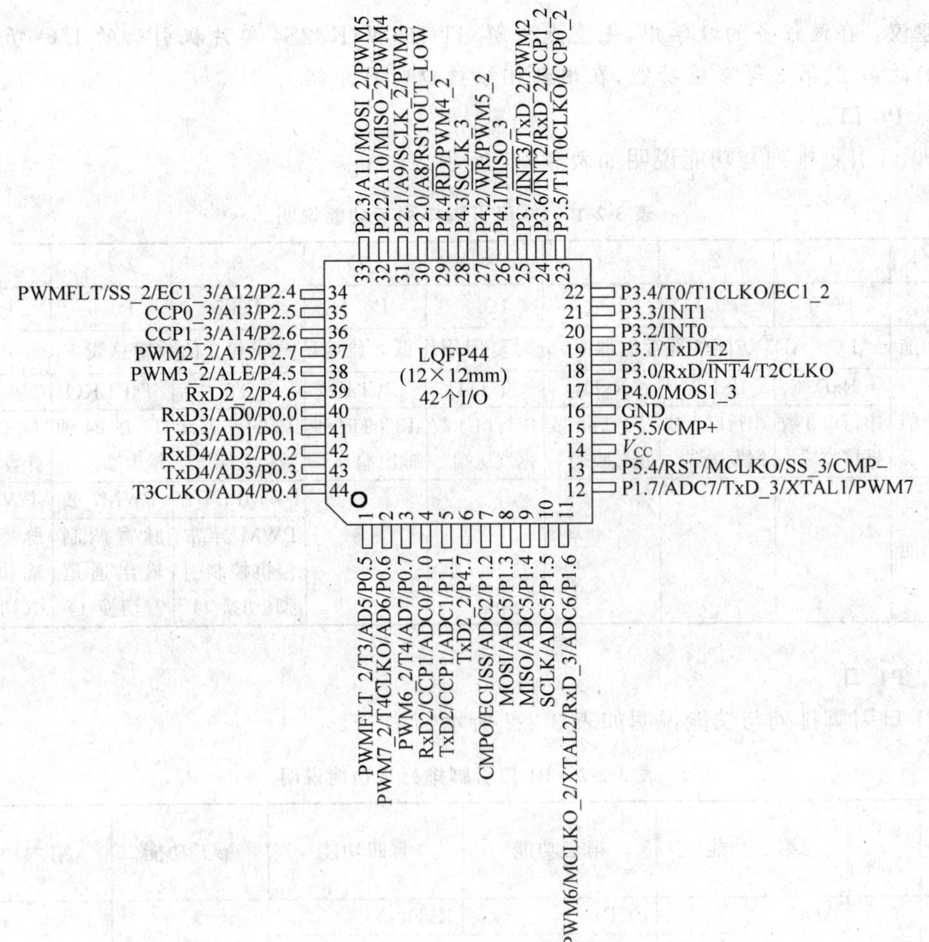

图 3-2-2　STC15W4K32S4 单片机 LQFP44 封装引脚图

PDIP40
38个I/O

引脚功能	引脚	引脚	引脚功能
RxD3/AD0/P0.0	1	40	P4.5/ALE/PWM3_2
TxD3/AD1/P0.1	2	39	P2.7/A15/PWM2_2
RxD4/AD2/P0.2	3	38	P2.6/A14/CCP1_3
TxD4/AD3/P0.3	4	37	P2.5/A13/CCP0_3
T3CLKO/AD4/P0.4	5	36	P2.4/A12/ECI_3/SS_2/PWMFLT
PWMFLT_2/T3/AD5/P0.5	6	35	P2.3/A11/MOSI_2/PWM5
PWM7_2/T4CLKO/AD6/P0.6	7	34	P2.2/A10/MISO_2/PWM4
PWM6_2/T4/AD7/P0.7	8	33	P2.1/A9/SCLK_2/PWM3
RxD2/CCP1/ADC0/P1.0	9	32	P2.0/A8/RSTOUT_LOW
TxD2/CCP0/ADC1/P1.1	10	31	P4.4/RD/PWM4_2
CMPO/ECI/SS/ADC2/P1.2	11	30	P4.2/WR/PWM5_2
MOSI/ADC3/P1.3	12	29	P4.1/MISO_3
MISO/ADC4/P1.4	13	28	P3.7/INT3/TxD_2/PWM2
SCLK/ADC5/P1.5	14	27	P3.6/INT2/RxD_2/CCP1_2
PWM6/MCLKO_2/XTAL2/RxD_3/ADC6/P1.6	15	26	P3.5/T1/T0 CLKO/CCP0_2
PWM7/XTAL1/TxD_3/ADC7/P1.7	16	25	P3.4/T0/T1CLKO/EC1_2
CMP-/SS_3/MCLKO/RST/P5.4	17	24	P3.3/INT1
V_{CC}	18	23	P3.2/INT0
CMP+/P5.5	19	22	P3.1/TxD/T2
GND	20	21	P3.0/RxD/INT4/T2CLKO

图 3-2-3　STC15W4K32S4 单片机 PDIP40 封装引脚图

建议：在该任务的教学中，先重点讲解 STC15W4K32S4 单片机引脚的 I/O 功能，有关它们的第 2、第 3 等多重功能，在用到相应接口时再介绍。

1. P0 口

P0 口引脚排列与功能说明如表 3-2-1 所示。

表 3-2-1　P0 口引脚排列与功能说明

引脚号	1	2	3	4	5	6	7	8
I/O 名称	P0.0	P0.1	P0.2	P0.3	P0.4	P0.5	P0.6	P0.7
第二功能	AD0～AD7 访问外部存储器时，分时复用用作低 8 位地址总线和 8 位数据总线							
第三功能	RxD3 串行口 3 数据接收端	TxD3 串行口 3 数据发送端	RxD4 串行口 4 数据接收端	TxD4 串行口 4 数据发送端	T3CLKO T3 的时钟输出端	T3 T3 的外部计数输入端	T4CLKO T4 的时钟输出端	T4 T4 的外部计数输入端
第四功能	—	—	—	—	—	PWMFLT_2 PWM 异常停机控制引脚(切换 1)	PWM7_2 脉宽调制输出通道 7(切换 1)	PWM6_2 脉宽调制输出通道 6(切换 1)

2. P1 口

P1 口引脚排列与功能说明如表 3-2-2 所示。

表 3-2-2　P1 口引脚排列与功能说明

引脚号	I/O 名称	第二功能	第三功能	第四功能	第五功能	第六功能
9	P1.0	ADC0 ADC 模拟输入通道 0	CCP1 CCP 输出通道 1	RxD2 串行口 2 串行数据接收端	—	—
10	P1.1	ADC1 ADC 模拟输入通道 1	CCP0 CCP 输出通道 0	TxD2 串行口 2 串行数据发送端	—	—
11	P1.2	ADC2 ADC 模拟输入通道 2	SS SPI 接口的从机选择信号	ECI CCP 模块计数器外部计数脉冲输入端	CMPO 比较器比较结果输出端	—
12	P1.3	ADC3 ADC 模拟输入通道 3	MOSI SPI 接口主出从入数据端	—		—
13	P1.4	ADC4 ADC 模拟输入通道 4	MISO SPI 接口主入从出数据端	—		—
14	P1.5	ADC5 ADC 模拟输入通道 5	SCLK SPI 接口同步时钟端	—	—	—

续表

引脚号	I/O 名称	第二功能	第三功能	第四功能	第五功能	第六功能
15	P1.6	ADC6	RxD_3	XTAL2	MCLKO_2	PWM6
		ADC 模拟输入通道 6	串行口 1 串行数据接收端(切换 2)	内部时钟放大器反相放大器的输出端	主时钟输出(切换 1)	脉宽调制输出通道 6
16	P1.7	ADC7	TxD_3	XTAL1	PWM7	—
		ADC 模拟输入通道 7	串行口 1 串行数据发送端(切换 2)	内部时钟放大器反相放大器的输入端	脉宽调制输出通道 7	

3. P2 口

P2 口引脚排列与功能说明如表 3-2-3 所示。

表 3-2-3 P2 口引脚排列与功能说明

引脚号	I/O 名称	第二功能		第三功能	第四功能	第五功能
32	P2.0	A8	访问外部存储器时，用作高 8 位地址总线	RSTOUT_LOW	—	—
				上电后输出低电平		
33	P2.1	A9		SCLK_2	PWM3	—
				SPI 接口同步时钟端(切换 1)	脉宽调制输出通道 3	
34	P2.2	A10		MISO_2	PWM4	—
				SPI 接口主入从出数据端(切换 1)	脉宽调制输出通道 4	
35	P2.3	A11		MOSI_2	PWM5	—
				SPI 接口主出从入数据端(切换 1)	脉宽调制输出通道 5	
36	P2.4	A12		ECI_3	SS_2	PWMFLT
				CCP 模块计数器外部计数脉冲输入端(切换 2)	SPI 接口的从机选择信号(切换 1)	PWM 异常停机控制引脚
37	P2.5	A13		CCP0_3	—	—
				CCP 输出通道 0(切换 2)		
38	P2.6	A14		CCP1_3	—	—
				CCP 输出通道 1(切换 2)		
39	P2.7	A15		PWM2_2	—	—
				脉宽调制输出通道 2(切换 1)		

4. P3 口

P3 口引脚排列与功能说明如表 3-2-4 所示。

表 3-2-4 P3 口引脚排列与功能说明

引脚号	I/O 名称	第二功能	第三功能	第四功能
21	P3.0	RxD 串行口 1 串行数据接收端	$\overline{\text{INT4}}$ 外部中断 4 中断请求输入端	T2CLKO T2 定时器的时钟输出端
22	P3.1	TxD 串行口 1 串行数据发送端	T2 T2 定时器的外部计数脉冲输入端	—
23	P3.2	INT0 外部中断 0 中断请求输入端	—	—
24	P3.3	INT1 外部中断 1 中断请求输入端	—	—
25	P3.4	T0 T0 定时器的外部计数脉冲输入端	T1CLKO T1 定时器的时钟输出端	ECI_2 CCP 模块计数器外部计数脉冲输入端(切换 1)
26	P3.5	T1 T1 定时器的外部计数脉冲输入端	T0CLKO T0 定时器的时钟输出端	CCP0_2 CCP 输出通道 0(切换 1)
27	P3.6	$\overline{\text{INT2}}$ 外部中断 2 中断请求输入端	RxD_2 串行口 1 串行接收数据端(切换 1)	CCP1_2 CCP 输出通道 1(切换 1)
28	P3.7	$\overline{\text{INT3}}$ 外部中断 3 中断请求输入端	TxD_2 串行口 1 串行发送数据端(切换 1)	PWM2 脉宽调制输出通道 2

5. P4 口

P4 口引脚排列与功能说明如表 3-2-5 所示。

表 3-2-5 P4 口引脚排列与功能说明

引脚号	I/O 名称	第二功能	第三功能
29	P4.1	MOSI_3 SPI 接口主出从入数据端(切换 2)	—
30	P4.2	$\overline{\text{WR}}$ 外部数据存储器写脉冲输出端	PWM5_2 脉宽调制输出通道 5(切换 1)
31	P4.4	$\overline{\text{RD}}$ 外部数据存储器读脉冲输出端	PWM4_2 脉宽调制输出通道 4(切换 1)
40	P4.5	ALE 外部扩展存储器的地址锁存信号输出端	PWM3_2 脉宽调制输出通道 3(切换 1)

6. P5 口

P5 口引脚排列与功能说明如表 3-2-6 所示。

表 3-2-6 P5 口引脚排列与功能说明

<table>
<tr><th>引脚号</th><th>I/O 名称</th><th>第二功能</th><th>第三功能</th><th>第四功能</th><th>第五功能</th></tr>
<tr><td rowspan="2">17</td><td rowspan="2">P5.4</td><td>RST</td><td>MCLKO</td><td>SS_3</td><td>CMP－</td></tr>
<tr><td>复位脉冲输入端</td><td>主时钟输出端</td><td>SPI 接口的从机选择信号(切换 2)</td><td>比较器负极输入端</td></tr>
<tr><td rowspan="2">19</td><td rowspan="2">P5.5</td><td>CMP＋</td><td rowspan="2">—</td><td rowspan="2">—</td><td rowspan="2">—</td></tr>
<tr><td>比较器正极输入端</td></tr>
</table>

注：STC15W4K32S4 单片机内部接口的外部输入、输出功能引脚可通过编程切换。上电或复位后，默认功能引脚的名称以原功能状态名称表示，切换后引脚状态的名称在原功能名称的基础上加一下划线和序号组成。例如，RxD 和 RxD_2，RxD 为串行口 1 默认的数据接收端，RxD_2 为串行口 1 切换后(第 1 组切换)的数据接收端名称，其功能与串行口 1 的串行数据接收端相同。

任务 3 STC15W4K32S4 单片机的时钟与复位

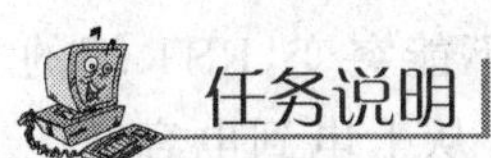

经典 8051 单片机的时钟和复位信号都由片外提供，而 STC15 系列单片机的时钟与复位发生了较大改变，可完全由片内提供。本任务在介绍经典 8051 单片机时钟产生与复位实现的基础上，系统地讲解 STC15 系列单片机的系统时钟与复位情况。

一、8051 单片机时钟电路

8051 单片机时钟信号由 XTAL1、XTAL2 引脚外接晶振产生[图 3-3-1(a)]，或直接从 XTAL1 端(或 XTAL2 端)输入外部时钟信号源。采用外部时钟信号源，适合多机应用系统，以实现各单片机间的信号同步。当从 XTAL2 端输入时，XTAL1 端应接地，如图 3-3-1(b)所示；当从 XTAL1 端输入时，XTAL2 端应悬空，如图 3-3-1(c)所示。

在实际小应用系统中，一般以单机系统为主。在单机系统中，宜采用外接晶振芯片来产生时钟信号，如图 3-3-1(a)所示。时钟信号的频率取决于晶振的频率，电容器 C_1 和 C_2 的作用是稳定频率和快速起振，一般取值为 5～30pF，典型值为 30pF。传统 8051 单片机时钟信号频率为 1.2～12MHz。目前，许多增强型 51 单片机的时钟频率，远大于 12MHz。

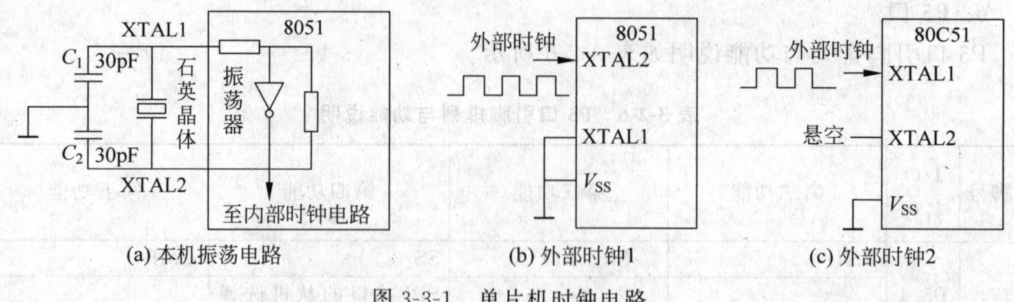

(a) 本机振荡电路　(b) 外部时钟1　(c) 外部时钟2

图 3-3-1　单片机时钟电路

二、8051 单片机的复位与复位电路

8051 单片机复位的作用是使单片机复位到指定的初始状态,通过在外部复位引脚端(RST)外加大于 2 个机器周期(1 个机器周期等于 12 个时钟周期)的高电平脉冲实现。

在实际应用中,需配备两种复位操作:上电复位与按键复位。上电复位是指单片机加电时,强迫单片机复位,让单片机从指定的初始状态开始运行程序;按键复位是指在单片机的运行过程中,通过按键人为地实现复位。

图 3-3-2(a)所示为上电复位电路,由电容 C_1 和电阻 R_1 组成。一般 C_1 取 $10\mu F$,R_1 取 $8.2k\Omega$。上电复位电路利用电容两端电压不能突变的原理实现。断电时,电容 C_1 经放电后,电荷为 0,即电容两端电压为 0;上电时,由于电容两端电压不能突变,RST 端的电平为高电平,随着电容充电,RST 端的电位逐渐降低,最终变为 0。从上电到电容充电结束,RST 端的电平由高电平到低电平,只要选择合适的电容、电阻参数,就能保证足够的复位高电平时间,保证复位的实现。

若电容两端并上由一个按钮和一个电阻(一般取 200Ω)组成的串联电路,即在上电复位的基础上附加按键复位功能,如图 3-3-2(b)所示,可利用按键强制给 RST 引入复位高电平。

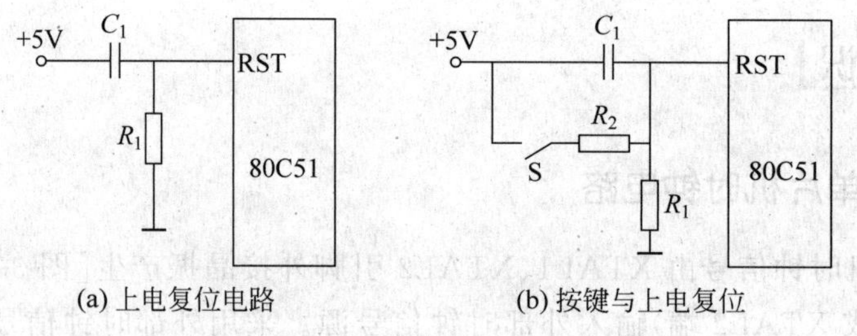

(a) 上电复位电路　(b) 按键与上电复位

图 3-3-2　8051 单片机复位电路

任务实施

一、STC15W4K32S4 单片机的时钟

1. 时钟源的选择

STC15W4K32S4 单片机的主时钟有两种时钟源:内部高精度 RC 时钟和外部时钟

(由 XTAL1 和 XTAL2 外接晶振产生时钟,或直接输入时钟)。

1) 内部高精度 RC 时钟

如果使用 STC15W4K32S4 单片机的内部高精度 RC 时钟,XTAL1 和 XTAL2 可用作 I/O 口。STC15W4K32S4 单片机在常温下的时钟频率为 5～35MHz,在－40～＋85℃温度环境下的温漂为±1%,常温下的温漂为±0.5%。

在对 STC15W4K32S4 单片机进行 ISP 下载用户程序时,在硬件选项中勾选"选择使用内部 IRC 时钟(不选为外部时钟)"复选框,并输入用户程序运行时的 IRC 频率,如图 3-3-3 所示。

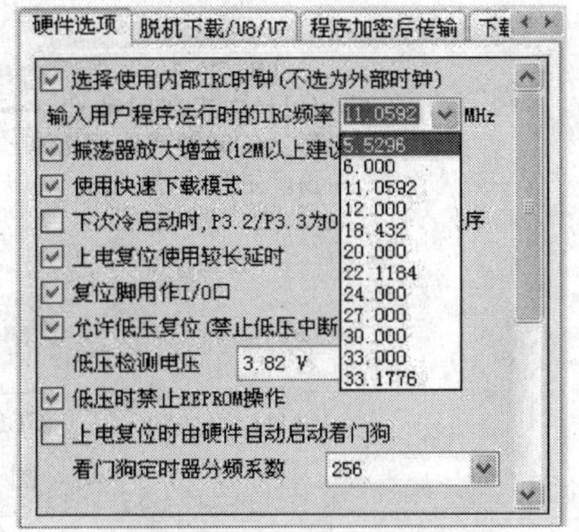

图 3-3-3　内部 RC 时钟频率选择

2) 外部时钟

XTAL1 和 XTAL2 是芯片内部一个反相放大器的输入端和输出端。

STC15W4K32S4 单片机的出厂标准配置是使用内部 RC 时钟,如选用外部时钟,在对 STC15W4K32S4 单片机进行 ISP 下载用户程序时,在硬件选项中选择,即去掉"选择使用内部 IRC 时钟(不选为外部时钟)"前面方框中的"√"。

使用外部振荡器产生时钟时,单片机时钟信号由 XTAL1、XTAL2 引脚外接晶振产生时钟信号,或直接从 XTAL1 输入外部时钟信号源。

采用外接晶振来产生时钟信号,如图 3-3-4(a)所示,时钟信号的频率取决于晶振的频率,电容器 C_1 和 C_2 的作用是稳定频率和快速起振,一般取值为 5～47pF,典型值为 47pF 或 30pF。STC15W4K32S4 单片机的时钟频率最大可达 35MHz。

当从 XTAL1 端直接输入外部时钟信号源时,XTAL2 端悬空,如图 3-3-4(b)所示。

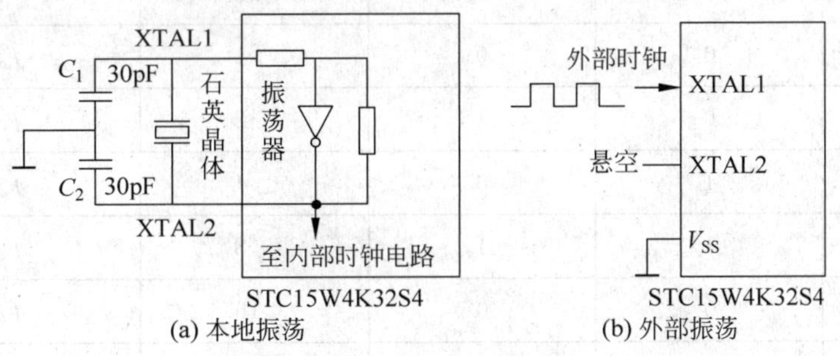

图 3-3-4　STC15W4K32S4 单片机的外部时钟电路

主时钟源(内部 RC 时钟或外部时钟)信号的频率记为 f_{osc}。

2. 系统时钟与时钟分频寄存器

主时钟源输出信号不是直接与单片机 CPU、内部接口的时钟信号相连,而是经过一个可编程时钟分频器提供给单片机 CPU 和内部接口,如图 3-3-5 所示。为了区分主时钟源时钟信号与 CPU、内部接口的时钟,主时钟源(振荡器时钟)信号的频率记为 f_{osc};CPU、内部接口的时钟称为系统时钟,记为 f_{SYS},且 $f_{SYS}=f_{osc}/N$。其中,N 为时钟分频器的分频系数。利用时钟分频器(CLK_DIV)可实现时钟分频,从而使 STC15W4K32S4 单片机在较低频率方式下工作。

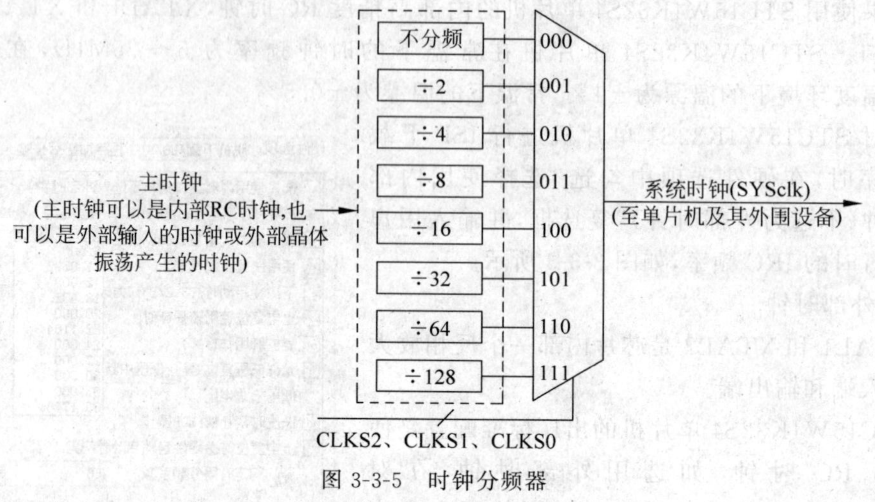

图 3-3-5 时钟分频器

时钟分频寄存器 CLK_DIV 各位的定义如下：

	地址	B7	B6	B5	B4	B3	B2	B1	B0	复位值
CLK_DIV	97H	MCKO_S1	MCKO_S0	ADRJ	Tx_Rx	—	CLKS2	CLKS1	CLKS0	0000 x000

CPU 系统时钟与分频系数如表 3-3-1 所示。

表 3-3-1 CPU 系统时钟与分频系数

CLKS2	CLKS1	CLKS0	分频系数(N)	CPU 的系统时钟
0	0	0	1	f_{osc}
0	0	1	2	$f_{osc}/2$
0	1	0	4	$f_{osc}/4$
0	1	1	8	$f_{osc}/8$
1	0	0	16	$f_{osc}/16$
1	0	1	32	$f_{osc}/32$
1	1	0	64	$f_{osc}/64$
1	1	1	128	$f_{osc}/128$

3. 主时钟输出与主时钟控制

主时钟从 P5.4 引脚输出,但是否输出,输出分频为多少,是由 CLK_DIV 中的 MCKO_S1 和 MCKO_S0 控制,详见表 3-3-2。

表 3-3-2　主时钟输出功能

MCKO_S1	MCKO_S0	功　能
0	0	禁止输出
0	1	输出时钟频率＝主时钟频率
1	0	输出时钟频率＝主时钟频率/2
1	1	输出时钟频率＝主时钟频率/4

二、STC15W4K32S4 单片机复位

复位是单片机的初始化工作。复位后，中央处理器 CPU 及单片机内的其他功能部件都处在确定的初始状态，并从该状态开始工作。复位分为冷启动复位和热启动复位两大类，其区别如表 3-3-3 所示。

表 3-3-3　冷启动复位和热启动复位对照表

复位种类	复　位　源	上电复位标志(POF)	复位后程序启动区域
冷启动复位	系统停电后再上电引起的硬复位	1	从系统 ISP 监控程序区开始执行程序。如果检测到合法的 ISP 下载命令流，则进行应用程序的在线编程(下载程序)，完成后自动转到用户程序区执行用户程序；如果检测不到合法的 ISP 下载命令流，将软复位到用户程序区执行用户程序
热启动复位	通过控制 RST 引脚产生的硬复位	不变	从系统 ISP 监控程序区开始执行程序。如果检测到合法的 ISP 下载命令流，则进行应用程序的在线编程(下载程序)，完成后自动转到用户程序区执行用户程序；如果检测不到合法的 ISP 下载命令流，将软复位到用户程序区执行用户程序
	内部看门狗复位	不变	若 SWBS＝1，复位到系统 ISP 监控程序区；若 SWBS＝0，复位到用户程序区 0000H 处
	通过对 IAP_CONTR 寄存器操作的软复位	不变	若 SWBS＝1，软复位到系统 ISP 监控程序区；若 SWBS＝0，软复位到用户程序区 0000H 处

PCON 寄存器的 B4 位是单片机的上电复位标志位 POF。冷启动后，复位标志 POF 为 1；热启动复位后，POF 不变。在实际应用中，该位用来判断单片机复位是上电复位(冷启动复位)，还是 RST 外部复位，或看门狗复位，或软复位。应在判断出上电复位后，及时将 POF 清零。用户可以在初始化程序中判断 POF 是否为 1，并对不同情况做出不同的处理，如图 3-3-6 所示。

POF=1?
Y
N
冷启动(上电复位)将POF清零
外部手动复位或看门狗复位

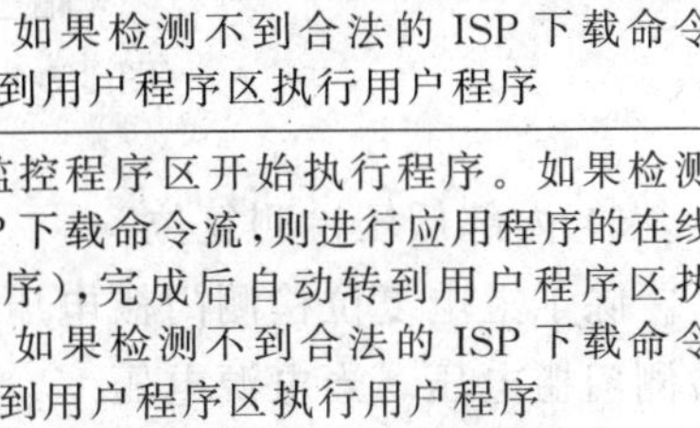

图 3-3-6　用户软件判断复位种类流程图

1. 复位的实现

STC15W4K32S4 单片机有多种复位模式：内部上电复位(掉电复位与上电复位)、外部 RST 引脚复位、MAX810 专用电路复位、内部低压检测复位、看门狗复位与软件复位。

1) 内部上电复位与 MAX810 专用复位

当电源电压低于掉电/上电复位检测门槛电压时，

所有的逻辑电路都会复位。当内部 V_{CC} 上升到复位门槛电压以上后，延迟 8192 个时钟，掉电复位/上电复位结束。

若 MAX810 专用复位电路在 ISP 编程时被允许，则以后掉电复位/上电复位结束后产生约 180ms 复位延迟，复位才能被解除。

2）外部 RST 引脚复位

外部 RST 引脚复位就是从外部向 RST 引脚施加一定宽度的高电平复位脉冲，实现单片机复位。P5.4(RST)引脚出厂时被设置为 I/O 口，要将其配置为复位引脚，必须在 ISP 编程时设置。将 RST 引脚拉高并维持至少 24 个时钟加 20μs 后，单片机进入复位状态，将 RST 引脚拉回低电平，单片机结束复位状态，并从系统 ISP 监控程序区开始执行程序。如果检测不到合法的 ISP 下载命令流，将软复位到用户程序区执行用户程序。

STC15W4K32S4 复位原理及复位电路，与传统的 8051 单片机是一样的，如图 3-3-7 所示。

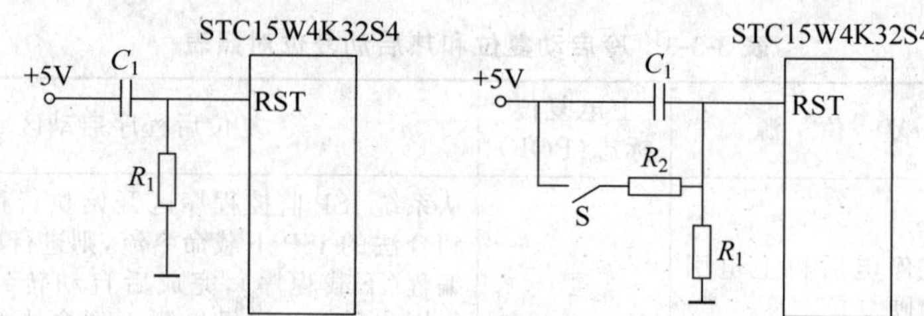

图 3-3-7　STC15W4K32S4 单片机复位电路

3）内部低压检测复位

除了上电复位检测门槛电压外，STC15W4K32S4 单片机还有一组更可靠的内部低压检测门槛电压。当电源电压 V_{CC} 低于内部低压检测(LVD)门槛电压时，若在 ISP 编程时允许低压检测复位，可产生复位。相当于将低压检测门槛电压设置为复位门槛电压。

STC15W4K32S4 单片机内置了 16 级低压检测门槛电压。

4）看门狗复位

看门狗的基本作用就是监视 CPU 的工作。如果 CPU 在规定的时间内没有按要求访问看门狗，就认为 CPU 处于异常状态，看门狗会强迫 CPU 复位。若 SWBS=0，使系统重新从用户程序区 0000H 处开始执行用户程序，是一种提高系统可靠性的措施，详见项目十任务 2。

5）软件复位

在系统运行过程中，有时会根据特殊需求，实现单片机系统软复位(热启动之一)。传统的 8051 单片机由于硬件上未支持此功能，用户必须用软件模拟实现，实现起来较麻烦。STC15W4K32S4 单片机利用 ISP/IAP 控制寄存器 IAP_CONTR 实现了此功能。用户只需简单地控制 ISP_CONTR 其中的 2 位(SWBS、SWRST)，就可以将系统复位。IAP_CONTR 的格式如下。

	地址	B7	B6	B5	B4	B3	B2	B1	B0	复位值
IAP_CONTR	C7H	IAPEN	SWBS	SWRST	CMD_FAIL	—	WT2	WT1	WT0	0000 x000

（1）SWBS：软件复位程序启动区的选择控制位。SWBS＝0，从用户程序区启动；SWBS＝1，从ISP监控程序区启动。

（2）SWRST：软件复位控制位。SWRST＝0，不操作；SWRST＝1，产生软件复位。

若要切换到用户程序区起始处开始执行程序，执行语句"IAP_CONTR＝0x20；"；若要切换到ISP监控程序区起始处开始执行程序，执行语句"IAP_CONTR＝0x60；"。

2. 复位状态

冷启动复位和热启动复位时，除程序的启动区域以及上电标志的变化不同外，复位后的PC值与各特殊功能寄存器的初始状态是一样的，具体见表5-1-2。其中，PC＝0000H，SP＝07H，P0＝P1＝P2＝P3＝P4＝P5＝FFH（P2.0输出状态取决于在ISP下载程序时的选择，默认输出高电平）。复位不影响片内RAM的状态。

任务拓展

硬件电路与软件同项目二任务3，仅在下载用户程序时，修改IRC时钟为24MHz，下载程序后，观察与记录程序的运行状况，并对比IRC时钟为12MHz时程序运行的状况。

习　题

一、填空题

1. STC系列单片机是我国________研发的。
2. STC15W4K32S4系列是1T单片机。1T的含义是________________。
3. STC系列单片机传承于Intel公司的________单片机构架，其指令系统完全兼容。
4. STC15W4K32S4单片机型号中"STC"的含义是________________。
5. STC15W4K32S4单片机型号中"W"的含义是________________。
6. STC15W4K32S4单片机型号中"4K"的含义是________________。
7. STC15W4K32S4单片机型号中"32"的含义是________________。
8. STC15W4K32S4单片机型号中"S4"的含义是________________。
9. STC15W4K32S4单片机CPU数据总线的位数是________________。
10. STC15W4K32S4单片机CPU地址总线的位数是________________。
11. STC15W4K32S4单片机I/O口的驱动能力是________________。
12. STC15W4K32S4单片机CPU中程序计数器PC的作用是________________，其工作特性是________。
13. STC15W4K32S4单片机CPU中的PSW称作________。其中，CY是________，AC是________，OV是________，P是________。

二、选择题

1. STC15W4K32S4单片机I/O口的位数视封装不同而不同，I/O口位数最多时为________。

A. 38　　B. 42　　C. 60　　D. 62

2. 当 CPU 执行 25H 与 86H 加法运算后，ACC 中的运算结果为________。

A. ABH　　B. 11H　　C. 0BH　　D. A7H

3. 当 CPU 执行 A0H 与 65H 加法运算后，PSW 中 CY、AC 的值分别为________。

A. 0、1　　B. 1、0　　C. 0、0　　D. 1、1

4. 当 CPU 执行 58H 与 38H 加法运算后，PSW 中 OV、P 的值分别为________。

A. 0、0　　B. 0、1　　C. 1、0　　D. 1、1

5. 当 SWBS=1 时，看门狗复位后，CPU 从________开始执行程序。

A. ISP 监控程序区　　B. 用户程序区

6. 当 f_{osc}=12MHz 时，CLK_DIV=01000010B。请问：主时钟输出频率与系统运行频率各为________。

A. 12MHz 和 6MHz　　B. 6MHz 和 3MHz

C. 3MHz 和 3MHz　　D. 12MHz 和 3MHz

三、判断题

1. CPU 中的程序计数器 PC 是特殊功能寄存器。（　）

2. CPU 中的 PSW 是特殊功能寄存器。（　）

3. CPU 中的程序计数器 PC 是 8 位计数器。（　）

4. STC15W4K32S4 单片机芯片的最大负载能力等于 I/O 数乘以 I/O 口位的驱动能力。（　）

5. 冷复位时，上电复位标志 POF 为 1；热复位时，上电复位标志 POF 为 0。（　）

6. 上电复位时，CPU 从 ISP 监控程序区执行程序；其他复位时，CPU 从用户程序开始执行程序。（　）

7. 对于 STC15W4K32S4 单片机，除电源、地引脚外，其余各引脚都可用作 I/O 口。（　）

四、问答题

1. STC15W4K32S4 系列单片机型号中，STC 与 IAP 的区别是什么？

2. CPU 从“ISP 监控程序区开始执行程序”与从“用户程序区开始执行程序”有什么区别？

3. STC15W4K32S4 单片机的时钟源有哪两种类型？如何设置内部时钟源？

4. 如何实现软件复位后，从用户程序区开始执行程序？

5. P2.0 I/O 引脚与其他 I/O 引脚有什么不同点？

6. STC15W4K32S4 单片机复位后，PC 与 SP 的值分别为多少？

7. STC15W4K32S4 单片机的主时钟从哪个引脚输出？是如何控制的？

8. STC-ISP 的在线编程要求单片机重新上电。请问是否可以采用外部按键复位？为什么？

项目 四 Project 4

STC15W4K32S4单片机的并行I/O口与应用编程

无论什么单片机,外部的命令以及处理结果都要通过并行 I/O 口通信。本项目要达到的目标：一是掌握 STC15W4K32S4 单片机并行 I/O 口的工作模式；二是掌握 C 语言程序的结构、数据类型以及特殊功能寄存器的定义；三是学会 STC15W4K32S4 单片机并行 I/O 口应用的 C 语言编程。

知识点：

- STC15W4K32S4 单片机并行 I/O 口的工作模式以及负载能力。
- STC15W4K32S4 单片机并行 I/O 口的准双向工作模式中"准"字的含义。
- C 语言程序结构、数据类型以及变量的定义。
- C 语言的算术运算、关系运算、逻辑运算语句。
- C 语言的控制语句(if、switch/case、while、for 等语句)。
- C 语言(C51)中特殊功能寄存器地址以及位地址的定义与赋值。

技能点：

- STC15W4K32S4 单片机并行 I/O 口工作模式的设置。
- C 语言(C51)中特殊功能寄存器地址以及位地址的定义与赋值。
- STC15W4K32S4 单片机并行 I/O 口应用的 C 语言编程。

任务 1　STC15W4K32S4 单片机并行 I/O 口的输入/输出

任务说明

STC15W4K32S4 单片机的并行 I/O 口需要通过地址来访问。作为一种特殊功能寄存器，首先要将 STC15W4K32S4 单片机的并行 I/O 口名称进行地址定义；再利用简单赋值语句,实现 STC15W4K32S4 单片机并行 I/O 口输入/输出应用编程。通过本任务,使读者初步掌握 STC15W4K32S4 单片机应用的 C 语言编程。

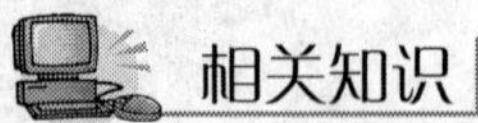
相关知识

一、IAP15W4K58S4 单片机的并行 I/O 口与工作模式

1. I/O 口功能

STC15W4K32S4 单片机最多有 62 个 I/O 口(P0.0～P0.7、P1.0～P1.7、P2.0～P2.7、P3.0～P3.7、P4.0～P4.7、P5.0～P5.5、P6.0～P6.7、P7.0～P7.7);PDIP40 封装的 STC15W4K32S4 单片机共有 38 个 I/O 口线,分别为 P0.0～P0.7、P1.0～P1.7、P2.0～P2.7、P3.0～P3.7、P4.1、P4.2、P4.4、P4.5、P5.4、P5.5,可用作准双向 I/O,其中大多数 I/O 口线具有两个以上功能。各 I/O 口线的引脚功能名称前面已介绍过,详见表 3-2-1～表 3-2-6。

2. I/O 口的工作模式

STC15W4K32S4 单片机的所有 I/O 口均有 4 种工作模式:准双向口(传统 8051 单片机 I/O 模式)、推挽输出、仅为输入(高阻状态)与开漏模式。每个 I/O 口的驱动能力均可达到 20mA,但 40 引脚及以上单片机整个芯片的最大工作电流不超过 120mA;20 引脚以上、32 引脚以下单片机整个芯片的最大工作电流不超过 90mA。每个口的工作模式由 PnM1 和 PnM0(n=0,1,2,3,4,5)两个寄存器的相应位来控制。例如,P0M1 和 P0M0 用于设定 P0 口的工作模式,其中 P0M1.0 和 P0M0.0 用于设置 P0.0 的工作模式。P0M1.7 和 P0M0.7 用于设置 P0.7 的工作模式,以此类推。设置关系如表 4-1-1 所示。STC15W4K32S4 单片机上电复位后,所有的 I/O 口(除与增强型 PWM 有关的引脚外)均为准双向口模式。

表 4-1-1　I/O 口工作模式的设置

控制信号		I/O 口工作模式
PnM1[7:0]	PnM0[7:0]	
0	0	准双向口(传统 8051 单片机 I/O 模式):灌电流可达 20mA,拉电流为 150～230μA
0	1	推挽输出:强上拉输出,可达 20mA,要外接限流电阻
1	0	仅为输入(高阻)
1	1	开漏:内部上拉电阻断开,要外接上拉电阻才可以拉高。此模式可用于 5V 器件与 3V 器件电平切换

二、STC15W4K32S4 单片机并行 I/O 口的结构

由 PnM1 和 PnM0(n=0,1,2,3,4,5)两个寄存器的相应位来控制 P0～P5 端口的工作模式。下面介绍 STC15W4K32S4 单片机并行 I/O 口不同模式的结构与工作原理。

1. 准双向口工作模式

准双向口工作模式下，I/O 口的电路结构如图 4-1-1 所示。此时，I/O 口可用于直接输出，不需要重新配置口线输出状态。这是因为当口线输出为 1 时，驱动能力很弱，允许外部装置将其拉为低电平。当引脚输出低电平时，其驱动能力很强，可吸收相当大的电流。

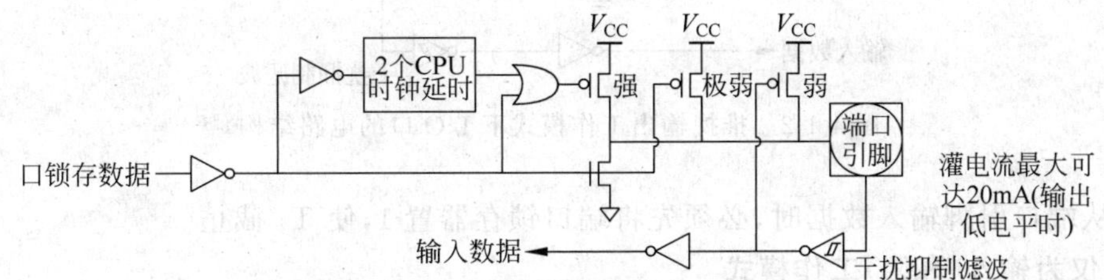

图 4-1-1　准双向口工作模式下 I/O 口的电路结构

每个端口都包含一个 8 位锁存器，即特殊功能寄存器 P0～P5。这种结构在数据输出时具有锁存功能，即在重新输出新的数据之前，口线上的数据一直保持不变。但对输入信号是不锁存的，所以外设输入的数据必须保持到取数指令执行为止。

准双向口有三个上拉场效应管 T_1、T_2、T_3，以适应不同的需要。其中，T_1 称为“强上拉”，上拉电流可达 20mA；T_2 称为“极弱上拉”，上拉电流一般为 30μA；T_3 称为“弱上拉”，一般上拉电流为 150～270μA，典型值为 200μA。输出低电平时，灌电流最大可达 20mA。

当口线寄存器为 1 且引脚本身也为 1 时，T_3 导通。T_3 提供基本驱动电流，使准双向口输出为 1。如果一个引脚输出为 1 而由外部装置下拉到低电平时，T_3 断开，T_2 维持导通状态，为了把这个引脚强拉为低电平，外部装置必须有足够的灌电流，使引脚上的电压降到门槛电压以下。

当口线锁存为 1 时，T_2 导通。当引脚悬空时，这个极弱的上拉源产生很弱的上拉电流，将引脚上拉为高电平。

当口线锁存器由 0 到 1 跳变时，T_1 用来加快准双向口由逻辑 0 到逻辑 1 转换。当发生这种情况时，T_1 导通约 2 个时钟，使引脚迅速地上拉到高电平。

准双向口带有一个施密特触发输入以及一个干扰抑制电路。

当从端口引脚输入数据时，T_4 应一直处于截止状态。假定在输入之前曾输出锁存过数据 0，则 T_4 是导通的，引脚上的电位始终被钳位在低电平，使输入高电平无法读入。因此，若要从端口引脚读入数据，必须先向端口锁存器置 1，使 T_4 截止。

2. 推挽输出工作模式

推挽输出工作模式下，I/O 口的电路结构如图 4-1-2 所示。

在推挽输出工作模式下，I/O 口输出的下拉结构、输入电路结构与准双向口模式是一致的，不同的是在推挽输出工作模式下，I/O 口是持续的“强上拉”，若输出高电平，其拉电流最大可达 20mA；若输出低电平，其灌电流最大可达 20mA。

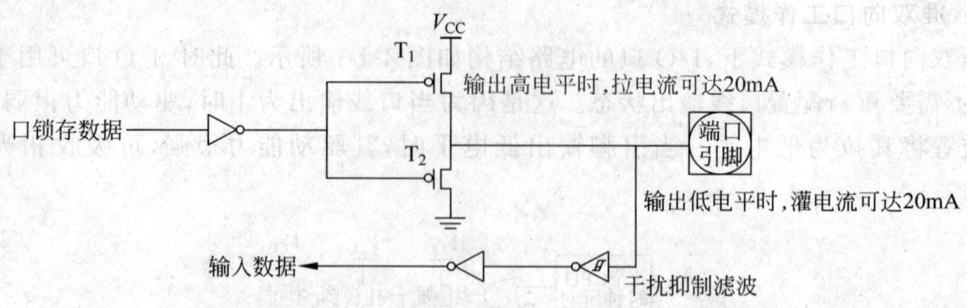

图 4-1-2　推挽输出工作模式下 I/O 口的电路结构

当从端口引脚输入数据时，必须先将端口锁存器置 1，使 T_2 截止。

3. 仅为输入(高阻)工作模式

仅为输入(高阻)工作模式下，I/O 口的电路结构如图 4-1-3 所示。此时，可直接从端口引脚读入数据，而不需要先对端口锁存器置 1。

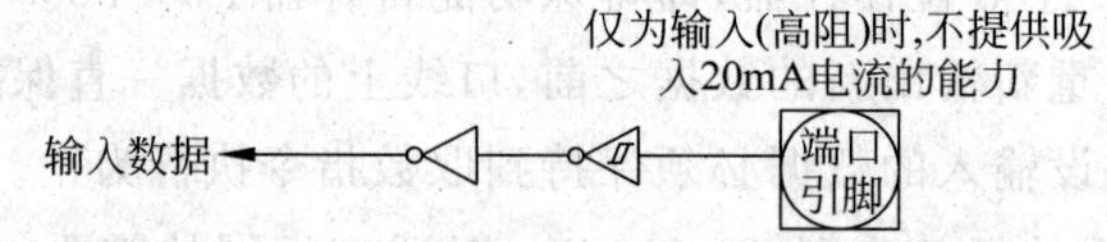

图 4-1-3　仅为输入(高阻)工作模式下 I/O 口的电路结构

4. 开漏工作模式

开漏工作模式下，I/O 口的电路结构如图 4-1-4 所示。此时，I/O 口输出的下拉结构与推挽输出/准双向口一致，输入电路与准双向口一致，但输出驱动无任何负载，即开漏状态。输出应用时，必须外接上拉电阻。

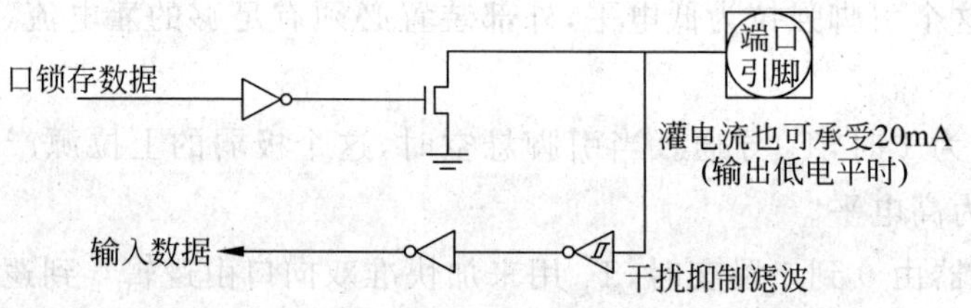

图 4-1-4　开漏输出工作模式下 I/O 口的电路结构

三、使用 STC15W4K32S4 单片机并行 I/O 口的注意事项

1. 典型三极管控制电路

单片机 I/O 口引脚本身的驱动能力有限，如果需要驱动较大功率的器件，可以采用单片机 I/O 口引脚控制晶体管输出的方法。如图 4-1-5 所示，如果用弱上拉控制，建议加上拉电阻 R_1，阻值为 3.3～10kΩ；如果不加上拉电阻 R_1，建议 R_2 的取值在 15kΩ 以上，或用强推挽输出。

2. 典型发光二极管驱动电路

采用弱上拉驱动时,用灌电流方式驱动发光二极管,如图 4-1-6(a)所示;采用推挽输出(强上拉)驱动时,用拉电流方式驱动发光二极管,如图 4-1-6(b)所示。

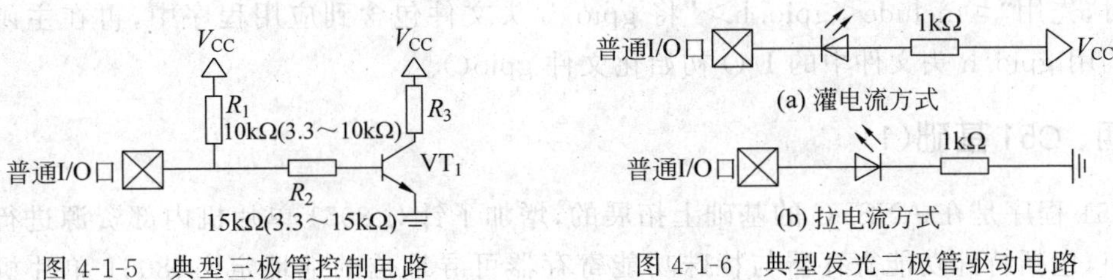

图 4-1-5　典型三极管控制电路　　图 4-1-6　典型发光二极管驱动电路

在实际使用时,应尽量采用灌电流驱动方式,不要采用拉电流驱动,以提高系统的负载能力和可靠性。有特别需要时,可以采取拉电流方式,如供电线路要求比较简单时。

设计行列矩阵按键扫描电路时,也需要加限流电阻。因为实际工作时可能出现两个 I/O 口均输出低电平的情况,并且在按键按下时短接在一起,而 CMOS 电路的两个输出脚不能直接短接在一起。在按键扫描电路中,一个口为了读另外一个口的状态,必须先置高电平,而单片机的弱上拉口在由 0 变为 1 时,有 2 个时钟的强推挽输出电流,输出到另外一个输出低电平的 I/O 口,有可能造成 I/O 口损坏。因此,建议在按键扫描电路两侧各加 300Ω 限流电阻,或者在软件处理上不要出现按键两端 I/O 口同时为低电平的情况。

3. 让 I/O 口上电复位时控制输出为低电平

STC15W4K32S4 单片机上电复位时,普通 I/O 口为弱上拉高电平输出,而很多实际应用要求上电时某些 I/O 口控制输出为低电平,否则所控制的系统(如电动机)会误动作。为了解决这个问题,可以采取以下两种方法。

(1) 通过硬件实现高、低电平的逻辑取反功能。例如,在图 4-1-5 中,单片机上电复位后,晶体管 VT_1 的集电极输出就是低电平。

(2) 由于 STC15W4K32S4 单片机既有弱上拉输出模式,又有强推挽输出模式,可在单片机 I/O 口上加一个下拉电阻(1kΩ、2kΩ 或 3kΩ),上电复位时,虽然单片机内部 I/O 口是弱上拉/高电平输出,但由于内部上拉能力有限,而外部下拉电阻较小,无法将其拉为高电平,所以该 I/O 口上电复位时,外部输出低电平。如果将此 I/O 口驱动为高电平,可将此 I/O 口设置为强推挽输出。此时,I/O 口驱动电流可达 20mA,故将该口驱动为高电平输出。实际应用时,先串联一个大于 470Ω 的限流电阻,再接下拉电阻到地,如图 4-1-7 所示。

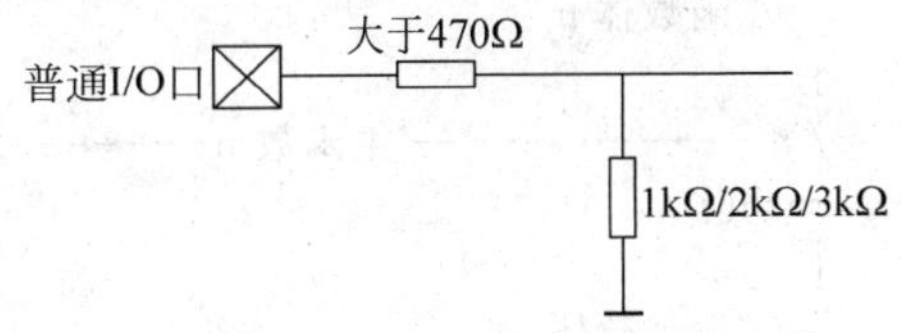

图 4-1-7　让 I/O 口上电复位时控制输出为低电平的驱动电路

提示:STC15W4K32S4 单片机的 P2.0(RSTOUT_LOW)引脚可通过 ISP-IAP 在线编程软件设置为输出低电平。

4. 增强型 PWM 模块输出端口的复位初始状态

所有与增强型 PWM 有关的输出端口(P3.7、P2.1、P2.2、P2.3、P1.6、P1.7)在上电

复位后均为高阻状态。在正常应用时，需将其设置为准双向口。通常的做法是用C语句将STC15W4K32S4单片机的所有I/O口设置为双向口模式，构成一个I/O的初始化函数(如本书中的gpio())，并存为一个独立的头文件(如本书中的gpio.h)。在编写C语言函数时，先用“#include<gpio.h>”将gpio.h头文件包含到应用程序中，再在主函数中直接调用gpio.h头文件中的I/O初始化文件gpio()。

四、C51基础(1)

C51程序是在ANSI C的基础上拓展的，增加了针对8051单片机内部资源进行操作的语句，包括特殊功能寄存器与特殊功能寄存器可寻址位的地址定义、8051单片机存储器存储类型的定义以及中断函数等功能操作。

1. C语言程序结构

1）结构形式

```
#include<reg51.h>  //8051单片机特殊功能寄存器地址的定义文件,在STC15W编程采用STC15.h
#include<intrins.h>          //8051单片机常用函数的头文件(循环移位与空操作函数等)
#define uint unsigned int    //宏定义,uint定义为无符号整型数据类型
#define uchar unsigned char  //宏定义,uchar定义为无符号字符型数据类型
/*------------- 功能子函数1 --------------------- */
fun1()
{
    函数体1
}
/*------------- 功能子函数2 --------------------- */
fun2()
{
    函数体2
}
⋮
/*------------- 功能子函数n --------------------- */
funn()
{
    函数体n
}
/*------------- 主函数n --------------------- */
main()
{
    主函数体
}
```

2）结构说明

函数是C语言程序的基本单位，一个C语言程序可包含多个不同功能的函数，但一个C语言程序中只能有一个且必须有一个名为main()的主函数。主函数的位置可在其他功能函数的前面、之间或最后。当功能函数位于主函数后面时，在调用主函数时，必须“先声明”。

C语言程序总是从主函数main()开始执行。主函数可通过直接书写语句或调用功

能子函数来完成任务。功能子函数可以是C语言本身提供的库函数，也可以是用户自己编写的函数。

3）库函数与自定义函数

库函数是针对一些经常使用的算法，经前人开发、归纳、整理形成的通用功能子函数。Keil C51内部有数百个库函数供用户调用。调用Keil C51的库函数时，只需要包含具有该函数说明的相应的头文件即可。有关单片机特殊功能寄存器以及特殊功能寄存器可寻址位地址定义的头文件必须包含进来，如＃include＜reg51.h＞。当使用不同类型的单片机时，可包含其相应的头文件。若无专门的头文件，首先应包含典型的头文件，即reg51.h。对于其他新增的功能符号，直接用sfr语句定义其地址。

自定义函数是用户自己根据需要编写的子函数。

2. C51变量定义

1）标识符与关键字

标识符是用来标识源程序中某个对象的名字，这些对象可以是语句、数据类型、函数、变量、常量、数组等。

一个标识符由字符串、数字和下划线组成。第一个字符必须是字母和下划线，通常以下划线开头的标识符是编译系统专用的。因此，在编写C语言源程序时，一般不使用以下划线开头的标识符，而将下划线用作分段符。C51编译器一般只对标识符的前32个字符编译，因此在编写源程序时，标识符的长度不要超过32个字符。在C语言程序中，字母是区分大小写的。

关键字是编程语言保留的特殊标识符，也称为保留字，它们具有固定名称和含义。在C语言程序中，不允许标识符与关键字相同。ANSI C标准一共规定了32个关键字，如表4-1-2所示。

表4-1-2　ANSI C标准规定的关键字

关键字	类　型	作　用
auto	存储种类说明	用于说明局部变量，默认值为此
break	程序语句	退出最内层循环体
case	程序语句	switch语句中的选择项
char	数据类型说明	单字节整型数据或字符型数据
const	存储类型说明	在程序执行过程中不可更改的常量值
continue	程序语句	转向下一次循环
default	程序语句	switch语句中的失败选择项
do	程序语句	构成do-while循环结构
double	数据类型说明	双精度浮点数
else	程序语句	构成if-else选择结构
enum	数据类型说明	枚举
extern	存储种类说明	在其他程序模块中说明了的全局变量
float	数据类型说明	单精度浮点数
for	程序语句	构成for循环结构
goto	程序语句	构成goto循环结构

续表

关键字	类　型	作　用
if	程序语句	构成 if-else 选择结构
int	数据类型说明	基本整型数据
long	数据类型说明	长整型数据
register	存储种类说明	使用 CPU 内部寄存器变量
return	程序语句	函数返回
short	数据类型说明	短整型数据
signed	数据类型说明	有符号数据
sizeof	运算符	计算表达式或数据类型的字节数
static	存储种类说明	静态变量
struct	数据类型说明	结构类型数据
switch	程序语句	构成 switch 选择结构
typedef	数据类型说明	重新定义数据类型
union	数据类型说明	联合类型数据
unsigned	数据类型说明	无符号数据
void	函数类型说明	无类型函数
volatile	数据类型说明	该变量在程序执行中可被隐含地改变
while	程序语句	构成 while 和 do-while 循环结构

Keil C51 编译器的关键字除了有 ANSI C 标准规定的 32 个以外，还根据 8051 单片机的特点扩展了相关的关键字。对于在 Keil C51 开发环境的文本编辑器中编写的 C 程序，系统以不同颜色表示保留字，默认颜色为蓝色。Keil C51 编译器扩展的关键字如表 4-1-3 所示。

表 4-1-3　Keil C51 编译器扩展的关键字

关键字	类　型	作　用
bit	位标量声明	声明一个位标量或位类型的函数
sbit	可寻址位声明	定义一个可位寻址变量地址
sfr	特殊功能寄存器声明	定义一个特殊功能寄存器(8 位)地址
sfr16	特殊功能寄存器声明	定义一个 16 位的特殊功能寄存器地址
data	存储器类型说明	直接寻址的 8051 单片机内部数据存储器
bdata	存储器类型说明	可位寻址的 8051 单片机内部数据存储器
idata	存储器类型说明	间接寻址的 8051 单片机内部数据存储器
pdata	存储器类型说明	“分页”寻址的 8051 单片机外部数据存储器
xdata	存储器类型说明	8051 单片机的外部数据存储器
code	存储器类型说明	8051 单片机程序存储器
interrupt	中断函数声明	定义一个中断函数
reentrant	再入函数声明	定义一个再入函数
using	寄存器组定义	定义 8051 单片机使用的工作寄存器组
small	变量的存储模式	所有未指明存储区域的变量都存储在 data 区域
large	变量的存储模式	所有未指明存储区域的变量都存储在 xdata 区域

续表

关键字	类 型	作 用
compact	变量的存储模式	所有未指明存储区域的变量都存储在 pdata 区域
_at_	地址定义	定义变量的绝对地址
far	存储器类型说明	用于某些单片机扩展 RAM 的访问
alicn	函数外部声明	C 函数调用 PL/M-51,必须先用 alicn 声明
task	支持 RTX51	指定一个函数是实时任务
priority	支持 RTX51	指定任务的优先级

2）数据类型

C 语言的数据结构用数据类型决定,分为基本数据类型和复杂数据类型。复杂数据类型由基本数据类型构成。

C 语言的基本数据类型有：char、int、short、long、float、double。

(1) Keil C51 编译器支持的数据类型如表 4-1-4 所示。

对于 Keil C51 编译器来说,short 型与 int 型相同,double 型与 float 型相同。

表 4-1-4 Keil C51 编译器支持的数据类型

数据类型定义符号	数据类型名称	长 度	值 域
unsigned char	无符号字符型数据	单字节	0～255
signed char	有符号字符型数据	单字节	－128～＋127
unsigned int	无符号整型数据	双字节	0～65535
signed int	有符号整型数据	双字节	－32768～＋32767
unsigned long	无符号长整型数据	4 字节	0～4294967295
signed long	有符号长整型数据	4 字节	－2147483648～＋2147483647
float	浮点数据	4 字节	±1.175494E－38～±3.402823E＋38
*	指针类型	1～3 字节	对象的地址
bit	位变量	位	0 或 1
sfr	8 位特殊功能寄存器	单字节	0～255
sfr16	16 位特殊功能寄存器	双字节	0～65535
sbit	特殊功能寄存器位	位	0 或 1

(2) 数据类型分析如下。

① char 字符类型：有 unsigned char 和 signed char 之分,默认值为 signed char,长度为 1 字节,用于存放 1 个单字节数据。对于 signed char 型数据,其字节的最高位表示该数据的符号,“0”表示正数,“1”表示负数,数据格式为补码形式,所能表示的数值范围为－128～＋127。unsigned char 型数据是无符号字符型,数值范围为 0～255。

② int 整型：有 unsigned int 和 signed int 之分,默认值为 signed int,长度为 2 字节,用于存放双字节数据。signed int 是有符号整型数,unsigned int 是无符号整型数。

③ long 长整型：有 unsigned long 和 signed long 之分,默认值为 signed long,长度为 4 字节。signed long 是有符号长整型数,unsigned long 是无符号长整型数。

④ float 浮点型：符合 IEEE-754 标准的单精度浮点型数据。float 浮点型数据占用

4 字节(32 位二进制数),其存放格式如下。

字节(偏移)地址	+3	+2	+1	+0
浮点数内容	SEEEEEEE	EMMMMMMM	MMMMMMMM	MMMMMMMM

其中：

S 为符号位,存放在最高字节的最高位,“1”表示负,“0”表示正。

E 为阶码,占用 8 位二进制数,E 值是以 2 为底的指数再加上偏移量 127。这样处理的目的是为了避免出现负的阶码值,而指数可正可负。阶码 E 的正常取值范围是 1～254,实际指数的取值范围为－126～＋127。

M 为尾数的小数部分,用 23 位二进制数表示。尾数的整数部分永远为 1,因此不予保存,但它是隐含存在的。小数点位于隐含的整数位“1”的后面,一个浮点数的数值表示是$(-1)^S \times 2^{E-127} \times (1.M)$。

⑤ 指针型：指针型数据不同于以上 4 种基本数据类型。它本身是一个变量,但其中存放的不是普通的数据,而是指向另一个数据的地址。指针变量也要占据一定的内存单元。在 Keil C51 中,指针变量的长度一般为 1～3 字节。指针变量也具有类型,其表示方法是在指针符号“*”的前面冠以数据类型符号,如 char *point 是一个字符型指针变量。指针变量的类型表示该指针所指向地址中数据的类型。

⑥ bit 位标量：C51 编译器的一种扩充数据类型,利用它可以定义一个位标量。

3）变量的数据类型选择

变量的数据类型选择基本原则如下。

(1) 若能预算出变量的变化范围,可根据变量长度选择变量类型,所以要尽量缩短变量的长度。

(2) 如果程序中不需要使用负数,则选择无符号数类型的变量。

(3) 如果程序中不需要使用浮点数,应避免使用浮点数变量。

4）数据类型之间的转换

在 C 语言程序的表达式或变量的赋值运算中,有时会出现运算对象的数据类型不一样的情况。C 语言程序允许在标准数据类型之间隐式转换,按以下优先级别(由低到高)自动操作：

bit→char→int→long→float→signed→unsigned

一般来说,如果有几个不同类型的数据同时运算,先将低级别类型的数据转换成高级别类型,再做运算处理,并且运算结果为高级别类型数据。

3. 简单赋值运算

C 语言中最常见的赋值运算符为“＝”。利用赋值运算符,将一个变量与一个表达式连接起来的式子称为赋值表达式。在赋值表达式后面加一个“;”,便构成语句。例如：

```
y = 6 ;                        //将 6 赋值给变量 y
y = x ;                        //变量 x 的值赋给变量 y
```

4. 8051 单片机并行 I/O 口的 C51 编程

8051 单片机的并行 I/O 口属于特殊功能寄存器，每个并行 I/O 口都有一个固定的地址。当使用 8 位地址特殊功能寄存器的关键字定义并行 I/O 口的地址之后，就可以直接使用了。

定义格式：

```
sfr 特殊功能寄存器名 = 特殊功能寄存器的地址常数;
```

例如：

```
sfr P0 = 0x80 ;                  //定义特殊功能寄存器 P0 口的地址为 80H
```

经过上述定义，P0 这个特殊功能寄存器名称就可以直接使用了。例如：

```
P0 = 0x80 ;                      //将数值 80H 赋值给 P0 口
```

提示：Keil C 编译器包含对 8051 系列单片机各特殊功能寄存器的定义，以及可寻址位定义的头文件 reg51.h。在程序设计时，只要利用包含指令将头文件 reg51.h 包含进来即可。但对于增强型 8051 单片机，新增特殊功能寄存器需要重新定义。对于 STC 系列单片机，利用 STC-ISP 在线编程软件工具可生成 STC 各系列单片机有关特殊功能寄存器以及可位寻址特殊功能寄存器位地址定义的头文件。例如，STC15.h 就是适用于 STC15 系列单片机特殊功能寄存器定义的头文件。

任务实施

一、STC15W4K32S4 单片机的扩展模式

1. 总线扩展模式

图 4-1-8 所示为总线扩展应用模式的连接图，因 P0 用作总线时采用分时复用（先送出地址信号，后用作数据总线）功能，故需采用 74LS373 锁存器锁存地址信号。单片机的 ALE 为地址锁存控制信号，与 74LS373 的锁存输入控制端相连，74LS373 的锁存输出即为低 8 位地址线（A0～A7）。P0.0～P0.7 为数据线（D0～D7），P2.0～P2.7 为高 8 位地址总线。$\overline{\text{PSEN}}$ 为片外程序存储器扩展时的读允许控制端，$\overline{\text{RD}}$、$\overline{\text{WR}}$ 为片外数据存储器或 I/O 扩展时的读、写控制端。该应用模式的理念是将外围接口或执行器件作为单片机 CPU 的某个地址单元来扩展，按地址访问，适合外围接口电路较多的应用系统使用，最多可扩展 64KB 程序存储器和 64KB 数据存储器或 I/O 口。STC 系列单片机采用基于 Flash ROM 的存储技术，单片机内部提供足够的程序存储

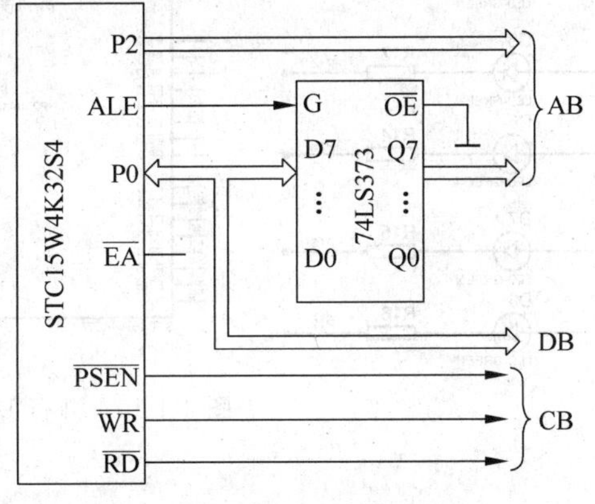

图 4-1-8　总线扩展应用模式连接图

器。因此，在现代单片机应用系统中，不需要片外扩展程序存储器，也不建议片外扩展数据存储器和I/O口。

2. 非总线扩展模式

图4-1-9所示为非总线扩展应用模式单片机的连接图。直接用单片机内部I/O口与外围接口电路的控制端、数据端相连，单片机直接通过内部接口地址发出控制信号或数据信号。在非总线扩展模式中，I/O口处于直接控制方式，I/O口线只能一一控制，势必造成I/O口线紧缺的压力。为解决此问题，许多外围接口器件将并行接口改为串行接口，主要的串行接口总线有SPI串行总线、I^2C串行总线与单总线等。

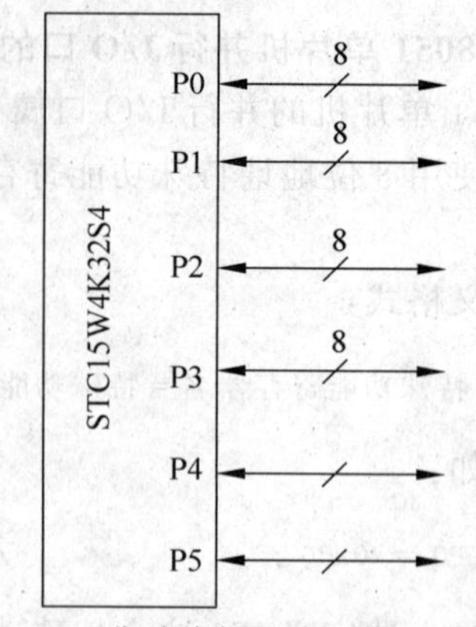

图4-1-9 非总线扩展应用模式连接图

二、并行I/O口的基本输入/输出

1. 程序功能

P1口的输出跟随P2口的输入端数据。

2. 硬件设计

顾名思义，将P2口用作输入口，P1口用作输出口，同时用8只LED灯来显示P1口的输出状态，电路如图4-1-10所示。

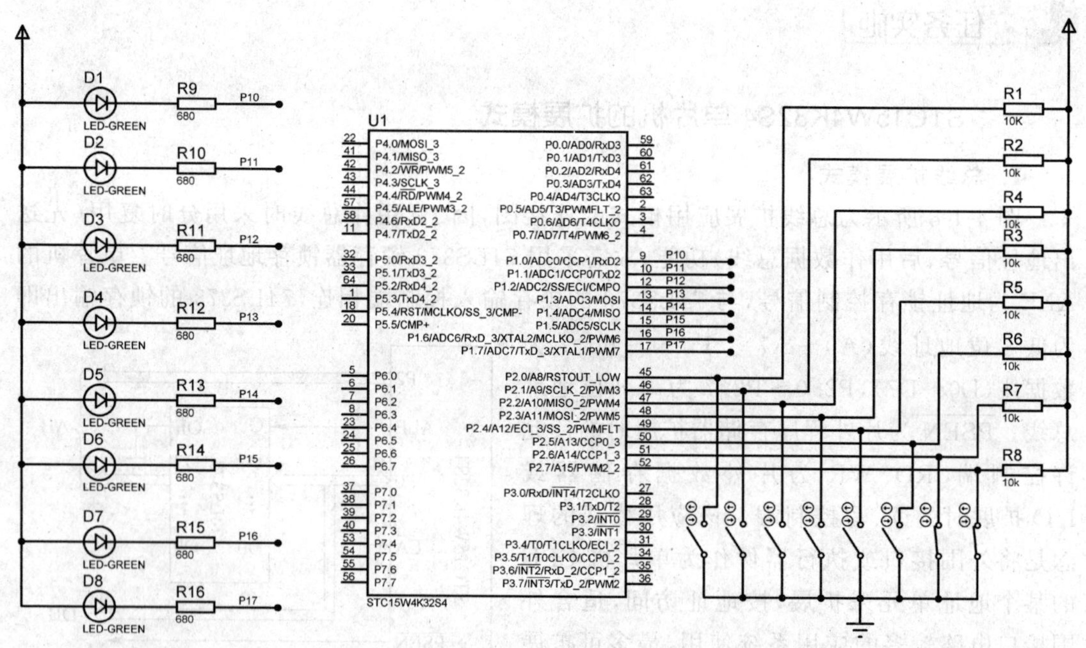

图4-1-10 并行I/O口基本输入/输出控制

3. 程序设计

1）程序说明

STC15W4K32S4 单片机是 STC 增强型 8051 单片机，相比传统的 8051 单片机，新增了很多特殊功能寄存器。为了直接使用 STC15W4K32S4 单片机的特殊功能寄存器，可利用 STC-ISP 在线编程软件中的"Keil 设置"工具自动生成 STC15 系列单片机的头文件，文件名为 stc15. h。在 STC15W4K32S4 单片机的应用程序中应用"＃include ＜stc15. h＞"语句后，STC15W4K32S4 单片机中的所有特殊功能寄存器和可位寻址的特殊功能寄存器位就可直接使用了。

因凡涉及 STC15W4K32S4 单片机增强型 PWM 模块的输出引脚(P3. 7、P2. 1、P2. 2、P2. 3、P1. 6、P1. 7)，在单片机复位后，都处于高阻状态。为了便于使用，预先定义一个有关 STC15W4K32S4 单片机并行 I/O 口统一设置为准双向口工作模式的初始化头文件，并命名为 gpio. h，存放在 Keil C 系统(如 C:\Keil\C51\INC\STC)的头文件夹中，或存放在应用程序的项目文件夹中。使用时，直接用包含指令包含进去，并在主函数直接调用 gpio. h 文件中的初始化函数 gpio()。后面的 STC15W4K32S4 单片机应用程序都按此方法处理。

2）gpio. h 文件

```
void gpio()                          //初始化 I/O 口
{
    P0M1 = 0;   P0M0 = 0;   P1M1 = 0;   P1M0 = 0;
    P2M1 = 0;   P2M0 = 0;   P3M1 = 0;   P3M0 = 0;
    P4M1 = 0;   P4M0 = 0;   P5M1 = 0;   P5M0 = 0;
}
```

3）项目四任务 1 程序文件：项目四任务 1. c

```
#include<stc15.h>          //包含支持 STC15W4K32S4 单片机特殊功能寄存器地址定义的头文件
#include<intrins.h>        //8051 单片机常用函数的头文件(循环移位与空操作函数等)
#include<gpio.h>           //包含 STC15W4K32S4 单片机并行 I/O 初始化设置函数的头文件
#define uint unsigned int   //宏定义,uint 定义为无符号整型类型
#define uchar unsigned char //宏定义,uchar 定义为无符号字符型类型
#define y P1                //宏定义,y 等效于 P1 口
#define x P2                //宏定义,x 等效于 P2 口
void main(void)
{
    gpio();                 //调用 I/O 初始化函数
    x = 0xff;               //设置 P2 口为输入模式
    while(1)
    {
        y = x;              //P2 口的输入状态送至 P1 口输出
    }
}
```

4. 编辑、编译

用 Keil C 编辑、编译项目四任务 1. c 程序，生成机器代码文件"项目四任务 1. hex"。

5. Keil 软件模拟调试

(1) 进入调试状态，调出 P1 口与 P2 口，单击"全速运行"按钮。

（2）从 P2 口输入数据“55H”，观察 P1 口的输出，如图 4-1-11 所示。

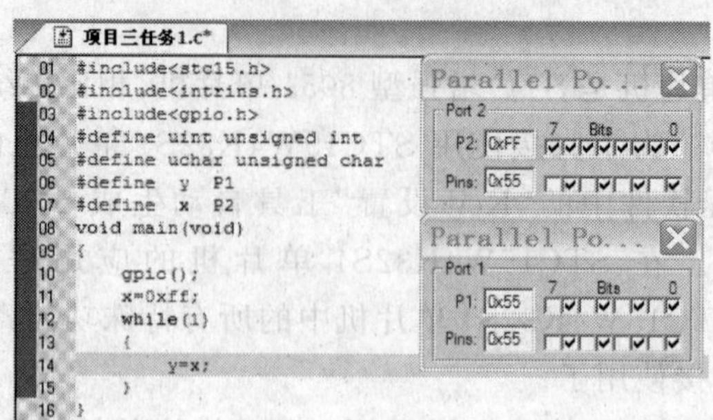

图 4-1-11 Keil C 基本输入/输出调试结果图

（3）按表 4-1-5 所示，调试程序运行结果。

表 4-1-5 并行 I/O 口基本输入调试表格

输入（P2 口）	输出（P1 口）	输入（P2 口）	输出（P1 口）
F5H		77H	
E6H		19H	
33H		86H	

6. Proteus 仿真调试

（1）按图 4-1-10 绘制电路。

（2）将“项目四任务 1. hex”加载到 STC15W4K32S4 单片机中。

（3）运行与调试程序：按表 4-1-5 所示，调试程序与记录运行结果。

7. 实操与调试

在开发板连接电路中，将“项目四任务 1. hex”文件下载到单片机中，并按表 4-1-5 所示进行调试。

知识延伸

1. 8051 单片机特殊功能寄存器可寻址位的地址定义

在 C51 中，利用关键字 sbit 对 8051 单片机特殊功能寄存器可寻址位的地址进行定义，其格式有以下 3 种。

（1）sbit 位变量名＝位地址；

这种方法将位的绝对地址赋给位变量，位地址必须位于 80H～FFH 之间。例如：

```
sbit  OV = 0xD2 ;          //定义位变量 OV(溢出标志),其位地址为 D2H
sbit  CY = 0xD7;           //定义位变量 CY(进位位),其位地址为 D7H
```

（2）sbit 位变量名＝特殊功能寄存器名^位位置；

这种方法适用已定义的特殊功能寄存器的位变量定义，位位置值为 0～7。例如：

```
sbit  OV= PSW^2 ;          //定义位变量 OV(溢出标志),它是 PSW 的第 2 位
sbit  CY= PSW^7 ;          //定义位变量 CY(进位位),它是 PSW 的第 7 位
```

(3) sbit 位变量名＝字节地址^位位置；

这种方法以特殊功能寄存器的地址作为基址，其值位于 80H～FFH 之间，位位置值为 0～7。例如：

```
sbit  OV  =  0xD0^2 ;          //定义位变量 OV(溢出标志),直接指明特殊功能寄存器 PSW 的地址,
                               //它是 0xD0 地址单元的第 2 位
sbit  CY  =  0xD0^7 ;          //定义位变量 CY(进位位),直接指明特殊功能寄存器 PSW 的地址,
                               //它是 0xD0 地址单元第 7 位
```

2. 8051 单片机引脚字符名称的定义

8051 单片机的输入/输出都是通过 I/O 口传递的。为了便于编程，将 I/O 口引脚与该引脚作用的对象用含义相同或相近的英文缩写来表示，利用 sbit 关键字定义，例如：

```
sbit KEY1 = P1^1;              //KEY1 等效于 P1.1
KEY1 = 1;                      //P1.1 输出为 1
```

3. STC15W4K32S4 单片机特殊功能寄存器可寻址位地址的定义

stc15.h 头文件中包含 STC15W4K32S4 单片机特殊功能寄存器可寻址位地址的定义，只要在应用程序中将 stc15.h 头文件包含进来，STC15W4K32S4 单片机特殊功能寄存器可寻址位的名称就可直接使用，其中包括并行 I/O 口位地址的定义。PXY 等效于 PX.Y，比如，P10 就是 P1.0。

4. 8051 单片机位寻址区(20H～2FH)位变量的定义

当位对象位于 8051 单片机内部存储器的可寻址区 bdata 时，称之为可位寻址对象。Keil C 编译器在编译时将对象放入 8051 单片机内部可位寻址区。

1) 定义位寻址区变量

例如：

```
unsigned int   bdata   my_y  =  0x20 ;
//定义变量 my_y 的存储器类型为 bdata,分配内存时,自然分配到位寻址区,并赋值 20H
```

2) 定义位寻址区位变量

sbit 关键字可以定义可位寻址对象中的某一位。例如：

```
sbit  my_ybit0  =  my_y^0 ;    //定义位变量 my_y 的第 0 位地址为变量 my_ybit0
sbit  my_ybit15  =  my_y^15 ;  //定义位变量 my_y 的第 15 位地址为变量 my_ybit15
```

操作符后面的位位置的最大值取决于指定基址的数据类型，对于 char 来说是 0～7，对于 int 来说是 0～15，对于 long 来说是 0～31。

任务拓展

P1 口的高 4 位跟随 P2 口的低 4 位输入，P1 口的高 4 位引脚从高到低依次定义为 OUT7、OUT6、OUT5、OUT4；P2 口的低 4 位直接使用 stc15.h 头文件定义的字符名称。试修改程序并调试。

任务 2　STC15W4K32S4 单片机的逻辑运算

任务说明

本任务结合 STC15W4K32S4 单片机的逻辑运算功能，进一步学习 STC15W4K32S4 单片机的输入/输出功能。STC15W4K32S4 单片机指令系统中有字节逻辑运算指令，共 24 条，参见 STC15 系列单片机数据手册中的指令系统表。本任务主要学习应用 C 语言编程，实现 STC15W4K32S4 单片机输入/输出间的逻辑运算。

相关知识

C51 基础(2)

1. 逻辑关系运算符与表达式

C 语言有以下 3 种逻辑运算符。

(1) ||：逻辑或。

(2) &&：逻辑与。

(3) !：逻辑非。

逻辑表达式的一般形式有以下几个。

(1) 逻辑与：条件式 1 && 条件式 2。

(2) 逻辑或：条件式 1 || 条件式 2。

(3) 逻辑非：!条件式。

逻辑运算的结果只有两个："真"为 1，"假"为 0。

2. 位运算符与表达式

能对运算对象按位操作是 C 语言的一大特点，使之能对计算机硬件直接操作。位运算符的作用是对变量按位运算，但并不改变参与运算的变量的值。若希望按位改变运算变量的值，应利用赋值运算。此外，位运算符不能用来对浮点型数据进行操作。

C51 中共有 6 种位运算符，其优先级从高到低依次是：按位取反(～)→左移(<<)和右移(>>)→按位相与(&)→按位相异或(^)→按位相或(|)。

例如：

```
x = ～x;                    //将 x 的值按位取反
x = x >> 1;                 //将 x 的值右移 1 位
x = x << 1;                 //将 x 的值左移 1 位
z = x&y;                    //将 x 的值与 y 的值按位相与,赋值给 z
z = x^y;                    //将 x 的值与 y 的值按位相异或,赋值给 z
z = x|y;                    //将 x 的值与 y 的值按位相或,赋值给 z
```

3. Proteus 中网络标号电气连接的画法

1）元器件引脚延伸

将鼠标移到需延伸的引脚处(这时,会出现一个红色圆圈),鼠标左键按住并移动到目标处,松开鼠标并双击,延伸线段就画好了,如图 4-2-1 所示,可看到 P1.0 与 P1.7 引脚的延伸。其他线段或端点的延伸也同此画法。

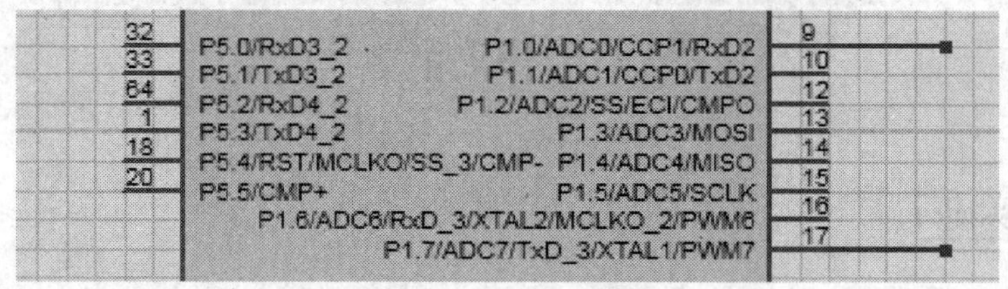

图 4-2-1　元器件引脚的延伸

2）放置网络标号

将鼠标移动到需要放置网络标号的线段与位置处,右击,则会弹出快捷菜单,如图 4-2-2 所示；选择"添加网络标号"选项,则会弹出输入网络标号的对话框,输入网络标号 P17,如图 4-2-3 所示；单击对话框中的"确定"按钮后,则完成该线段网络标号的定义,如图 4-2-4 所示。

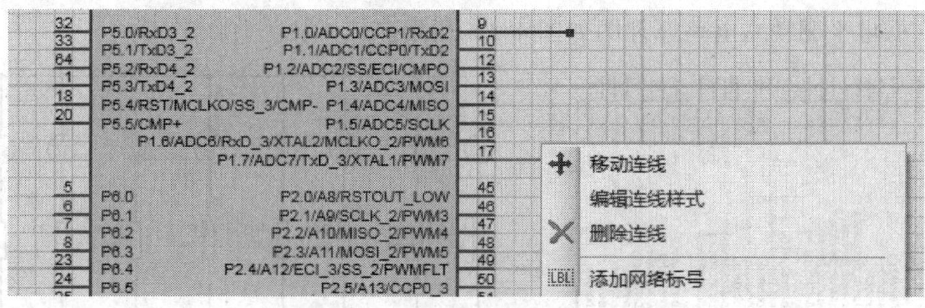

图 4-2-2　放置网络标号的快捷菜单

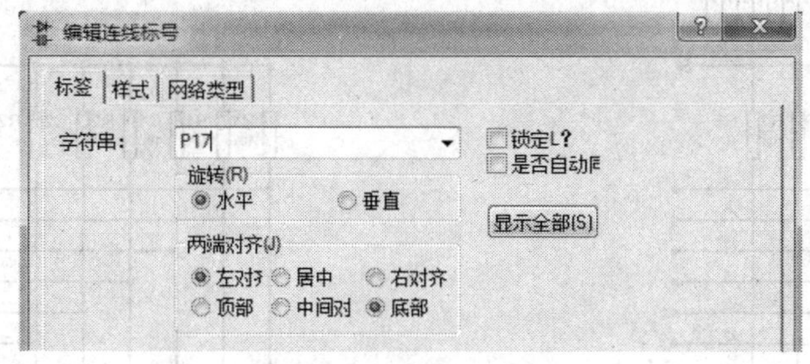

图 4-2-3　放置网络标号的快捷菜单

3）电气连接

采用同样的方法,在需要连接的另一端点处,放置相同的网络标号,如图 4-2-4 所示,即实现了这两个端点的电气连接。

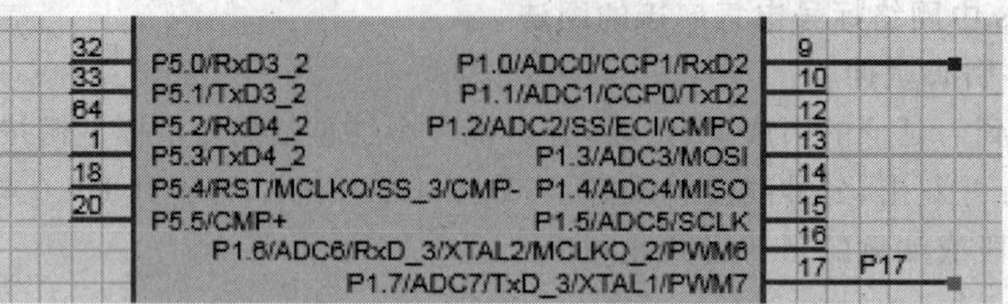

图 4-2-4　放置的网络标号

一、任务要求

完成 x 与 y 的逻辑异或运算，结果用两种方法显示：一是直接用 8 位 LED 灯显示；二是采用 LED 数码管显示。本任务采用 8 位 LED 灯显示。

二、硬件设计

设 x 数据从 P1 口输入，y 数据从 P3 口输入，逻辑运算结果从 P2 口输出，驱动 8 位 LED 灯（低电平驱动），电路原理图如图 4-2-5 所示。

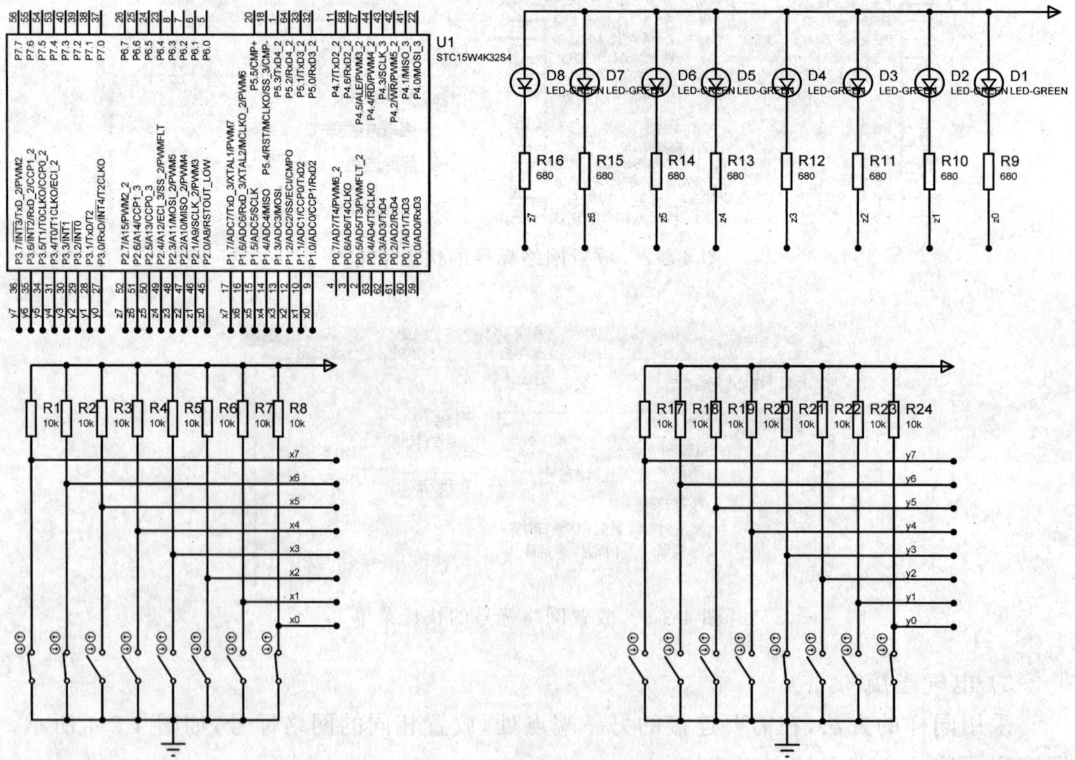

图 4-2-5　逻辑运算电路图

三、软件设计

1. 程序说明

循环读取 x 和 y 值，然后求 x 和 y 的异或，取反后赋值给 z。取反操作是为了满足 LED 灯低电平驱动的要求。

2. 项目四任务 2 程序文件：项目四任务 2.c

```
#include<stc15.h>
#include<intrins.h>
#include<gpio.h>
#define uint unsigned int
#define uchar unsigned char
#define  x  P1              //x 等效于 P1 口
#define  y  P3              //y 等效于 P3 口
#define  z  P2              //z 等效于 P2 口
void main(void)
{
        gpio();
        x = 0xff;           //P1 口设置为输入状态
        y = 0xff;           //P3 口设置为输入状态
        while(1)
        {
            z = ~(x^y);     //P1 口与 P3 口输入数据相异或并取反后,送 P2 口输出
        }
}
```

四、系统调试

(1) 用 Keil C 编辑、编译“项目四任务 2.c”程序，生成机器代码文件“项目四任务 2.hex”。

(2) 进入 Keil C 调试界面，调出 P1、P2、P3 口，然后单击“全速运行”按钮。

(3) P1 口输入数据“55H”，P3 口输入数据“33H”，观察 P2 口的输出，如图 4-2-6 所示。

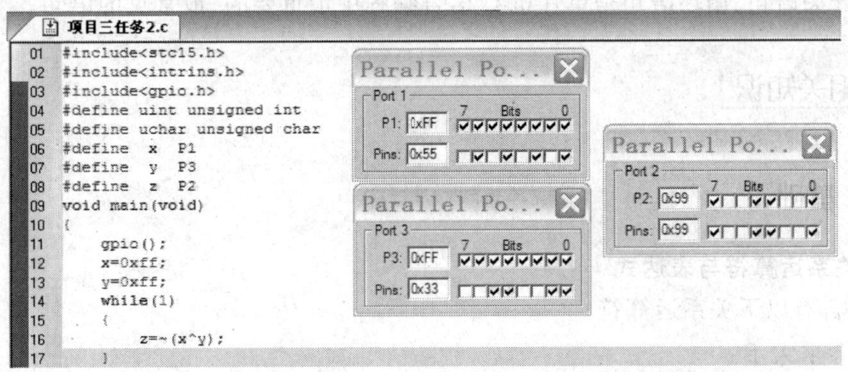

图 4-2-6　Keil C 逻辑运算调试结果图

(4) 按表 4-2-1 所示输入 x 和 y 的值，观察输出结果。

表 4-2-1 逻辑异或运算测试表

输入		异或运算结果	
x(P1)	y(P3)	计算结果(P1^P3)	观察结果(P2)
33H	AAH		
B6H	38H		
F8H	8FH		

(5) Proteus 仿真调试。

① 按图 4-2-5 绘制电路。

② 将"项目四任务 2.hex"加载到 STC15W4K32S4 单片机中。

③ 运行与调试程序：按表 4-2-1 所示，调试程序并记录运行结果。

(6) 实操与调试：在开发板连接电路，将"项目四任务 2.hex"文件下载到单片机中，并按表 4-2-1 所示调试。

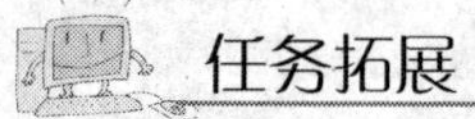

修改程序，完成 z=(x|y)&(x^y)逻辑运算，并按表 4-2-1 所示上机调试。

任务 3 STC15W4K32S4 单片机的逻辑控制

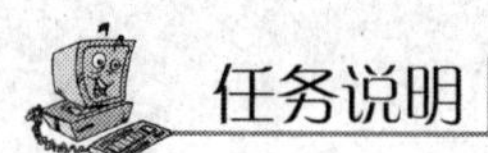

逻辑控制能力是单片机的核心能力之一，是单片机突出控制的具体体现。对于 STC15W4K32S4 单片机也是如此。本任务主要学习如何应用 C 语言的分支语句、开关语句、循环语句等进行编程，实现单片机的逻辑控制功能。这里要强调的是，C 语言的分支语句、开关语句、循环语句是单片机 C 语言编程中最重要的、最常见的语句。

C51 基础(3)

1. 关系运算符与表达式

C 语言有以下关系运算符。

(1) ＞：大于。

(2) ＜：小于。

(3) ＞=：大于或等于。

(4) <=：小于或等于。

(5) ==：测试等于。

(6) !=：测试不等于。

>、<、>=和<=这4种关系运算符具有相同的优先级，==和!=这2种运算具有相同的优先级；前4种的优先级高于后2种。

关系运算符用来判断某个条件是否满足，其运算结果只有"真"和"假"两种值。当所指定的条件满足时，结果为1；当条件不满足时，结果为0。1表示"真"，0表示"假"。

2. 逗号运算符与表达式

逗号运算符可以将两个或多个表达式连接起来，称为逗号表达式。逗号表达式的一般形式为

```
表达式1,表达式2,表达式3,...,表达式n
```

逗号表达式的运算过程为：先算表达式1，再算表达式2，…，依次算到表达式n为止。

3. 条件运算符与表达式

条件运算符要求有3个运算对象，用它可以将3个表达式连接起来，构成一个条件表达式。条件表达式的一般形式为

```
表达式1?表达式2: 表达式3
```

其运算过程为：首先计算表达式1，根据表达式1的结果判断：当表达式1的结果为"真"(非0值)时，将表达式2的值作为整个表达式的值；当表达式1的结果为"假"(0值)时，将表达式3的值作为整个表达式的值。

4. 分支语句与分支选择结构

1) 表达式语句、空语句与复合语句

(1) 表达式语句

C语言提供了十分丰富的程序控制语句，表达式语句是最基本的一种。在表达式的后边加一个分号";"，就构成表达式语句。例如：

```
x = 10 ;
y = 100 ;
pjz = (x + y)/2 ;
```

(2) 空语句

仅由一个分号"；"构成的语句，称为空语句。空语句是表达式语句的一个特例，通常有两种用法。

① 在程序中为有关语句提供标号。例如：

```
loop: ;
...
if (y = = 6) goto loop ;
```

② 在用while语句构成的循环语句后面加一个分号";"，形成一个空语句循环。

例如：

```
{
    while (! RI) ;            //循环检测 RI 标志,直至为"1"为止
    RI = 0 ;
}
```

(3) 复合语句

复合语句是由若干语句组合而成的一种语句，它是用一个花括号“{}”将若干语句组合而成的一种功能块。复合语句不需要以分号“;”结束，但其内部各条单语句必须以分号“;”结束。

```
{
    局部变量定义 ;
    语句 1 ;
    语句 2 ;
    ⋮
    语句 n ;
}
```

在执行复合语句时，其中的各条单语句依次顺序执行。整个复合语句在语法上等价于一条语句。复合语句允许嵌套，即在复合语句中可以包含别的复合语句。实际上，函数体就是一种复合语句。在复合语句中定义的变量为局部变量，仅在当前复合语句中有效。

2) 条件(分支)语句

条件语句又称为分支语句，由关键字 if 构成，有以下 3 种格式。

(1) 格式 1

```
if(条件表达式)语句
```

若条件表达式的结果为“真”(非 0 值)，执行后面的语句；若条件表达式的结果为“假”(0 值)，不执行后面的语句。这里的语句也可以是复合语句。

(2) 格式 2

```
if(条件表达式)语句 1
else 语句 2
```

若条件表达式的结果为“真”(非 0 值)，执行后面的语句 1；若条件表达式的结果为“假”(0 值)，执行语句 2。这里的语句 1 和语句 2 均可以是复合语句。

(3) 格式 3

```
if(条件表达式 1)语句 1
else if(条件表达式 2)语句 2
    else if(条件表达式 3)语句 3
      ⋮
        else if(条件表达式 n)语句 n
          else 语句 n+1
```

这种条件语句常用来实现多方向条件分支，它由 if-else 语句嵌套而成。在这种结构中，else 总是与临近的 if 配对。

3) 开关语句

switch/case 开关语句是一种多分支选择语句，是用来实现多方向条件分支的语句。

(1) switch/case 开关语句的格式

```
switch(表达式)
{
   case 常量表达式 1: {语句 1}break;
   case 常量表达式 2: {语句 2}break;

   case 常量表达式 n: {语句 n}break;
   default:          {语句 n+1}break;
}
```

(2) 开关语句说明

① 当 switch 后面的表达式的值与某一 case 后面的常量表达式的值相等时，执行该 case 后面的语句。遇到 break 语句，就退出 switch 语句。

② switch 后面括号内的表达式，可以是整型或字符型表达式，也可以是枚举型数据。

③ 每一个 case 常量表达式的值必须不同。

④ 每个 case 和 default 的出现次序不影响执行结果，可先出现 default，再出现其他 case。

5. 循环语句与循环结构

1) while 语句与 do-while 语句

(1) while 语句的格式

```
while(条件表达式){语句}
```

当条件表达式的结果为“真”(非 0 值)时，程序重复执行后面的语句，一直执行到条件表达式的结果变化为“假”(0 值)为止。

(2) do-while 语句的格式

```
do
{语句}
while(条件表达式);
```

先执行给定的循环体语句，再检查条件表达式的结果。当条件表达式的值为“真”(非 0 值)时，重复执行循环体语句，直到条件表达式的结果变化为“假”(0 值)为止。

2) for 语句

for 语句的格式为

```
for([初值设定表达式 1];[循环条件表达式 2];[修改表达式 3])
{
   函数体语句
}
```

先计算出初值表达式 1 的值，作为循环控制变量的初值；再检查循环条件表达式 2 的结果，若满足循环条件，执行循环体语句并计算修改表达式 3；然后根据修改表达式 3 的计算结果来判断循环条件 2 是否满足，满足就执行循环体语句。依次一直执行到循环条件表达式 2 的结果为“假”(0 值)时，退出循环体。

3）goto 语句、break 语句和 continue 语句

（1）goto 语句的格式

goto 语句是一个无条件语句，其格式如下：

```
goto 语句标号;
```

其中，语句标号是用于标识语句所在地址的标识符，语句标号与语句之间用冒号“:”分隔。当执行跳转语句时，使程序跳转到标号所指的地址，从该语句继续执行程序。将 goto 语句和 if 语句一起使用，可以构成一个循环结构。但更常见的是采用 goto 语句来跳出多重循环。需要注意的是，只能用 goto 语句从内层循环跳到外层循环，不允许从外层循环跳到内层循环。

（2）break 语句的格式

break 语句除了可以用在 switch 语句中，还可以用在循环体中。若在循环体中遇见 break 语句，应立即结束循环，跳到循环体外，执行循环结构后面的语句。break 语句的格式为

```
break ;
```

break 语句只能跳出它所处的那一层循环，而 goto 语句可以从最内层循环体中跳出来。而且，break 语句只能用在开关语句和循环语句之中。

（3）continue 语句的格式

continue 语句也是一种中断语句，一般用在循环结构中，其功能是结束本次循环，即跳过循环体中下面尚未执行的语句，把程序流程转移到当前循环语句的下一个循环周期，并根据控制条件决定是否重复执行该循环体。continue 语句的格式为

```
continue ;
```

continue 语句和 break 语句的区别：continue 语句只结束本次循环，而不是终止整个循环的执行；break 语句则是终止整个循环，不再进行条件判断。

任务实施

一、程序功能

用 4 个开关控制 8 只 LED 灯的显示，按下 K1 键，P1 口位 3、位 4 控制的 LED 灯亮；按下 K2 键，P1 口位 2、位 5 控制的 LED 灯亮；按下 K3 键，P1 口位 1、位 6 控制的 LED 灯亮；按下 K4 键，P1 口位 0、位 7 控制的 LED 灯亮；不按键，P1 口位 2、位 3、位 4、位 5 控制的 LED 灯亮。

二、硬件设计

4 个开关分别接 P3.0～P3.3，电路原理图如图 4-3-1 所示。

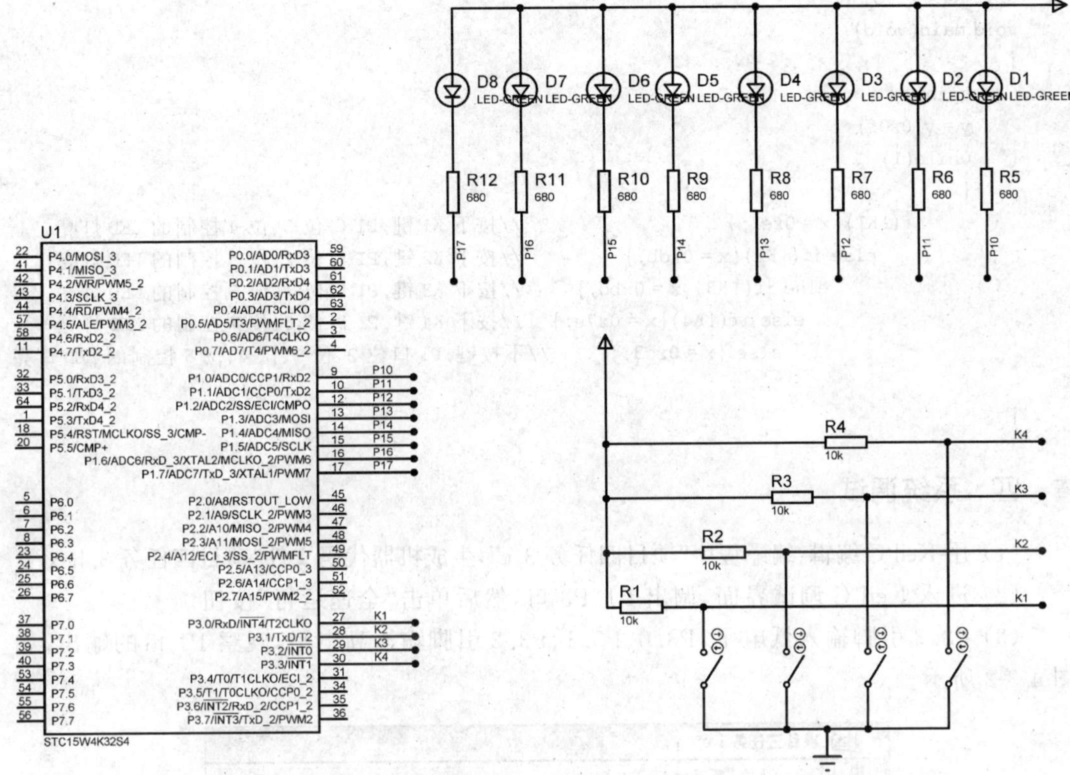

图 4-3-1 逻辑控制电路图

三、程序设计

1. 程序说明

本任务可选用 3 种方法来实现，一是采用 if 语句直接判断输入引脚的高、低电平，确定输出的状态；二是将输入端口的数据一次性读入，根据 4 位输入数据的状态来确定输出的状态；三是根据输出与输入之间的逻辑关系，列出输出与输入逻辑真值表，求出各逻辑输出与逻辑输入之间的逻辑关系，利用逻辑运算语句计算各输出端口的逻辑值。这里采用 if 语句。

2. 项目四任务 3 程序文件：项目四任务 3.c

```
#include<stc15.h>
#include<intrins.h>
#include<gpio.h>
#define uint unsigned int
#define uchar unsigned char
#define x P1
```

```
#define y P3
sbit K1 = P3^0;                                   //定义输入引脚
sbit K2 = P3^1;
sbit K3 = P3^2;
sbit K4 = P3^3;
void main(void)
{
    gpio();
    y = y|0x0f;
    while(1)
    {
        if(!K1){x = 0xe7;}                        //按下 K1 键,P1 口位 3、位 4 控制的 LED 灯亮
            else if(!K2){x = 0xdb;}               //按下 K2 键,P1 口位 2、位 5 控制的 LED 灯亮
                else if(!K3){x = 0xbd;}           //按下 K3 键,P1 口位 1、位 6 控制的 LED 灯亮
                  else if(!K4){x = 0x7e;}         //按下 K4 键,P1 口位 0、位 7 控制的 LED 灯亮
                    else {x = 0xc3;}              //不按键,P1 口位 2、位 3、位 4、位 5 控制的 LED 灯亮
    }
}
```

四、系统调试

（1）用 Keil C 编辑、编译程序"项目四任务 3. c"，生成机器代码文件"项目四任务 3. hex"。

（2）进入 Keil C 调试界面，调出 P1、P3 口，然后单击"全速运行"按钮。

（3）P3. 3 引脚输入低电平，P3. 0、P3. 1、P3. 2 引脚输入高电平，观察 P1 口的输出，如图 4-3-2 所示。

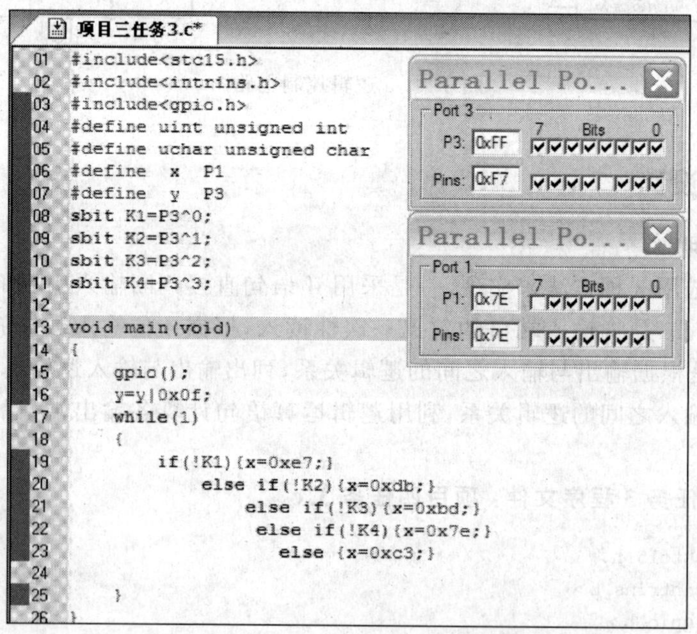

图 4-3-2　Keil C 逻辑控制调试结果图

(4) 按表 4-3-1 所示进行调试。

表 4-3-1　逻辑控制程序调试表

K1(P3.0)	K2(P3.1)	K3(P3.2)	K4(P3.3)	P1 口输出
0	1	1	1	
1	0	1	1	
1	1	0	1	
1	1	1	0	
1	1	1	1	
任意 2 个或以上开关合上时				

(5) Proteus 仿真调试。

① 按图 4-3-1 绘制电路。

② 将"项目四任务 3. hex"加载到 STC15W4K32S4 单片机中。

③ 运行与调试程序：按表 4-3-1 所示，调试程序与记录运行结果。

(6) 实操与调试：在开发板连接电路，将文件"项目四任务 3. hex"下载到单片机中，并按表 4-3-1 所示进行调试。

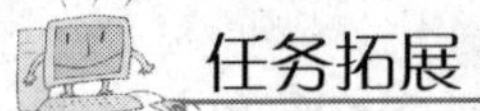

采用 switch/case 语句修改程序，并上机编辑、编译，然后按表 4-3-1 所示进行调试。

任务 4　8 位 LED 数码管的驱动与显示

任务说明

后面的任务大多数需要用数码 LED 来显示十进制数字或十六进制的字母。本任务主要介绍 LED 数码管显示的基本原理，使学生学会用 LED 数码管显示十进制数字(0～9)与十六进制字母 A～F。

一、LED 显示原理

单片机应用系统中常用 LED(发光二极管)显示数字、字符及系统状态，其驱动电路简单，易于实现，且价格低廉，因此应用广泛。

常用的 LED 显示器有 LED 状态显示器(俗称发光二极管)、LED 七段显示器(俗称数码管)和 LED 十六段显示器。发光二极管可显示两种状态，用于系统状态显示；数码管用于数字显示;LED 十六段显示器用于字符显示。

1. 数码管结构与工作原理

数码管由 8 个发光二极管(以下简称字段)构成,通过不同的组合来显示数字 0～9,字符 A～F、H、L、P、R、U、Y,符号“-”及小数点“.”。数码管的外形结构如图 4-4-1(a)所示。数码管又分为共阴极和共阳极两种结构,分别如图 4-4-1(b)和图 4-4-1(c)所示。

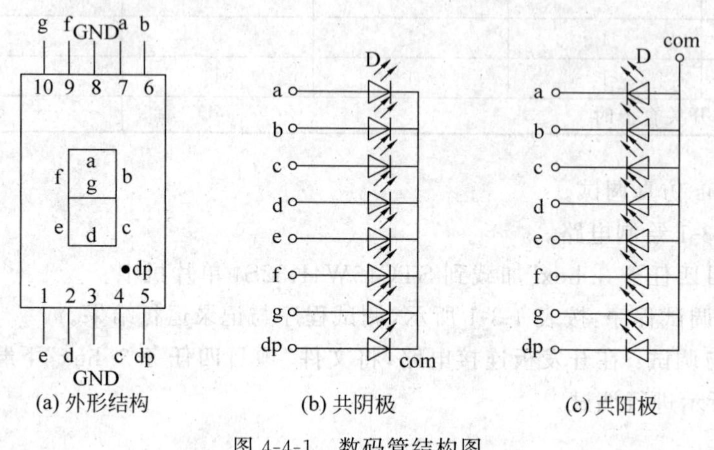

(a) 外形结构　(b) 共阴极　(c) 共阳极

图 4-4-1　数码管结构图

共阳极数码管的 8 个发光二极管的阳极(二极管正端)连接在一起。通常,公共阳极接高电平(一般接电源),其他引脚接段驱动电路输出端。当某段驱动电路的输出端为低电平时,该端所连接的字段导通并点亮。根据发光字段的不同组合,显示出各种数字或字符。此时,要求段驱动电路能吸收额定的段导通电流,还需根据外接电源及额定段导通电流来确定相应的限流电阻。

共阴极数码管的 8 个发光二极管的阴极(二极管负端)连接在一起。通常,公共阴极接低电平(一般接地),其他引脚接段驱动电路输出端。当某段驱动电路的输出端为高电平时,该端所连接的字段导通并点亮。根据发光字段的不同组合,显示出各种数字或字符。此时,要求段驱动电路能提供额定的段导通电流,还需根据外接电源及额定段导通电流来确定相应的限流电阻。

要使数码管显示出相应的数字或字符,必须使段数据口输出相应的字形编码。对照图 4-4-1(a),字形码各位定义如下:数据线 D0 与 a 字段对应,D1 字段与 b 字段对应,……,以此类推。如使用共阳极数码管,数据为 0 表示对应字段亮,数据为 1 表示对应字段暗;如使用共阴极数码管,数据为 0 表示对应字段暗,数据为 1 表示对应字段亮。如要显示“0”,共阳极数码管的字形编码为 11000000B(即 C0H),共阴极数码管的字形编码为 00111111B(即 3FH)。以此类推,求得数码管字形编码,如表 4-4-1 所示。必须注意,为方便接线,很多产品常不按规则的方法对应字段与位的关系,必须根据接线自行设计字形码。

表 4-4-1　数码管字形编码表

显示字符	共阴极段选码	共阳极段选码	显示字符	共阴极段选码	共阳极段选码
0	3FH	C0H	C	39H	C6H
1	06H	F9H	D	5EH	A1H
2	5BH	A4H	E	79H	86H
3	4FH	B0H	F	71H	8EH
4	66H	99H	P	73H	8CH
5	6DH	92H	U	3EH	C1H
6	7DH	82H	r	31H	CEH
7	07H	F8H	y	6EH	91H
8	7FH	80H	8.	FFH	00H
9	6FH	90H	"灭"	00H	FFH
A	77H	88H			
B	7CH	83H			

2. LED 显示接口方法

单片机与 LED 显示器有以硬件为主和以软件为主两种接口方法，也称为静态显示和动态显示。静态显示是各 LED 管稳定地同时显示各自的字形；动态显示是各 LED 轮流地一遍一遍显示各自的字形，利用人们的视觉惰性，使得看到的好像是各 LED 在同时显示不同的字。下面分别介绍它们。

1）静态显示接口

静态显示是指数码管显示某一字符时，相应的发光二极管恒定导通或恒定截止。采用这种显示方式的各位数码管相互独立，公共端恒定接地（共阴极）或接正电源（共阳极）。每个数码管的 8 个字段分别与一个 8 位 I/O 口地址相连，I/O 口只要有段码输出，相应的字符即显示出来，并保持不变，直到 I/O 口输出新的段码，如图 4-4-2 所示。采用静态显示方式，较小的电流即可获得较高的亮度，且占用 CPU 时间少，编程简单，显示便于监测和控制，但其占用的口线多，硬件电路复杂，成本高，只适用于显示位数较少的场合。

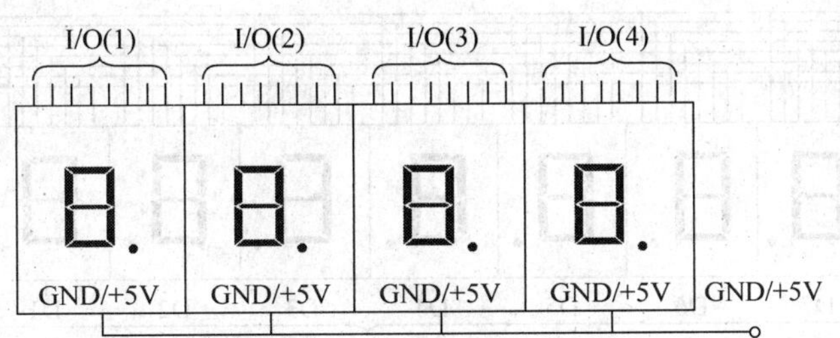

图 4-4-2　4 位静态 LED 显示电路

在单片机系统中，常采用 MC14495 作为 LED 的静态显示接口。MC14495 是 CMOS BCD—七段十六进制锁存、译码驱动芯片。MC14495 能完成 BCD 码至十六进制数的锁存和译码，并具有驱动能力。该芯片的作用是：输入需显示字符的二进制码（或 BCD 码），把它自动置换成相应的字形码后，送到 LED 显示。例如，A、B、C、D 各引脚输入

“0110”，则显示“6”；若输入“1110”，则显示“E”。

MC14495 芯片与 8031 的连接如图 4-4-3 所示。采用这种接口方法，仅需使用一条指令，就可以完成 LED 显示。例如，将“0111×000B”送至 P1 口，则在最左边 LED 显示器显示“7”；将“0010×011B”送至 P1 口，则在最右边 LED 显示“2”。

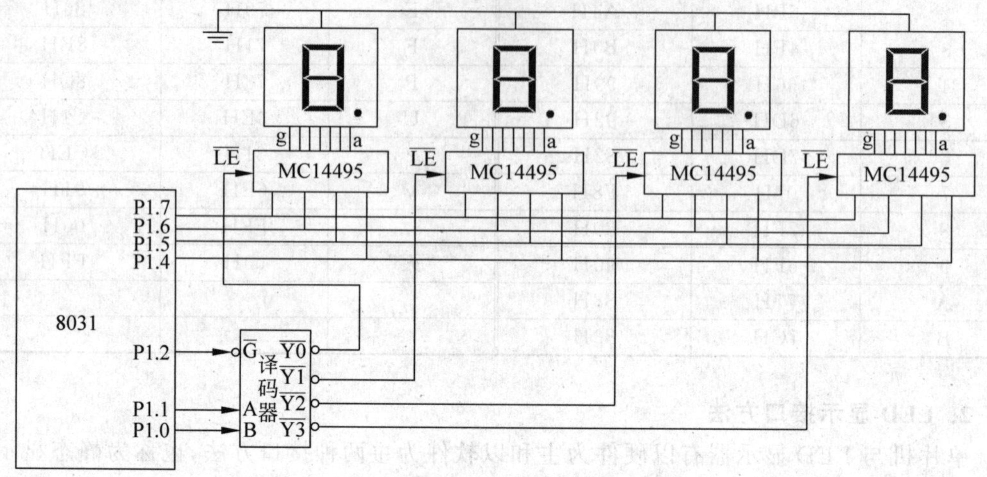

图 4-4-3 静态显示的 LED 接口电路

2）动态显示接口

动态显示是一位一位地轮流点亮各位数码管。这种逐位点亮显示器的方式称为位扫描。通常，各位数码管的段选线相应地并联在一起，由一个 8 位 I/O 口控制；各位的位选线（公共阴极或阳极）由另外的 I/O 口线控制，如图 4-4-4 所示。当以动态方式显示时，各数码管分时轮流选通。要使其稳定显示，必须采用扫描方式，即在某一时刻只选通一位数码管，并送出相应的段码；在另一时刻选通另一位数码管，并送出相应的段码。依此规律循环，使各位数码管显示将要显示的字符，虽然这些字符是在不同的时刻分别显示，但由于人眼存在视觉暂留效应，只要每位显示间隔足够短，就可以给人同时显示的感觉。

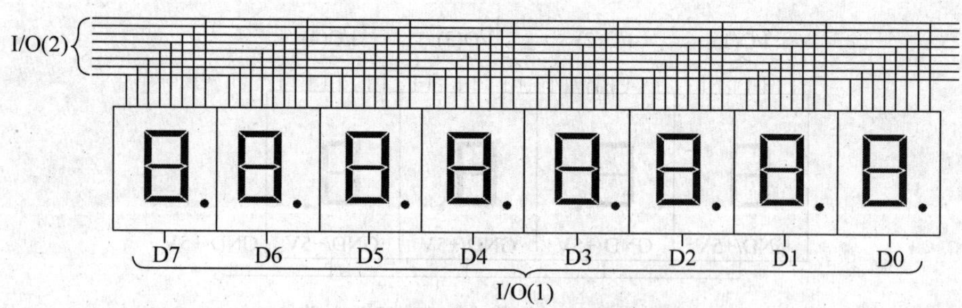

图 4-4-4 动态 LED 显示电路

采用动态显示方式比较节省 I/O 口，硬件电路也较静态显示方式简单，但其亮度不如静态显示方式，而且在显示位数较多时，CPU 要依次扫描，占用 CPU 较多的时间。

动态显示采用软件法把欲显示的十六进制数（或 BCD 码）转换为相应的字形码（静态显示中，通过硬件转换），故它通常需要在 RAM 区建立一个显示缓冲区，和 LED 数码管一一对应。也就是说，缓冲区放什么字，相应的数码管就会显示什么字。另外，所有要显示的字形必须做成一个表格（数组），以便随时查表获取。

采用动态扫描法实现LED显示时，为了提高数码管的亮度，需要增大扫描时的驱动电流，一般采用驱动电路，用三极管分立元件作为驱动，也可以采用专用的驱动芯片，如ULN2003或ULN2083。但STC系列单片机的I/O口有20mA驱动能力，可直接驱动LED数码管。

二、构造类型数据

C语言除了有基本的数据类型，还提供构造类型数据。构造类型数据是由基本数据类型按一定规则组合而成的。C语言提供了3种构造类型：数组类型、结构体类型和共用体类型。构造类型可以更方便地描述现实问题中各种复杂的数据结构。

1. 数组

数组是一组有序数据的集合，数组中的每一个数据同属一种数据类型，一组同类型的数据共用一个变量名。数组中元素的次序由下标确定，下标从0开始顺序编号。数组中的各个元素用数组名和下标唯一确定。数组分一维数组、二维数组或多维数组。在C语言中，数组必须先定义，然后才能使用。

1）一维数组

一维数组的定义格式为

```
数据类型[存储器类型]数组名[常量表达式];
```

其中，数据类型说明数组中各元素的数据类型；存储器类型是可选项，指出定义的数组所在的存储空间；“数组名”是整个数组的变量名；常量表达式说明了该数组的长度，即数组中元素的个数。常量表达式必须用方括号“[]”括起来，而且其中不能含有变量。

例如：

```
unsigned char math [60] ;     //定义math数组的数据类型为无符号字符型,数组元素有60个
```

2）二维数组

定义多维数组时，只要在数组名后面增加相应于维数的常量表达式即可。二维数组的定义格式为：

```
数据类型[存储器类型]数组名[常量表达式1] [常量表达式2];
```

例如，定义一个2行3列的整数矩阵first：

```
int first [2][3] ;
```

二维数组常用来定义LED或LCD显示器显示的点阵码。

3）字符数组

基本类型为字符型的数组称为字符数组，用来存放字符。字符中的每一个元素都是字符，因此可以用字符数组来存放不同长度的字符串。一个一维字符数组可以存放一个

字符串。为了测定字符串的实际长度,C语言规定以'\0'作为字符串的结束标志,对字符串常量也自动加一个'\0'作为结束符。因此,在定义字符数组时,应使数组长度大于它允许存放的最大字符串长度。

例如,要定义一个能存放9个字符的字符数组,数组的长度至少为10。

```
char second [10] ;
```

对于字符数组的访问,可以通过数组中的元素逐个访问,也可以访问整个数组。

4)数组元素赋初值

通过直接输入,或者利用赋值语句为单个数组元素赋值来实现数组赋值;也可以在定义数组的同时给出元素的值,即数组的初始化。

```
数据类型[存储器类型]数组名[常量表达式]={常量表达式列表};
```

其中,常量表达式表中按顺序给出了各个数组元素的初值。例如:

```
uchar code SEG7[10] = {0x3f, 0x06,0x5b, 0x4f, 0x66, 0x6d, 0x7d, 0x07, 0x7f, 0x6f} ;
```

它定义了一个共阴极数码管的显示码数组,同时给出了0~9中10个数码的字形码数据。

数组初始化的有关说明如下。

(1)在元素值表列中,可以是数组所有元素的初值,也可以是前面部分元素的初值。例如:

```
int a[5] = {1,6,9};
```

数组a的前3个元素a[0]、a[1]、a[2]分别等于1、6、9,后两个元素未说明。

(2)当对全部数组元素赋值时,元素个数可以省略,但“[]”不能省。例如:

```
char x[ ] = {'a','b','c'} ;
```

数组x的长度为3,即x[0]、x[1]、x[2]分别为字符a、b、c。

5)数组作为函数的参数

除了可以用变量作为函数的参数之外,还可以用数组名作为函数的参数。一个数组的数组名表示该数组的首地址。数组名作为函数的参数时,形式参数和实际参数都是数组名,传递的是整个数组,即形式参数数组和实际参数数组完全相同,是存放在同一空间的同一个数组。在调用的过程中,参数传递方式实际上是地址传递,将实际参数数组的首地址传递给被调函数中的形式参数数组。当修改形式参数数组时,实际参数数组同时被修改。

用数组作为函数的参数,应该在主调函数和被调函数中分别定义数组,不能只在一方定义,而且在两个函数中定义的数组类型必须一致。如果类型不一致,将导致编译出错。实参数组和形参数组的长度可以一致,也可以不一致,编译器对形参数组的长度不做检查,只是将实参数组的首地址传递给形参数组。如果希望形参数组能得到实参数组的全部元素,应使两个数组的长度一致。定义形参数组时,可以不指定长度,只在数组名后面跟一个空的方括号“[]”,但为了在被调函数中处理数组元素的需要,应另外设置一个参数来传递数组元素的个数。

【例 4-4-1】 开机,按数组所列数字顺序显示；按下按键,将数组中的数字按由小到大的顺序显示。

解　源程序清单如下：

```
#include<reg51.h>
#define uint unsigned int
sbit KEY_S1 = P3^2;
uchar code SEG7[10] = {0x3f,0x06,0x5b,0x4f,0x66,0x6d,0x7d,0x07,0x7f,0x6f};
                                                                  //定义显示段码数组
uchar code ACT[5] = {0xfe,0xfd,0xfb,0xf7,0xef};                   //定义显示位码数组
uint data a[10] = {222,111,0,333,444,555,888,666,777,999};        //定义显示数字数组
/* ------------ 延时函数 -------------- */
void delay(uint k)                                                //定义延时程序
{
    uint i,j;
    for(i = 0;i<k;i++){
    for(j = 0;j<1210;j++)
    {;}}
}
/*  ----------- 定义排序子函数,按从小到大排序 ---------- */
void sort(uint array[ ],uint n)
{
    uint i,j,k,t;
    for(i = 0;i<n-1;i++)
    {
        k = i;
        for(j = i+1;j<n;j++)
        {if(array[j]< array[k]) k = j;}
        t = array[k];
        array[k] = array[i];
        array [i] = t;
    }
}
/* ------------ 定义按数组元素的顺序显示数字 ---------- */
void dis(uint array[ ],uint n)
{
    uint m,t;
    for(m = 0;m<n;m++)                               //定义循环显示次数
    {
        for(t = 0;t<300;t++)                         //定义每组数字显示的动态扫描次数
        {
            P0 = SEG7[array[m] % 10];                //送显示数字的个位数的段码
            P2 = ACT[0];                             //送个位数的位控制码
            delay(2);                                //设置扫描间隔
            P0 = SEG7[(array[m]/10) % 10];           //送显示数字的十位数的段码
            P2 = ACT[1];                             //送十位数的位控制码
            delay(2);
            P0 = SEG7[array[m]/100];                 //送显示数字的百位数的段码
```

```
            P2 = ACT[2];                              //送百位数的位控制码
            delay(2);
            P0 = SEG7[m];                             //送数组序号的段控制码
            P2 = ACT[4];                              //送数组序号的位控制码
            delay(2);
        }
    }
}
/* --------------- 主函数 ---------------- */
void main(void)
{
    while(1)
    {
        dis(a,10);
        while(KEY_S1);
        sort(a,10);
        dis(a,10);
    }
}
```

2. 指针

1）指针与地址

各个存储单元中存放的数据称为该单元的内容。计算机在执行任何一个程序时都要涉及单元访问，就是按照内存单元的地址来访问该单元中的内容，即按地址来读或写该单元中的数据。通过地址寻找所需要访问单元的方式称为直接访问方式。

另外一种访问是间接访问，它首先将欲访问单元的地址存放在另一个单元中。访问时，先找到存放地址的单元，从中取出地址；然后根据地址找到需要访问的单元；再读或写该单元的数据。在这种访问方式中就用到了指针。

C语言中引入了指针类型的数据。指针类型数据是专门用来确定其他类型数据地址的，因此一个变量的地址就称为该变量的指针。例如，有一个整型变量k存放在内存单元30H中，则该内存单元地址30H就是变量k的指针。

如果有一个变量专门用来存放另一个变量的地址，则该变量称为指向变量的指针变量（简称指针变量）。例如，如果用变量pk存放整型变量k的地址30H，则pk是一个指针变量。

2）指针变量的定义

指针变量定义的一般形式为

```
数据类型[存储器类型] *指针变量名
```

其中，指针变量名是定义的指针变量名字。数据类型说明该指针变量所指向变量的类型。存储器类型是可选项，它是C51编译器的一种扩展，其含义同前述其他数据类型的定义。例如：

```
int   *pk;        //定义一个指向对象类型为整型的指针变量,变量名为pk
char  *pb;        //定义一个指向对象类型为字符型的指针变量,变量名为pb
```

注意：变量的指针和指针变量是两个不同的概念。变量的指针就是该变量的地址，而一个指针变量里面存放的内容是另一个变量在内存中的地址。每一个变量都有它自己的指针(即地址)，而每一个指针变量指向另一个变量。

3）指针变量的引用

指针变量是含有一个数据对象地址的特殊变量。指针变量中只能存放地址。在实际编程和运算过程中，变量的地址和指针变量的地址是不可见的。因此，C语言提供了一个取地址运算符“&”。使用“&”和赋值运算符“=”，可以使一个指针变量指向一个实际变量，例如：

```
int t;
int * pt;                     //“*”为指针变量的定义符
pt = &t;                      //通过取地址运算和赋值运算后，指针变量 pt 指向变量 t
```

当完成了变量、指针变量的定义以及指针变量的引用后，就可以访问内存单元了。此时，要用到指针运算符(又称间接运算符)“＊”。

例如，若要将变量 t 的值赋给 y，可采用直接访问与间接访问两种方式。

(1) 直接访问

```
y = t;
```

(2) 间接访问

```
pt = &t;                      //指针变量 pt 指向变量 t
y = * pt;                     //“*”为指针运算符，将指针变量 pt 所指向变量 t 的值赋给变量 y
```

4）数组指针与指向数组的指针变量

指针既可以指向变量，也可以指向数组。其中，指向数组的指针是数组的首地址，指向数组元素的指针是数组元素的地址。例如：

```
int x[10];
int * pk;
pk = &x[0];                   //指针 pk 指向数组 x[]
```

C语言规定，数组名代表数组的首地址，故可用语句 pk＝x 代替 pk ＝ &x[0]。

经上述定义后，就可以通过指针 pk 来操作数组 x 了，即＊pk 代表 x[0]，＊(pk＋1)代表 x[1]，＊(pk＋i)代表 x[i]，i ＝1,2,3,…。

5）指针变量的运算

先使指针变量 pk 指向数组 x[](即 pk＝x)，则指针变量的运算有：

(1) pk＋＋(或 pk＋＝1)；//将指针变量指向下一个数组元素，即 x[1]。

(2) ＊pk＋＋；//等价于＊(pk＋＋)，取下一个元素的值。

(3) ＊＋＋pk；//先使 pk 自加 1，再取＊pk 值。若 pk 的初值为 &x[0]，则执行 y ＝＊＋＋pk 时，y 值为[1]的值。

(4) (＊pk)＋＋；//表示 pk 所指的元素值加 1。

6）指向多维数组的指针和指针变量

(1) 多维数组指针变量的定义：

```
int x[2][3];          //定义一个 2 行 3 列的数组
int ( * pt)[3];       //定义一个包含 3 个元素的数组指针变量
pt = x;               //pt 指向 0 行的首地址
```

(2) 多维数组指针变量的运算：

① pt+1 和 x+1 等价，指向数组 x[2][3]的第一行首址。

② *(pt+1)+2 和 &x[1][2]等价，指向数组元素 x[1][2]的地址。

③ *(*(pt+1)+2)和 x[1][2]等价，表示 x[1][2]的值。

【例 4-4-2】 采用下标法引用数组元素，在数码管上顺序显示 0～4；采用指针法引用数组元素，在数码管上顺序显示 5～9。

解 源程序清单如下所示。

```
#include <REG51.H>
#define uchar unsigned char
#define uint unsigned int
/* ---------- 延时函数 -------------- */
void delay(uint k)
{
    uint i,j;
    for(i=0;i<k;i++)
    {
        for(j=0;j<121;j++)
        {;}
    }
}
/* ------------- 主函数 ------------- */
void main(void)
{
    uchar *pt,i;                             //定义指针变量 pt
    uchar code SEG7[10]={0x3f,0x06,0x5b,0x4f,0x66,0x6d,0x7d,0x07,0x7f,0x6f};
    pt=SEG7;                                 //取指针地址
    for(i=0;i<5;i++)                         //循环显示 5 次
    {P0=SEG7[i];P2=0xfe;                     //采用下标法引用数组元素,并显示
    delay(500);}                             //设置显示间隔
    P0=0x00;                                 //灭显示
    delay(2000);                             //设置转换间隔
    for(i=5;i<10;i++)                        //循环显示 5 次,显示元素 5～9
    {P0=*(pt+i);P2=0xfe;                     //采用指针法引用数组元素,并显示
    delay(500);}                             //设置显示间隔
    P0=0x00;                                 //灭延时
    while(1);                                //程序结束,即原地踏步
}
```

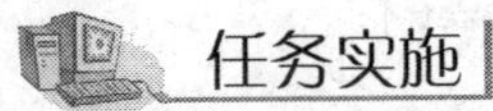

任务实施

一、程序功能

用数码管显示数字 0、1、2、3、4、5、6、7。

二、硬件设计

采用共阴极数码管，用动态显示方法驱动，P0 口输出段码，P2 口输出位控制码，电路原理如图 4-4-5 所示。

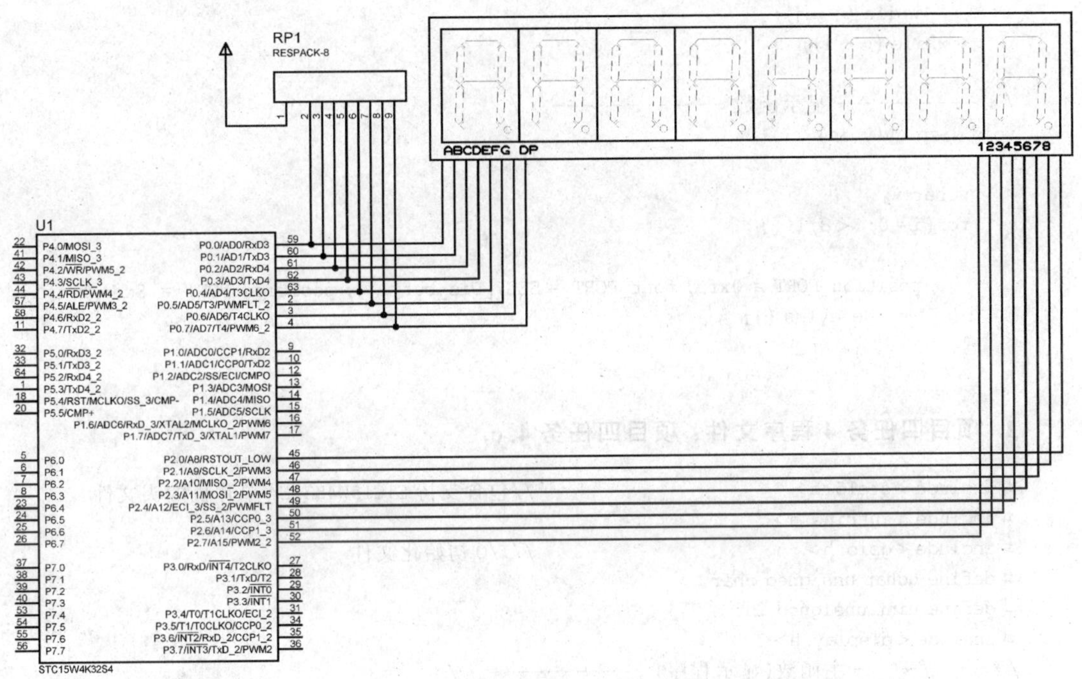

图 4-4-5　LED 数码管显示驱动电路

三、程序设计

1. 显示程序：display. h

建立一个显示缓冲区，1 位数码管对应一个 8 位的显示缓冲区。显示程序只需按顺序从显示缓冲区取数据即可。把数码管显示函数独立生成一个通用文件 display. h，以便其他应用调用。Dis-buf[7]～Dis-buf[0]为数码管的显示缓冲区，Dis-buf[7]为高位，Dis-buf[0]为低位。调用前，将要显示的数据传送到对应的缓冲区，显示函数名为 display。

显示程序源代码清单如下：

```
#define font_PORT P0                    //定义字形码输出端口
#define position_PORT P2                //定义位控制码输出端口
```

```
uchar code SEG7[] = {0x3f,0x06,0x5b,0x4f,0x66,0x6d,0x7d,0x07,0x7f,0x6f,0x77,0x7c,0x39,
0x5e,0x79,0x71,0x00,0xbf,0x86,0xdb,0xcf,0xe6,0xed,0xfd,0x87,0xff,0xef };
  //定义 0、1、2、3、4、5、6、7、8、9、A、B、C、D、E、F 以及"灭"的字形码
  //定义 0、1、2、3、4、5、6、7、8、9(含小数点)的字形码
uchar code Scan_bit[] = {0xfe,0xfd,0xfb,0xf7,0xef,0xdf, 0xbf, 0x7f};   //定义扫描位控制码
uchar data Dis_buf[] = {0,16,16,16,16,16,16,16}; //定义显示缓冲区,最低位显示"0",其他为"灭"
/* ---------- 延时函数 ------------ */
void Delay1ms()                                    //@12MHz
{
    unsigned char i, j;
    i = 12;
    j = 169;
    do
    {
        while (--j);
    } while (--i);
}
/* ---------- 显示函数 ------------ */
void display(void)
{
    uchar i;
    for(i = 0;i < 8;i++)
    {
        position_PORT = 0xff; font_PORT = SEG7[Dis_buf[i]]; position_PORT = Scan_bit[i];
            Delay1ms ();
    }
}
```

2. 项目四任务 4 程序文件：项目四任务 4. c

```
#include <stc15.h>                          //包含支持 STC15W4K32S4 单片机的头文件
#include <intrins.h>
#include <gpio.h>                           //I/O 初始化文件
#define uchar unsigned char
#define uint unsigned int
#include <display.h>
/* --------- 主函数(显示程序) ----------- */
void main(void)
{
    gpio();
    Dis_buf[0] = 0; Dis_buf[1] = 1; Dis_buf[2] = 2; Dis_buf[3] = 3;
    Dis_buf[4] = 4; Dis_buf[5] = 5; Dis_buf[6] = 6; Dis_buf[7] = 7;
    while(1)                                //无限循环执行显示程序
    {
        display();
    }
}
```

四、调试

1. 编辑、编译

用 Keil C 编辑、编译"项目四任务 4. c"程序，生成机器代码文件"项目四任务 4. hex"。

2. Proteus 仿真调试

(1) 按图 4-4-5 绘制电路。

(2) 将"项目四任务 4. hex"文件加载到 STC15W4K32S4 单片机中。

(3) 运行与调试程序：①上电，观察 LED 数码管的显示结果；②修改程序，LED 数码管从左至右依次显示"1、2、3、4、 、 、5.、6."；③修改程序，让 LED 数码管从左到右依次显示"APPLE"各字符。

提示：需要在字形码数组中增加"P""L"的字形码。

3. 实操与调试

在开发板上连接电路，将"项目四任务 4. hex"文件下载到单片机中，同 Proteus 仿真过程进行调试。

任务拓展

编程实现在数码管上显示学生证号的后 8 位，显示 2s 后，数码管熄灭 1s。然后又显示学生证号的后 8 位，周而复始。

提示：显示时，将显示函数与延时功能融合在一起。

习　题

一、填空题

1. STC15W4K32S4 单片机的并行 I/O 口有准双向口、________、高阻与________ 4 种工作模式。

2. STC15W4K32S4 单片机复位后，与增强型 PWM 有关的输出引脚(P3.7、P2.1、P2.2、P2.3、P1.6、P1.7)处于________工作模式，其他引脚处于________工作模式。

3. STC15W4K32S4 单片机 P2.0(RSTOUT_LOW)引脚可通过________可设置为上电复位后输出低电平。

4. 在本书的程序中，函数 gpio()的作用是________________。

5. 在 C51 中，关键字 sfr 的作用是________________。

6. 在 C51 中，关键字 bit 的作用是________________。

7. 在 C51 中，关键字 sbit 的作用是________________。

8. 在 C 程序设计中，语句"while(1);"的功能是________________。

二、选择题

1. 当 P1M1=10H，P1M0=56H 时，P1.7 处于________工作模式。

A. 准双向口　　B. 高阻　　C. 强推挽　　D. 开漏

2. 当 P0M1=33H，P0M0=55H 时，P0.6 处于________工作模式。

A. 准双向口　　B. 高阻　　C. 强推挽　　D. 开漏

3. 执行"P1＝P1&0xfe;"语句，相当于对 P1.0 ________操作。

A. 置 1　　B. 置 0　　C. 取反　　D. 不变

4. 执行"P2＝P2|0x01;"语句，相当于对 P2.0 ________操作。

A. 置 1　　B. 置 0　　C. 取反　　D. 不变

5. 执行"P3＝P3^0x01;"语句，相当于对 P3.0 ________操作。

A. 置 1　　B. 置 0　　C. 取反　　D. 不变

6. 当在程序预处理部分有"#include＜stc15.h＞;"语句时，若想对 P0.1 置 1，可执行语句________。

A. P01＝1;　　B. P0.1＝1;　　C. P0^1＝1;　　D. P01＝!P01;

三、判断题

1. 当 STC15W4K32S4 单片机复位后，P2.0 引脚输出低电平。（　）

2. 当 STC15W4K32S4 单片机复位后，所有 I/O 引脚都处于准双向口工作模式。（　）

3. 在准双向口工作模式下，I/O 口的灌电流能力与拉电流能力都是 20mA。（　）

4. 当 STC15W4K32S4 单片机复位后，与增强型 PWM 有关的输出引脚（P3.7、P2.1、P2.2、P2.3、P1.6、P1.7）处于高阻工作模式。（　）

5. 在强推挽工作模式下，I/O 口的灌电流能力与拉电流能力都是 20mA。（　）

6. 在开漏工作模式下，I/O 口在应用时一定外接上拉电阻。（　）

四、问答题

1. 当 I/O 口处于准双向口、强推挽或开漏工作模式时，若要从 I/O 口引脚输入数据，首先应对 I/O 口做什么？

2. 在 STC15W4K32S4 单片机 I/O 口电路结构中，包含锁存器、输入缓冲器和输出驱动 3 个部分。请说明锁存器、输入缓冲器和输出驱动在输入/输出端口中的作用。

3. STC15W4K32S4 单片机 I/O 口的总线驱动与非总线扩展是什么含义？现代单片机应用系统设计一般推荐哪种扩展模式？

4. STC15W4K32S4 单片机的 I/O 口能否直接驱动 LED 灯？一般情况下，驱动 LED 灯应加限流电阻。请问如何计算限流电阻？

5. 定义字形码、字位码数组与显示缓冲区数组的存储类型有什么不同？为什么？

6. 简述 LED 数码管静态驱动与动态扫描驱动的电路结构与工作特性。在设计数码 LED 显示电路时，动态显示与静态显示的限流电阻一样吗？动态显示电路的显示亮度除跟限流电阻有关外，还与什么因素有关？

7. 简述逻辑与、逻辑或、逻辑非的逻辑关系。其对应的 C 语言运算符是什么？

8. 试说明下列语句的含义。

（1）
```
unsigned char x;
unsigned char y;
k = (bit)(x + y);
```

（2）
```
#define uchar unsigned char
uchar a;
uchar b;
uchar min;
```

(3)
```
#define uchar unsigned char
uchar tmp;
P1 = 0xff;
temp = P1;
```

五、程序设计题

1. 从 P1.0 口和 P1.1 口输入数据。当 P1.0/P1.1=00 时,P2 口输出数据为 60;当 P1.0/P1.1=01 时,P2 口输出数据为 70;当 P1.0/P1.1=10 时,P2 口输出数据为 80;当 P1.0/P1.1=11 时,P2 口输出数据为 90。

(1) 输出数据格式为二进制。

(2) 输出数据格式为 BCD 码(十进制)。

分别画出硬件电路图,编写程序,并上机调试。

2. 采用 1 只开关输入命令,并用 8 位 LED 数码管显示输出信息。要求当开关断开时,数码管显示出生年月日;当开关合上时,数码管显示学生证号的后 8 位。画出硬件电路图,编写程序,并上机调试。

Project 5

STC15W4K32S4单片机的存储器与应用编程

本项目要达到的目标：一是理解 STC15W4K32S4 单片机的存储结构与工作特性；二是掌握用 C 语言编程访问 STC15W4K32S4 单片机存储器的方法；三是掌握 STC15W4K32S4 单片机存储器的编程方法。

知识点：

- STC15W4K32S4 单片机的程序存储器。
- STC15W4K32S4 单片机的基本 RAM。
- STC15W4K32S4 单片机的扩展 RAM。
- STC15W4K32S4 单片机的 E^2PROM。
- C 语言变量存储类型的定义。
- C 语言的算术运算。

技能点：

- STC15W4K32S4 单片机程序存储器的访问。
- STC15W4K32S4 单片机基本 RAM 的访问。
- STC15W4K32S4 单片机扩展 RAM 的访问。
- STC15W4K32S4 单片机 E^2PROM 的操作。

任务 1 STC15W4K32S4 单片机的基本 RAM

本任务结合 STC15W4K32S4 单片机的算术运算，学习 STC15W4K32S4 单片机基本 RAM 的应用编程，分为三个方面：一是学习 STC15W4K32S4 单片机存储器的存储结

构；二是学习 C 语言中有关变量定义、函数定义以及数组定义的语句；三是学习 C 语言的算术运算语句。

一、STC15W4K32S4 单片机的存储结构

STC15W4K32S4 单片机存储器结构的主要特点是程序存储器与数据存储器是分开编址的。STC15W4K32S4 单片机内部在物理上有 3 个相互独立的存储器空间：Flash ROM、片内基本 RAM 和片内扩展 RAM；在使用上分为 4 个空间：程序存储器(程序 Flash)、片内基本 RAM、片内扩展 RAM 与 E^2PROM(数据 Flash)，如图 5-1-1 所示。

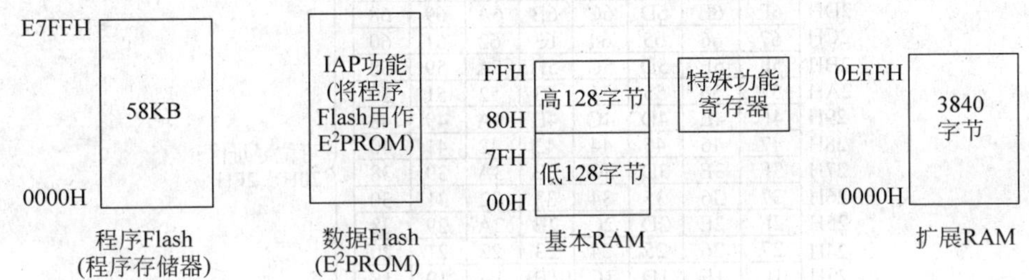

图 5-1-1　STC15W4K32S4 单片机的存储器结构

1. 程序存储器(程序 Flash)

程序存储器用于存放用户程序、常数数据和表格数据等信息。STC15W4K32S4 单片机片内集成了 58KB 程序 Flash 存储器，其地址为 0000H～E7FFH。

在程序存储器中有些特殊的单元，在应用中应注意。

(1) 0000H 单元。系统复位后，PC 值为 0000H，单片机从 0000H 单元开始执行程序。一般在 0000H 开始的三个单元中存放一条无条件转移指令，让 CPU 去执行用户指定位置的主程序。

(2) 0003H～00BBH，这些单元用作 24 个中断的中断响应的入口地址(或称为中断向量地址)。

① 0003H：外部中断 0 中断响应的入口地址。

② 000BH：定时器/计数器 0(T0)中断响应的入口地址。

③ 0013H：外部中断 1 中断响应的入口地址。

④ 001BH：定时器/计数器 1(T1)中断响应的入口地址。

⑤ 0023H：串行口 1 中断响应的入口地址。

以上为 5 个基本中断的中断向量地址，其他中断对应的中断向量地址详见项目七的相关内容。

每个中断向量间相隔 8 个存储单元。编程时，通常在这些入口地址开始处放入一条无条件转移指令，指向真正存放中断服务程序的入口地址。只有在中断服务程序较短时，才可以将中断服务程序直接存放在相应入口地址开始的几个单元中。

提示：在C语言编程中，不需要记住各中断源的中断响应的中断入口地址，但要记住各中断源的中断号。有关中断函数的定义，详见项目七。

2. 片内基本 RAM

片内基本 RAM 分为低 128 字节、高 128 字节和特殊功能寄存器(SFR)。

1) 低 128 字节

根据 RAM 作用的差异性，低 128 字节又分为工作寄存器区、位寻址区和通用 RAM 区，如图 5-1-2 所示。

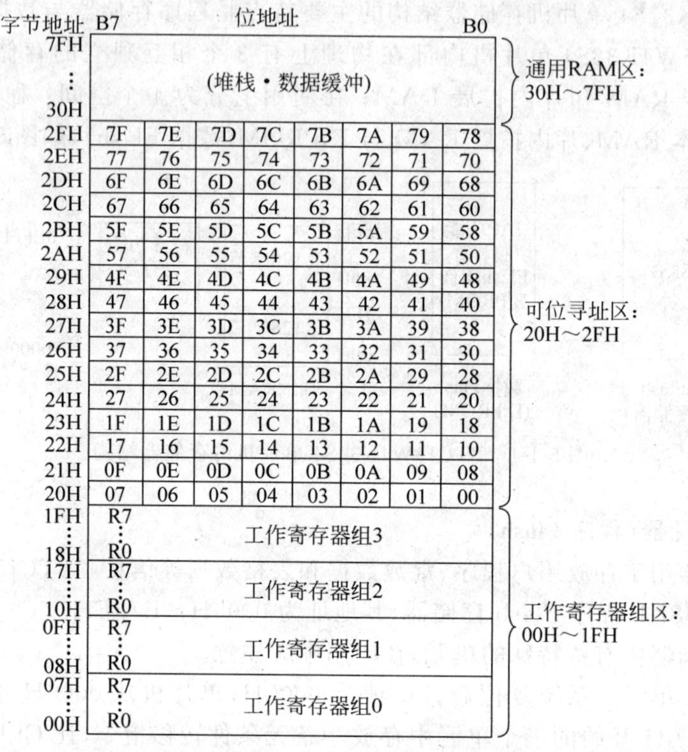

图 5-1-2 低 128 字节的功能分布图

(1) 工作寄存器区(00H～1FH)：STC15W4K32S4 单片机片内基本 RAM 低端的 32 字节分成 4 个工作寄存器组，每组占用 8 个单元。当程序运行时，只能有一个工作寄存器组为当前工作寄存器组，其存储单元可用作寄存器，即可用寄存器符号(R0，R1，…，R7)来表示。当前工作寄存器组的选择是通过程序状态字 PSW 中的 RS1、RS0 实现的。RS1、RS0 的状态与当前工作寄存器组的关系如表 5-1-1 所示。

表 5-1-1 STC15W4K32S4 单片机工作寄存器地址表

组号	RS1	RS0	R0	R1	R2	R3	R4	R5	R6	R7
0	0	0	00H	01H	02H	03H	04H	05H	06H	07H
1	0	1	08H	09H	0AH	0BH	0CH	0DH	0EH	0FH
2	1	0	10H	11H	12H	13H	14H	15H	16H	17H
3	1	1	18H	19H	1AH	1BH	1CH	1DH	1EH	1FH

当前工作寄存器组从某一工作寄存器组切换到另一个工作寄存器组时，原来工作寄存器组中各寄存器的内容被屏蔽保护起来。利用这一特性，可以方便地完成快速现场保护任务。

(2) 位寻址区(20H～2FH)：片内基本 RAM 的 20H～2FH 共 16 字节是位寻址区，每字节 8 位，共 128 位。该区域不仅可按字节寻址，也可按位寻址。从 20H 的 B0 位到 2FH 的 B7 位，其对应的位地址依次为 00H～7FH。位地址还可用字节地址加位号表示，如 20H 单元的 B5 位，其位地址可用 05H 表示，也可用 20H.5 表示。

提示：汇编编程时，一般用字节地址加位号的方法表示。C 语言编程时，定义位变量，由编译系统自动分配位地址空间；或定义变量时，指定存储类型为位寻址区，再利用关键字 sbit 定义位变量。

(3) 通用 RAM 区(30H～7FH)：30H～7FH 共 80 字节，为通用 RAM 区，即一般 RAM 区域，无特殊功能特性。一般作为数据缓冲区用，如显示缓冲区。通常将堆栈也设置在该区域。

2) 高 128 字节

高 128 字节的地址为 80H～FFH，属普通存储区域，但高 128 字节地址与特殊功能寄存器区的地址相同。为了区分这两个不同的存储区域，访问时，规定了不同的寻址方式。高 128 字节只能采用寄存器间接寻址方式访问；特殊功能寄存器只能采用直接寻址方式。此外，高 128 字节可用作堆栈区。

3) 特殊功能寄存器 SFR(80H～FFH)

特殊功能寄存器的地址也为 80H～FFH，但 STC15W4K32S4 单片机中只有 88 个地址有实际意义，也就是说，STC15W4K32S4 单片机实际上只有 88 个特殊功能寄存器。所谓特殊功能寄存器，是指该 RAM 单元的状态与某一具体的硬件接口电路相关，要么反映了某个硬件接口电路的工作状态，要么决定着某个硬件电路的工作状态。单片机内部 I/O 口电路的管理与控制，就是通过对其相应的特殊功能寄存器进行操作与管理实现的。特殊功能寄存器根据其存储特性的不同，又分为两类：可位寻址特殊功能寄存器与不可位寻址特殊功能寄存器。凡字节地址能够被 8 整除的特殊功能寄存器是可位寻址的，对应可寻址位都有一个位地址，其位地址等于其字节地址加上位号。实际编程时，大多采用其位功能符号表示，如 PSW 中的 CY、AC、P 等。特殊功能寄存器与其可寻址位都是按直接地址寻址。特殊功能寄存器的映像如表 5-1-2 所示，表中给出了各特殊功能寄存器的符号、地址与复位状态值。

提示：实际应用汇编语言或 C 语言编程时，用特殊功能寄存器的符号或位地址的符号来表示特殊功能寄存器的地址或位地址。

表中所列部分寄存器说明如下。

(1) 与运算器相关的寄存器有 3 个。

① ACC：累加器，它是 STC15W4K32S4 单片机中最繁忙的寄存器，用于向算术逻辑部件 ALU 提供操作数，许多运算结果也存放在累加器中。实际编程时，ACC 通常用 A 表示，表示寄存器寻址；若用 ACC 表示，表示直接寻址(仅在 PUSH、POP 指令中使用)。

② B：寄存器 B，主要用于乘、除法运算，也可作为一般 RAM 单元使用。

表 5-1-2　STC15W4K32S4 单片机特殊功能寄存器字节地址与位地址表

字节地址	可位寻址	不可位寻址						
	+0	+1	+2	+3	+4	+5	+6	+7
80H	P0 11111111	SP 00000111	DPL 00000000	DPH 00000000	S4CON 00000000	S4BUF xxxxxxxx		PCON 00110000
88H	TCON 00000000	TMOD 00000000	TL0 (RL_TL0) 00000000	TL1 (RL_TL1) 00000000	TH0 (RL_TH0) 00000000	TH1 (RL_TH1) 00000000	AUXR 00000001	INT_CLKO x000x000
90H	P1 11111111	P1M1 11000000	P1M0 00000000	P0M1 00000000	P0M0 00000000	P2M1 00001110	P2M0 00000000	CLK_DIV 0000x000
98H	SCON 00000000	SBUF xxxxxxxx	S2CON 0x000000	S2BUF xxxxxxxx		P1ASF 00000000		
A0H	P2 11111110	BUS_SPEED xxxxxx10	P_SW1 00000000					
A8H	IE 00000000		WKTCL (WKTCL_CNT) 11111111	WKTCH (WKTCH_CNT) 01111111	S3CON 00000000	S3BUF xxxxxxxx		IE2 x0000000
B0H	P3 11111111	P3M1 10000000	P3M0 00000000	P4M1 00000000	P4M0 00000000	IP2 xxx00000		
B8H	IP x0x00000		P_SW2 0000x000		ADC_CONTR 00000000	ADC_RES 00000000	ADC_RESL 00000000	
C0H	P4 11111111	WDT_CONTR 0x000000	IAP_DATA 11111111	IAP_ADDRH 00000000	IAP_ADDRL 00000000	IAP_CMD xxxxxx00	IAP_TRIG xxxxxxxx	IAP_CONTR 0000x000
C8H	P5 xx111111	P5M1 x0000000	P5M0 xx000000			SPSTAT 00xxxxxx	SPCTL 00000100	SPDAT 00000000
D0H	PSW 000000x0	T4T3M 00000000	T4H (RL_TH4) 00000000	T4L (RL_TL4) 00000000	T3H (RL_TH3) 00000000	T3L (RL_TL3) 00000000	T2H (RL_TH2) 00000000	T2L (RL_TL2) 00000000
D8H	CCON 00xxxx00	CMOD 0xxx000	CCAPM0 x0000000	CCAPM1 x0000000				
E0H	ACC 00000000						CMPCR1 00000000	CMPCR2 00001001
E8H		CL 00000000	CCAP0L 00000000	CCAP1L 00000000				
F0H	B 00000000		PCA_PWM0 00xxxx00	PCA_PWM1 00xxxx00		PWMCR 00000000	PWMIF x0000000	PWMFDCR xx000000
F8H		CH 00000000	CCAP0H 00000000	CCAP1H 00000000				

说明：各特殊功能寄存器地址等于行地址加列偏移量。

③ PSW：程序状态字。

(2) 指针类寄存器有 3 个。

① SP：堆栈指针，始终指向栈顶。堆栈是一种遵循“先进后出，后进先出”原则存储的区域。入栈时，SP 先加 1，数据再压入(存入)SP 指向的存储单元；出栈操作时，先将 SP 指向单元的数据弹出到指定的存储单元中，SP 再减 1。STC15W4K32S4 单片机复位时，SP 为 07H，即默认栈底是 08H 单元。在实际应用中，为了避免堆栈区域与工作寄存

器组、位寻址区域发生冲突，堆栈区域设置在通用 RAM 区域或高 128 字节区域。堆栈区域主要用于存放中断或调用子程序时的断点地址和现场参数数据。

② DPTR(16 位)：数据指针，由 DPL 和 DPH 组成，用于存放 16 位地址，访问 16 位地址的程序存储器和扩展 RAM。

其余特殊功能寄存器将在 I/O 口相关章节中讲述。

二、C51 基础(4)

1. C51 变量定义

在使用一个变量或常量之前，必须定义该变量或常量，指出其数据类型和存储器类型，以便编译系统为其分配相应的存储单元。

在 C51 中定义变量的格式为

[存储种类]数据类型[存储器类型]变量名表

例如：

```
1    auto    int     data        x ;
2            char    code        y = 0x22 ;
```

行号 1 中，变量 x 的存储种类、数据类型、存储器类型分别为 auto、int、data。行号 2 中，变量 y 只定义了数据类型和存储器类型，未直接给出存储种类。在实际应用中，“存储种类”和“存储器类型”是可选项，默认的存储种类是 auto(自动)。如果省略存储器类型，则按 Keil C 编译器编译模式 SMALL、COMPACT、LARGE 规定的默认存储器类型确定存储器的存储区域。C 语言允许在定义变量的同时给变量赋初值，如行号 2 中对变量的赋值。

1) 变量的存储种类

变量的存储类型有 4 种，分别为 auto(自动)、extern(外部)、static(静态)、register(寄存器)。默认设置时，变量的存储种类为 auto。

2) 变量的存储器类型

Keil C 编译器完全支持 8051 系列单片机的硬件结构，可以访问其硬件系统的各个部分。对于各个变量，可以准确地赋予其存储器类型，使之能够在单片机内准确定位。Keil C 编译器支持的存储器类型如表 5-1-3 所示。

表 5-1-3　Keil C 编译器支持的存储器类型

存储器类型	说　明
data	变量分配在低 128 字节，采用直接寻址方式，访问速度最快
bdata	变量分配在 20H～2FH，采用直接寻址方式，允许位或字节访问
idata	变量分配在低 128 字节或高 128 字节，采用间接寻址方式
pdata	变量分配在 XRAM，分页访问外部数据存储器(256B)，采用“MOVX @Ri”指令
xdata	变量分配在 XRAM，访问全部外部数据存储器(64KB)，采用“MOVX @DPTR”指令
code	变量分配在程序存储器(64KB)，用“MOVC A,@A+ DPTR”指令访问

3）Keil C 编译器的编译模式与默认存储器类型

（1）SMALL：变量被定义在 8051 单片机的内部数据存储器（data）区中，因此对这种变量的访问速度最快。另外，所有的对象，包括堆栈，都必须嵌入内部数据存储器。

（2）COMPACT：变量被定义在外部数据存储器（pdata）区中，外部数据段长度可达 256 字节。这时，对变量的访问是通过寄存器间接寻址（MOVX @Ri，A 或 MOVX A，@Ri）实现的。采用这种模式编译时，变量的高 8 位地址由 P2 口确定，因此必须适当改变启动程序 STARTUP. A51 中的参数 PDATASTART 和 PDATALEN；用 L51 连接时，还必须采用控制命令 PDATA 定位 P2 口地址，以确保 P2 口为所需要的高 8 位地址。

（3）LARGE：变量被定义在外部数据存储器（xdata）区中，使用数据指针 DPTR 访问，但效率不高，尤其是对于 2 个或多个字节的变量，采用这种数据访问方法，对程序的代码长度影响非常大。另外一个不便之处是数据指针不能对称操作。

2. 算术运算符

1）算术运算符与表达式

C 语言有以下算术运算符。

（1）＋：加法或取正值运算符。

（2）－：减法或取负值运算符。

（3）*：乘法运算符。

（4）/：除法运算符。

（5）%：取余运算符。

2）自增和自减运算符与表达式

（1）＋＋：自增运算符。

（2）－－：自减运算符。

自增和自减运算符是 C 语言中特有的，它们的作用分别是对运算对象做加 1 和减 1 运算。自增和自减运算符只能用于变量，不能用于常数和表达式；可位于变量前面，也可位于变量后面，但功能不完全相同。例如：

（1）a＋＋：先使用 a 的值，再执行 a＋1 操作。

（2）＋＋a：先执行 a＋1 操作，再使用 a 的值。

3）复合赋值运算符

在赋值运算符“＝”的前面加上其他运算符，就构成复合赋值运算符。复合赋值运算符首先对变量进行某种运算，然后将运算结果赋值给该变量。复合运算的一般形式为

```
变量  复合赋值运算符  表达式;
```

C 语言中有以下几种复合赋值运算符。

（1）＋＝：加法赋值运算符。例如，x＋＝3 等效于 x＝x＋3。

（2）－＝：减法赋值运算符。例如，x－＝3 等效于 x＝x－3。

（3）*＝：乘法赋值运算符。例如，x*＝3 等效于 x＝x*3。

（4）/＝：除法赋值运算符。例如，x/＝3 等效于 x＝x/3。

（5）%＝：取模（余）赋值运算符。例如，x%＝3 等效于 x＝x%3。

(6) >>=：右移位赋值运算符。例如，x>>=3 等效于 x=x>>3。

(7) <<=：左移位赋值运算符。例如，x<<=3 等效于 x=x<<3。

(8) &=：逻辑与赋值运算符。例如，a&=b 等效于 a=a&b。

(9) |=：逻辑或赋值运算符。例如，a|=b 等效于 a=a|b。

(10) ^=：逻辑异或赋值运算。例如，a^=b 等效于 a=a^b。

(11) ~=：逻辑非赋值运算符。例如，a~=b 等效于 a=~b。

3. 指定工作寄存器区

当需要指定函数中使用的工作寄存器区时，使用关键字 using 后跟一个 0~3 的数，对应工作寄存器组 0~3 区。例如：

```
unsigned char GetKey(void) using 2
{
    …                                    //用户代码区
}
```

using 后面的数字是 2，说明使用工作寄存器组 2，R0~R7 对应地址 10H~17H。

4. 函数的定义与调用

函数是 C 语言程序的基本模块，所有的函数在定义时是相互独立的，它们之间是平衡关系，所以不能在一个函数中定义另外一个函数，即不能嵌套定义。函数之间可以相互调用，但不能调用主函数。

C 语言系统提供功能强大、资源丰富的标准函数库，用户在进行程序设计时，应善于利用这些资源，以提高效率，节省开发时间。

1）函数定义的一般形式

(1) 格式

```
函数类型标识符　函数名(形式参数类型说明列表)
{
    局部变量定义
    函数体语句
}
```

(2) 说明

① 函数类型标识符：说明函数返回值的类型。当函数类型标识符默认时为整型。

② 函数名：程序设计人员自己设计的名字。

③ 形式参数类型说明列表：主调用函数与被调用函数之间传递数据的形式参数。若定义的是无参函数，形式参数类型说明列表用 void 来注明。

④ 局部变量定义：对在函数内部使用的局部变量进行定义。

⑤ 函数体语句：为完成该函数的特定功能而设置的各种语句。

2）函数的参数和函数的返回值

(1) 函数的参数：C 语言采用函数之间的参数传递方式，使一个函数能对不同变量进行处理，从而提高函数的通用性与灵活性。在函数调用时，通过在主调函数的实际参数与被调函数的形式参数之间进行数据传递来实现函数间参数的传递。

(2) 函数的返回值：在被调用函数最后，通过 return 语句返回函数的返回值给主调函数。其格式为

```
return (表达式);
```

对于不需要有返回值的函数，可以将该函数的函数类型定义为 void 类型。为了使程序减少出错，保证函数正确使用，凡是不要求有返回值的函数，都应将其定义为 void 类型。

(3) 函数的分类：从函数定义的形式看，分为无参数函数、有参数函数和空函数三种。

① 无参数函数：函数在调用时无参数，主调函数并不将数据传送给被调用函数。无参数函数可以返回或不返回函数值，一般以不返回函数值的居多。

② 有参数函数：调用这种函数时，在主调函数与被调函数之间有参数传递。主调函数可以将数据传送给被调函数使用，被调函数中的数据也可以返回，供主调函数使用。

③ 空函数：如果定义函数时只给出一对花括号"{}"，不给出局部变量和函数体语句，即函数体内部是空的，则称为空函数。

3）函数的声明与调用

C 语言程序中的函数是可以互相调用的，但不能调用主函数。所谓函数调用，就是在一个函数体中引用另外一个已经定义的函数，前者称为主调用函数，后者称为被调用函数。

(1) 调用函数的一般形式为

```
函数名(实际参数列表);
```

① 函数名：指出被调用的函数。

② 实际参数列表：实际参数的作用是将它的值传递给被调用函数中的形式参数。可以包含多个实际参数，各个参数之间用逗号分开。需要注意的是，函数调用中的实际参数与函数定义中的形式参数必须在个数、类型和顺序上严格保持一致，以便将实际参数的值正确传送给形式参数。如果调用的是无参函数，可以没有实际参数列表，但圆括号不能省略。

(2) 在实际编程中，有三种方法完成函数调用。

① 函数语句调用：在主调函数中，将函数调用作为一条语句，例如：

```
Funl();
```

这是无参调用，它不要求被调函数返回一个确定的值。

② 函数表达式调用：在主调函数中，将函数调用作为一个运算对象直接出现在表达式中。这种表达式称为函数表达式，例如：

```
d = power(x , n) + power(y , m) ;
```

它包括两个函数调用，每个函数调用都有一个返回值，将两个返回值相加的结果赋给

变量 d。因此,这种函数调用方式要求被调用函数返回一个确定的值。

③ 作为函数参数调用：在主调函数中,将函数调用作为另一个函数调用的实际参数,例如：

```
m = max( a, max(b, c)) ;
```

max(b, c)是一次函数调用,它的返回值作为函数 max()另一次调用的实参。这种在调用一个函数中又调用一个函数的方式,称为嵌套函数调用。

(3) 调用函数必须满足"先声明、后调用"的原则。

① 调用函数与被调用函数位于同一个程序文件中：若被调用函数在调用函数前面定义,可直接调用；若被调用函数在调用函数后面定义,需要在调用前声明被调用函数,例如：

```
#include <REG51.H>
#define x P1
void delay(void);                //语句 3,声明延时子函数
/* -------- LED 灯驱动函数 -------- */
void light(void)
{
    x = ~x;
}

/* ------- 主函数 --------- */
void main(void)
{
    while(1)
    {
        light();                 //light()在主函数前面定义,因此可直接调用
        delay();                 //delay()在主函数后面定义,故调用前必须先声明,见语句 3
    }
}
/---------------------/
void delay(void)
{
    unsigned int i,j;
    for(i = 0;i < 500;i++)
    {
        for(j = 0;j < 121;j++)
        {;}
    }
}
```

② 函数的连接：当程序中的子函数与主函数不在同一个程序文件中时,要通过连接的方法实现有效调用。一般有两种方法,即外部声明与文件包含。

- 外部声明：设 delay()和 light()两个子函数与调用主函数不在一个程序文件中，当主函数要调用 delay()和 light()时，可在调用前做外部声明，例如：

```
#include <REG51.H>
extern void delay(void);              //声明该函数在其他文件中
extern void light(void);              //声明该函数在其他文件中
/----------------------/
void main(void)
{
    while(1)
    {
        light();
        delay();
    }
}
```

- 文件包含：当主函数需要调用分属在其他程序文件中的子函数时，可用包含语句将含有该子函数的程序文件包含进来。包含可以理解为将包含文件的内容放在包含语句位置处。

设 delay()和 light ()两个子函数在 test.c 程序文件中定义，主函数要调用 delay()和 light()时，用包含语句将 test.c 程序文件包含进来，类似于包含头文件。例如：

```
#include <reg51.h>
#include "test.c"
void main(void)
{
    while(1)
    {
        light();
        delay();
    }
}
```

5. 局部变量与全局变量

1）局部变量

局部变量是指在函数内部定义的变量，只在该函数内部有效。

2）全局变量

全局变量是指在程序开始处或各个功能函数的外面定义的变量。在程序开始处定义的变量在整个程序中有效，可供程序中所有的函数共同使用；在各功能函数外面定义的全局变量只对定义处开始往后的各个函数有效，只有从定义处往后的各个功能函数可以使用该变量。

比如，LED 数码管的字形码或位码在整个程序中都需要使用，这时，有关 LED 数码管的字形码或位码的定义应放在程序开始处。

任务实施

一、任务要求

完成 z=(x+y)·C 的运算。其中,x、y 为变量,C 为常量。

二、硬件设计

设 x 数据从 P1 口输入,y 数据从 P3 口输入;运算结果 z 的高 8 位从 P2 口输出,运算结果的低 8 位从 P0 口输出(设运算结果不超过 16 位),如图 4-2-5 所示。

三、软件设计

1. 程序说明

(1) 从运算式可以看出,运算可能会超过 8 位数,变量 z 的数据类型必须是 16 位无符号数整型,存放在片内基本 RAM 中,即 z 变量的定义为"unsigned int data z;"。

(2) C 是常量,必须存放在程序存储器中,同时赋值。若常量值为 2,即常量 C 的定义为"unsigned char code C=2;"。

2. 项目五任务 1 程序文件:项目五任务 1.c

```
#include<stc15.h>
#include<intrins.h>
#include<gpio.h>
#define uint unsigned int
#define uchar unsigned char
#define x P1
#define y P3
#define outh P2
#define outl P0
uint data z;
uchar code C = 2;
void main(void)
{
    gpio();
    x = 0xff;
    y = 0xff;
    while(1)
    {
        z = (x + y) * C;
        outl = z;
        outh = z >> 8;
    }
}
```

四、系统调试

(1) 用 Keil C 编辑、编译程序“项目五任务 1. c”，生成机器代码文件“项目五任务 1. hex”。

(2) 进入 Keil C 调试界面，调出 P0、P1、P2、P3 口，然后单击“全速运行”按钮。

(3) P1 口输入“AAH”，P3 口输入“88H”，观察 P2、P0 口的输出状态，如图 5-1-3 所示。

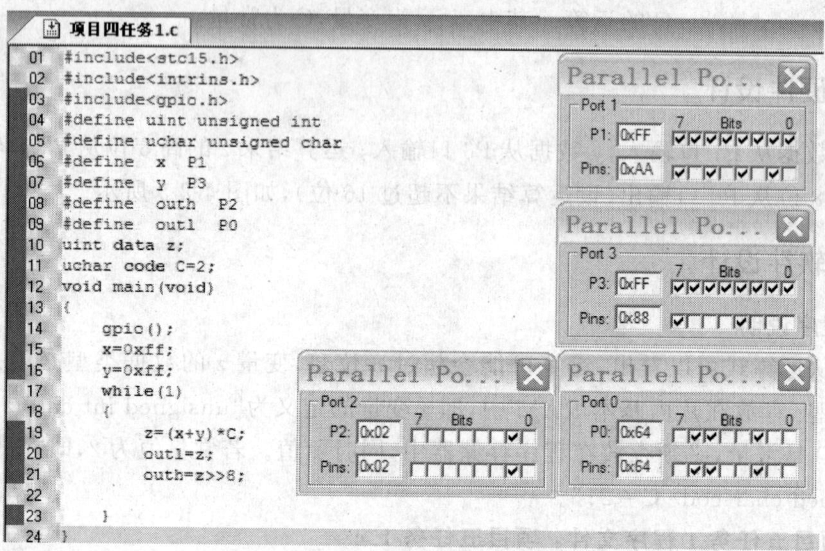

图 5-1-3　Keil C 算术运算调试

(4) 按表 5-1-4 所示输入 x 和 y 的数据，观察输出结果。

表 5-1-4　算术运算测试表

输　入		运算结果(z)	
x	y	计算值	运行结果值
55H	AAH		
BBH	33H		
F0H	0FH		

(5) Proteus 仿真调试。①按图 4-2-5 绘制电路；②将项目五任务 1. hex 加载到 STC15W4K32S4 单片机中；③运行与调试程序：按表 5-1-4 所示，调试程序与记录运行结果。

(6) 实操与调试。在开发板上连接电路，将文件“项目五任务 1. hex”下载到单片机中，并按表 5-1-4 所示进行调试。

任务拓展

(1) 设 x、y 输入数据为 BCD 码，编写程序完成 x、y BCD 码加法运算，输出结果也是 BCD 码，并按表 5-1-5 所示进行调试。

(2) 运算结果，用 LED 数码管显示。

表 5-1-5　BCD 码算术运算测试表

输　入		运算结果(z)	
x	y	计算值	运行结果值
55	66		
23	82		
63	28		

任务 2　STC15W4K32S4 单片机扩展 RAM 的测试

有关 STC15W4K32S4 单片机扩展 RAM 的使用，实际上很简单，只需在定义变量时，把变量的存储类型定义为 pdata 或 xdata 即可。本任务主要学习 STC15W4K32S4 单片机扩展 RAM 的测试，使学生在进一步理解 STC15W4K32S4 单片机扩展 RAM 的同时，提高 C 语言编程能力。

本任务涉及数组的定义与引用。

STC15W4K32S4 单片机的扩展 RAM 空间为 3840B，地址范围为 0000H～0EFFH。扩展 RAM 类似于传统的片外数据存储器，采用访问片外数据存储器的指令(助记符为 MOVX)访问扩展 RAM 区域。STC15W4K32S4 单片机保留了传统 8051 单片机片外数据存储器的扩展功能，但在使用时，片内扩展 RAM 与片外数据存储器不能同时使用，可通过 AUXR 中的 EXTRAM 控制位进行选择。默认选择片内扩展 RAM。扩展片外数据存储器时，要占用 P0 口、P2 口以及 ALE、$\overline{RD}$ 与 $\overline{WR}$ 引脚，而使用片内扩展 RAM 时与它们无关。STC15W4K32S4 单片机片内扩展 RAM 与片外可扩展 RAM 的关系如图 5-2-1 所示。

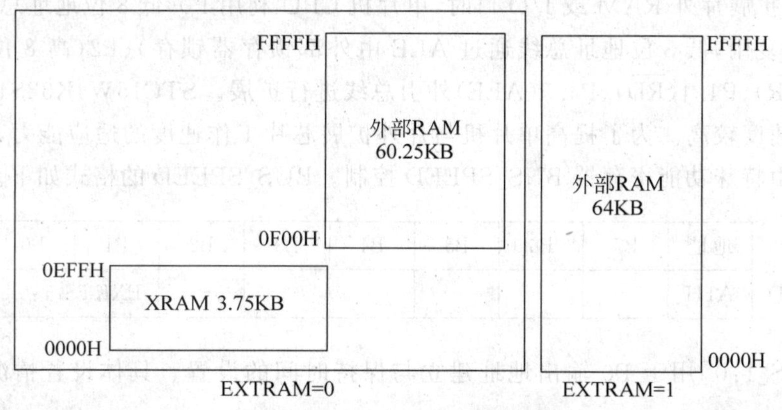

图 5-2-1　STC15W4K32S4 单片机片内扩展 RAM 与片外可扩展 RAM 的关系

1. 内部扩展 RAM 的允许访问与禁止访问

内部扩展 RAM 的允许访问与禁止访问是通过 AUXR 的 EXTRAM 控制位选择的。AUXR 的格式如下。

	地址	B7	B6	B5	B4	B3	B2	B1	B0	复位值
AUXR	8EH	T0x12	T1x12	UART_M0x6	T2R	T2_C/$\overline{T}$	T2x12	EXTRAM	S1ST2	0000 0000

EXTRAM 是内部扩展 RAM 访问控制位。EXTRAM＝0，允许访问，推荐使用；EXTRAM＝1，禁止访问。若扩展了片外 RAM 或 I/O 口，使用时，应禁止访问内部扩展 RAM。

内部扩展 RAM 通过 MOVX 指令访问，即“MOVX A，@ DPTR（或@ Ri）”和“MOVX @DPTR（或@Ri），A”指令。在 C 语言中，使用 xdata 声明存储类型，例如：

```
unsigned char xdata i = 0;
```

当超出片内地址时，自动指向片外 RAM。

2. 双数据指针的使用

STC15W4K32S4 单片机在物理上设置了两个 16 位的数据指针 DPTR0 和 DPTR1，但在逻辑上只有 DPTR 一个数据指针地址。在使用时，通过 P_SW1（AUXR1）中的 DPS 控制位进行选择。P_SW1（AUXR1）的格式如下。

	地址	B7	B6	B5	B4	B3	B2	B1	B0	复位值
P_SW1	A2H	S1_S1	S1_S0	CCP_S1	CCP_S0	SPI_S1	SPI_S0	0	DPS	0000 00x0

DPS 是数据指针选择控制位。DPS＝0，选择 DPTR0；DPS＝1，选择 DPTR1。P_SW1（AUXR1）不可位寻址，但 DPS 位于 P_SW1（AUXR1）的最低位，可通过对 P_SW1（AUXR1）的加 1 操作来改变 DPS 的值。当 DPS 为 0 时加 1，就变为 1；当 DPS 为 1 时加 1，就变为 0。实现指令为 INC P_SW1。

3. 片外扩展 RAM 的总线管理

当需要扩展片外 RAM 或 I/O 口时，单片机 CPU 利用 P0（低 8 位地址总线与 8 位数据总线分时复用，低 8 位地址总线通过 ALE 由外部锁存器锁存）、P2（高 8 位地址总线）和 P4.2（$\overline{WR}$）、P4.4（$\overline{RD}$）、P4.5（ALE）外引总线进行扩展。STC15W4K32S4 是 1T 单片机，其工作速度较高。为了提高单片机与片外扩展芯片工作速度的适应能力，增加了总线管理功能，由特殊功能寄存器 BUS_SPEED 控制。BUS_SPEED 的格式如下。

	地址	B7	B6	B5	B4	B3	B2	B1	B0	复位值
BUS_SPEED	A1H	—	—	—	—	—	—	EXRTS[1:0]		xxxx xx10

EXRTS[1:0]用于 P0 输出地址建立与保持时间的设置。具体设置情况如表 5-2-1 所示。

表 5-2-1　P0 输出地址建立与保持时间的设置

EXRTS[1:0]		P0 地址从建立(建立时间和保持时间)到 ALE 信号下降沿的系统时钟数(ALE_BUS_SPEED)
0	0	1
0	1	2
1	0	4(默认设置)
1	1	8

片内扩展 RAM 和片外扩展 RAM 都是采用 MOVX 指令进行访问,在 C51 中的数据存储类型都是 xdata。当 EXTRAM=0 时,允许访问片内扩展 RAM,数据指针所指地址为片内扩展 RAM 地址；超过片内扩展 RAM 地址时,指向片外扩展 RAM 地址。当 EXTRAM=1 时,禁止访问片内扩展 RAM,数据指针所指地址为片外扩展 RAM 地址。虽然片内扩展 RAM 和片外扩展 RAM 都是采用 MOVX 指令进行访问,但片外扩展 RAM 的访问速度较慢,如表 5-2-2 所示。

表 5-2-2　片内扩展 RAM 和片外扩展 RAM 访问时间对照表

指令助记符	访问区域与指令周期	
	片内扩展 RAM 指令周期(系统时钟数)	片外扩展 RAM 指令周期(系统时钟数)
MOVX A, @Ri	3	5×ALE_BUS_SPEED+2
MOVX A, @DPTR	2	5×ALE_BUS_SPEED+1
MOVX @Ri, A	4	5×ALE_BUS_SPEED+3
MOVX @DPTR, A	3	5×ALE_BUS_SPEED+2

注：ALE_BUS_SPEED 的说明如表 5-2-1 所示。BUS_SPEED 可提高或降低片外扩展 RAM 的访问速度,一般建议采用默认设置。

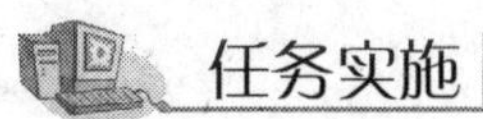

任务实施

一、任务功能

STC15W4K32S4 单片机内部扩展 RAM 的测试：在内部扩展 RAM 选择 256 个单元并依次存入 0～255,然后读出,与 0～255 一一比较、校验。若都相同,说明内部扩展 RAM 完好无损,正确指示灯亮；只要有一组数据不同,停止校验,错误指示灯亮。

二、硬件设计

采用绿色 LED 灯和红色 LED 灯作为测试指示灯,P1.7 控制绿色 LED 灯,P1.6 控制红色 LED 灯,采用低电平驱动。因为硬件电路较简单,电路原理图略。

三、软件设计

1. 程序说明

STC15W4K32S4 单片机共有 3840 字节扩展 RAM。在此,仅对 256 字节进行校验。先在指定的起始处依次写入数据 0～255,再从指定的起始处依次读出数据并与 0～255

相比较。若一致，说明 STC15W4K32S4 单片机扩展 RAM 正确；否则，表示有错。

2. 项目五任务 2 程序文件：项目五任务 2.c

```
#include <stc15.h>              //包含支持 STC15W4K32S4 单片机的头文件
#include <intrins.h>
#include <gpio.h>
#define uchar unsigned char
#define uint unsigned int
sbit ok_led = P1^7;             //绿色 LED 灯
sbit error_led = P1^6;          //红色 LED 灯
uchar xdata ram256[256];        //定义片内 RAM,256 字节
/*-------------------- 主函数 ----------------------*/
void main(void)
{
    uint i;
    gpio();                     //I/O 初始化
    for(i = 0;i < 256;i++)      //先把扩展 RAM 以 0～255 填满
    {
        ram256[i] = i;
    }
    for(i = 0;i < 256;i++)      //校验
    {
        if(ram256[i]!= i) goto Error;
    }
    ok_led = 0;                 //点亮测试成功指示灯
    error_led = 1;
    while(1);                   //结束
Error:
    ok_led = 1;                 //点亮测试失败指示灯
    error_led = 0;
    while(1);
}
```

四、系统调试

1. 编辑、编译

用 Keil C 编辑、编译程序“项目五任务 2.c”，生成机器代码文件“项目五任务 2.hex”。

2. Proteus 仿真调试

(1) 按本任务硬件设计要求绘制电路。

(2) 将“项目五任务 2.hex”加载到 STC15W4K32S4 单片机中。

(3) 运行与调试程序：①P1.7 控制的 LED 灯亮，说明测试成功；②P1.6 控制的 LED 灯亮，说明测试失败。

3. 实操与调试

在开发板上按仿真电路要求连接电路，将“项目五任务 2.hex”文件下载到单片机中，观察并记录运行结果。

任务拓展

修改程序，若检查到扩展 RAM 出错，取出出错的扩展 RAM 的地址并在 LED 数码管上显示。

任务 3　STC15W4K32S4 单片机 E^2PROM 的测试

STC15W4K32S4 单片机的 E^2PROM 实际是用 Flash ROM 模拟使用的。本任务通过对 STC15W4K32S4 单片机 E^2PROM 的测试来学习其使用方法。

STC 系列单片机的用户程序区和 E^2PROM 区是共享单片机中的 Flash 存储器。对于 STC15W××××系列单片机，用户程序区与 E^2PROM 区是分开编址的，分别称为程序 Flash 与数据 Flash，但二者的和是固定的，如 STC15W4K32S4 系列单片机各型号的用户程序区与 E^2PROM 区的容量之和是 59KB。对于 IAP15W××××系列单片机，用户程序区与 E^2PROM 区是统一编址的，空闲的用户程序区可用作 E^2PROM。E^2PROM 的操作通过 IAP 技术实现，内部 Flash 擦写次数达 100000 次以上。E^2PROM 分为若干个扇区，每个扇区包含 512 字节，E^2PROM 的擦除按扇区进行。

1. STC15W4K32S4 单片机内部 E^2PROM 的大小与地址

STC15W4K32S4 单片机 E^2PROM 的大小是 27KB。STC15W4K32S4 单片机可通过 IAP 技术直接使用用户程序区，E^2PROM 的地址是 0000H～6BFFH。E^2PROM 除可以用 IAP 技术读取外，还可以用 MOVC 指令读取，其地址为 32KB＋E^2PROM 地址。

2. 与 ISP/IAP 功能有关的特殊功能寄存器

STC15W4K32S4 单片机通过一组特殊功能寄存器管理与控制，各 ISP/IAP 特殊功能寄存器的格式如表 5-3-1 所示。

表 5-3-1　与 ISP/IAP 功能有关的特殊功能寄存器

	地址	D7	D6	D5	D4	D3	D2	D1	D0	复位状态
IAP_DATA	C2H									1111 1111
IAP_ADDRH	C3H									0000 0000
IAP_ADDRL	C4H									0000 0000
IAP_CMD	C5H	—	—	—	—	—	—	MS1	MS0	xxxx xx00
IAP_TRIG	C6H									xxxx xxxx
IAP_CONTR	C7H	IAPEN	SWBS	SWRST	CMD_FAIL	—	WT2	WT1	WT0	0000 x000

(1) IAP_DATA：ISP/IAP Flash 数据寄存器。

它是 ISP/IAP 操作从 Flash 区中读、写数据的数据缓冲寄存器。

(2) IAP_ADDRH、IAP_ADDRL：ISP/IAP Flash 地址寄存器。

它们是 ISP/IAP 操作的地址寄存器。IAP_ADDRH 用于存放操作地址的高 8 位，IAP_ADDRL 用于存放操作地址的低 8 位。

（3）IAP_CMD：ISP/IAP Flash 命令寄存器。

ISP/IAP 操作命令模式寄存器用于设置 ISP/IAP 的操作命令，但必须在命令触发寄存器实施触发后才生效。

MS1/MS0＝0/0 时，为待机模式，无 ISP/IAP 操作。

MS1/MS0＝0/1 时，对数据 Flash（E^2PROM）区进行字节读。

MS1/MS0＝1/0 时，对数据 Flash（E^2PROM）区进行字节编程。

MS1/MS0＝1/1 时，对数据 Flash（E^2PROM）区进行扇区擦除。

（4）IAP_TRIG：ISP/IAP Flash 命令触发寄存器。

在 IAPEN＝1 时，对 IAP_TRIG 先写入 5AH，再写入 A5H，ISP/IAP 命令生效。

（5）IAP_CONTR：ISP/IAP Flash 控制寄存器。

① IAPEN：ISP/IAP 功能允许位。IAPEN＝1，允许 ISP/IAP 操作改变数据 Flash；IAPEN＝0，禁止 ISP/IAP 操作改变数据 Flash。

② SWBS、SWRST：软件复位控制位，在软件复位中已说明。

③ CMD_FAIL：ISP/IAP Flash 命令触发失败标志。当地址非法时，引起触发失败，CMD_FAIL 标志为 1，需由软件清零。

④ WT2、WT1、WT0：ISP/IAP Flash 操作时，CPU 等待时间的设置位。具体设置情况如表 5-3-2 所示。

表 5-3-2 ISP/IAP Flash 操作 CPU 等待时间的设置

WT2	WT1	WT0	CPU 等待时间（系统时钟）			
			编程（55μs）	读	扇区擦除（21ms）	系统时钟 f_{SYS}
1	1	1	55	2	21012	f_{SYS}<1MHz
1	1	0	110	2	42024	1MHz<f_{SYS}<2MHz
1	0	1	165	2	63036	2MHz<f_{SYS}<3MHz
1	0	0	330	2	126072	3MHz<f_{SYS}<6MHz
0	1	1	660	2	252144	6MHz<f_{SYS}<12MHz
0	1	0	1100	2	420240	12MHz<f_{SYS}<20MHz
0	0	1	1320	2	504288	20MHz<f_{SYS}<24MHz
0	0	0	1760	2	672384	24MHz<f_{SYS}<30MHz

任务实施

一、任务功能

E^2PROM 测试：当程序开始运行时，点亮一盏绿色的 LED 灯，进行扇区擦除并检验。若擦除成功，点亮一盏蓝色的 LED 灯，从 E^2PROM 0000H 开始写入数据。写完后，点亮一盏红色的 LED 灯，进行数据校验。若校验成功，点亮一盏黄色的 LED 灯，表示测试成功；否则，黄色 LED 灯闪烁，表示测试失败。

二、硬件设计

P1.7 控制绿色 LED 灯(工作指示灯)，P1.6 控制蓝色 LED 灯(擦除成功指示灯)，P1.5 控制红色 LED 灯(编程成功指示灯)，P1.4 控制黄色 LED 灯(测试结果指示灯)，低电平驱动，电路原理图如图 5-3-1 所示。

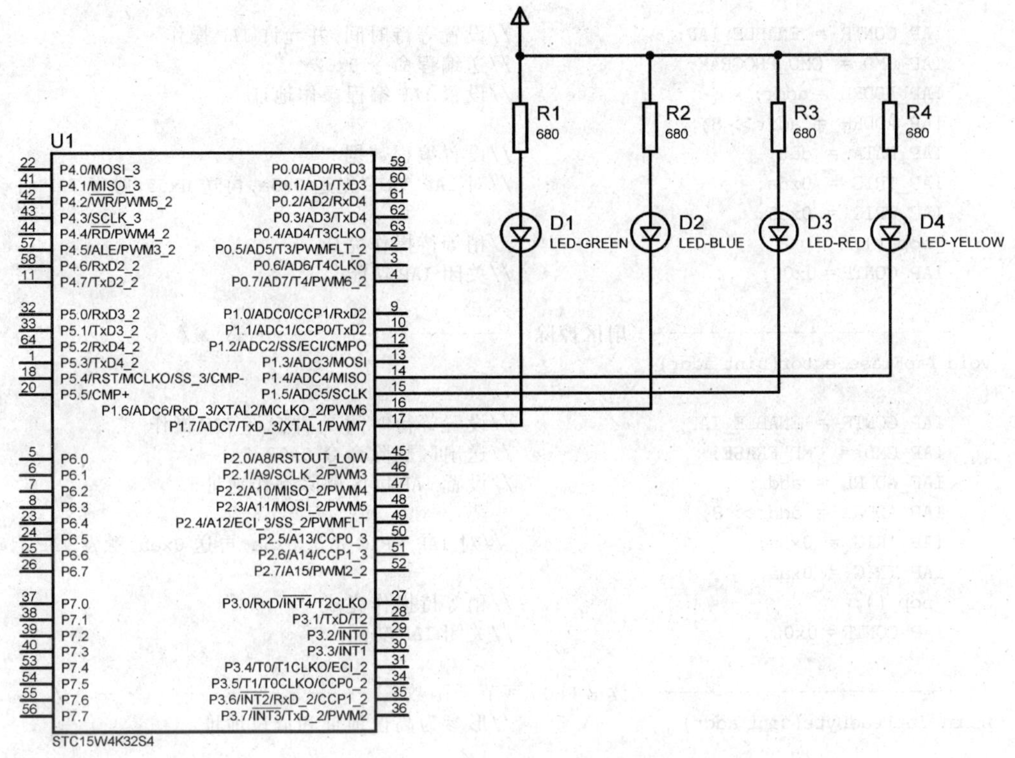

图 5-3-1　E^2PROM 测试电路图

三、软件设计

1. 程序说明

(1) STC15W4K32S4 单片机 E^2PROM 的测试，按照擦除、编程、读取与校验的流程操作。

(2) 对 E^2PROM 的操作包括擦除、编程与读取，涉及的特殊功能寄存器较多。为了便于程序的阅读与管理，把对 E^2PROM 擦除、编程与读取的操作函数放在一起，生成一个 C 文件，命名为 EEPROM.h。使用时，利用包含指令将 EEPROM.h 包含到主文件中，这样在主文件中就可以直接调用 E^2PROM 的相关操作函数。

2. E^2PROM 操作函数源程序文件(EEPROM.h)

```
/* -------------------- 定义 IAP 操作模式字与测试地址 -------------------- */
#define CMD_IDLE        0                   //无效模式
#define CMD_READ        1                   //读命令
```

```
#define CMD_PROGRAM    2                     //编程命令
#define CMD_ERASE      3                     //擦除命令
#define ENABLE_IAP     0x82                  //允许 IAP,并设置等待时间
#define IAP_ADDRESS    0x0000                //E²PROM 操作起始地址
/* ---------------------- 写 E²PROM 字节子函数 ---------------------- */
void IapProgramByte(uint addr, uchar dat)  //对字节地址所在扇区实施擦除
{
    IAP_CONTR = ENABLE_IAP;                  //设置等待时间,并允许 IAP 操作
    IAP_CMD = CMD_PROGRAM;                   //送编程命令 0x02
    IAP_ADDRL = addr;                        //设置 IAP 编程操作地址
    IAP_ADDRH = addr >> 8;
    IAP_DATA = dat;                          //设置编程数据
    IAP_TRIG = 0x5a;                         //对 IAP_TRIG 先送 0x5a,再送 0xa5,触发 IAP 启动
    IAP_TRIG = 0xa5;
    _nop_();                                 //稍等待操作完成
    IAP_CONTR = 0x00;                        //关闭 IAP 功能
}
/* ---------------------- 扇区擦除 ---------------------- */
void IapEraseSector(uint addr)
{
    IAP_CONTR = ENABLE_IAP;                  //设置等待时间 3,并允许 IAP 操作
    IAP_CMD = CMD_ERASE;                     //送扇区删除命令 0x03
    IAP_ADDRL = addr;                        //设置 IAP 扇区删除操作地址
    IAP_ADDRL = addr >> 8;
    IAP_TRIG = 0x5a;                         //对 IAP_TRIG 先送 0x5a,再送 0xa5,触发 IAP 启动
    IAP_TRIG = 0xa5;
    _nop_();                                 //稍等待操作完成
    IAP_CONTR = 0x00;                        //关闭 IAP 功能
}
/* ---------------------- 读 E²PROM 字节子函数 ---------------------- */
uchar IapReadByte(uint addr)                 //形参为高位地址和低位地址
{
    uchar dat;
    IAP_CONTR = ENABLE_IAP;                  //设置等待时间,并允许 IAP 操作
    IAP_CMD = CMD_READ;                      //送读字节数据命令 0x01
    IAP_ADDRL = addr;                        //设置 IAP 读操作地址
    IAP_ADDRH = addr >> 8;
    IAP_TRIG = 0x5a;                         //对 IAP_TRIG 先送 0x5a,再送 0xa5,触发 IAP 启动
    IAP_TRIG = 0xa5;
    _nop_();                                 //稍等待操作完成
    dat = IAP_DATA;                          //返回读出数据
    IAP_CONTR = 0x00;                        //关闭 IAP 功能
    return dat;
}
```

3. 项目五任务 3 程序文件：项目五任务 3.c

```
#include <stc15.h>                           //包含支持 STC15W4K32S4 单片机的头文件
#include <intrins.h>
#include <gpio.h>                            //I/O 初始化文件
#define uchar unsigned char
#define uint unsigned int
```

```
#include<EEPROM.h>                         //E²PROM 操作函数文件
/*---------------- 延时子函数,从 STC-ISP 在线编程软件工具中获取 --------------*/
void Delay500ms()                          //@11.0592MHz
{
    unsigned char i, j, k;

    _nop_();
    _nop_();
    i = 22;
    j = 3;
    k = 227;
    do
    {
        do
        {
            while (--k);
        } while (--j);
    } while (--i);
}
/*----------------------- 主函数 ----------------------*/
void main()
{
    uint i;
    gpio();                                //I/O 初始化
    P17 = 0;                               //程序运行时,点亮 P1.7 控制的 LED 灯
    Delay500ms();
    IapEraseSector(IAP_ADDRESS);           //扇区擦除
    for(i = 0;i<512; i++)
    {
        if(IapReadByte (IAP_ADDRESS + i)!= 0xff)
        goto Error;                        //转错误处理
    }
    P16 = 0;                               //扇区擦除成功,点亮 P1.6 控制的 LED 灯
    Delay500ms();
    for(i = 0;i<512;i++)
    {
        IapProgramByte (IAP_ADDRESS + i, (uchar)i);
    }
    P15 = 0;                               //编程完成,点亮 P1.5 控制的 LED 灯
    Delay500ms();
    for(i = 0;i<512;i++)
    {
        if(IapReadByte(IAP_ADDRESS + i)!= (uchar)i)
        goto Error;                        //转错误处理
    }
    P14 = 0;                               //编程校验成功,点亮 P1.4 控制的 LED 灯
    while(1);
Error:                     //若扇区擦除不成功或编程校验不成功,则 P1.4 控制的 LED 灯闪烁
    while(1)
    {
        P14 = ~P14;
        Delay500ms();
    }
}
```

四、硬件连线与调试

1. 编辑、编译

用 Keil C 编辑 EEPROM. h 程序文件，用 Keil C 编辑、编译"项目五任务 3. c 程序"，生成机器代码文件"项目五任务 3. hex"。

2. Proteus 仿真调试

（1）按本任务硬件设计要求绘制电路。

（2）将"项目五任务 3. hex"加载到 STC15W4K32S4 单片机中。

（3）运行与调试程序：①P1. 7 控制的 LED 亮，说明已开始运行程序；②P1. 6 控制的 LED 灯亮，说明扇区擦除成功；③P1. 5 控制的 LED 灯亮，说明写入数据完成；④P1. 4 控制的 LED 灯亮，说明写入数据成功。⑤P1. 4 控制的 LED 灯闪烁，说明测试失败，结合 P1. 6、P1. 5 控制 LED 灯的情况判断失败在何处？

3. 实操与调试

在开发板上按照仿真图连接电路，将"项目五任务 3. hex"文件下载到单片机中，按照仿真要求判断 E^2PROM 的测试结果。

任务拓展

将密码 1234 存入 E^2PROM 的 0000H、0001H，从 P1、P2 读取数据，然后与 E^2PROM 的 0000H、0001H 中的数据进行比较。若相等，P3. 6 控制的 LED 灯亮；否则，P3. 7 控制的 LED 灯闪烁。试编写程序，并上机调试。

习　　题

一、填空题

1. STC15W4K32S4 单片机存储结构的主要特点是________与数据存储器是分开编址的。

2. 程序存储器用于存放________、常数数据和________数据等信息。

3. STC15W4K32S4 单片机 CPU 中的 PC 所指的地址空间是________。

4. STC15W4K32S4 单片机的用户程序是从________单元开始执行的。

5. 程序存储的单元地址 0003H～00BBH 是 STC15W4K32S4 单片机的________地址空间。

6. STC15W4K32S4 单片机内部存储器在物理上有 3 个互相独立的存储空间：________、________和片内扩展的 RAM；在使用上分为 4 个空间：________、________、片内扩展 RAM 和________。

7. STC15W4K32S4 单片机片内基本 RAM 分为低 128 字节、________和________3 个部分。低 128 字节根据 RAM 作用的差异性，又分为________、________和通用 RAM 区。

8. 工作寄存器区的地址空间为________，位寻址的地址空间为________。

9. 高 128 字节与特殊功能寄存器的地址空间相同。当采用________寻址方式时，访问的是高 128 字节地址空间；当采用________寻址方式时，访问的是特殊功能寄存的区域。

10. 在特殊功能寄存器中，凡字节地址可以被________整除的，是可以位寻址的。对应可寻址位都有一个位地址，等于字节地址加上________。但实际编程时，采用________来表示，如 PSW 中的 CY、AC 等。

11. STC 系列单片机的 E^2PROM 实际上不是真正的 E^2PROM，而是采用________模拟使用的。对于 STC15W××××系列单片机，用户程序区与 E^2PROM 区是________编址的，分别称为程序 Flash 与数据 Flash；对于 IAP15W××××系列单片机，用户程序区与 E^2PROM 区是________编址的，空闲的用户程序区就可用作 E^2PROM。

12. STC15W4K32S4 单片机扩展 RAM 分为内部扩展 RAM 和________扩展 RAM，但不能同时使用。当 AUXR 中的 EXTRAM 为________时，选择的是片外扩展 RAM；当单片机复位时，EXTRAM＝________，选择的是________。

13. STC15W4K32S4 单片机程序存储空间大小是________，地址范围是________。

14. STC15W4K32S4 单片机扩展 RAM 大小为________，地址范围是________。

二、选择题

1. 当 RS1RS0＝01 时，CPU 选择的工作寄存器的组是________组。

A. 0　　B. 1　　C. 2　　D. 3

2. 当 CPU 需选择 2 组工作寄存器组时，RS1RS0 应设置为________。

A. 00　　B. 01　　C. 10　　D. 11

3. 当 RS1RS0＝11 时，R0 对应的 RAM 地址为________。

A. 00H　　B. 08H　　C. 10H　　D. 18H

4. 定义 x 变量，数据类型为 8 位无符号数，并分配到程序存储的空间，赋值 100。正确的语句是________。

A. unsigned char code x＝100；

B. unsigned char data x＝100；

C. unsigned char xdata x＝100；

D. unsigned char code x；x＝100；

5. 定义一个 16 位无符号数变量 y，并分配到位寻址区。正确的语句是________。

A. unsigned int y；　　B. unsigned int data y；

C. unsigned int xdata y；　　D. unsigned int bdata y；

6. 当 IAP_CMD＝01H 时，ISP/IAP 的操作功能是________。

A. 无 ISP/IAP 操作　　B. 对数据 Flash 进行读操作

C. 对数据 Flash 进行编程操作　　D. 对数据 Flash 进行擦除操作

三、判断题

1. STC15W4K32S4 单片机保留扩展片外程序存储器与片外数据存储器的功能。（　）

2. 凡是字节地址能被 8 整除的特殊功能寄存器是可以位寻址的。（　）

3. STC15W4K32S4 单片机的 E^2PROM 是与用户程序区统一编址的,空闲的用户程序区可通过 IAP 技术用作 E^2PROM。 ( )

4. 高 128 字节与特殊功能寄存器区域的地址是冲突的。CPU 采用直接寻址方式访问的是高 128 字节,采用寄存器间接寻址方式访问的是特殊功能寄存器。 ( )

5. 片内扩展 RAM 和片外扩展 RAM 可以同时使用。 ( )

6. STC15W4K32S4 单片机 E^2PROM 是真正的 E^2PROM,可按字节擦除与按字节读/写数据。 ( )

7. STC15W4K32S4 单片机 E^2PROM 是按扇区擦除数据的。 ( )

8. STC15W4K32S4 单片机 E^2PROM 操作的触发代码是先 A5H,后 5AH。 ( )

9. 当变量的存储类型定义为 data 时,其访问速度最快。 ( )

四、问答题

1. 高 128 字节地址和特殊功能寄存器的地址是冲突的。在应用中如何区分?

2. 特殊功能寄存器可寻址位在实际应用时,其位地址是如何描述的?

3. 内部扩展 RAM 和片外扩展 RAM 不能同时使用。在实际应用中如何选择?

4. 程序存储的单元地址 0000H 有什么特殊的含义?

5. 单元地址 000023 有什么特殊含义?

6. 简述 STC15W4K32S4 单片机 E^2PROM 读操作的工作流程。

7. 简述 STC15W4K32S4 单片机 E^2PROM 擦除操作的工作流程。

8. 全局变量与局部变量的区别是什么? 如何定义全局变量与局部变量?

9. 当主函数与子函数在同一个程序文件中时,调用时应注意什么? 当主函数与子函数分属不同的程序文件时,调用时有什么要求?

10. 解释 x/y 和 x%y 的含义。算术运算结果送到 LED 数码管显示时,如何分解个位、十位、百位等数字位?

五、程序设计题

1. 在程序存储器中,定义存储十进制数码共阴极数码管字形数据为 3FH、06H、5BH、4FH、66H、6DH、7DH、07H、7FH、6FH,编程将这些数据存储到 E^2PROM 0000H～0009H 单元中并校验。校验成功,点亮 P1.7 控制的 LED 灯。

2. 编程将数据 100 存入 E^2PROM 0200H 单元,将其内容与片内扩展 RAM 0200 单元的内容相比较。若相等,点亮 P1.7 控制的 LED 灯;否则,P1.7 控制的 LED 灯闪烁。

3. 编程读取 E^2PROM 0001H 单元中的数据。若其中"1"的个数为奇数,点亮 P1.7 控制的 LED 灯;否则,点亮 P1.6 控制的 LED 灯。

4. 设计一个采用 LED 数码管显示的简易密码锁。将密码值存入 0001H 单元。初始时,LED 数码管显示 8 个"8";500ms 后,最右边显示数字"0"。密码从 P1 口输入。当输入密码与存在 0001H 单元中的密码相同时,开锁(可采用 LED 灯或蜂鸣器模拟),LED 数码管显示 8 个"6";否则,LED 数码管显示输入错误次数。当连续 6 次错误输入时,关闭系统,不再接收输入数据,LED 数码管显示信息"---ERROR"。

 ————————————————— Project 6

STC15W4K32S4单片机的定时器/计数器

在控制系统中,常常要求有一些定时或延时控制,如定时输出、定时检测和定时扫描等;也会要求有计数功能,能对外部事件计数。

要实现上述功能,一般采用下述三种方法。

(1) 软件定时:让 CPU 循环执行一段程序,实现软件定时。但软件定时占用了 CPU 时间,降低了 CPU 的利用率,因此软件定时的时间不宜太长。

(2) 硬件定时:采用时基电路(如 555 定时芯片),外接必要的元件(电阻和电容),构成硬件定时电路。这种定时电路在硬件连接好以后,定时值和定时范围不能由软件控制和修改,即不可编程。

(3) 可编程的定时器:这种定时器的定时值及定时范围可以很容易地用软件来确定和修改,因此功能强,使用灵活。

STC15W4K32S4 单片机在硬件上集成有 5 个 16 位的可编程定时器/计数器,即定时器/计数器 0、1、2、3 和 4,简称 T0、T1、T2、T3 和 T4。

知识点:

- ◆ 定时器/计数器的结构和功能。
- ◆ 定时器/计数器的初始值计算。
- ◆ 工作方式控制寄存器的初始化。
- ◆ 可编程时钟输出的原理。

技能点:

- ◆ 定时器/计数器定时初始值的计算。
- ◆ 工作方式与控制寄存器的初始化。
- ◆ 定时应用程序的设计和实现。
- ◆ 计数应用程序的设计和实现。
- ◆ 可编程时钟输出的编程。

任务1 STC15W4K32S4单片机定时器/计数器的定时应用

单片机中的定时(延时)可以采用软件的方法实现,但软件延时完全占用CPU,降低了CPU的工作效率。采用单片机内部接口——定时器/计数器能很好地解决定时问题。本任务主要学习如何利用单片机定时器/计数器的定时功能。

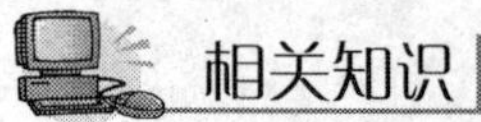

一、STC15W4K32S4单片机定时器/计数器(T0/T1)的结构和工作原理

STC15W4K32S4单片机内部有5个16位的定时器/计数器,即T0、T1、T2、T3和T4。首先介绍T0、T1,其结构框图如图6-1-1所示,TL0、TH0是定时器/计数器T0的低8位、高8位状态值,TL1、TH1是定时器/计数器T1的低8位、高8位状态值。TMOD是T0、T1定时器/计数器的工作方式寄存器,由它确定定时器/计数器的工作方式和功能;TCON是T0、T1定时器/计数器的控制寄存器,用于控制T0、T1的启动与停止,记录T0、T1的计满溢出标志;AUXR称为辅助寄存器,其中T0x12、T1x12用于设定T0、T1内部计数脉冲的分频系数。P3.4、P3.5分别为定时器/计数器T0、T1的外部计数脉冲输入端。

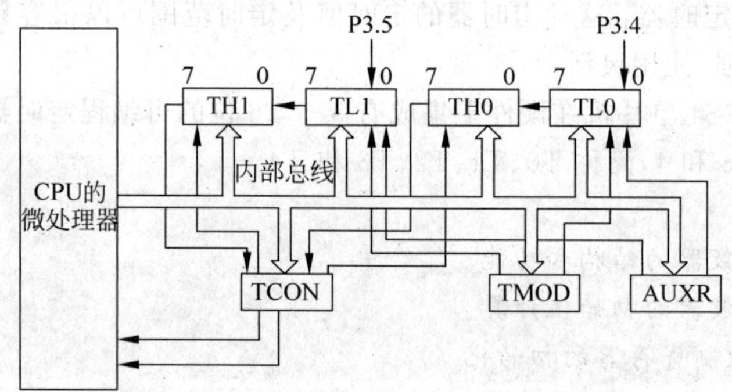

图6-1-1 T0和T1定时器/计数器结构框图

1. 定时器/计数器的核心电路

T0和T1定时器/计数器的核心电路是一个16位的加1计数器,如图6-1-2所示。16位加1计数器的计数脉冲有两个来源:一个是外部引脚输入脉冲源T0(P3.4)和T1(P3.5);另一个是系统时钟信号。计数器对两个脉冲源之一进行输入计数。每输入一个脉冲,计数值加1。当计数到计数器为全1时,再输入一个脉冲,就使计数值回零,同时使计数器计满溢出标志位TFX置1(T0对应TF0,T1对应TF1),并在中断允许的情况下

向 CPU 发出中断请求。

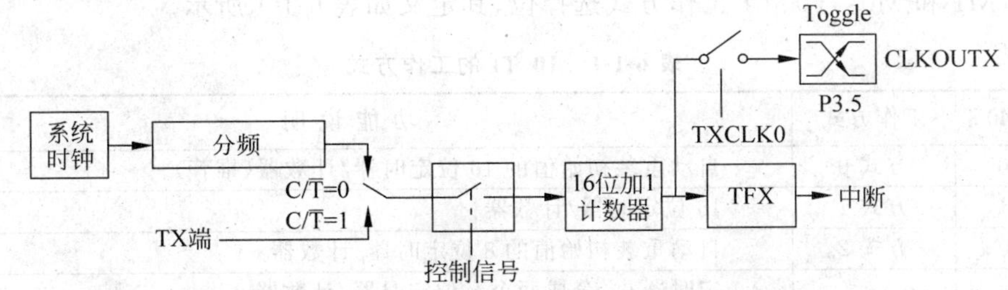

图 6-1-2 STC15W4K32S4 单片机计数器电路框图

2. 定时器/计数器的功能

1）定时功能

当脉冲源选择为系统时钟（等间隔脉冲序列）时，由于计数脉冲为一时间基准，脉冲数乘以计数脉冲周期（系统周期或 12 倍系统周期）就是定时时间。即当系统时钟确定时，计数器的计数值就确定了时间。这种工作状态就称为定时状态。

2）计数功能

当脉冲源选择为单片机外部引脚的输入脉冲时，就是外部事件的计数器。如定时器/计数器 T0，在其对应的计数输入端 T0(P3.4)有一个负跳变时，T0 计数器的状态值加 1。外部输入信号的速率是不受限制的，但必须保证给出的电平在变化前至少被采样一次。这种工作状态就称为计数状态。

3）可编程时钟输出

当定时器/计数器工作在定时状态时，其溢出信号也是一种频率随定时时间变化的脉冲信号，可通过编程控制其信号从单片机引脚输出或不输出。默认状态时不输出可编程时钟信号，详见项目六的任务 4。

二、STC15W4K32S4 单片机定时器/计数器（T0/T1）的控制

STC15W4K32S4 单片机内部定时器/计数器（T0/T1）的工作方式和控制由 TMOD、TCON 和 AUXR 三个特殊功能寄存器管理。

(1) TMOD：设置定时器/计数器（T0/T1）的工作方式与功能。

(2) TCON：控制定时器/计数器（T0/T1）的启动与停止，并包含定时器/计数器（T0/T1）的溢出标志位。

(3) AUXR：设置定时计数脉冲的分频系数。

1. 工作方式寄存器 TMOD

TMOD 为 T0、T1 的工作方式寄存器，其格式如下。

	地址	B7	B6	B5	B4	B3	B2	B1	B0	复位值
TMOD	89H	GATE	C/$\overline{T}$	M1	M0	GATE	C/$\overline{T}$	M1	M0	0000 0000
		定时器/计数器 1				定时器/计数器 0				

TMOD的低4位为T0的方式字段，高4位为T1的方式字段，它们的含义完全相同。

(1) M1和M0：T0、T1工作方式选择位，其定义如表6-1-1所示。

表6-1-1 T0、T1的工作方式

M1	M0	工作方式	功能说明
0	0	方式0	自动重装初始值的16位定时器/计数器(推荐)
0	1	方式1	16位定时器/计数器
1	0	方式2	自动重装初始值的8位定时器/计数器
1	1	方式3	定时器0：分成两个8位定时器/计数器 定时器1：停止计数

(2) $C/\overline{T}$：功能选择位。当$C/\overline{T}=0$时，设置为定时工作模式；当$C/\overline{T}=1$时，设置为计数工作模式。

(3) GATE：门控位。当GATE=0时，软件控制位TR0或TR1置1，即可启动定时器/计数器；当GATE=1时，软件控制位TR0或TR1须置1，还须使INT0(P3.2)或INT1(P3.3)引脚输入为高电平，方可启动定时器/计数器，即允许外部中断INT0(P3.2)、INT1(P3.3)输入引脚信号，参与控制定时器/计数器的启动与停止。

TMOD不能位寻址，只能用字节指令设置定时器工作方式，高4位定义T1，低4位定义T0。复位时，TMOD所有位均置0。

比如需要设置定时器1工作于方式1定时模式，定时器1的启停与外部中断INT1(P3.3)输入引脚信号无关，则M1=0，M0=1，$C/\overline{T}=0$，GATE=0。因此，高4位应为0001；定时器0未用，低4位可随意置数，一般将其设为0000。所以，指令形式为"TMOD=0x10;"。

2. 定时器/计数器控制寄存器TCON

TCON的作用是控制定时器/计数器启动与停止，记录定时器/计数器的溢出标志以及外部中断的控制。定时器/计数器控制字TCON的格式如下。

	地址	B7	B6	B5	B4	B3	B2	B1	B0	复位值
TCON	88H	TF1	TR1	TF0	TR0	1E1	1T1	1E0	1T0	0000 0000

(1) TF1：定时器/计数器1溢出标志位。当定时器/计数器1计满产生溢出时，由硬件自动置位TF1，在中断允许时，向CPU发出中断请求。中断响应后，由硬件自动清除TF1标志。也可通过查询TF1标志来判断计满溢出时刻。查询结束后，用软件清除TF1标志。

(2) TR1：定时器/计数器1运行控制位。由软件置1或清零来启动或关闭定时器/计数器1。当GATE=0时，TR1置1，即可启动定时器/计数器1；当GATE=1时，TR1置1且INT1(P3.3)输入引脚信号为高电平时，方可启动定时器/计数器1。

(3) TF0：定时器/计数器0溢出标志位。当定时器/计数器0计满产生溢出时，由硬件自动置位TF0。在中断允许时，向CPU发出中断请求；中断响应后，由硬件自动清除TF0标志。也可通过查询TF0标志来判断计满溢出时刻。查询结束后，用软件清除TF0标志。

(4) TR0：定时器/计数器0运行控制位。由软件置1或清零来启动或关闭定时器/

计数器 0。当 GATE＝0 时，TR0 置 1，即可启动定时器/计数器 0；当 GATE＝1 时，TR0 置 1 且 INT0(P3.2)输入引脚信号为高电平时，方可启动定时器/计数器 0。

TCON 中的低 4 位用于控制外部中断，与定时器/计数器无关，留待项目七介绍。当系统复位时，TCON 的所有位均清零。

TCON 的字节地址为 88H，可以位寻址。清除溢出标志位或启动、停止定时器/计数器都可以用位操作指令实现。

3. 辅助寄存器 AUXR

辅助寄存器 AUXR 的 T0x12、T1x12 用于设定 T0、T1 定时计数脉冲的分频系数，格式如下。

	地址	B7	B6	B5	B4	B3	B2	B1	B0	复位值
AUXR	8EH	T0x12	T1x12	UART_M0x6	T2R	T2_C/$\overline{T}$	T2x12	EXTRAM	S1ST2	0000 0000

(1) T0x12：用于设置定时器/计数器 0 定时计数脉冲的分频系数。当 T0x12＝0 时，定时计数脉冲完全与传统 8051 单片机的计数脉冲一样，计数脉冲周期为系统时钟周期的 12 倍，即 12 分频；当 T0x12＝1 时，计数脉冲为系统时钟脉冲，计数脉冲周期等于系统时钟周期，即无分频。

(2) T1x12：用于设置定时器/计数器 1 定时计数脉冲的分频系数。当 T1x12＝0 时，定时计数脉冲完全与传统 8051 单片机的计数脉冲一样，计数脉冲周期为系统时钟周期的 12 倍，即 12 分频；当 T1x12＝1 时，计数脉冲为系统时钟脉冲，计数脉冲周期等于系统时钟周期，即无分频。

三、STC15W4K32S4 单片机定时器/计数器(T0/T1)的工作方式

通过对设置 TMOD 的 M1、M0，定时器/计数器有 4 种工作方式，分别为方式 0、方式 1、方式 2 和方式 3。定时器/计数器 0 可以工作在这 4 种工作方式中的任何一种，而定时器/计数器 1 只具备方式 0、方式 1 和方式 2。除工作方式 3 以外，在其他三种工作方式下，定时器/计数器 0 和定时器/计数器 1 的工作原理是相同的。下面以定时器/计数器 0 为例，介绍定时器/计数器的 4 种工作方式。

1. 方式 0

方式 0 是一个可自动重装初始值的 16 位定时器/计数器，其结构如图 6-1-3 所示。T0 定时器/计数器有两个隐含的寄存器 RL_TH0、RL_TL0，用于保存 16 位定时器/计数器的重装初始值。当 TH0、TL0 构成的 16 位计数器计满溢出时，RL_TH0、RL_TL0 的值自动装入 TH0、TL0。RL_TH0 与 TH0 共用同一个地址，RL_TL0 与 TL0 共用同一个地址。当 TR0＝0 时，对 TH0、TL0 寄存器写入数据时，会同时写入 RL_TH0、RL_TL0 寄存器；当 TR0＝1 时，对 TH0、TL0 写入数据时，只写入 RL_TH0、RL_TL0 寄存器，不会写入 TH0、TL0 寄存器。这样不会影响 T0 的正常计数。

当 C/$\overline{T}$＝0 时，多路开关连接系统时钟的分频输出。定时器/计数器 0 对定时计数脉冲计数，即定时工作方式。由 T0x12 决定如何对系统时钟分频。当 T0x12＝0 时，使用 12 分频(与传统 8051 单片机兼容)；当 T0x12＝1 时，直接使用系统时钟(即不分频)。

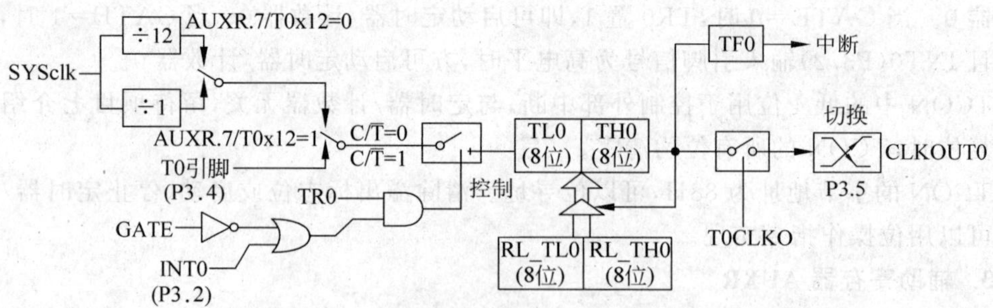

图 6-1-3　定时器/计数器的工作方式 0

当 $C/\overline{T}=1$ 时，多路开关连接外部输入脉冲引脚 T0(P3.4)，定时器/计数器 0 对 T0 引脚输入脉冲计数，即计数工作方式。

门控位 GATE 的作用：一般情况下，应使 GATE 为 0。这样，定时器/计数器 0 的运行控制仅由 TR0 位的状态确定(TR0 为 1 时启动，TR0 为 0 时停止)。只有在启动计数要由外部输入引脚 INT0(P3.2)控制时，才使 GATE 为 1。由图 6-1-3 可知，当 GATE=1 时，TR0 为 1，且 INT0 引脚输入高电平时，定时器/计数器 0 才能启动计数。利用 GATE 的这一功能，可以很方便地测量脉冲宽度。

当 T0 工作在定时方式时，定时时间的计算公式为

$$定时时间=(2^{16}-\text{T0 定时器的初始值})\times系统时钟周期\times 12^{(1-\text{T0x12})}$$

注：传统 8051 单片机定时器/计数器 T0 的方式 0 为 13 位定时器/计数器，没有 RL_TH0 和 RL_TL0 这两个隐含的寄存器，新增的 RL_TH0、RL_TL0 也没有分配新的地址。同理，针对 T1 定时器/计数器增加了 RL_TH1、RL_TL1，用于保存 16 位定时器/计数器的重装初始值。当 TH1、TL1 构成的 16 位计数器计满溢出时，RL_TH1、RL_TL1 的值自动装入 TH1、TL1。RL_TH1 与 TH1 共用同一个地址，RL_TL1 与 TL1 共用同一个地址。

【例 6-1-1】 用 T1 方式 0 实现定时，在 P1.6 引脚输出周期为 10ms 的方波。

解　根据题意，采用 T1 方式 0 定时，因此 TMOD=00H。

因为方波周期是 10ms，因此 T1 的定时时间应为 5ms。每 5ms 时间到，就对 P1.6 取反，实现在 P1.6 引脚输出周期为 10ms 的方波。系统采用 12MHz 晶振，分频系数为 12，即定时脉钟周期为 1μs，5ms 定时计数脉冲数为 5ms/1μs=5000，则 T1 的初始值为

$$X = 2^{16} - 计数值 = 65536 - 5000 = 60536 = \text{EC78H}$$

即 TH1=ECH，TL1=78H。

```
#include <stc15.h>             //包含支持 STC15W4K32S4 单片机的头文件
#include <intrins.h>
#include <gpio.h>              //I/O 初始化文件
#define uchar unsigned char
#define uint unsigned int
void main(void)
{
    gpio();                    //I/O 初始化
    TMOD = 0x00;               //定时器初始化
```

```
    TH1 = 0xec;
    TL1 = 0x78;
    TR1 = 1;                    //启动 T1
    while(1)
    {
        if(TF1 == 1)            //判断 5ms 定时是否到
        {
            TF1 = 0;
            P16 = !P16;         //5ms 定时,取反输出
        }
    }
}
```

【例 6-1-2】 利用单片机定时器/计数器的定时功能，设计一个时间间隔为 1s 的流水灯电路。

解 设系统时钟为 12MHz，采用 12 分频脉冲为 T0 的计数周期，则计数周期大约为 1μs，T0 定时器最大定时时间为 65.536ms，远小于 1s。因此，需要采用累计 T0 定时的方法实现 1s 的定时。拟采用 T0 的定时时间为 50ms，累计 20 次，即为 1s。

设流水灯是低电平驱动，采用 P0 口输出进行驱动，初始值为 FEH。

源程序清单如下：

```
#include <stc15.h>              //包含支持 STC15W4K32S4 单片机的头文件
#include <intrins.h>
#include <gpio.h>               //I/O 初始化文件
#define uchar unsigned char
#define uint unsigned int
uchar cnt = 0;
uchar x = 0xfe;
void Timer0Init(void)     //50ms@12.000MHz,从 STC-ISP 在线编程软件定时器计算器工具中获得
{
    AUXR &=  0x7F;        //定时器时钟 12T 模式
    TMOD &=  0xF0;        //设置定时器模式
    TL0  =  0xB0;         //设置定时初值
    TH0  =  0x3C;         //设置定时初值
    TF0  =  0;            //清除 TF0 标志
    TR0  =  1;            //定时器 0 开始计时
}
void main(void)
{
    gpio();
    Timer0Init();
    P0 = x;
    while(1)
    {
        if(TF0 == 1)
        {
```

```
            TF0 = 0;
            cnt++;
            if(cnt == 20)
            {
                cnt = 0;
                x = _crol_(x,1);
                P0 = x;
            }
        }
    }
}
```

2. 方式1、方式2、方式3

方式1是16位定时器/计数器；方式2是可重装初始值的8位定时器/计数器；在方式3中,T0可拆成2个8位的定时器/计数器,T1停止计数。

方式0是可重装初始值的16位定时器/计数器,可实现方式1、方式2的功能,而方式3不常使用。因此,我们仅学习方式0。

四、STC15W4K32S4单片机定时器/计数器(T0/T1)的定时初始化

STC15W4K32S4单片机的定时器/计数器是可编程的。因此,在利用定时器/计数器定时之前,先要通过软件对它初始化。

定时器/计数器初始化程序应完成如下工作。

(1) 为TMOD赋值,确定T0和T1的工作状态(定时或计数)与工作方式。工作方式推荐采用方式0。

(2) 为AUXR赋值,确定定时脉冲的分频系数。默认为12分频,与传统8051单片机兼容。

(3) 计算初始值,并将其写入TH0、TL0或TH1、TL1。

使用C语言编程时,给出计算初始值的算式即可。例如方式0时,有

TH0(或TH1)=(65 536－定时时间/计数周期)/256

TL0(或TL1)=(65 536－定时时间/计数周期)%256

(4) 若为中断方式,对IE赋值,开放中断,必要时,还需对IP操作,确定各中断源的优先等级。

(5) 置位TR0或TR1,启动T0和T1开始定时。

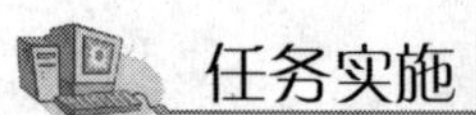

任务实施

一、任务要求

用T0定时器设计一个秒表。设置一个开关,当开关合上时,定时器停止计时；当开关断开时,启动计时,计时到100时自动归0。采用LED数码管显示秒表的计时值。

二、硬件设计

K1 用作控制开关，采用 8 位 LED 数码管作为秒表的显示器。电路原理图如图 6-1-4 所示。

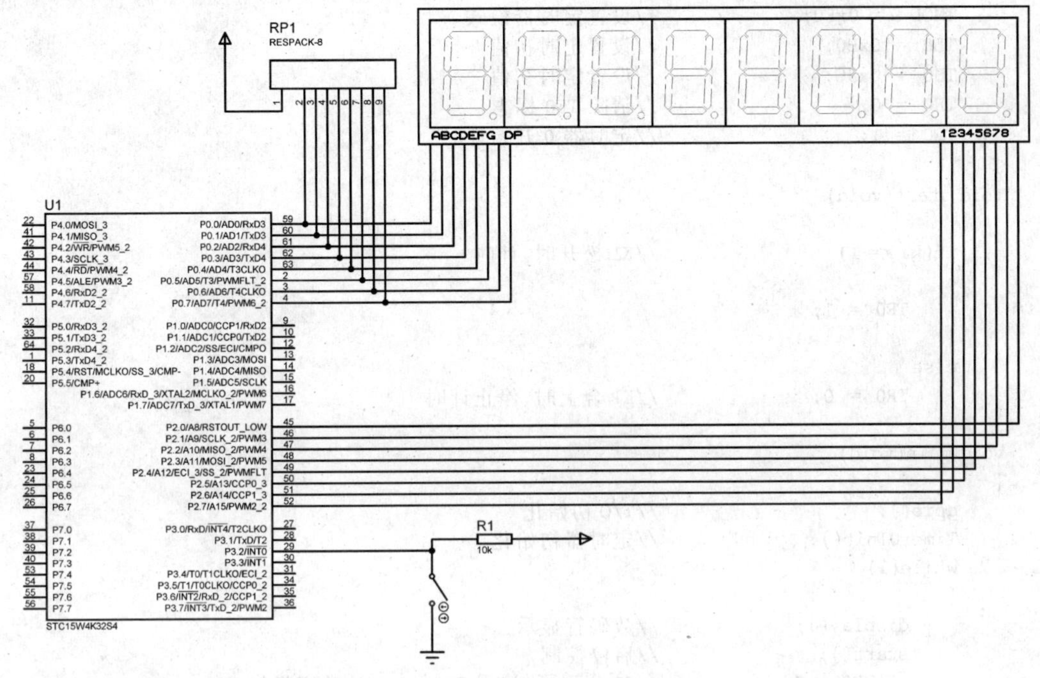

图 6-1-4　秒表控制电路原理图

三、软件设计

1. 程序说明

秒信号实现参照例 6-1-2。秒表显示直接利用 display. h 文件实现。

2. 数码管显示文件：display. h

显示函数名为 display()，显示函数的入口参数是 Dis_buf[0]～Dis_buf[7]。Dis_buf[0]是最低位显示缓冲区，Dis_buf[7]是最高位显示缓冲区。使用时，将要显示的数据存入对应位置的显示缓冲区。

3. 项目六任务 1 程序文件：项目六任务 1. c

```
#include <stc15.h>              //包含支持 STC15W4K32S4 单片机的头文件
#include <intrins.h>
#include <gpio.h>               //I/O 初始化文件
#define uchar unsigned char
#define uint unsigned int
#include <display.h>
uchar cnt = 0;
uchar second = 0;
```

```
sbit k1 = P3^2;
/* -------------- T0 50ms 初始化函数 ---------------------------------- */
void Timer0Init(void)          //50ms@12.000MHz,从 STC-ISP 在线编程软件定时器计算器
                               //工具中获得
{
    AUXR &= 0x7F;              //定时器时钟 12T 模式
    TMOD &= 0xF0;              //设置定时器模式
    TL0 = 0xB0;                //设置定时初值
    TH0 = 0x3C;                //设置定时初值
    TF0 = 0;                   //清除 TF0 标志
    TR0 = 1;                   //定时器 0 开始计时
}
void start(void)
{
    if(k1 == 1)                //K1 松开时,计时
    {
        TR0 = 1;
    }
    else
        TR0 = 0;               //K1 合上时,停止计时
}
void main(void)
{
    gpio();                    //I/O 初始化
    Timer0Init();              //定时器初始化
    while(1)
    {
        display();             //数码管显示
        start();               //启停控制
        if(TF0 == 1)           //50ms 到了,清零 TF0,50ms 计数变量加 1
        {
            TF0 = 0;
            cnt++;
            if(cnt == 20)      //1s 到了,清零 50ms 计数变量,秒计数变量加 1
            {
                cnt = 0;
                second++;
                if(second == 100)second = 0;     //100s 到了,秒计数变量清零
                Dis_buf[0] = second % 10;        //秒计数变量值送显示缓冲区
                Dis_buf[1] = second/10;
            }
        }
    }
}
```

四、系统调试

1. 编辑、编译

用 Keil C 编辑、编译程序“项目六任务 1. c”,生成机器代码文件“项目六任务 1. hex”。

2. Proteus 仿真调试

(1) 按图 6-1-4 绘制电路。

(2) 将“项目六任务 1. hex”加载到 STC15W4K32S4 单片机中。

(3) 运行与调试程序：①当 K1=1 时，秒表计时，观察秒表计时状态：一是计时精度是否准确，二是计时范围是否是 00～99；②当 K1=0 时，秒表停止计时。

3. 实操与调试

在开发板上按图 6-1-4 连接电路，将"项目六任务 1.hex"文件下载到单片机中，并按 Proteus 仿真要求进行调试。

任务拓展

(1) 修改"项目六任务 1.c"，扩展计时范围到 1000s，增加高位灭零功能，并调试。

(2) 用 T1 定时器设计一个秒表。设置一个开关，当开关断开时，定时器停止计时；当开关合上时，秒表归零，并从 0 开始计时，计到 100 时自动归 0，增加高位灭零功能。试编写程序，然后编辑、编译与调试程序。

任务 2　STC15W4K32S4 单片机定时器/计数器的计数应用

任务说明

本任务主要讲解 STC15W4K32S4 单片机定时器/计数器的计数功能，使学生掌握 STC15W4K32S4 单片机定时器/计数器计数的编程方法。

相关知识

STC15W4K32S4 单片机定时器/计数器（T0/T1）的计数初始化。

STC15W4K32S4 单片机定时器/计数器的计数一般有两种情况：一是从 0 开始计数，统计脉冲事件的个数，这时，计数的初始值为 0；二是计数的循环控制，这种计数控制与定时控制一样，要用到计数溢出标志，计数器的初始值为计满状态值减去循环控制次数。

定时器/计数器计数初始化程序应完成如下工作。

(1) 对 TMOD 赋值，确定 T0 和 T1 为计数状态。推荐采用方式 0。

(2) 将 TH0、TL0 或 TH1、TL1 置 0。

(3) 置位 TR0 或 TR1，启动 T0 和 T1 开始计数。

任务实施

一、任务要求

使用 T1 定时器/计数器设计一个脉冲计数器，采用 LED 数码管显示。

二、硬件设计

计数脉冲从 T1 引脚(P3.5)输入，计数值采用 8 位 LED 数码管显示。计数控制电路如图 6-2-1 所示。

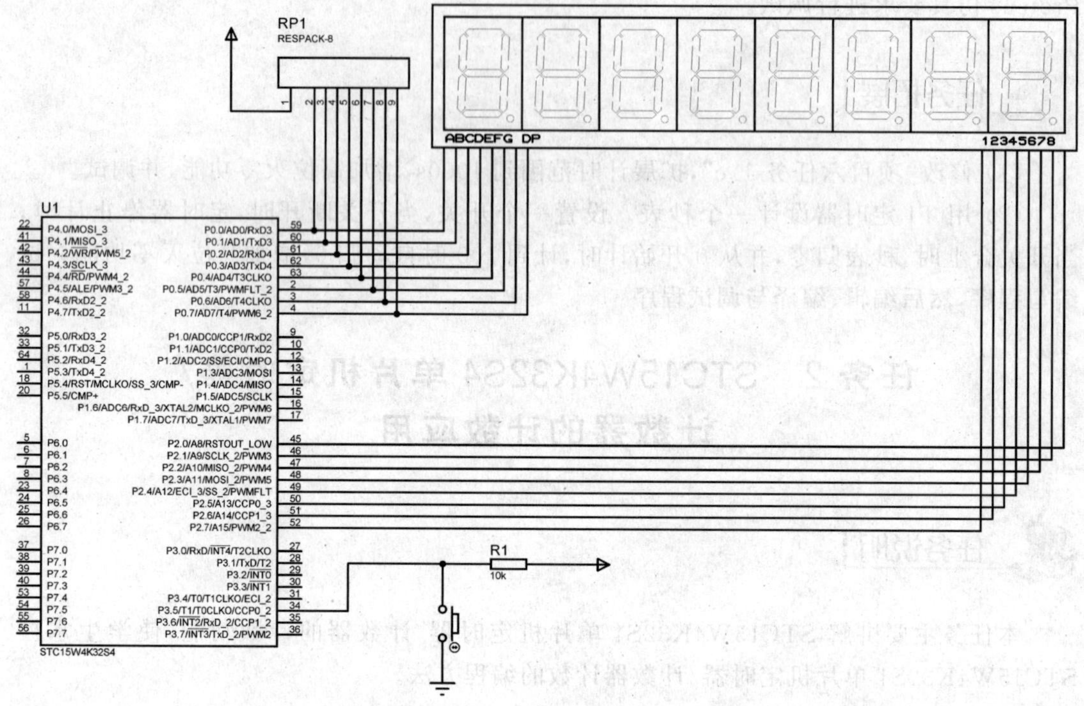

图 6-2-1 计数控制电路

三、软件设计

(1) 程序说明：T1 采用方式 0 计数，计数最大值为 65535。计数值分成万、千、百、十、个位，送数码管显示。当计数到 65536 时，计数器值返回到 0。

(2) 项目六任务 2 程序文件项目六任务 2.c 如下。

```
#include <stc15.h>                        //包含支持 STC15W4K32S4 单片机的头文件
#include <intrins.h>
#include <gpio.h>                          //I/O 初始化文件
#define uchar unsigned char
#define uint unsigned int
#include <display.h>
uint counter = 0;
/* ---------- 计数器的初始化 ----------------- */
void Timer1_init(void)
{
    TMOD = 0x40;                           //T1 为方式 0 计数状态
    TH1 = 0x00;
```

```
        TL1 = 0x00;
        TR1 = 1;
    }


    /* ---------- 主函数(显示程序) ----------- */
    void main(void)
    {
        uint temp1,temp2;
        gpio();
        Timer1_init ();                          //调用计数器初始化子函数
        for(;;)                                  //用于实现无限循环
        {
            Dis_buf[0] = counter % 10;
            Dis_buf[1] = counter/10 % 10;
            Dis_buf[2] = counter/100 % 10;
            Dis_buf[3] = counter/1000 % 10;
            Dis_buf[4] = counter/10000 % 10;
            display();                           //调用显示子函数
            temp1 = TL1;
            temp2 = TH1;                         //读取计数值
            counter = (temp2 << 8) + temp1;      //高、低 8 位计数值合并在 counter 变量中
        }
    }
```

四、系统调试

1. 编辑、编译

用 Keil C 编辑、编译程序“项目六任务 2. c”，生成机器代码文件“项目六任务 2. hex”。

2. Proteus 仿真调试

(1) 按图 6-2-1 绘制电路。

(2) 将文件“项目六任务 2. hex”加载到 STC15W4K32S4 单片机中。

(3) 运行与调试程序。

① 计数脉冲源为按钮信号：绘制按钮电路，仿真并按动按钮，观察并记录 LED 数码管的计数情况。

② 计数脉冲源为单次脉冲信号(带去抖动电路的按钮信号，如图 6-2-2 所示)：按图 6-2-2 绘制计数脉冲信号电路，仿真并按动按钮，观察并记录 LED 数码管的计数情况。

③ 计数脉冲源为信号发生器：调出虚拟终端信号发生器，并将信号发生器频率信号输出与计数脉冲输入端相连，调节信号发生器的输出频率为 1kHz，观察并记录 LED 数码管的显示结果。

3. 实操与调试

在开发板上按图 6-2-1 连接电路，将文件“项目六任务 2. hex”下载到单片机中，并按 Proteus 仿真①、②、③要求进行线路连接与调试。

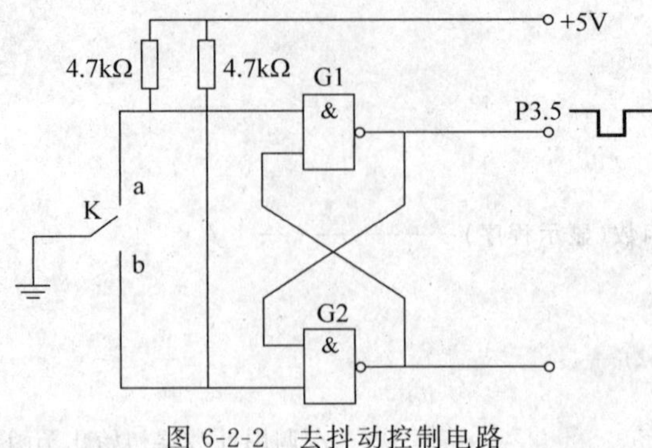

图 6-2-2　去抖动控制电路

知识延伸

一、STC15W4K32S4 单片机定时器 T2 的电路结构

STC15W4K32S4 定时器/计数器 T2 的电路结构如图 6-2-2 所示。T2 的电路结构与 T0、T1 基本一致，但 T2 的工作模式固定为 16 位自动重装初始值模式。T2 可以当作定时器、计数器用，也可以当作串行口的波特率发生器和可编程时钟输出源。

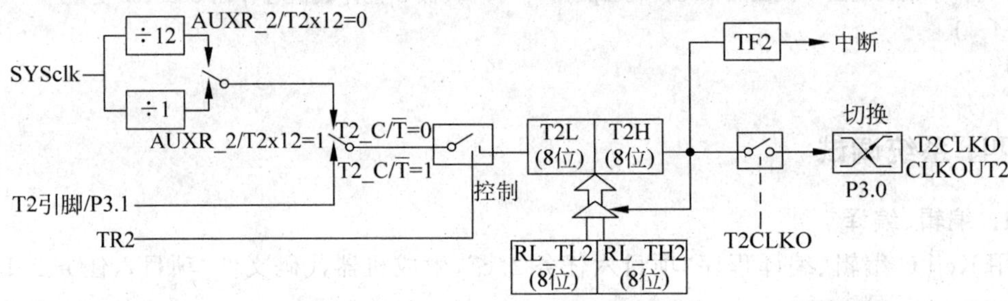

图 6-2-2　定时器 T2 的原理框图

二、STC15W4K32S4 单片机的定时器/计数器 T2 的控制寄存器

STC15W4K32S4 单片机内部定时器/计数器 T2 状态寄存器是 T2H、T2L。T2 的控制与管理由特殊功能寄存器 AUXR、INT_CLKO、IE2 承担。与定时器/计数器 T2 有关的特殊功能寄存器如表 6-2-1 所示。

表 6-2-1　与定时器/计数器 T2 有关的特殊功能寄存器

	地址	B7	B6	B5	B4	B3	B2	B1	B0	复位值
T2H	D6H	T2 的高 8 位								0000 0000
T2L	D7H	T2 的低 8 位								0000 0000
AUXR	8EH	T0x12	T1x12	UART_M0x6	T2R	T2_C/$\overline{T}$	T2x12	EXTRAM	S1ST2	0000 0000
INT_CLKO	8FH	—	EX4	EX3	EX2	LVD_WAKE	T2CLKO	T1CLKO	T0CLKO	0000 0000
IE2	AFH	—	—	—	—	—	ET2	ESPI	ES2	xxxx x000

(1) T2R：定时器/计数器 T2 运行控制位。

① 0：定时器/计数器 T2 停止运行。

② 1：定时器/计数器 T2 运行。

(2) T2_C/$\overline{\text{T}}$：定时器/计数器选择控制位。

① 0：定时器/计数器 T2 为定时状态，计数脉冲为系统时钟或系统时钟的 12 分频信号。

② 1：定时器/计数器 T2 为计数状态，计数脉冲为 P3.1 输入引脚的脉冲信号。

(3) T2x12：定时脉冲的选择控制位。

① 0：定时脉冲为系统时钟的 12 分频信号。

② 1：定时脉冲为系统时钟信号。

(4) T2CLKO：定时器/计数器 T2 时钟输出控制位。

① 0：不允许 P3.0 配置为定时器/计数器 T2 的时钟输出口。

② 1：P3.0 配置为定时器/计数器 T2 的时钟输出口。

(5) ET2：定时器/计数器 T2 的中断允许位。

① 0：禁止定时器/计数器 T2 中断。

② 1：允许定时器/计数器 T2 中断。

T2 的中断向量地址是 0063H，中断号是 12。

(6) S1ST2：串行口 1(UART1)波特率发生器的选择控制位。

① 0：选择定时器/计数器 T1 为串行口 1(UART1)波特率发生器。

② 1：选择定时器/计数器 T2 为串行口 1(UART1)波特率发生器。

任务拓展

(1) 使用定时器/计数器 T2 按照任务实施的功能要求设计一个脉冲计数器，采用 LED 数码管显示。

(2) 拓宽脉冲计数器的计数范围，最大计数值为 99999999。

任务 3　简易频率计的设计与实践

任务说明

综合应用 STC15W4K32S4 单片机的定时功能与计数功能，设计一个简易频率计。

相关知识

一、频率的测量原理

(1) 频率的定义：单位时间内通过脉冲的个数叫作频率。

(2) 频率的测量方法：将单片机定时器/计数器 T0、T1 分别用作定时器、计数器。从定时开始，让计数器从 0 开始计数。定时时间到，读取计数器值。用计数值除以定时时间，得到测量频率值。若定时时间为 1s，计数器值即为频率值。

二、定时时间与频率测量范围

设定时时间为 t，计数器计数值为 N，则有 $f=N/t$。

当 $t=1$s 时，$f=N$，测量范围为 1～65535Hz。

当 $t=0.1$s 时，$f=10N$，测量范围为 10～655350Hz。

当 $t=10$s 时，$f=0.1N$，测量范围为 0.1～6553.5Hz。

……

最大的测量值受单片机计数电路硬件的限制。

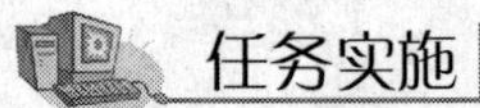

任务实施

一、简易频率计的硬件设计

计数脉冲从 T1(P3.5)引脚输入，频率值采用 8 位 LED 数码管显示。其硬件电路同项目六任务 2，如图 6-2-1 所示。

二、软件设计

1. 程序说明

T0 用作定时器，50ms 作为基本定时，累计 20 次产生 1s 的信号；T1 用作计数器，每 1s 读取 T1 计数器计数值，并转换为十进制数送至 LED 数码管显示。

2. 项目六任务 3 程序文件：项目六任务 3.c

```
#include <stc15.h>                          //包含支持 STC15W4K32S4 单片机的头文件
#include <intrins.h>
#include <gpio.h>                           //I/O 初始化文件
#define uchar unsigned char
#define uint unsigned int
#include <display.h>
uint counter = 0;
uchar cnt = 0;
void T0_T1_ini(void)                        //T0、T1 初始化
{
    TMOD = 0x40;                            //T0 方式 0 定时,T1 方式 0 计数
    TH0 = (65536 - 50000)/256;
    TL0 = (65536 - 50000) % 256;
    TH1 = 0x00;
    TL1 = 0x00;
    TR0 = 1;
    TR1 = 1;
```

```
}
/* ---------- 主函数 ------------------ */
void main(void)
{
    uint temp1,temp2;
    gpio();
    T0_T1_ini();
    while(1)
    {
        Dis_buf[0] = counter % 10;          //频率值送显示缓冲区
        Dis_buf[1] = counter/10 % 10;
        Dis_buf[2] = counter/100 % 10;
        Dis_buf[3] = counter/1000 % 10;
        Dis_buf[4] = counter/10000 % 10;
        display();                          //数码管显示
        if(TF0 == 1)
        {
            TF0 = 0;
            cnt++;
            if(cnt == 20)                   //1s 到了,清 50ms 计数变量,读 T1 值
            {
                cnt = 0;
                temp1 = TL1;
                temp2 = TH1;                //读取计数值
                TR1 = 0;                    //计数器停止计数后,才能对计数器赋值
                TL1 = 0;
                TH1 = 0;
                TR1 = 1;
                counter = (temp2 << 8) + temp1;      //高、低 8 位计数值合并在 counter 变量中
            }
        }
    }
}
```

三、系统调试

1. 编辑、编译

用 Keil C 编辑、编译程序“项目六任务 3. c”,生成机器代码文件“项目六任务 3. hex”。

2. Proteus 仿真调试

(1) 硬件电路同项目六任务 2。

(2) 将“项目六任务 3. hex”加载到 STC15W4K32S4 单片机中。

(3) 运行与调试程序。

① 计数脉冲源为按钮信号：绘制按钮电路,仿真并按动按钮,观察并记录 LED 数码管显示的频率。

② 计数脉冲源为单次脉冲信号(带去抖动电路的按钮信号,如图 6-2-2 所示)。按

图 6-2-2 绘制计数脉冲信号电路，仿真并按动按钮，观察并记录 LED 数码管显示的频率。

③ 计数脉冲源为信号发生器：调出虚拟终端信号发生器，并将信号发生器频率信号输出与计数脉冲输入端相连。

调节信号发生器的输出频率为 100Hz，观察并记录 LED 数码管的显示结果。

调节信号发生器的输出频率为 1kHz，观察并记录 LED 数码管的显示结果。

调节信号发生器的输出频率为 10kHz，观察并记录 LED 数码管的显示结果。

3. 实操与调试

在开发板上按图 6-2-1 连接电路，将文件“项目六任务 3. hex”下载到单片机中，并按 Proteus 仿真①、②、③要求进行线路连接与调试。

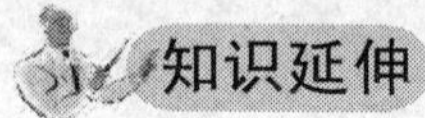

一、STC15W4K32S4 单片机的定时器 T3、T4 的电路结构

STC15W4K32S4 定时器/计数器 T3、T4 的电路结构如图 6-3-1 和图 6-3-2 所示。T3、T4 的电路结构与 T2 完全一致，其工作模式固定为 16 位自动重装初始值模式。T3、T4 可以用作定时器、计数器，也可以用作串行口的波特率发生器和可编程时钟输出源。

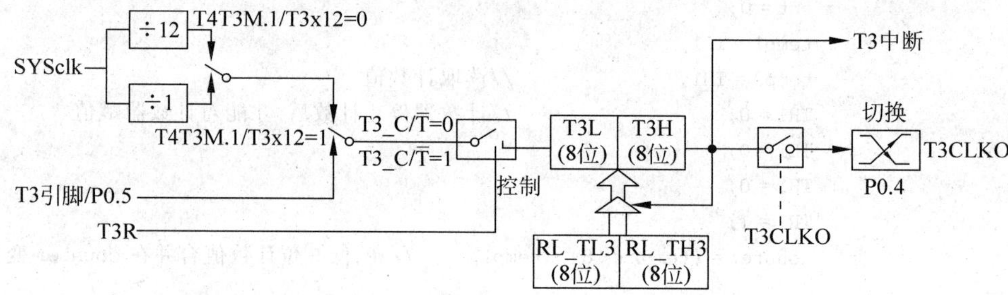

图 6-3-1　定时器 T3 的电路结构

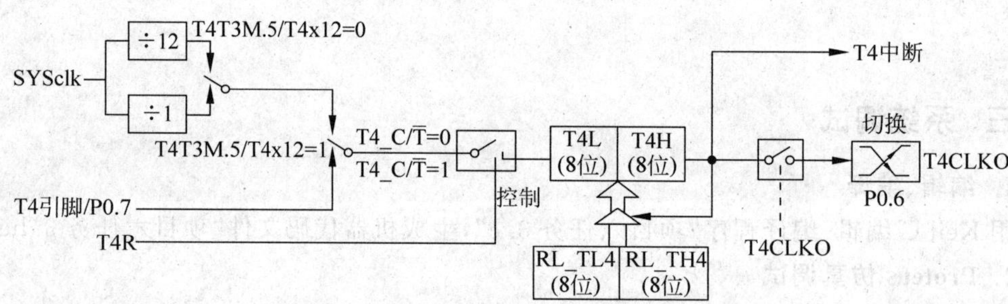

图 6-3-2　定时器 T4 的电路结构

二、STC15W4K32S4 单片机的定时器/计数器 T3、T4 的控制寄存器

STC15W4K32S4 单片机内部定时器/计数器 T3 的状态寄存器是 T3H、T3L，T4 的状态寄存器是 T4H、T4L，T3、T4 的控制与管理由特殊功能寄存器 T4T3M、IE2 承担。

与定时器/计数器 T3、T4 有关的特殊功能寄存器如表 6-3-1 所示。

表 6-3-1　与定时器/计数器 T3、T4 有关的特殊功能寄存器

	地址	B7	B6	B5	B4	B3	B2	B1	B0	复位值
T3H	D4H	T3 的高 8 位								0000 0000
T3L	D5H	T3 的低 8 位								
T4H	D2H	T4 的高 8 位								0000 0000
T4L	D3H	T4 的低 8 位								
T4T3M	D1H	T4R	T4_C/$\overline{T}$	T4x12	T4CLKO	T3R	T3_C/$\overline{T}$	T3x12	T3CLKO	0000 0000
IE2	AFH		ET4	ET3	ES4	ES3	ET2	ESPI	ES2	x000 0000

(1) T3R：定时器/计数器 T3 运行控制位。

① 0：定时器/计数器 T3 停止运行。

② 1：定时器/计数器 T3 运行。

(2) T3_C/$\overline{T}$：定时、计数选择控制位。

① 0：定时器/计数器 T3 为定时状态，计数脉冲为系统时钟或系统时钟的 12 分频信号。

② 1：定时器/计数器 T3 为计数状态，计数脉冲为 P0.5 输入引脚的脉冲信号。

(3) T3x12：定时脉冲的选择控制位。

① 0：定时脉冲为系统时钟的 12 分频信号。

② 1：定时脉冲为系统时钟信号。

(4) T3CLKO：定时器/计数器 T3 时钟输出控制位。

① 0：不允许 P0.4 配置为定时器/计数器 T3 的时钟输出口。

② 1：P0.4 配置为定时器/计数器 T3 的时钟输出口。

(5) T4R：定时器/计数器 T4 运行控制位。

① 0：定时器/计数器 T4 停止运行。

② 1：定时器/计数器 T4 运行。

(6) T4_C/$\overline{T}$：定时、计数选择控制位。

① 0：定时器/计数器 T4 为定时状态，计数脉冲为系统时钟或系统时钟的 12 分频信号。

② 1：定时器/计数器 T4 为计数状态，计数脉冲为 P0.7 输入引脚的脉冲信号。

(7) T4x12：定时脉冲的选择控制位。

① 0：定时脉冲为系统时钟的 12 分频信号。

② 1：定时脉冲为系统时钟信号。

(8) T4CLKO：定时器/计数器 T4 时钟输出控制位。

① 0：不允许 P0.6 配置为定时器/计数器 T4 的时钟输出口。

② 1：P0.6 配置为定时器/计数器 T4 的时钟输出口。

(9) ET3：定时器/计数器 T3 的中断允许位。

① 0：禁止定时器/计数器 T3 中断。

② 1：允许定时器/计数器 T3 中断。

定时器/计数器 T3 的中断向量地址是 009BH，其中断号是 19。

(10) ET4：定时器/计数器 T4 的中断允许位。

① 0：禁止定时器/计数器 T4 中断。

② 1：允许定时器/计数器 T4 中断。

定时器/计数器 T4 的中断向量地址是 00A3H，其中断号是 20。

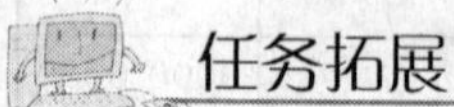

任务拓展

(1) 设频率计分为 2 挡，定时时间分别为 0.1s 和 1s，试修改程序并调试。

(2) 修改程序项目六任务 3.c，将计数器改为 T1 或 T4 实现，并增加高位灭零功能。

任务 4　STC15W4K32S4 单片机的可编程时钟输出

任务说明

STC15W4K32S4 单片机定时器与计数器的溢出脉冲是可以输出的。改变定时器的初始值，就可改变输出脉冲的频率。本任务学习可编程时钟输出的原理及编程方法。

相关知识

很多实际应用系统需要给外围器件提供时钟，如果单片机能提供可编程时钟输出功能，不但可以降低系统成本，缩小 PCB 的面积，当不需要时钟输出时，也可关闭时钟输出，这样不仅降低了系统功耗，而且减轻时钟对外的电磁辐射。STC15W4K32S4 单片机增加了 T0CLKO(P3.5)、T1CLKO(P3.4)、T2CLKO(P3.0)、T3CLKO(P0.4)和 T4CLKO(P0.6)5 个可编程时钟输出引脚。T0CLKO(P3.5)的输出时钟频率由定时器/计数器 T0 控制，T1CLKO(P3.4)的输出时钟频率由定时器/计数器 T1 控制，相应的 T0、T1 需要工作在方式 0 或方式 2(自动重装数据模式)。T2CLKO(P3.0)的输出时钟频率由定时器/计数器 T2 控制，T3CLKO(P0.4)的输出时钟频率由定时器/计数器 T3 控制，T4CLKO(P0.6)的输出时钟频率由定时器/计数器 T4 控制。

一、可编程时钟输出的控制

5 个定时器的可编程时钟输出由 INT_CLKO 和 T4T3M 特殊功能寄存器控制。INT_CLKO 和 T4T3M 的相关控制位定义如下。

		B7	B6	B5	B4	B3	B2	B1	B0	复位值
INT_CLKO	8FH	—	EX4	EX3	EX2	—	T2CLKO	T1CLKO	T0CLKO	x000 x000
T4T3M	D1H	T4R	T4_C/$\overline{T}$	T4x12	T4CLKO	T3R	T3_C/$\overline{T}$	T3x12	T3CLKO	0000 0000

(1) T0CLKO：定时器/计数器 T0 时钟输出控制位。

① 0：不允许 P3.5(CLKOUT0)配置为定时器/计数器 T0 的时钟输出口。

② 1：P3.5(CLKOUT0)配置为定时器/计数器 T0 的时钟输出口。

(2) T1CLKO：定时器/计数器 T1 的时钟输出控制位。

① 0：不允许 P3.4(CLKOUT1)配置为定时器/计数器 T1 的时钟输出口。

② 1：P3.4(CLKOUT1)配置为定时器/计数器 T1 的时钟输出口。

(3) T2CLKO：定时器/计数器 T2 的时钟输出控制位。

① 0：不允许 P3.0(CLKOUT2)配置为定时器/计数器 T2 的时钟输出口。

② 1：P3.0(CLKOUT2)配置为定时器/计数器 T2 的时钟输出口。

(4) T3CLKO：定时器/计数器 T3 的时钟输出控制位。

① 0：不允许 P0.4 配置为定时器/计数器 T3 的时钟输出口。

② 1：P0.4 配置为定时器/计数器 T3 的时钟输出口。

(5) T4CLKO：定时器/计数器 T4 的时钟输出控制位。

① 0：不允许 P0.6 配置为定时器/计数器 T4 的时钟输出口。

② 1：P0.6 配置为定时器/计数器 T4 的时钟输出口。

二、可编程时钟输出频率的计算

可编程时钟输出频率为定时器/计数器溢出率的 2 分频信号。

提示：定时器/计数器的溢出率为定时时间的倒数。

下面以定时器 T0 为例，分析定时器可编程时钟输出频率的计算方法：

$$\text{P3.5 输出时钟频率(CLKOUT0)} = \frac{1}{2} \times \text{T0 溢出率}$$

(1) T0 工作在方式 0 定时状态：

(T0x12)=0 时，CLKOUT0=(f_{SYS}/12)/(65536−[RL_TH0,RL_TL0])/2

(T0x12)=1 时，CLKOUT0=f_{SYS}/(65536−[RL_TH0,RL_TL0])/2

(2) T0 工作在方式 2 定时状态：

(T0x12)=0 时，CLKOUT0=(f_{SYS}/12)/(256−TH0)/2

(T0x12)=1 时，CLKOUT0=f_{SYS}/(256−TH0)/2

(3) T0 工作在方式 0 计数状态：

CLKOUT0=T0_PIN_CLK/(65536−[RL_TH0,RL_TL0])/2

注：T0_PIN_CLK 为定时器/计数器 T0 的计数输入引脚 T0 输入脉冲的频率。

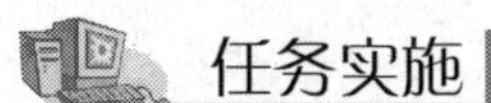

一、任务要求

使用定时器/计数器 T0 输出时钟，利用 P0、P1 端口的输入信号改变 T0 定时器的初始值，用 LED 定性地显示输出频率的大小，用示波器测量输出频率。

二、硬件设计

设置一个开关 K1。当 K1 合上时，读取 x、y 输入数据；当 K1 断开时，正常输出时钟信号。定时器/计数器 T0 的输出时钟从 P3.5 引脚输出,电路原理图如图 6-4-1 所示。

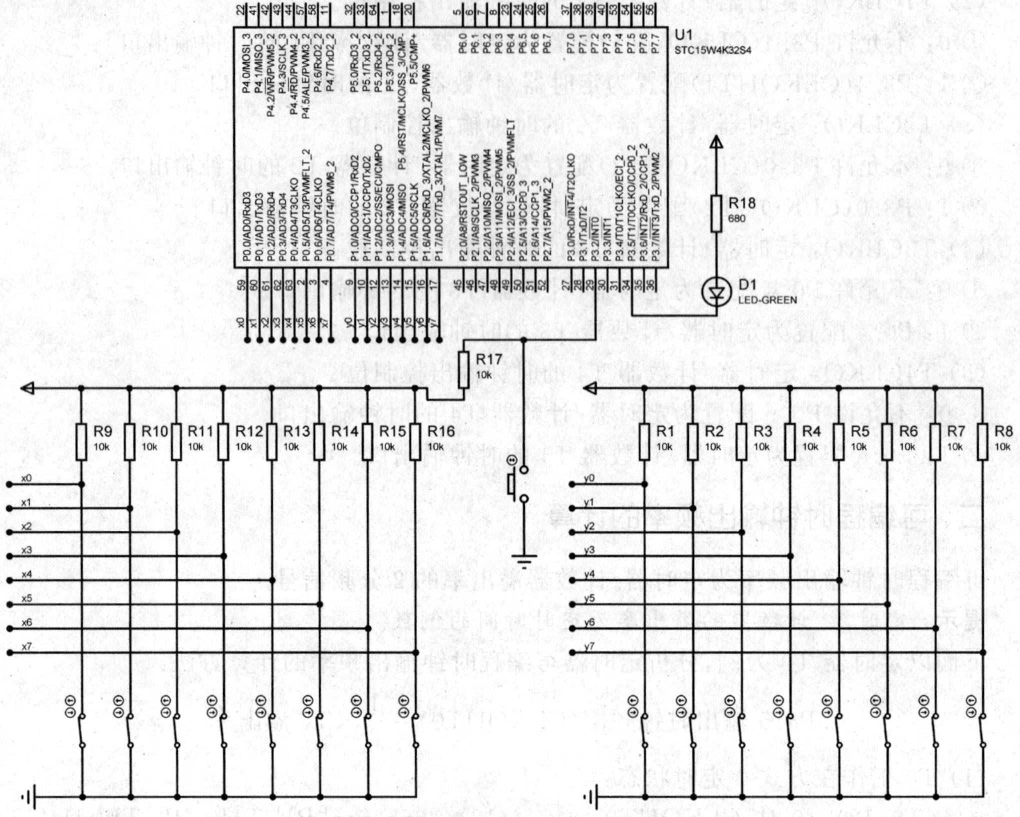

图 6-4-1 可编程输出时钟电路

三、软件设计

1. 程序说明

系统时钟为 12MHz,定时器/计数器 T0 的定时脉冲采用 12 分频系统时钟,工作在方式 0,TH0 的初始值由 P0 端口的输入数据决定,TL0 的初始值由 P1 端口的输入数据决定。初始时 T0 输出 10Hz 的可编程时钟信号。

2. 项目六任务 4 程序文件:项目六任务 4.c

```
#include <stc15.h>                    //包含支持 STC15W4K32S4 单片机的头文件
#include <intrins.h>
#include <gpio.h>                     //I/O 初始化文件
#define uchar unsigned char
#define uint unsigned int
#define x P0
#define y P1
sbit k1 = P3^2;
/* ---------计数器的初始化----------------- */
void T0_init(void)
```

```
{
    TMOD = 0x00;
    TH0 = 0x3c;                                         //10Hz 可编程时钟对应的初始值
    TL0 = 0xb0;
    AUXR  =  AUXR&0x7f;                                 //T0 工作在 12 分频模式
    INT_CLKO = INT_CLKO|0x01;                           //允许 T0 输出时钟信号
    TR0 = 1;
}
/* --------- 主函数 ----------- */
void main(void)
{
    gpio();
    x = 0xff;
    y = 0xff;
    T0_init ();                                         //调用计数器初始化子函数
    while(1)
    {
        if(k1 == 0)
        {
            TH0 = x;
            TL0 = y;
        }
    }
}
```

四、系统调试

1. 编辑、编译

用 Keil C 编辑、编译程序“项目六任务 4. c”，生成机器代码文件“项目六任务 4. hex”。

2. Proteus 仿真调试

(1) 按图 6-4-1 绘制电路。

(2) 将文件“项目六任务 4. hex”加载到 STC15W4K32S4 单片机中。

(3) 运行与调试程序。①观察 LED 的亮暗，定性分析输出频率的大小；②用示波器测量可编程输出时钟：按表 6-4-1 输入 x、y 值以测量 T0 可编程时钟的输出频率。

3. 实操与调试

在开发板上按图 6-4-1 连接电路，将文件“项目六任务 4. hex”下载到单片机中，并按 Proteus 仿真要求进行线路连接与调试。

表 6-4-1　T0 定时器的输出时钟频率测试表

T0 定时器的初始值		输出频率	
TH0(P0 端口输入)	TL0(P1 端口输入)	计算值	示波器测量值
00H	00H		
00H	FFH		
55H	00H		
55H	55H		
FFH	55H		
FFH	FFH		

4. 测试

(1) 修改程序,采用T1输出时钟信号,并测试

(2) 修改程序,采用T2输出时钟信号,并测试

任务拓展

综合任务3和任务4的内容,用自己设计的频率计测量自己设计的可编程时钟输出信号。

分2个层次实现:第1层次设计一个1000Hz可编程时钟输出信号并进行测量;第2层次设计2个输入开关,根据输入开关不同的状态输出10Hz、100Hz、1000Hz与10kHz等频率信号,并进行测量。

提示:用T0、T1设计频率计,用T2输出时钟信号。

习　　题

一、填空题

1. STC15W4K32S4单片机有________个16位定时器/计数器。

2. T0定时器/计数器的外部计数脉冲输入引脚是________,可编程时钟输出引脚是________。

3. T1定时器/计数器的外部计数脉冲输入引脚是________,可编程时钟输出引脚是________。

4. T2定时器/计数器的外部计数脉冲输入引脚是________,可编程时钟输出引脚是________。

5. T3定时器/计数器的外部计数脉冲输入引脚是________,可编程时钟输出引脚是________。

6. T4定时器/计数器的外部计数脉冲输入引脚是________,可编程时钟输出引脚是________。

7. STC15W4K32S4单片机定时器/计数器的核心电路是________。T0工作于定时状态时,计数电路的计数脉冲是________;T0工作于计数状态时,计数电路的计数脉冲是________。

8. T0定时器/计数器的计满溢出标志是________,启停控制位是________。

9. T1定时器/计数器的计满溢出标志是________,启停控制位是________。

10. T0有________种工作方式,T1有________种工作方式,工作方式选择字是________。无论是T0,还是T1,当处于工作方式0时,它们是________位________初始值的定时器/计数器。

二、选择题

1. 当TMOD=25H时,T0工作于方式________,________状态。

A. 2,定时　　B. 1,定时　　C. 1,计数　　D. 0,定时

2. 当TMOD=01H时,T1工作于方式________,________状态。

A. 0,定时　　B. 1,定时　　C. 0,计数　　D. 1,计数

3. 当 TMOD=00H,T0x12 为 1 时,T0 的计数脉冲是________。

A. 系统时钟　　B. 系统时钟的 12 分频信号

C. P3.4 引脚输入信号　　D. P3.5 引脚输入信号

4. 当 TMOD=04H,T1x12 为 0 时,T1 的计数脉冲是________。

A. 系统时钟　　B. 系统时钟的 12 分频信号

C. P3.4 引脚输入信号　　D. P3.5 引脚输入信号

5. 当 TMOD=80H 时,________,T1 启动。

A. TR1=1

B. TR0=1

C. TR1 为 1 且 INT0 引脚(P3.2)输入高电平

D. TR1 为 1 且 INT1 引脚(P3.3)输入高电平

6. 在 TH0=01H,TL0=22H,TR0=1 的状态下,执行"TH0=0x3c; TL0= 0xb0;"语句后,TH0、TL0、RL_TH0、RL_TL0 的值分别为________。

A. 3CH,B0H,3CH,B0H　　B. 01H,22H,3CH,B0H

C. 3CH,B0H,不变,不变　　D. 01H,22H,不变,不变

7. 在 TH0=01H,TL0=22H,TR0=0 的状态下,执行"TH0=0x3c; TL0= 0xb0;"语句后,TH0、TL0、RL_TH0、RL_TL0 的值分别为________。

A. 3CH、B0H、3CH、B0H　　B. 01H、22H、3CH、B0H

C. 3CH、B0H、不变、不变　　D. 01H、22H、不变、不变

8. INT_CLKO 可设置 T0、T1、T2 的可编程时钟的输出。当 INT_CLKO=05H 时,________。

A. T0、T1 允许可编程时钟输出,T2 禁止

B. T0、T2 允许可编程时钟输出,T1 禁止

C. T1、T2 允许可编程时钟输出,T0 禁止

D. T1 允许可编程时钟输出,T0、T2 禁止

三、判断题

1. STC15W4K32S4 单片机定时器/计数器的核心电路是计数器电路。(　　)

2. STC15W4K32S4 单片机定时器/计数器在定时状态时,其计数脉冲是系统时钟。(　　)

3. STC15W4K32S4 单片机 T0 定时器/计数器的中断请求标志是 TF0。(　　)

4. STC15W4K32S4 单片机定时器/计数器的计满溢出标志与中断请求标志是不同的标志位。(　　)

5. STC15W4K32S4 单片机 T2、T3、T4 定时器/计数器的计满溢出标志是隐含的。(　　)

6. STC15W4K32S4 单片机 T0 定时器/计数器的启停仅受 TR0 控制。(　　)

7. STC15W4K32S4 单片机 T1 定时器/计数器的启停不仅受 TR1 控制,还与其 GATE 控制位有关。(　　)

8. STC15W4K32S4 单片机 T2、T3、T4 固定为 16 位可重装初始值的定时器/计数器。(　　)

四、问答题

1. STC15W4K32S4 单片机定时器/计数器的定时与计数工作模式有什么相同点和不同点？

2. STC15W4K32S4 单片机定时器/计数器的启停控制原理是什么？

3. STC15W4K32S4 单片机 T0 定时器/计数器工作在方式 0 时，定时时间的计算公式是什么？

4. 当 TMOD=00H，T0x12 为 1，T0 定时 10ms 时，T0 的初始值应是多少？

5. TR0=1 与 TR0=0 时，对 TH0、TL0 的赋值有什么不同？

6. T2、T3、T4 定时器/计数器与 T0、T1 有什么不同？

7. T0、T1、T2、T3、T4 定时器/计数器都可以编程输出时钟。如何设置且从何端口输出时钟信号？

8. T0、T1、T2、T3、T4 定时器/计数器可编程输出时钟是如何计算的？如不使用可编程时钟，建议关闭可编程时钟输出，请问基于什么考虑？

五、程序设计题

1. 利用 T0 定时，设计一个 LED 闪烁灯，高电平时间为 600ms，低电平时间为 400ms。编写程序并上机调试。

2. 利用 T1 定时，设计一个 LED 流水灯，时间间隔为 500ms。编写程序并上机调试。

3. 利用 T0 测量脉冲宽度，脉宽时间采用 LED 数码管显示。画出硬件电路图，编写程序并上机调试。

4. 利用 T2 的可编程时钟输出功能，输出频率为 1000Hz 的时钟信号。编写程序并上机调试。

5. 利用 T1 设计一个倒计时秒表，采用 LED 数码管显示。

(1) 倒计时时间设置为 60s 和 90s。

(2) 具备启停控制功能。

(3) 倒计时归零，声光提示。

画出硬件电路图，编写程序并上机调试。

6. 利用 T1 对外部输入脉冲计数，要求每计 5 个脉冲，T1 改为定时工作模式，控制 P1.6 输出一个脉宽为 1000ms 的正脉冲，然后反转为计数，周而复始。画出硬件电路图，编写程序并上机调试。

Project 7

STC15W4K32S4单片机的中断系统

中断的概念是在20世纪50年代中期提出的，是计算机中一项很重要的技术。它既和硬件有关，也和软件有关。正是因为有了中断技术，才使得计算机的工作更加灵活，效率更高。现代计算机中操作系统实现的管理调度，其物质基础就是丰富的中断功能和完善的中断系统。一个CPU资源要面向多个任务，自然会出现资源竞争，中断技术实质上是一种资源共享技术，将计算机的发展和应用推进了一大步。所以，中断功能的强弱成为衡量一台计算机功能完善与否的重要指标。

中断系统是为了使CPU具有对外界紧急事件的实时处理能力而设置的。

实时控制、故障自动处理往往依赖于中断系统，单片机与外围设备间传送数据及实现人机联系常采用中断方式。中断系统的应用使单片机的功能更强，效率更高，使用更加方便、灵活。

知识点：

- 中断的基本概念。
- 中断源、中断控制、中断响应过程的基本概念。
- 中断系统的功能和使用方法。

技能点：

- 定时中断的应用与编程。
- 外部中断的应用与编程。

任务1　定时中断的应用编程

中断技术是计算机的重要技术，定时器是实时测量、实时控制的重要组成部分。本任

务主要学习中断的概念、中断工作过程以及 STC15W4K32S4 单片机中断控制与管理，侧重学习定时中断的应用编程。

相关知识

一、中断系统概述

1. 中断系统的概念

1）中断

中断是指程序执行过程中，允许外部或内部事件通过硬件打断程序的执行，使其转向处理外部或内部事件的中断服务程序；执行中断服务程序后，CPU 返回继续执行被打断的程序。图 7-1-1 所示为中断响应过程示意图。一个完整的中断过程包括 4 个步骤：中断请求、中断响应、中断服务与中断返回。

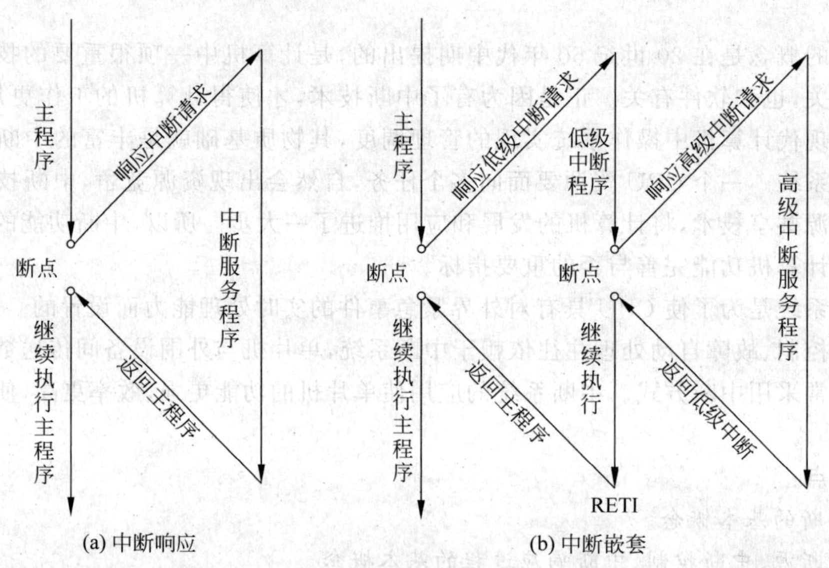

图 7-1-1　中断响应过程示意图

打个比方，当一位经理正处理文件时，电话铃响了（中断请求），于是他不得不在文件上做一个记号（断点地址，即返回地址），暂停工作，去接电话（响应中断），并处理“电话请求”（中断服务），处理完毕，他静下心来（恢复中断前状态），接着处理文件（中断返回）……

2）中断源

引起 CPU 中断的根源或原因，称为中断源。中断源向 CPU 提出的处理请求，称为中断请求或中断申请。

3）中断优先权

当有几个中断源同时申请中断时，就存在 CPU 先响应哪个中断请求的问题。为此，CPU 要对各中断源确定一个优先顺序，称为中断优先权。此外，为了能灵活调整各中断源的优先顺序，以及实现中断嵌套功能，可编程指定各中断源的中断优先等级中断优先级、权高的中断请求优先被响应。

4）中断嵌套

中断优先级高的中断请求可以中断CPU正在处理的优先级更低的中断服务程序，待完成中断优先权高的中断服务程序之后，继续执行被打断的优先级低的中断服务程序，这就是中断嵌套，如图7-1-1(b)所示。

2. 中断的技术优势

(1) 解决了快速CPU和慢速外设之间的矛盾，使CPU和外设并行工作。

由于计算机应用系统的许多外部设备速度较慢，可以通过中断的方法来协调快速CPU与慢速外部设备之间的工作。

(2) 可及时处理控制系统中的随机参数和信息。

依靠中断技术能实现实时控制。实时控制要求计算机能及时完成被控对象随机提出的分析和计算任务。在自动控制系统中，要求各控制参量随机地可在任何时刻向计算机发出请求，CPU必须快速响应、及时处理。

(3) 具备处理故障的能力，提高了机器自身的可靠性。

由于外界干扰、硬件或软件设计中存在问题等因素，实际运行时会出现硬件故障、运算错误、程序运行故障等，有了中断技术，计算机能及时发现故障并自动处理。

(4) 实现人机联系。

比如，通过键盘向计算机发出中断请求，可以实时干预计算机的工作。

3. 中断系统需要解决的问题

中断技术的实现依赖于一个完善的中断系统。中断系统需要解决的问题主要有以下几个。

(1) 当有中断请求时，需要有一个寄存器把中断源的中断请求记录下来。

(2) 能够屏蔽中断请求信号，灵活地对中断请求信号实现屏蔽与允许的管理。

(3) 当有中断请求时，CPU能及时响应中断，停下正在执行的任务，自动转去处理中断服务子程序；中断服务处理后，能返回到断点处继续处理原先的任务。

(4) 当有多个中断源同时申请中断时，应能优先响应优先权高的中断源，实现中断优先级权的控制。

(5) 当CPU正在执行低优先级中断源中断服务程序时，若优先级比它高的中断源也提出中断请求，要求能暂停执行低优先级中断源的中断服务程序，转去执行更高优先级中断源的中断服务程序，实现中断嵌套，并能逐级正确返回断点处。

二、STC15W4K32S4单片机的中断系统

一个中断的工作过程包括中断请求、中断响应、中断服务与中断返回4个阶段。下面按照中断系统工作过程介绍STC15W4K32S4单片机的中断系统。

1. STC15W4K32S4单片机的中断请求

如图7-1-2所示，STC15W4K32S4单片机的中断系统有21个中断源，2个优先级，可实现二级中断服务嵌套。由IE、IE2、INT_CLKO等特殊功能寄存器控制CPU是否响应中断请求；由中断优先级寄存器IP、IP2安排各中断源的优先级；同一优先级内，2个以

上中断同时提出中断请求时，由内部的查询逻辑确定其响应次序。

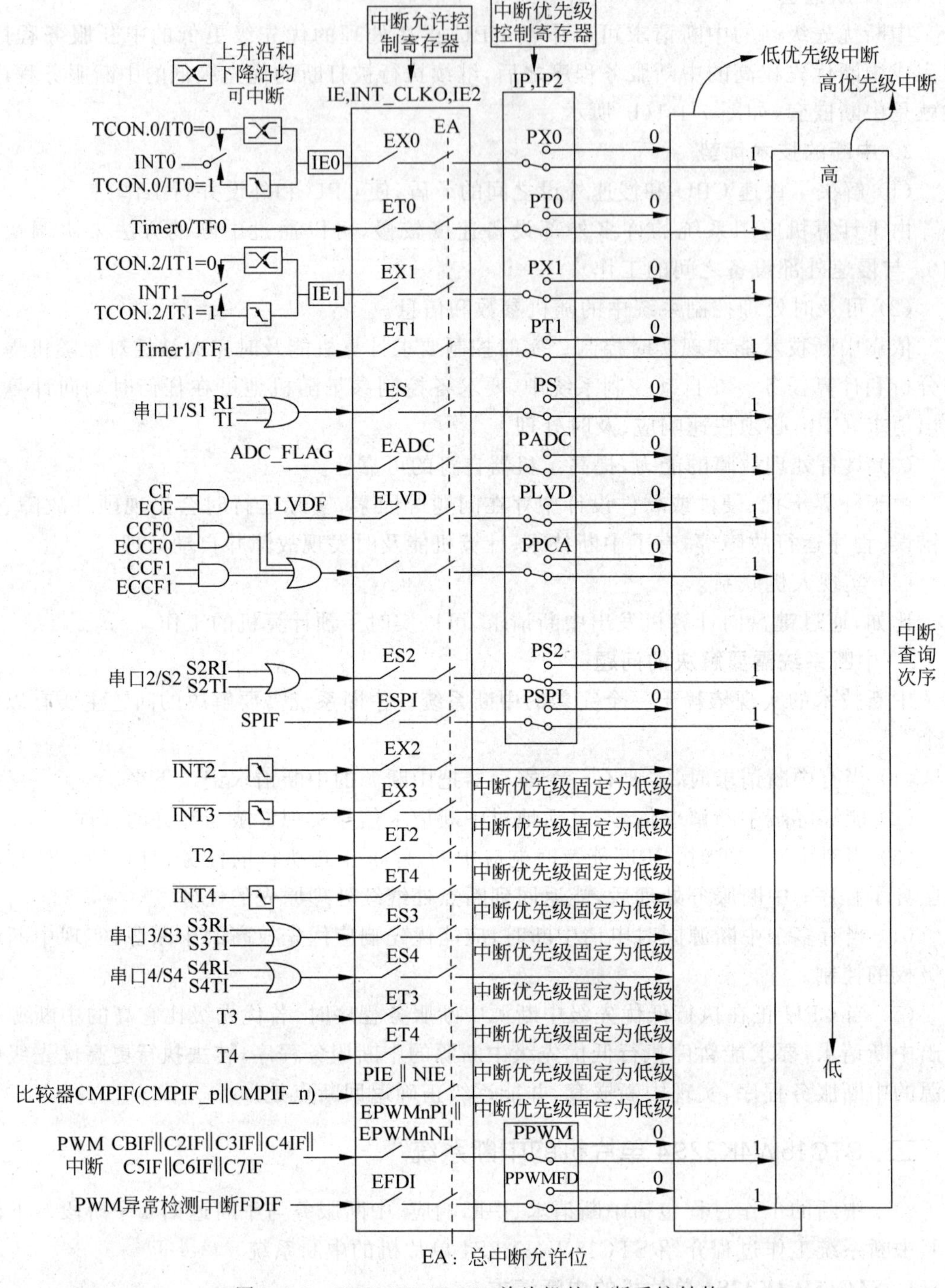

图 7-1-2　STC15W4K32S4 单片机的中断系统结构

1）中断源

STC15W4K32S4 单片机有 21 个中断源，详述如下。

(1) 外部中断 0(INT0)：中断请求信号由 P3.2 引脚输入。通过 IT0 来设置中断请求的触发方式。当 IT0 为 1 时,外部中断 0 为下降沿触发；当 IT0 为 0 时,无论是上升沿还是下降沿,都会引发外部中断 0。一旦输入信号有效,则置位 IE0 标志,向 CPU 申请中断。

(2) 外部中断 1(INT1)：中断请求信号由 P3.3 引脚输入。通过 IT1 来设置中断请求的触发方式。当 IT1 为 1 时,外部中断 1 为下降沿触发；当 IT1 为 0 时,无论是上升沿还是下降沿,都会引发外部中断 1。一旦输入信号有效,则置位 IE1 标志,向 CPU 申请中断。

(3) 定时器/计数器 T0 溢出中断：当定时器/计数器 T0 计数产生溢出时,定时器/计数器 T0 中断请求标志位 TF0 置位,向 CPU 申请中断。

(4) 定时器/计数器 T1 溢出中断：当定时器/计数器 T1 计数产生溢出时,定时器/计数器 T1 中断请求标志位 TF1 置位,向 CPU 申请中断。

(5) 串行口 1 中断：当串行口 1 接收完一串行帧时,置位 RI；或发送完一串行帧时,置位 TI,向 CPU 申请中断。

(6) A/D 转换中断：当 A/D 转换结束后,置位 ADC_FLAG,向 CPU 申请中断。

(7) 片内电源低电压检测中断：当检测到电源电压为低电压时,置位 LVDF。上电复位时,由于电源电压上升有一个过程,低压检测电路会检测到低电压,置位 LVDF,向 CPU 申请中断。单片机上电复位后,LVDF＝1。若需应用 LVDF,先对 LVDF 清零。若干个系统时钟后,再检测 LVDF。

(8) PCA/CPP 中断：PCA/CPP 中断的中断请求信号由 CF、CCF0、CCF1 标志共同形成。CF、CCF0、CCF1 中任一标志为 1,都可引发 PCA/CPP 中断。

(9) 串行口 2 中断：当串行口 2 接收完一串行帧时,置位 S2RI；或发送完一串行帧时,置位 S2TI,向 CPU 申请中断。

(10) SPI 中断：当 SPI 端口一次数据传输完成时,置位 SPIF 标志,向 CPU 申请中断。

(11) 外部中断 2($\overline{\text{INT2}}$)：中断请求信号从 P3.6 引脚输入,下降沿触发,一旦输入信号有效,则向 CPU 申请中断。中断优先级固定为低级。

(12) 外部中断 3($\overline{\text{INT3}}$)：中断请求信号从 P3.7 引脚输入,下降沿触发,一旦输入信号有效,则向 CPU 申请中断。中断优先级固定为低级。

(13) 定时器 T2 中断：当定时器/计数器 T2 计数产生溢出时,向 CPU 申请中断。中断优先级固定为低级。

(14) 外部中断 4($\overline{\text{INT4}}$)：中断请求信号从 P3.0 引脚输入,下降沿触发,一旦输入信号有效,则向 CPU 申请中断。中断优先级固定为低级。

(15) 串行口 3 中断：当串行口 3 接收完一串行帧时,置位 S3RI；或发送完一串行帧时,置位 S3TI,向 CPU 申请中断。

(16) 串行口 4 中断：当串行口 4 接收完一串行帧时,置位 S4RI；或发送完一串行帧时,置位 S4TI,向 CPU 申请中断。

(17) 定时器 T3 中断：当定时器/计数器 T3 计数产生溢出时,向 CPU 申请中断。中断优先级固定为低级。

(18) 定时器 T4 中断：当定时器/计数器 T4 计数产生溢出时，向 CPU 申请中断。中断优先级固定为低级。

(19) 比较器中断：当比较器的结果由高到低，或由低到高时，都有可能引发中断。中断优先级固定为低级。

(20) PWM 中断：包括 PWM 计数器中断标志位和 PWM2～PWM7 通道的 PWM 中断标志位 C2IF～C7IF。

(21) PWM 异常检测中断：当发生 PWM 异常（比较器正极 P5.5/CMP＋的电平比比较器负极 P5.4/CMP－的高，或比较器正极 P5.5/CMP＋的电平比内部参考电压源 1.28V 高，或者 P2.4 的电平为高电平）时，硬件自动将 FDIF 置 1，向 CPU 申请中断。

说明：为了降低学习 STC15W4K32S4 单片机中断的门槛，提高 STC15W4K32S4 单片机中断学习效率，在本项目中主要学习 STC15W4K32S4 单片机的常用中断，具体包括外部中断 0～外部中断 4、定时器 T0 中断～定时器 T4 中断、串行口 1 中断及低压检测中断。

2) 中断请求标志

STC15W4K32S4 单片机外部中断 0、外部中断 1、定时器 T0 中断、定时器 T1 中断、串行口 1 中断、低压检测中断等中断源的中断请求标志分别寄存在 TCON、SCON、PCON 中，详见表 7-1-1。此外，外部中断 2($\overline{\text{INT2}}$)、外部中断 3($\overline{\text{INT3}}$)和外部中断 4($\overline{\text{INT4}}$)的中断请求标志位被隐藏起来，对用户是不可见的。当相应的中断被响应后，或(EXn)＝0(n＝2,3,4)，这些中断请求标志位自动被清零。定时器 T2、T3、T4 的中断请求标志位也被隐藏起来，对用户不可见。当 T2、T3、T4 的中断被响应后，或(ET n)＝0(n＝2,3,4)，这些中断请求标志位自动被清零。

表 7-1-1 STC15W4K32S4 单片机常用中断源的中断请求标志位

	地址	B7	B6	B5	B4	B3	B2	B1	B0	复位值
TCON	88H	TF1	TR1	TF0	TR0	IE1	IT1	IE0	IT0	0000 0000
SCON	98H	SM0/FE	SM1	SM2	REN	TB8	RB8	TI	RI	0000 0000
PCON	87H	SMOD	SMOD0	LVDF	POF	GF1	GF0	PD	IDL	0011 0000

(1) TCON 寄存器中的中断请求标志：TCON 为定时器 T0 和 T1 的控制寄存器，同时锁存 T0 和 T1 的溢出中断请求标志及外部中断 0 和外部中断 1 的中断请求标志等。与中断有关的位如下所示。

	地址	B7	B6	B5	B4	B3	B2	B1	B0	复位值
TCON	88H	TF1	TR1	TF0	TR0	IE1	IT1	IE0	IT0	0000 0000

① TF1：T1 的溢出中断请求标志。T1 被启动计数后，从初值做加 1 计数。计满溢出后，由硬件置位 TF1，同时向 CPU 发出中断请求。此标志一直保持到 CPU 响应中断后，才由硬件自动清零；也可由软件查询该标志，并由软件清零。

② TF0：T0 的溢出中断请求标志。T0 被启动计数后，从初值做加 1 计数。计满溢出后，由硬件置位 TF0，同时向 CPU 发出中断请求。此标志一直保持到 CPU 响应中断后，才由硬件自动清零；也可由软件查询该标志，并由软件清零。

③ IE1：外部中断 1 的中断请求标志。当 INT1(P3.3)引脚的输入信号满足中断触发要求时，置位 IE1，外部中断 1 向 CPU 申请中断。中断响应后，中断请求标志自动清零。

④ IT1：外部中断 1(INT1)中断触发方式控制位。当 IT1＝1 时，外部中断 1 为下降沿触发方式。在这种方式下，若 CPU 检测到 INT1 出现下降沿信号，则认为有中断申请，随即使 IE1 标志置位。中断响应后，中断请求标志自动清零，无须其他处理。

当 IT1＝0 时，外部中断 1 为上升沿触发和下降沿触发方式。在这种方式下，无论 CPU 检测到 INT1 引脚出现下降沿信号还是上升沿信号，都认为有中断申请，随即使 IE1 标志置位。中断响应后，中断请求标志会自动清零，无须其他处理。

⑤ IE0：外部中断 0 的中断请求标志。当 INT0(P3.2)引脚的输入信号满足中断触发要求时，置位 IE0，外部中断 0 向 CPU 申请中断。中断响应后，中断请求标志自动清零。

⑥ IT0：外部中断 0 的中断触发方式控制位。当 IT0＝1 时，外部中断 0 为下降沿触发方式。在这种方式下，若 CPU 检测到 INT0(P3.2)出现下降沿信号，则认为有中断申请，随即使 IE0 标志置位。中断响应后，中断请求标志自动清零，无须其他处理。

当 IT0＝0 时，外部中断 0 为上升沿触发和下降沿触发方式。在这种方式下，无论 CPU 检测到 INT0(P3.2)引脚出现下降沿信号还是上升沿信号，都认为有中断申请，随即使 IE0 标志置位。中断响应后，中断请求标志自动清零，无须其他处理。

(2) SCON 寄存器中的中断请求标志：SCON 是串行口 1 控制寄存器，其低 2 位 TI 和 RI 锁存串行口 1 的发送中断请求标志和接收中断请求标志。

	地址	B7	B6	B5	B4	B3	B2	B1	B0	复位值
SCON	98H	SM0/FE	SM1	SM2	REN	TB8	RB8	TI	RI	0000 0000

① TI：串行口 1 发送中断请求标志。CPU 将数据写入发送缓冲器 SBUF 时，就启动发送。每发送完一个串行帧，硬件使 TI 置位。但 CPU 响应中断时并不清除 TI，必须由软件清除。

② RI：串行口 1 接收中断请求标志。在串行口 1 允许接收时，每接收完一个串行帧，硬件使 RI 置位。同样，CPU 在响应中断时不会清除 RI，必须由软件清除。

STC15W4K32S4 单片机系统复位后，TCON 和 SCON 均清零。

(3) PCON 寄存器中中断请求标志：PCON 是电源控制寄存器，其中 B5 位为 LVD 中断源的中断请求标志。

	地址	B7	B6	B5	B4	B3	B2	B1	B0	复位值
PCON	87H	SMOD	SMOD0	LVDF	POF	GF1	GF0	PD	IDL	001 100 00B

LVDF 是片内电源低电压检测中断请求标志。当检测到低电压时，置位 LVDF。LVDF 中断请求标志需由软件清零。

3）中断允许的控制

计算机中断系统有两种不同类型的中断：一类称为非屏蔽中断；另一类称为可屏蔽中断。对于非屏蔽中断，用户不能用软件的方法来禁止，一旦有中断申请，CPU 必须响应。对于可屏蔽中断，用户可以通过软件方法来控制是否允许某中断源的中断请求。允许中断，称为中断开放；不允许中断，称为中断屏蔽。STC15W4K32S4 单片机的 12 个常用中断源都是可屏蔽中断，各中断的中断允许控制位如表 7-1-2 所示。

表 7-1-2 STC15W4K32S4 单片机的中断允许控制位

	地址	B7	B6	B5	B4	B3	B2	B1	B0	复位值
IE	A8H	EA	ELVD	EADC	ES	ET1	EX1	ET0	EX0	00x0 0000
IE2	AFH	—	ET4	ET3	ES4	ES3	ET2	ESPI	ES2	x000 0000
INT_CLKO	8FH	—	EX4	EX3	EX2	—	T2CLKO	T1CLKO	T0CLKO	x000 x000

（1）EA：总中断允许控制位。

EA=1，开放 CPU 中断，各中断源的允许和禁止需再通过相应的中断允许位单独控制。

EA=0，禁止所有中断。

（2）EX0：外部中断 0（$\overline{INT0}$）中断允许位。

EX0=1，允许外部中断 0 中断。

EX0=0，禁止外部中断 0 中断。

（3）ET0：定时器/计数器 T0 中断允许位。

ET0=1，允许 T0 中断。

ET0=0，禁止 T0 中断。

（4）EX1：外部中断 1（$\overline{INT1}$）中断允许位。

EX1=1，允许外部中断 1 中断。

EX1=0，禁止外部中断 1 中断。

（5）ET1：定时器/计数器 T1 中断允许位。

ET1=1，允许 T1 中断。

ET1=0，禁止 T1 中断。

（6）ES：串行口 1 中断允许位。

ES=1，允许串行口 1 中断。

ES=0，禁止串行口 1 中断。

（7）ELVD：片内电源低压检测中断（LVD）的中断允许位。

ELVD=1，允许 LVD 中断。

ELVD=0，禁止 LVD 中断。

（8）EX2：外部中断 2（$\overline{INT2}$）中断允许位。

EX2=1，允许外部中断 2 中断。

EX2=0，禁止外部中断 2 中断。

(9) EX3：外部中断 3($\overline{INT3}$)中断允许位。

EX3=1,允许外部中断 3 中断。

EX3=0,禁止外部中断 3 中断。

(10) EX4：外部中断 4($\overline{INT4}$)中断允许位。

EX4=1,允许外部中断 4 中断。

EX4=0,禁止外部中断 4 中断。

(11) ET2：定时器/计数器 T2 中断允许位。

ET2=1,允许 T2 中断。

ET2=0,禁止 T2 中断。

(12) ET3：定时器/计数器 T3 中断允许位。

ET3=1,允许 T3 中断。

ET3=0,禁止 T3 中断。

(13) ET4：定时器/计数器 T4 中断允许位。

ET4=1,允许 T4 中断。

ET4=0,禁止 T4 中断。

STC15W4K32S4 单片机系统复位后,所有中断源的中断允许控制位以及 CPU 中断控制位(EA)均被清零,即禁止所有中断。

一个中断要处于允许状态,必须满足两个条件：一是总中断(CPU 中断)允许位 EA 为 1；二是该中断的中断允许位为 1。

4) 中断优先的控制

对于 STC15W4K32S4 单片机常用中断,除外部中断 2($\overline{INT2}$)、外部中断 3($\overline{INT3}$)、外部中断 4($\overline{INT4}$)、T2 中断、T3 中断、T4 中断的优先级固定为低优先级以外,其他中断都具有 2 个中断优先级,可实现二级中断服务嵌套。IP 为 STC15W4K32S4 单片机外部中断 0、外部中断 1、定时器 T0 中断、定时器 T1 中断、串行口 1 中断、低压检测中断等中断源的中断优先级寄存器,详见表 7-1-3。

表 7-1-3　STC15W4K32S4 单片机的中断优先级控制寄存器

	地址	B7	B6	B5	B4	B3	B2	B1	B0	复位值
IP	B8H	PPCA	PLVD	PADC	PS	PT1	PX1	PT0	PX0	0000 0000

(1) PX0：外部中断 0 中断优先级控制位。

PX0=0,外部中断 0 为低优先级中断。

PX0=1,外部中断 0 为高优先级中断。

(2) PT0：定时器/计数器 T0 中断的中断优先级控制位。

PT0=0,定时器/计数器 T0 中断为低优先级中断。

PT0=1,定时器/计数器 T0 中断为高优先级中断。

(3) PX1：外部中断 1 中断优先级控制位。

PX1=0,外部中断 1 为低优先级中断。

PX1=1,外部中断1为高优先级中断。

(4) PT1：定时器/计数器T1中断优先级控制位。

PT1=0,定时器/计数器T1中断为低优先级中断。

PT1=1,定时器/计数器T1中断为高优先级中断。

(5) PS：串行口1中断的优先级控制位。

PS=0,串行口1中断为低优先级中断。

PS=1,串行口1中断为高优先级中断。

(6) PLVD：电源低电压检测中断优先级控制位。

PLVD=0,电源低电压检测中断为低优先级中断。

PLVD=1,电源低电压检测中断为高优先级中断。

当系统复位后,所有的中断优先管理控制位全部清零,所有中断源均设定为低优先级中断。

如果几个同一优先级的中断源同时向CPU申请中断,CPU通过内部硬件查询逻辑,按自然优先级顺序确定先响应哪个中断请求。自然优先权顺序由内部硬件电路形成,排列如下。

中断源	**同级自然优先顺序**
外部中断0	最高
定时器T0中断	↓
外部中断1	
定时器T1中断	
串行口1中断	
A/D转换中断	
LVD中断	
PCA中断	
串行口2中断	
SPI中断	
外部中断2	
外部中断3	
定时器T2中断	
外部中断4	
串行口3中断	
串行口4中断	
定时器T3中断	
定时器T4中断	
比较器中断	
PWM中断	
PWM异常中断	最低

2. STC15W4K32S4 单片机的中断响应

中断响应是 CPU 对中断源中断请求的响应，包括保护断点和将程序转向中断响应后的入口地址(也称中断向量地址)。CPU 并非任何时刻都响应中断请求，而是在中断响应条件满足之后才会响应。

1）中断响应时间问题

中断源在中断允许的条件下发出中断请求后，CPU 肯定会响应中断，但若有下列任何一种情况存在，中断响应会受到阻断，并不同程度地增加 CPU 响应中断的时间。

(1) CPU 正在执行同级或高级优先级的中断。

(2) 正在执行 RETI 中断返回指令，或访问与中断有关的寄存器的指令，如访问 IE 和 IP 的指令。

(3) 当前指令未执行完。若存在上述任何一种情况，中断查询结果即被取消，CPU 不响应中断请求，而在下一指令周期继续查询。条件满足后，CPU 在下一指令周期响应中断。

在每个指令周期的最后时刻，CPU 对各中断源采样，并设置相应的中断标志位：CPU 在下一个指令周期的最后时刻按优先级顺序查询各中断标志，如查到某个中断标志为 1，将在下一个指令周期按优先级的高低顺序进行处理。

2）中断响应过程

中断响应过程包括保护断点和将程序转向中断服务程序的入口地址。

CPU 响应中断时，将相应的优先级状态触发器置 1，然后由硬件自动产生一个长调用指令 LCALL。此指令首先把断点地址压入堆栈保护，再将中断服务程序的入口地址送入程序计数器 PC，使程序转向相应的中断服务程序。

STC15W4K32S4 单片机各中断源中断响应的入口地址由硬件事先设定，如表 7-1-4 所示。

表 7-1-4　STC15W4K32S4 单片机各中断源中断响应的入口地址与中断号

中断源	入口地址(中断向量)	中断号
外部中断 0	0003H	0
定时器/计数器 T0 中断	000BH	1
外部中断 1	0013H	2
定时器/计数器 T1 中断	001BH	3
串行口 1 中断	0023H	4
A/D 转换中断	002BH	5
LVD 中断	0033H	6
PCA 中断	003BH	7
串行口 2 中断	0043H	8
SPI 中断	004BH	9
外部中断 2	0053H	10
外部中断 3	005BH	11
定时器 T2 中断	0063H	12
预留中断	006BH、0073H、007BH	13、14、15

续表

中　断　源	入口地址(中断向量)	中　断　号
外部中断 4	0083H	16
串行口 3 中断	008BH	17
串行口 4 中断	0093H	18
定时器 T3 中断	009BH	19
定时器 T4 中断	00A3H	20
比较器中断	00ABH	21
PWM 中断	00B3H	22
PWM 异常中断	00BBH	23

其中,中断号是在 C 语言程序中编写中断函数使用的。在中断函数中,中断号与各中断源是一一对应的,不能混淆。

3) 中断请求标志的撤除问题

CPU 响应中断请求后,即进入中断服务程序。在中断返回前,应撤除该中断请求,否则,会重复引起中断而导致错误。STC15W4K32S4 单片机各中断源中断请求撤除的方法不尽相同,分别如下所述。

(1) 定时器中断请求的撤除：对于定时器/计数器器 T0 或 T1 溢出中断,CPU 在响应中断后,由硬件自动清除其中断标志位 TF0 或 TF1,无须采取其他措施。

定时器 T2、T3、T4 中断的中断请求标志位被隐藏起来,对用户不可见。当相应的中断服务程序执行后,这些中断请求标志位也被自动清零。

(2) 串行口 1 中断请求的撤除：对于串行口 1 中断,CPU 在响应中断后,硬件不会自动清除中断请求标志位 TI 或 RI,必须在中断服务程序中判别出是 TI 还是 RI 引起的中断后,再用软件将其清除。

(3) 外部中断请求的撤除：外部中断 0 和外部中断 1 的触发方式由 ITx(x=0,1)设置,但无论其设置为 0 还是 1,都属于边沿触发。CPU 在响应中断后,由硬件自动清除其中断请求标志位 IE0 或 IE1,无须采取其他措施。外部中断 2、外部中断 3、外部中断 4 的中断请求标志虽然是隐含的,但同样属于边沿触发。CPU 在响应中断后,由硬件自动清除其中断标志位,无须采取其他措施。

(4) 电源低电压检测中断：其中断请求标志位在中断响应后不会自动清零,需要用软件清除。

3. 中断服务与中断返回

中断服务与中断返回通过执行中断服务程序完成。中断服务程序从中断入口地址开始执行,到返回指令 RETI 停止,一般包括四部分内容：保护现场、中断服务、恢复现场、中断返回。

(1) 保护现场：通常,主程序和中断服务程序都会用到累加器 A、状态寄存器 PSW 及其他一些寄存器。当 CPU 进入中断服务程序用到上述寄存器时,会破坏原来存储在寄存器中的内容。一旦中断返回,将导致主程序混乱。因此,在进入中断服务程序后,一般要先保护现场,即用入栈操作指令将需要保护的寄存器内容压入堆栈。

（2）中断服务：中断服务程序的核心部分是中断源的中断请求。

（3）恢复现场：在中断服务结束之后，中断返回之前，用出栈操作指令将保护现场中压入堆栈的内容弹回到相应的寄存器中。注意，弹出顺序必须与压入顺序相反。

（4）中断返回：中断返回是指中断服务完成后，计算机返回断开的位置（即断点），继续执行原来的程序。中断返回由中断返回指令 RETI 实现。该指令的功能是把断点地址从堆栈中弹出，送回到程序计数器 PC。此外，它还通知中断系统已完成中断处理，同时清除优先级状态触发器。特别要注意，不能用 RET 指令代替 RETI 指令。

编写中断服务程序时的注意事项如下。

（1）各中断源的中断响应入口地址之间只相隔 8 字节，中断服务程序的字节数往往大于 8 字节，因此在中断响应入口地址单元通常存放一条无条件转移指令，通过它转向执行存放在其他位置的中断服务程序。

（2）若要在执行当前中断服务程序时禁止其他更高优先级中断，需用软件关闭 CPU 中断，或用软件禁止相应的高优先级中断，在中断返回前再开放中断。

（3）在保护和恢复现场时，为了不使现场数据遭到破坏或造成混乱，一般规定此时 CPU 不再响应新的中断请求。因此，在编写中断服务程序时，要注意在保护现场前关中断；在保护现场后，若允许高优先级中断，再开中断。同样，在恢复现场前也应先关中断，恢复之后再开中断。

注：上述内容是按照汇编语言流程介绍的。对于使用 C 语言编程，中断函数是一种特殊的函数，每一种中断服务函数对应一个固定的中断号，如表 7-1-4 所示。

三、中断服务函数

1. 中断服务函数的定义

中断服务函数定义的一般形式为：

```
函数类型 函数名(形式参数表) interrupt n [using m]
```

其中，关键字 interrupt 后面的 n 是中断号，取值范围为 0～31。编译器从 8n+3 处产生中断向量，具体的中断号 n 和中断向量取决于不同的单片机芯片。

关键字 using 用于选择工作寄存器组；m 为对应的寄存器组号，取值为 0～3，对应 51 单片机的 0～3 寄存器组。

2. 单片机的常用中断源和中断向量

传统 8051 单片机各中断源的中断号和中断向量如表 7-1-5 所示，STC15W4K32S4 单片机各中断源的中断号如表 7-1-4 所示。

表 7-1-5　8051 单片机的常用中断源和中断向量表

中　断　源	中断号 n	中断向量 8n+3
外部中断 0	0	0003H
定时器/计数器中断 0	1	000BH
外部中断 1	2	0013H
定时器/计数器中断 1	3	001BH
串行口中断	4	0023H

3. 中断服务函数的编写规则

（1）中断函数不能进行参数传递。如果中断函数中包含任何参数声明，都将导致编译出错。

（2）中断函数没有返回值。如果企图定义一个返回值，将得到不正确的结果。因此，最好在定义中断函数时将其定义为 void 类型，以明确说明没有返回值。

（3）在任何情况下都不能直接调用中断函数，否则会产生编译错误。因为中断函数的返回是由 8051 单片机指令 RETI 完成的，RETI 指令影响 8051 单片机的硬件中断系统。

（4）如果中断函数中用到浮点运算，必须保存浮点寄存器的状态；当没有其他程序执行浮点运算时，可以不保存。

（5）如果在中断函数中调用了其他函数，被调用函数使用的寄存器组必须与中断函数相同。用户必须保证按要求使用相同的寄存器组，否则会产生不正确的结果。如果定义中断函数时没有使用 using 选项，由编译器选择一个寄存器组作为绝对寄存器组来访问。

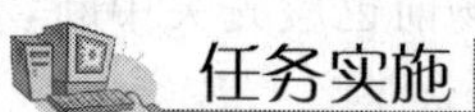

任务实施

一、任务要求

（1）将项目六任务 1 中的定时功能由查询方式改成中断方式实现。

（2）将项目六任务 3 中的定时功能由查询方式改成中断方式实现。

二、硬件设计

同项目六任务 1 和项目六任务 2 硬件电路。

三、软件设计

1. 秒表源程序：项目七任务 1_1.c

```
#include <stc15.h>              //包含支持 STC15W4K32S4 单片机的头文件
#include <intrins.h>
#include <gpio.h>               //I/O 初始化文件
#define uchar unsigned char
#define uint unsigned int
#include <display.h>
uchar cnt = 0;
uchar second = 0;
sbit k1 = P3^2;
void Timer0Init(void)          //50ms@12.000MHz,从 STC-ISP 在线编程软件定时器计算器工
                               //具中获得
{
    AUXR &= 0x7F;              //定时器时钟 12T 模式
```

```
    TMOD &= 0xF0;               //设置定时器模式
    TL0 = 0xB0;                 //设置定时初值
    TH0 = 0x3C;                 //设置定时初值
    TF0 = 0;                    //清除 TF0 标志
    TR0 = 1;                    //定时器 0 开始计时
}
void start(void)
{
    if(k1 == 1)
    {
        TR0 = 1;
    }
    else
        TR0 = 0;
}
void main(void)
{
    gpio();
    Timer0Init();
    ET0 = 1;
    EA = 1;
    while(1)
    {
        display();
        start();
    }
}
void T0_ISR() interrupt 1
{
    TF0 = 0;
    cnt++;
    if(cnt == 20)
    {
        cnt = 0;
        second++;
        if(second == 100)second = 0;
        Dis_buf[0] = second % 10;
        Dis_buf[1] = second/10;
    }
}
```

2. 简易频率计程序(项目七任务 1_2.c)

```
#include <stc15.h>              //包含支持 STC15W4K32S4 单片机的头文件
#include <intrins.h>
#include <gpio.h>               //I/O 初始化文件
#define uchar unsigned char
#define uint unsigned int
#include <display.h>
uint counter = 0;
```

```
uchar cnt = 0;
uchar temp1,temp2;
void T0_T1_ini(void)
{
    TMOD = 0x40;
    TH0 = (65536 - 50000)/256;
    TL0 = (65536 - 50000) % 256;
    TH1 = 0x00;
    TL1 = 0x00;
    TR0 = 1;
    TR1 = 1;
}
/* ---------主函数---------------- */
void main(void)
{
    gpio();
    T0_T1_ini();
    ET0 = 1;
    EA = 1;
    while(1)
    {
        Dis_buf[0] = counter % 10;
        Dis_buf[1] = counter/10 % 10;
        Dis_buf[2] = counter/100 % 10;
        Dis_buf[3] = counter/1000 % 10;
        Dis_buf[4] = counter/10000 % 10;
        display();
    }
}
void T0_ISR() interrupt 1        //T0 中断服务函数
{
    TF0 = 0;
    cnt++;
    if(cnt == 20)                //1s 到了,清零 50ms 计数变量,读 T1 值
    {
        cnt = 0;
        temp1 = TL1;
        temp2 = TH1;             //读取计数值
        TR1 = 0;
        TL1 = 0;
        TH1 = 0;
        TR1 = 1;
        counter = (temp2 << 8) + temp1;      //高、低 8 位计数值合并在 counter 变量中
    }
}
```

四、系统调试

（1）秒表的调试。电路与调试方法和要求同项目六任务 1。

（2）简易频率计的调试。电路与调试方法和要求同项目六任务 3。

修改程序，T1 由计数方式改为定时方式，并调试程序。

任务拓展

利用 T0 定时器的中断控制方式，设计一个倒计时秒表。倒计时时间分两挡：60s 和 100s。当倒计时为 0 时，声光报警。设置两个开关，一个用于设置倒计时时间，一个用于启动和复位。

任务 2　外部中断的应用编程

任务说明

外部中断是由外部事件或人为产生的，本任务主要学习外部中断的编程方法。

相关知识

STC15W4K32S4 单片机外部中断的初始化

STC15W4K32S4 单片机有 5 个外部中断。其中，外部中断 2、外部中断 3、外部中断 4 只有一种触发方式，即下降沿触发；外部中断 0、外部中断 1 有两种中断触发方式。

(1) 当 IT0(IT1)=0 时，外部中断 0(外部中断 1)是上升沿、下降沿都会触发，引发中断。

(2) 当 IT0(IT1)=1 时，外部中断 0(外部中断 1)是下降沿触发。

因此，在使用外部中断 0、外部中断 1 时，除要设置中断允许位和中断优先外，还要设置中断请求信号的触发方式。

外部中断 2、外部中断 3、外部中断 4 无中断优先控制位，固定为低级优先权，在初始化时，只需开放中断即可。

任务实施

一、任务要求

当外部中断 0 输入时，使 2 只红色 LED 的状态取反；当外部中断 1 输入时，使 2 只绿色 LED 的状态取反。

二、硬件设计

K1 用于输入外部中断 0 请求信号，K2 用于输入外部中断 1 请求信号。P1.0 和 P1.1 控制绿色 LED，P1.2 和 P1.3 控制红色 LED，电路原理图如图 7-2-1 所示。

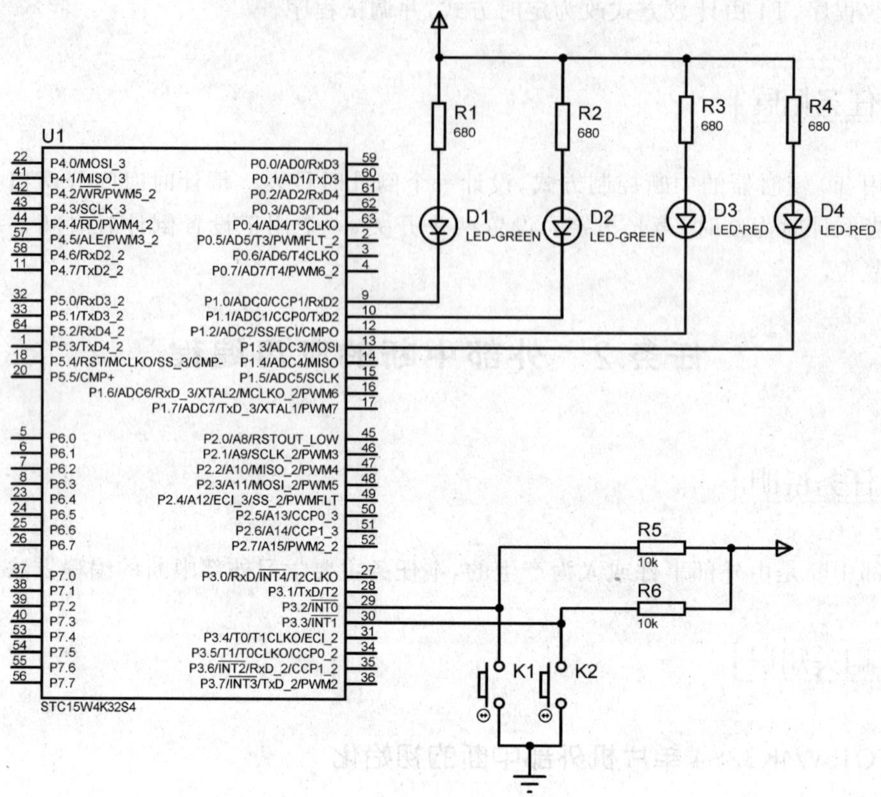

图 7-2-1 外部中断控制电路

三、软件设计

1. 程序说明

本任务程序的主要内容为：设置外部中断 0 与外部中断 1 的中断触发方式，开放外部中断 0 和外部中断 1，编写外部中断 0 函数与外部中断 1 函数。

2. 项目七任务 2 程序文件：项目七任务 2.c

```
#include <stc15.h>              //包含支持 STC15W4K32S4 单片机的头文件
#define uchar unsigned char
#define uint unsigned int
sbit Green_LED1 = P1^0;
sbit Green_LED2 = P1^1;
sbit Red_LED1 = P1^2;
sbit Red_LED2 = P1^3;
void main(void)
{
    gpio();
    IT0 = 1;
    IT1 = 1;
    EX0 = 1;
    EX1 = 1;
    EA = 1;
```

```
    while(1);
}
void INT0_ISR(void) interrupt 0
{
    Green_LED1 = !Green_LED1;
    Green_LED2 = !Green_LED2;
}
void INT1_ISR(void) interrupt 2
{
    Red_LED1 = !Red_LED1;
    Red_LED2 = !Red_LED2;
}
```

四、系统调试

1. 编辑、编译

用 Keil C 编辑、编译程序“项目七任务 2. c”，生成机器代码文件“项目七任务 2. hex”。

2. Proteus 仿真调试

(1) 按图 7-2-1 绘制电路。

(2) 将“项目七任务 2. hex”加载到 STC15W4K32S4 单片机中。

(3) 运行与调试程序：①按动 K1，观察绿色 LED 的显示状态并记录；②按动 K2，观察红色 LED 的显示状态并记录。

3. 实操与调试

在开发板上按图 7-2-1 连接电路，将文件“项目七任务 2. hex”下载到单片机中，并按 Proteus 仿真要求进行调试。

任务拓展

修改程序“项目二任务 3. c”，利用外部中断 0 增加流水灯的间隔时间，利用外部中断 1 减小流水灯的间隔时间。流水灯间隔时间的调整步长是 500ms。

任务 3　交通信号灯控制系统设计与实践

任务说明

利用软件延时和外部中断，设计一个实用电路：交通信号灯控制电路。

相关知识

外部中断源的扩展

STC15W4K32S4 单片机虽然有 5 个外部中断请求输入端：INT0、INT1、$\overline{\text{INT2}}$、

$\overline{\text{INT3}}$ 和 $\overline{\text{INT4}}$，但在实际应用中，若处理的外部事件比较多，需扩充外部中断源。下面介绍两种简单可行的方法。

1．用定时器作为外部中断源

STC15W4K32S4 单片机有 5 个通用定时器/计数器，具有 5 个内中断标志和外计数引脚。若在某些应用中不使用定时器，其中断可作为外部中断请求使用。此时，可将定时器设置成计数方式，计数初值设为满量程，则其计数输入端引脚发生负跳变时，计数器加 1 便产生溢出中断。利用此特性，可把 T0、T1、T2、T3 和 T4 引脚用作外部中断请求输入线，此时计数器的溢出标志即为对应外部中断源的中断请求标志。

2．中断和查询相结合

利用外部中断的中断请求与查询相结合的方法，可以实现将一根中断请求输入线扩展为多个外部中断源的中断请求输入线。即将多个外部中断源的中断请求信号通过或非门或者与门接入单片机的中断请求输入端，同时将各中断请求信号分别接到某个端口的引脚上。

当外部中断源的中断请求信号是上升沿有效时，拟采用或非门，如图 7-3-1 所示。当无外部中断请求时，外部中断的中断请求输入信号为低电平，或非门的输出（外部中断 0 的中断请求电平）为高电平；当外部中断的任一个中断源有中断请求时，该中断请求信号为高电平，即或非门的输出（外部中断 0 的中断请求电平）为低电平，产生一个下降沿，引发外部中断 0。在外部中断 0 函数中，依次查询各中断源的中断请求信号，即可判断出是哪一个中断源有中断请求，进而执行该中断源的中断服务程序。

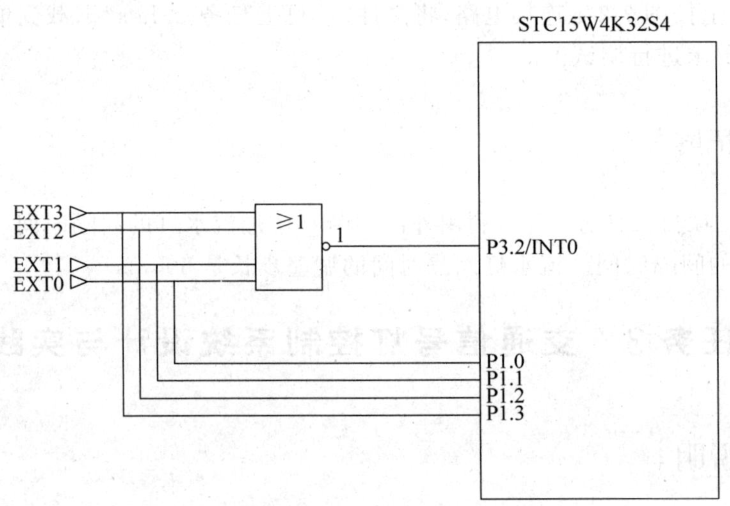

图 7-3-1　利用或非门扩展多个外部中断的原理图

当外部中断源的中断请求信号是下降沿有效时，拟采用与门，如图 7-3-2 所示。当无外部中断请求时，外部中断的中断请求输入信号为高电平，与门的输出（外部中断 0 的中断请求电平）为高电平；当外部中断的任一个中断源有中断请求时，该中断请求信号为低电平，即与门的输出（外部中断 0 的中断请求电平）为低电平，产生一个下降沿，引发外部中断 0。在外部中断 0 函数中，依次查询各中断源的中断请求信号，即可判断出是哪一个中断源有中断请求，进而执行该中断源的中断服务程序。

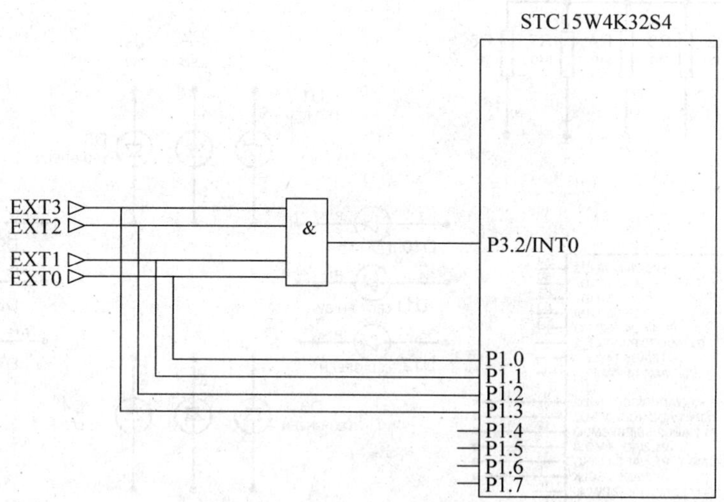

图 7-3-2　利用与门扩展多个外部中断的原理图

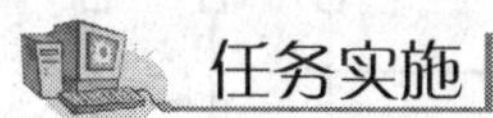

一、任务要求

用单片机设计一个交通信号灯控制系统，能够完成正常情况下的轮流放行，以及特殊情况和紧急情况下的红绿灯控制。

(1) 正常情况下，A、B 车道(A、B 车道交叉组成十字路口，A 是主车道，B 是支车道)轮流放行，A 车道放行 1min(其中 5s 用于警告)，B 车道放行 30s(其中 5s 用于警告)。

(2) 一车道有车而另一车道无车时，使有车车道放行。按下 K1 键，表示 A 车道有车，A 车道放行；按下 K2 键，表示 B 车道有车，B 车道放行。

(3) 按下 K3 键，表示有紧急车辆通过，A、B 车道均为红灯。

二、硬件设计

K1、K2 开关信号经与门形成外部中断 1 请求信号，开关 K3 形成外部中断 0 请求信号，用 6 只 LED 灯来模拟交通岗 A、B 通道对应的红、黄、绿信号灯，具体电路如图 7-3-3 所示。

6 只 LED 交通灯与 P1 端口的连接关系见表 7-3-1。

表 7-3-1　交通灯与 P1 端口的连接关系

A 车道			B 车道		
红	绿	黄	红	绿	黄
P1.0	P1.1	P1.2	P1.3	P1.4	P1.5

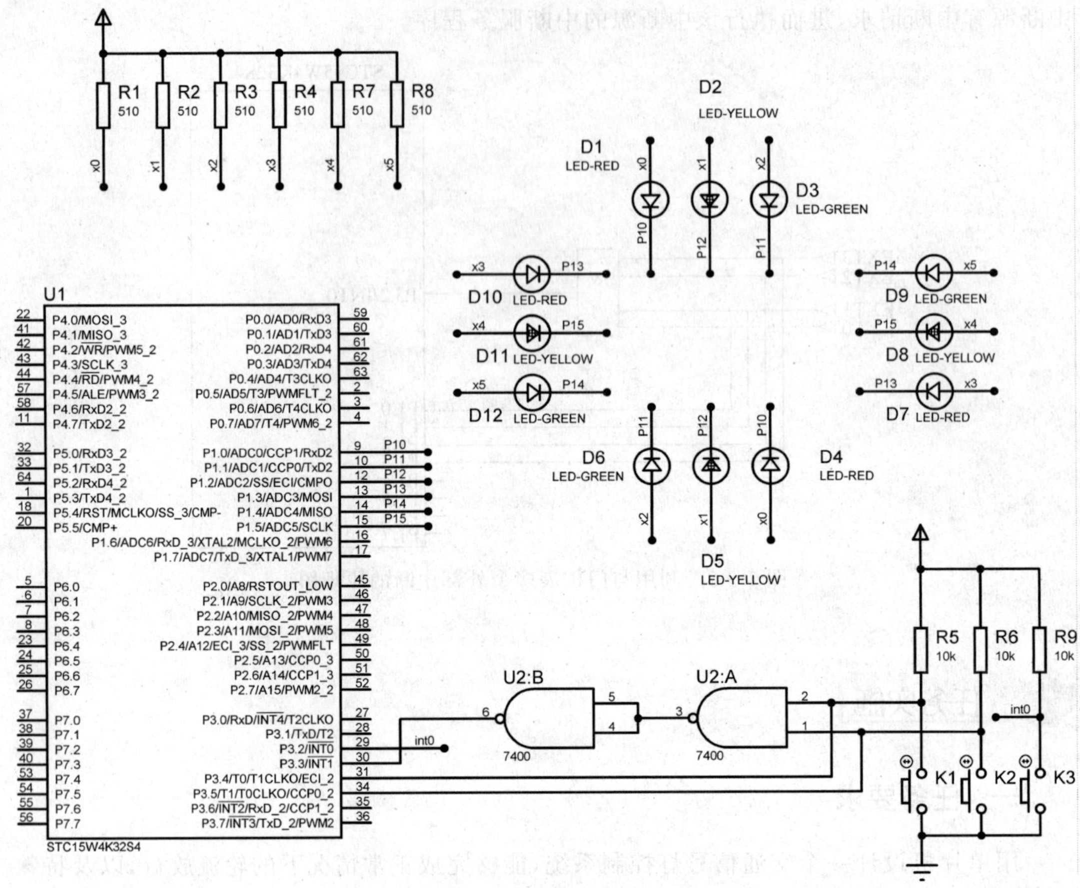

图 7-3-3　交通灯控制电路

三、软件设计

1. 编程思路

程序整体设计思路如下。

（1）正常情况下运行主程序，通过反复调用 0.5s 延时子程序来实现各种定时时间。

（2）一车道有车而另一车道无车时，采用外部中断 1 方式进入相应的中断服务程序，并设置该中断为低优先级中断。

（3）有紧急车辆通过时，采用外部中断 0 方式进入相应的中断服务程序，并设置该中断为高优先级中断，实现中断嵌套。

如图 7-3-4 所示为交通信号灯控制系统的程序流程图。

2. 项目七任务 3 程序文件：项目七任务 3.c

```
#include <stc15.h>                //包含支持 STC15W4K32S4 单片机的头文件
#include <intrins.h>
#include <gpio.h>                 //I/O 初始化文件
#define uchar unsigned char
```

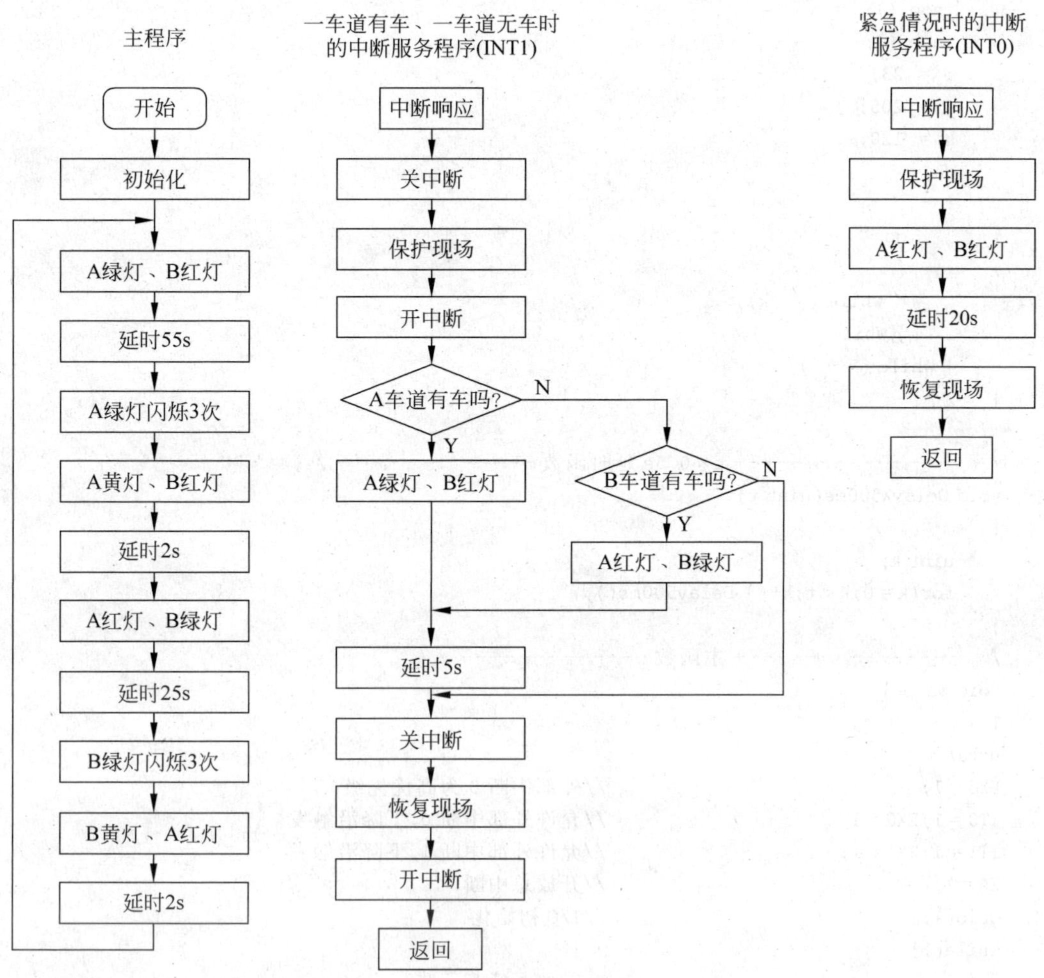

图 7-3-4　交通信号灯模拟控制系统程序流程图

```
#define uint  unsigned int
uchar x;
uchar Y;
sbit main_road_red = P1^0;          //主车道红灯
sbit main_road_green = P1^1;        //主车道绿灯
sbit main_road_yellow = P1^2;       //主车道黄灯
sbit branch_road_red = P1^3;        //支车道红灯
sbit branch_road_green = P1^4;      //支车道绿灯
sbit branch_road_yellow = P1^5;     //支车道黄灯
sbit k1 = P3^4;
sbit k2 = P3^5;
/* ---------------- 500ms 延时函数 -------------- */
void Delay500ms()//@12MHz
{
    unsigned char i, j, k;
```

```
        _nop_();
        _nop_();
        i = 23;
        j = 205;
        k = 120;
        do
        {
            do
            {
              while (--k);
            } while (--j);
        } while (--i);
    }

    /* ---------------- t×0.5s 延时函数 ------------ */
    void DelayX500ms(uint t)
    {
        uint k;
        for(k = 0;k < t;k++) Delay500ms();
    }
    /* ---------------- 主函数 ------------- */
    void main()
    {
    uchar m;
    PX0 = 1;                              //外部中断 0 为高优先级
    IT0 = 1;EX0 = 1;                      //允许外部中断 0,下降沿触发
    IT1 = 1;EX1 = 1;                      //允许外部中断 1,下降沿触发
    EA = 1;                               //开放总中断
    gpio();                               //I/O 初始化
    while(1)
      {
        main_road_red = 1;                //主车道通行 55s
        main_road_green = 0;
        main_road_yellow = 1;
        branch_road_red = 0;
        branch_road_green = 1;
        branch_road_yellow = 1;
        DelayX500ms(110);
        for(m = 0;m < 6;m++)              //主车道绿灯闪烁 6 次
        {
            main_road_green = !main_road_green;
            DelayX500ms(1);
        }
        main_road_green = 1;
        main_road_yellow = 0;             //主车道黄灯 2s
        DelayX500ms(4);
        main_road_red = 0;                //支车道通行 25s
        main_road_green = 1;
        main_road_yellow = 1;
```

```
        branch_road_red = 1;
        branch_road_green = 0;
        branch_road_yellow = 1;
        DelayX500ms(50);
        for(m = 0;m < 6;m++)            //支车道绿灯闪烁 6 次
        {
            branch_road_green = !branch_road_green;
            DelayX500ms(1);
        }
        branch_road_green = 1;          //支车道黄灯 2s
        branch_road_yellow = 0;
        DelayX500ms(4);
    }
}
/* ----------------- 外部中断 0 函数,紧急车辆通行 ------------- */
void Ex0_int() interrupt 0
{
    Y = P1;                             //保存进入中断前的交通灯状态
    main_road_red = 0;                  //主车道、支车道皆为红灯,以备紧急车辆通行
    main_road_green = 1;
    main_road_yellow = 1;
    branch_road_red = 0;
    branch_road_green = 1;
    branch_road_yellow = 1;
    DelayX500ms(40);                    //保持 20s
    while(P32 == 0);                    //等待本次中断信号结束。若需要更长的时间,保持按键
                                        //为低电平
    P1 = Y;                             //恢复进入中断前的交通灯状态
}
/* ----------------- 外部中断 1 函数,强行选择车道通行 -------------- */
void Ex1_int() interrupt 2
{
    EA = 0;
    x = P1;                             //保存进入中断前的交通灯状态
    EA = 1;
    if(k1 == 0)
    {
        main_road_red = 1;              //主车道通行
        main_road_green = 0;
        main_road_yellow = 1;
        branch_road_red = 0;
        branch_road_green = 1;
        branch_road_yellow = 1;
    }
    if(k2 == 0)
    {
        main_road_red = 0;              //支车道通行
        main_road_green = 1;
        main_road_yellow = 1;
```

```
        branch_road_red = 1;
        branch_road_green = 0;
        branch_road_yellow = 1;
    }
    DelayX500ms(10);                //保持5s
    while(P33 == 0);                //等待本次中断信号结束。若需要更长的时间,保持按键
                                    //为低电平
    EA = 0;
    P1 = x;                         //恢复进入中断前的交通灯状态
    EA = 1;
}
```

四、系统调试

1. 编辑、编译

用Keil C编辑、编译程序“项目七任务3.c”,生成机器代码文件“项目七任务3.hex”。

2. Proteus仿真调试

(1) 按图7-3-3绘制电路。

(2) 将“项目七任务3.hex”加载到STC15W4K32S4单片机中。

(3) 运行与调试程序。

① 检查正常运行的交通灯效果。

② 当有紧急通行任务时,按K3键,检查交通的运行情况。

③ 当在B车道放行时,但B车道无车,A车道有车,按K1键,检查交通灯的运行情况。

④ 当在A车道放行时,但A车道无车,B车道有车,按K2键,检查交通灯的运行情况。

提示:为了提高调试效率,可将交通灯各阶段时间缩小进行调试,各功能无误后再恢复原来的时间,并进行最后的确认调试。

3. 实操与调试

在开发板上连接电路,将文件“项目七任务3.hex”下载到单片机中,并按Proteus仿真要求进行调试。

任务拓展

(1) 改用定时器来控制正常通行时间。

(2) 添加一个计时器,显示通道的通行时间。

习　题

一、填空题

1. CPU面向I/O口的服务方式包括________、________与DMA通道3种。
2. 中断过程包括中断请求、________、________与中断返回4个工作过程。
3. 在中断服务方式中,CPU与I/O设备是________工作的。

4. 根据中断请求能否被 CPU 响应，分为非屏蔽中断和________两种类型。STC15W4K32S4 单片机的所有中断都属于________。

5. 若要求 T0 中断，除对 ET0 置 1 外，还需对________置 1。

6. STC15W4K32S4 单片机的中断优先权分为________个等级。当处于同一个中断优先级时，前 5 个中断的自然优先顺序由高到低是________、T0 中断、________、________、串行口 1 中断。

7. 外部中断 0 中断请求信号输入引脚是________，外部中断 1 中断请求信号输入引脚是________。外部中断 0、外部中断 1 的触发方式有________和________两种类型。当 IT0＝1 时，外部中断 0 的触发方式是________。

8. 外部中断 2 中断请求信号输入引脚是________，外部中断 3 中断请求信号输入引脚是________，外部中断 4 中断请求信号输入引脚是________。外部中断 2、外部中断 3、外部中断 4 的中断触发方式只有一种类型，属于________触发方式。

9. 对于 T0、T1、T2、T3、T4 中断源的中断请求标志，在中断响应后，相应的中断请求标志________自动清零。

10. 对于外部中断 0、外部中断 1、外部中断 2、外部中断 3、外部中断 4 中断源的中断请求标志，在中断响应后，相应的中断请求标志________自动清零。

11. 串行口 1 的中断包括________和________两个中断源，对应两个中断请求标志。串行口 1 的中断请求标志在中断响应后________自动清零。

12. 中断函数定义的关键字是________。

13. 外部中断 0 的中断向量地址、中断号分别是________和________。

14. 外部中断 1 的中断向量地址、中断号分别是________和________。

15. T0 中断的中断向量地址、中断号分别是________和________。

16. T1 中断的中断向量地址、中断号分别是________和________。

17. 串行口 1 中断的中断向量地址、中断号分别是________和________。

18. 利用 STC15W4K32S4 单片机定时器/计数器扩展外部中断源的方法是让定时器/计数器工作在________状态，初始值设置为________，此时定时器/计数器的计数输入引脚即为外部中断源中断请求信号输入引脚。

二、选择题

1. 执行语句“EA＝1；EX0＝1；EX1＝1；ES＝1；”后，叙述正确的是________。

A. 外部中断 0、外部中断 1、串行口 1 允许中断

B. 外部中断 0、T0、串行口 1 允许中断

C. 外部中断 0、T1、串行口 1 允许中断

D. T0、T1、串行口 1 允许中断

2. 执行语句“PS＝1；PT1＝1；”后，按照中断优先权由高到低排序，正确的是________。

A. 外部中断 0→T0 中断→外部中断 1→T1 中断→串行口 1 中断

B. 外部中断 0→T0 中断→T1 中断→外部中断 1→串行口 1 中断

C. T1 中断→串行口 1 中断→外部中断 0→T0 中断→外部中断 1

D. T1 中断→串行口 1→T0 中断→中断外部中断 0→外部中断 1

3. 执行语句“PS=1;PT1=1;”后，叙述正确的是________。
A. 外部中断1能中断正在处理的外部中断0
B. 外部中断0能中断正在处理的外部中断1
C. 外部中断1能中断正在处理的串行口1中断
D. 串行口1中断能中断正在处理的外部中断1

4. 现要求允许T0中断，并设置为高级，下列代码正确的是________。
A. ET0=1;EA=1;PT0=1;　　B. ET0=1;IT0=1;PT0=1;
C. ET0=1;EA=1;IT0=1;　　D. IT0=1;EA=1;PT0=1;

5. 当IT0=1时，外部中断0的触发方式是________。
A. 高电平触发　　B. 低电平触发
C. 下降沿触发　　D. 上升沿、下降沿皆触发

6. 当IT1=1时，外部中断1的触发方式是________。
A. 高电平触发　　B. 低电平触发
C. 下降沿触发　　D. 上升沿、下降沿皆触发

三、判断题

1. 在STC15W4K32S4单片机中，只要中断源有中断请求，CPU一定会响应该中断请求。（　　）
2. 当某中断请求允许位为1，且CPU中断允许位(EA)为1时，该中断源有中断请求，CPU一定会响应该中断。（　　）
3. 某中断源在中断允许的情况下，若有中断请求，CPU会马上响应该中断请求。（　　）
4. CPU响应中断的首要任务是保护断点地址，然后自动转到该中断源对应的中断向量地址处执行程序。（　　）
5. 外部中断0的中断号是1。（　　）
6. T1中断的中断号是3。（　　）
7. 在同级中断中，外部中断0能中断正在处理的串行口1中断。（　　）
8. 高优先级中断能中断正在处理的低优先级中断。（　　）
9. 中断函数中能传递参数。（　　）
10. 中断函数能返回任何类型的数据。（　　）
11. 中断函数定义的关键字是using。（　　）
12. 在主函数中，能主动调用中断函数。（　　）

四、问答题

1. 影响CPU响应中断时间的因素有哪些？
2. 相比查询服务方式，中断服务有哪些优势？
3. 一个中断系统应具备哪些功能？
4. 什么叫断点地址？
5. STC15W4K32S4单片机有几个中断优先等级？按照自然优先权，由高到低前5个中断是什么？
6. 要开放一个中断，应如何编程？

7. 在中断响应后，按照自然优先权由高到低前 5 个中断的中断请求标志的状态是怎样的？需要做什么处理？

8. 定义中断函数的关键字是什么？函数类型、参数列表一般取什么？

五、程序设计题

1. 利用 T2 定时，在 P1.7 引脚输出周期为 1s 的方波。

2. 利用 T1 定时，采用中断方式，在 P1.6 引脚输出周期为 1s，占空比为 0.6 的矩形波。

3. 利用 T0 定时产生秒信号，T1 统计 T0 定时产生的秒信号，T1 的计数值采用 LED 数码管显示。画出硬件电路图，编写程序并上机调试。

4. 设计一个流水灯，流水灯初始时间间隔为 500ms。用外部中断 0 增加时间间隔，上限值为 2s；用外部中断 1 减小时间间隔，下限值为 100ms，调整步长为 100ms。画出硬件电路图，编写程序并上机调试。

5. 利用外部中断 2、外部中断 3 设计加、减计数器，计数值采用 LED 数码管显示。每产生一次外部中断 2，计数值加 1；每产生一次外部中断 3，计数值减 1。画出硬件电路图，编写程序并上机调试。

6. 利用 T2、T3 设计一个频率计，T4 输出可编程时钟，用自己设计的频率计测量 T4 输出的可编程时钟。用外部中断 0 增加输出频率，外部中断 1 减小输出频率，步长、上限、下限值自定义。画出硬件电路图，并上机调试。

项目八 Project 8

STC15W4K32S4单片机的串行通信

串行通信是单片机与外界交换信息的一种基本通信方式。串行通信对单片机而言意义重大,不但可以实现将单片机的数据传输到计算机端,而且能实现计算机对单片机的控制。由于其所需电缆线少,接线简单,所以在较远距离传输中,串行通信应用广泛。

本项目通过单片机双机通信、单片机与PC通信以及多机通信实例,学习单片机串行通信相关知识和编程方法。

知识点:

- 串行通信的分类和制式。
- 异步通信的字符帧结构与波特率。
- 串行通信的总线标准和接口。
- STC15W4K32S4 单片机串行口的工作方式与控制寄存器。
- STC15W4K32S4 单片机双机通信与多机通信。

技能点:

- STC15W4K32S4 单片机串行口控制寄存器的设置。
- 串行通信波特率的选择与设计。
- STC15W4K32S4 单片机双机通信与多机通信程序设计。
- STC15W4K32S4 单片机与 PC 通信的程序设计。

任务1 STC15W4K32S4 单片机的双机通信

任务说明

在本任务中,一是掌握微型计算机串行通信的基本知识;二是掌握 STC15W4K32S4 单片机的串行通信技术以及编程方法。STC15W4K32S4 单片机有 4 个串行口,其基本原理与控制基本一致。本任务主要介绍串行口 1。

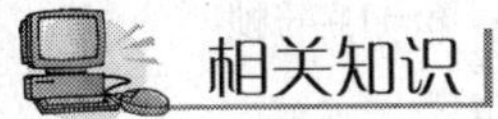

一、串行通信基础

通信是人们传递信息的方式。计算机通信是将计算机技术和通信技术相结合，完成计算机与外部设备或计算机与计算机之间的信息交换。信息交换方式分为两种：并行通信与串行通信。

并行通信是将数据字节的各位用多条数据线同时传送，如图 8-1-1(a)所示。并行通信的特点是：控制简单，传送速度快，但由于传输线较多，长距离传送时成本较高，因此仅适用于短距离传送。

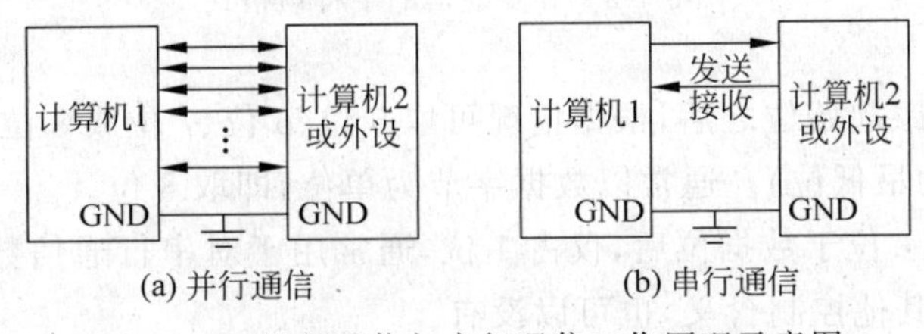

图 8-1-1　并行通信与串行通信工作原理示意图

串行通信是将数据字节分成一位一位的形式在一条传输线上逐个传送，如图 8-1-1(b)所示。串行通信的特点是：传送速度慢，但传输线少，长距离传送时成本较低。因此，串行通信适用于长距离传送。

1. 串行通信的分类

按照串行通信数据的时钟控制方式，串行通信分为异步通信和同步通信两类。

1) 异步通信

在异步通信(Asynchronous Communication)中，数据通常以字符(或字节)为单位组成字符帧传送。字符帧由发送端一帧一帧地发送，通过传输线为接收设备一帧一帧地接收。发送端和接收端由各自的时钟来控制数据的发送和接收。这两个时钟源彼此独立，互不同步，但要求传送速率一致。在异步通信中，两个字符之间的传输间隔是任意的，所以每个字符的前、后都要用一些数位来作为分隔位。

发送端和接收端依靠字符帧格式来协调数据的发送和接收。在通信线路空闲时，发送线为高电平(逻辑“1”)；当接收端检测到传输线上发送过来的低电平逻辑“0”(字符帧中的起始位)时，就知道发送端已开始发送；当接收端接收到字符帧中的停止位(实际上是按一个字符帧约定的位数确定的)时，就知道一帧字符信息发送完毕。

在异步通信中，字符帧格式和波特率是两个重要指标，由用户根据实际情况选定。

(1) 字符帧(Character Frame)：也叫数据帧，由起始位、数据位(纯数据或数据加校验位)和停止位三部分组成，如图 8-1-2 所示。

① 起始位：位于字符帧开头，只占 1 位，始终为逻辑“0”(低电平)，用于向接收设备表示发送端开始发送一帧信息。

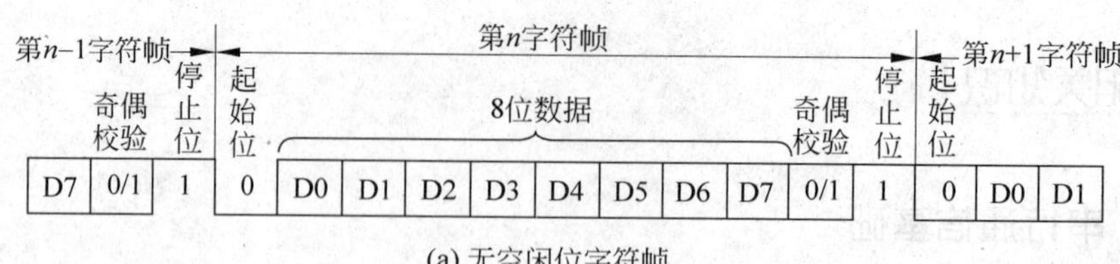

(a) 无空闲位字符帧

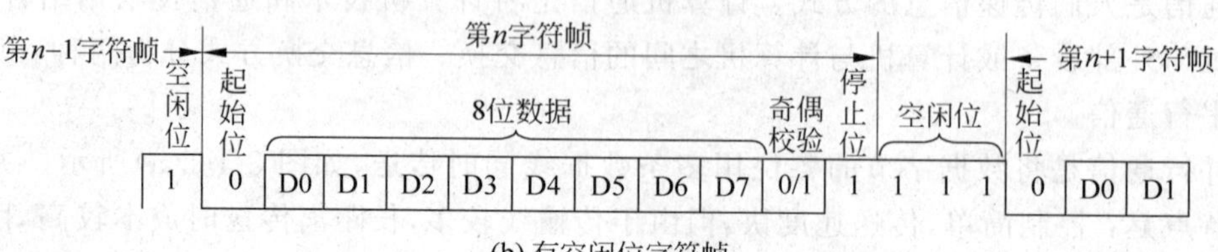

(b) 有空闲位字符帧

图 8-1-2　异步通信的字符帧格式

② 数据位：紧跟起始位之后，根据情况可取 5 位、6 位、7 位或 8 位，低位在前，高位在后(即先发送数据的最低位)。通常以数据字节为单位，即取 8 位。

③ 奇偶校验位：位于数据位后，仅占 1 位，通常用于对串行通信数据进行奇偶校验。可以由用户定义为其他控制含义，也可以没有。

④ 停止位：位于字符帧末尾，为逻辑"1"(高电平)，通常可取 1 位、1.5 位或 2 位，用于向接收端表示一帧字符信息已发送完毕，为发送下一帧字符做准备。发送空闲之间维持高电平。

在串行通信中，发送端一帧一帧地发送信息，接收端一帧一帧地接收信息。两个相邻字符帧之间可以无空闲位，也可以有若干空闲位，由用户根据需要决定。图 8-1-2(b)所示为有 3 个空闲位的字符帧格式。

(2) 波特率(Baud Rate)：异步通信的另一个重要指标。

波特率为每秒传送二进制数码的位数，也叫比特率，单位为 b/s 或 bps，即位/秒。波特率用于表征数据传输的速度，波特率越高，数据传输速度越快。但波特率和字符的实际传输速率不同，字符的实际传输速率是每秒内所传字符帧的帧数，与字符帧格式有关。例如，波特率为 1200b/s 的通信系统，若采用图 8-1-2(a)所示的字符帧，每一字符帧包含 11 位数据，则字符的实际传输速率为 1200/11=109.09(f/s)；若改用图 8-1-2(b)所示的字符帧，每一字符帧包含 14 位数据，其中含 3 位空闲位，则字符的实际传输速率为 1200/14=85.71(f/s)。

异步通信的优点是不需要传送同步时钟，字符帧长度不受限制，故设备简单；缺点是字符帧中包含起始位和停止位，降低了有效数据的传输速率。

2) 同步通信

同步通信(Synchronous Communication)是一种连续串行传送数据的通信方式，一次通信传输一组数据(包含若干个字符数据)。同步通信时要建立发送方时钟对接收方时钟的直接控制，使双方达到完全同步。在发送数据前，先要发送同步字符，再连续地发送数据。同步字符有单同步字符和双同步字符之分，如图 8-1-3(a)和图 8-1-3(b)所示。同步通信的字符帧由同步字符、数据字符和校验字符 CRC 三部分组成。在同步通信中，同步字符可以采用统一的标准格式，也可以由用户约定。

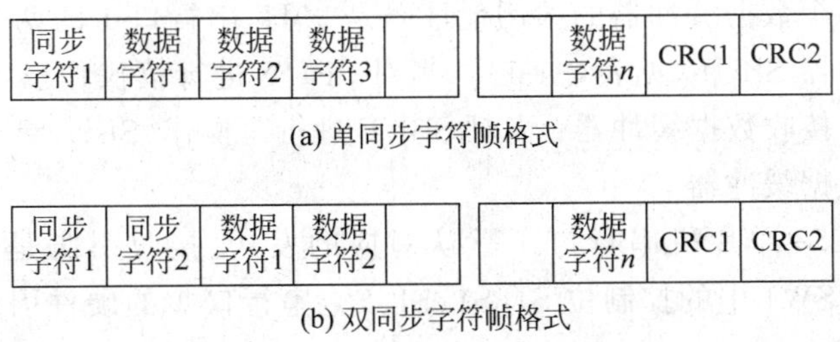

图 8-1-3　同步通信的字符帧格式

同步通信的数据传输速率较高，缺点是要求发送时钟和接收时钟必须保持严格同步，硬件电路较为复杂。

2. 串行通信的传输方向

在串行通信中，数据在两个站之间传送。按照数据传送方向及时间关系，串行通信分为单工(Simplex)、半双工(Half Duplex)和全双工(Full Duplex)三种制式，如图 8-1-4 所示。

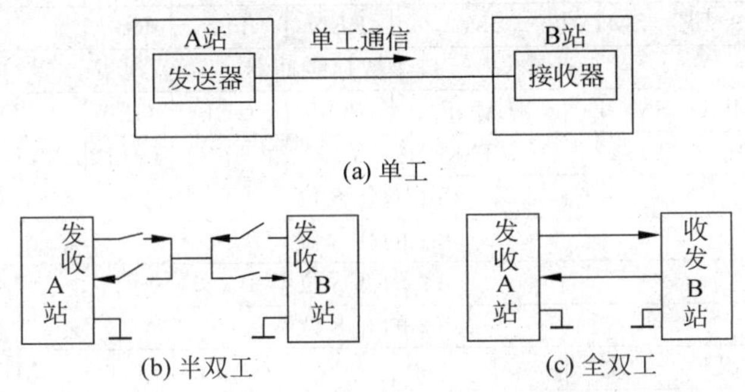

图 8-1-4　单工、半双工和全双工三种传输方向

(1) 单工制式：通信线路的一端接发送器，另一端接接收器，数据只能按照固定的方向传送，如图 8-1-4(a)所示。

(2) 半双工制式：系统的每个通信设备都由一个发送器和一个接收器组成，如图 8-1-4(b)所示。在这种制式下，数据能从 A 站传送到 B 站，也可以从 B 站传送到 A 站，但是不能同时在两个方向上传送，即只能一端发送，一端接收。其收发开关一般是由软件控制的电子开关。

(3) 全双工制式：通信系统的每端都有发送器和接收器，且可以同时发送和接收，即数据可以在两个方向上同时传送，如图 8-1-4(c)所示。

二、STC15W4K32S4 单片机的串行口 1

STC15W4K32S4 单片机内部有 4 个可编程全双工串行通信接口，它们具有 UART 的全部功能。每个串行口由两个数据缓冲器、一个移位寄存器、一个串行控制器和一个波特率发生器组成。每个串行口的数据缓冲器由两个相互独立的接收、发送缓冲器构成，可以同时发送和接收数据。发送数据缓冲器只能写入而不能读出，接收缓冲器只能读出而不能写入，因此两个缓冲器可以共用一个地址码。

串行口 1 的两个数据缓冲器的共用地址码是 99H，串行口 1 的两个数据缓冲器统称串行口 1 数据缓冲器 SBUF(见表 8-1-1)。当对 SBUF 进行读操作(x＝SBUF;)时，操作对象是串行口 1 的接收数据缓冲器；当对 SBUF 进行写操作(SBUF＝x;)时，操作对象是串行口 1 的发送数据缓冲器。

STC15W4K32S4 单片机串行口 1 默认对应的发送、接收引脚是 TxD/P3.1、RxD/P3.0，通过设置 P_SW1 中的控制位 S1_S1、S1_S0，串行口 1 的硬件引脚 TxD、RxD 可切换为 P1.7、P1.6 或 P3.7、P3.6。

1. 串行口 1 的控制寄存器

与单片机串行口 1 有关的特殊功能寄存器有：单片机串行口 1 的控制寄存器、与波特率设置有关的定时器/计数器(T1/T2)相关寄存器、与中断控制相关的寄存器，详见表 8-1-1。

表 8-1-1　与单片机串行口 1 有关的特殊功能寄存器

	地址	B7	B6	B5	B4	B3	B2	B1	B0	复位值
SCON	98H	SM0/FE	SM1	SM2	REN	TB8	RB8	TI	RI	0000 0000
SBUF	99H	串行口 1 数据缓冲器								
PCON	87H	SMOD	SMOD0	LVDF	POF	GF1	GF0	PD	IDL	0011 0000
AUXR	8EH	T0x12	T1x12	UART_M0x6	T2R	T2_C/$\overline{T}$	T2x12	EXTRAM	S1ST2	0000 0000
TL1	8AH	T1 的低 8 位								0000 0000
TH1	8BH	T1 的高 8 位								0000 0000
T2L	D7H	T2 的低 8 位								0000 0000
T2H	D6	T2 的高 8 位								0000 0000
TMOD	89H	GATE	C/$\overline{T}$	M1	M0	GATE	C/$\overline{T}$	M1	M0	0000 0000
TCON	88H	TF1	TR1	TF0	TR0	IE1	IT1	IE0	IT0	0000 0000
IE	A8H	EA	ELVD	EADC	ES	ET1	EX1	ET0	EX0	0000 0000
IP	B8H	PPCA	PLVD	PADC	PS	PT1	PX1	PT0	PX0	0000 0000
P_SW1 (AUXR1)	A2H	S1_S1	S1_S0	CCP_S1	CCP_S0	SPI_S1	SPI_S0	0	DPS	0000 0000

1）串行口 1 控制寄存器 SCON

串行口 1 控制寄存器 SCON 用于设定串行口 1 的工作方式、允许接收控制以及设置状态标志。字节地址为 98H，可进行位寻址。单片机复位时，所有位全为 0，其格式如下。

	地址	B7	B6	B5	B4	B3	B2	B1	B0	复位值
SCON	98H	SM0/FE	SM1	SM2	REN	TB8	RB8	TI	RI	0000 0000

各位的说明如下。

(1) SM0/FE、SM1。

① PCON 寄存器中的 SMOD0 位为 1 时，SM0/FE 用于帧错误检测。当检测到一个

无效停止位时，通过UART接收器设置该位。它必须由软件清零。

② PCON寄存器中的SM0D0为0时，SM0/FE和SM1一起指定串行口1的工作方式，如表8-1-2所示(其中，f_{SYS}为系统时钟频率)。

表8-1-2　串行方式选择位

SM0 SM1	工作方式	功　能	波　特　率
0　0	方式0	8位同步移位寄存器	$f_{SYS}/12$ 或 $f_{SYS}/2$
0　1	方式1	10位UART	可变，取决于T1或T2的溢出率
1　0	方式2	11位UART	$f_{SYS}/64$ 或 $f_{SYS}/32$
1　1	方式3	11位UART	可变，取决于T1或T2的溢出率

(2) SM2：多机通信控制位，用于方式2和方式3。若方式2和方式3处于接收状态，若SM2=1，且接收到的第9位数据RB8为0时，不激活RI；当SM2=1，且RB8=1时，置位RI标志。若方式2和方式3处于接收状态，且SM2=0，不论接收到的第9位RB8为0还是为1，RI都以正常方式被激活。

注：串行接收中，不激活RI，意味着无法接收串行接收缓冲器中的数据，即数据丢失。

(3) REN：允许串行接收控制位。由软件置位或清零。REN=1时，启动接收；REN=0时，禁止接收。

(4) TB8：在方式2和方式3中，串行发送数据的第9位，由软件置位或复位。可作为奇偶校验位。在多机通信中，作为区别地址帧或数据帧的标识位。一般约定地址帧时，TB8为1；数据帧时，TB8为0。

(5) RB8：在方式2和方式3中，是串行接收到的第9位数据，作为奇偶校验位或地址帧、数据帧的标识位。

(6) TI：发送中断标志位。在方式0中，发送完8位数据后，由硬件置位；在其他方式中，在发送停止位之初由硬件置位。TI是发送完一帧数据的标志，既可以用查询的方法，也可以用中断的方法来响应该标志，然后在相应的查询服务程序或中断服务程序中由软件清除TI。

(7) RI：接收中断标志位。在方式0中，接收完8位数据后，由硬件置位；在其他方式中，在接收停止位的中间由硬件置位。RI是接收完一帧数据的标志，同TI一样，既可以用查询的方法，也可以用中断的方法来响应该标志，然后在相应的查询服务程序或中断服务程序中由软件清除RI。

2) 电源及波特率控制寄存器PCON

PCON主要是为单片机的电源控制而设置的专用寄存器，不可以位寻址，字节地址为87H，复位值为30H。其中，SMOD、SMOD0与串行口1控制有关，其格式与说明如下所示。

	地址	B7	B6	B5	B4	B3	B2	B1	B0	复位值
PCON	87H	SMOD	SMOD0	LVDF	POF	GF1	GF0	PD	IDL	0011 0000

（1）SMOD：SMOD为波特率倍增系数选择位。在方式1、方式2和方式3时，串行通信的波特率与SMOD有关。当SMOD=0时，通信速度为基本波特率；当SMOD=1时，通信速度为基本波特率的2倍。

（2）SMOD0：帧错误检测有效控制位。SMOD0=1，SCON寄存器中的SM0/FE用于帧错误检测（FE）；SMOD0=0，SCON寄存器中的SM0/FE用于SM0功能，与SM1一起指定串行口1的工作方式。

3）辅助寄存器AUXR

辅助寄存器AUXR的格式如下。

	地址	B7	B6	B5	B4	B3	B2	B1	B0	复位值
AUXR	8EH	T0x12	T1x12	UART_M0x6	T2R	T2_C/$\overline{\text{T}}$	T2x12	EXTRAM	S1ST2	0000 0000

（1）UART_M0x6：串行口1方式0通信速度设置位。UART_M0x6=0，串行口方式0的通信速度与传统8051单片机一致，波特率为系统时钟频率的12分频，即$f_{SYS}/12$；UART_M0x6=1，串行口1方式0的通信速度是传统8051单片机通信速度的6倍，波特率为系统时钟频率的2分频，即$f_{SYS}/2$。

（2）S1ST2：当串行口1工作在方式1、方式3时，S1ST2为串行口1波特率发生器选择控制位。S1ST2=0时，选择定时器T1为波特率发生器；S1ST2=1，选择定时器T2为波特率发生器。

（3）T1x12、T2R、T2_C/$\overline{\text{T}}$、T2x12：与定时器T1、T2有关的控制位，相关控制功能在T1、T2的学习中已有详细介绍，这里不再赘述。

2. 串行口1的工作方式

STC15W4K32S4单片机串行口1有4种工作方式，当SMOD0=0时，通过设置SCON中的SM0、SM1位来选择。

1）方式0

在方式0下，串行口作为同步移位寄存器用，其波特率为$f_{SYS}/12$（UART_M0x6为0时）或$f_{SYS}/2$（UART_M0x6为1时）。串行数据从RxD(P3.0)端输入或输出，同步移位脉冲由TxD(P3.1)送出。这种方式常用于扩展I/O口。

（1）发送：当TI=0，一个数据写入串行口1发送缓冲器SBUF时，串行口1将8位数据以$f_{SYS}/12$或$f_{SYS}/2$的波特率从RxD引脚输出（低位在前）。发送完毕，置位中断请求标志TI，并向CPU请求中断。再次发送数据之前，必须由软件清零TI标志。方式0发送时序如图8-1-5所示。

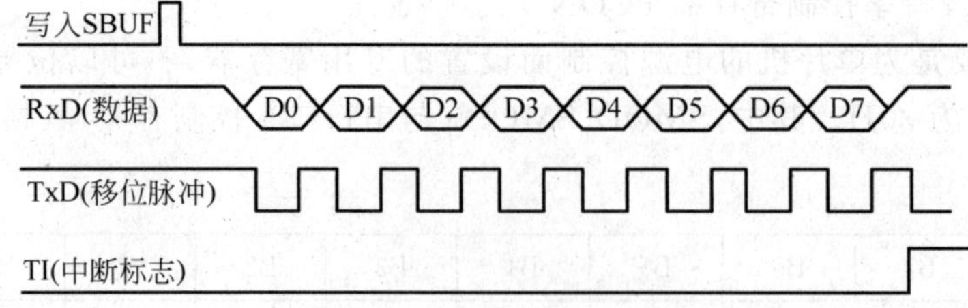

图8-1-5 方式0发送时序

方式 0 发送时，串行口 1 可以外接串行输入并行输出的移位寄存器，如 74LS164、CD4094、74HC595 等芯片，用来扩展并行输出口，其逻辑电路如图 8-1-6 所示。

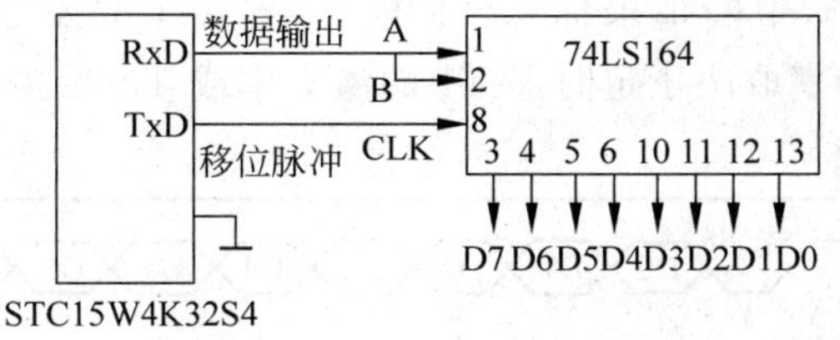

图 8-1-6　方式 0 扩展输出口

(2) 接收：当 RI＝0 时，置位 REN，串行口开始从 RxD 端以 $f_{SYS}/12$ 或 $f_{SYS}/2$ 的波特率输入数据(低位在前)。接收完 8 位数据后，置位中断请求标志 RI，并向 CPU 请求中断。再次接收数据之前，必须由软件清零 RI 标志。方式 0 接收时序如图 8-1-7 所示。

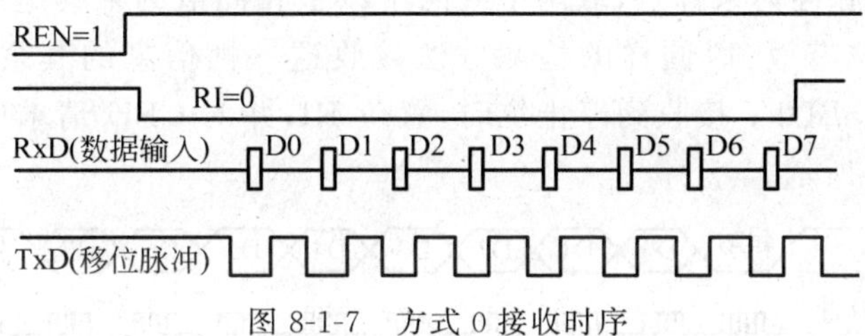

图 8-1-7　方式 0 接收时序

方式 0 接收时，串行口可以外接并行输入串行输出的移位寄存器，如 74LS165 芯片，用来扩展并行输入口，其逻辑电路如图 8-1-8 所示。

值得注意的是，每当发送或接收完 8 位数据后，硬件会自动置位 TI 或 RI。CPU 响应 TI 或 RI 中断后，必须由用户用软件清零。方式 0 时，SM2 必须为 0。串行控制寄存器 SCON 中的 TB8 和 RB8 在方式 0 中未用。

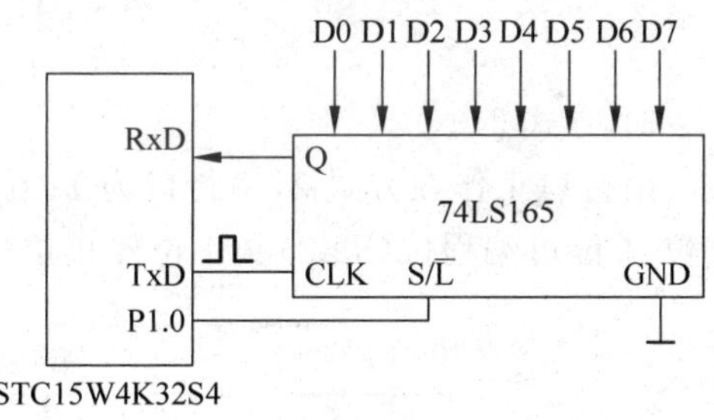

图 8-1-8　方式 0 扩展输入口

2) 方式 1

串行口工作在方式 1 下时，串行口为波特率可调的 10 位通用异步 UART，1 帧信息包括 1 位起始位(0)、8 位数据位和 1 位停止位(1)。其帧格式如图 8-1-9 所示。

图 8-1-9　10 位的帧格式

（1）发送：当 TI=0 时，数据写入发送缓冲器 SBUF 后，启动串行口发送过程。在发送移位时钟的同步下，从 TxD 引脚先送出起始位，然后是 8 位数据位，最后是停止位。1 帧 10 位数据发送完毕，中断请求标志 TI 置 1。方式 1 的发送时序如图 8-1-10 所示。方式 1 数据传输的波特率取决于定时器 T1 的溢出率或 T2 的溢出率。

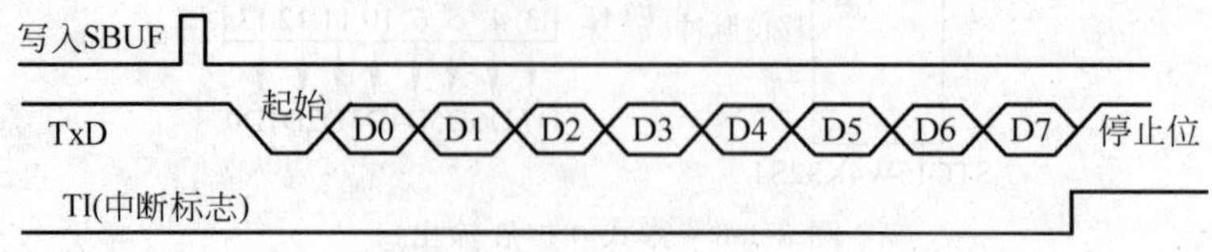

图 8-1-10　方式 1 发送时序

（2）接收：当 RI=0 时，置位 REN，启动串行口接收过程。当检测到 RxD 引脚输入电平发生负跳变时，接收器以所选择波特率的 16 倍速率采样 RxD 引脚电平，以 16 个脉冲中的 7、8、9 三个脉冲为采样点，取两个或两个以上相同值为采样电平。若检测电平为低电平，说明起始位有效，以同样的检测方法接收这一帧信息的其余位。接收过程中，8 位数据装入接收 SBUF；接收到停止位时，置位 RI，并向 CPU 请求中断。方式 1 的接收时序如图 8-1-11 所示。

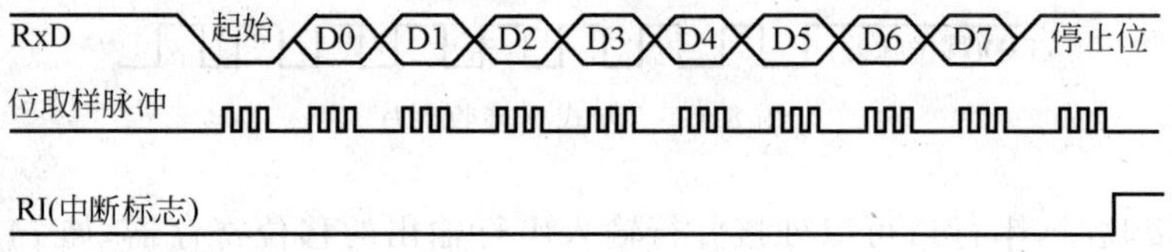

图 8-1-11　方式 1 接收时序

3）方式 2

串行口工作在方式 2，串行口为 11 位 UART。1 帧数据包括 1 位起始位(0)、8 位数据位、1 位可编程位(TB8)和 1 位停止位(1)，其帧格式如图 8-1-12 所示。

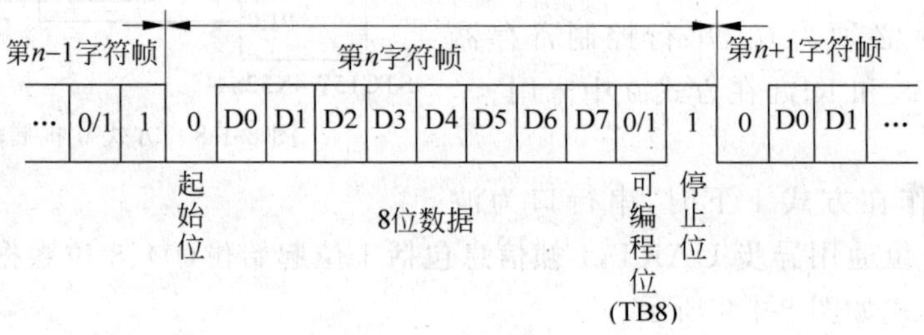

图 8-1-12　11 位 UART 帧格式

（1）发送

发送前，先根据通信协议，由软件设置好可编程位(TB8)。当 TI=0 时，用指令将要发送的数据写入 SBUF，则启动串行口 1 发送器的发送过程。在发送移位时钟的同步下，从 TxD 引脚先送出起始位，依次是 8 位数据位和 TB8，最后是停止位。1 帧 11 位数据发送完毕，置位发送中断标志 TI，并向 CPU 发出中断请求。在发送下一帧信息之前，TI 必须由中断服务程序或查询程序清零。

方式 2 的发送时序如图 8-1-13 所示。

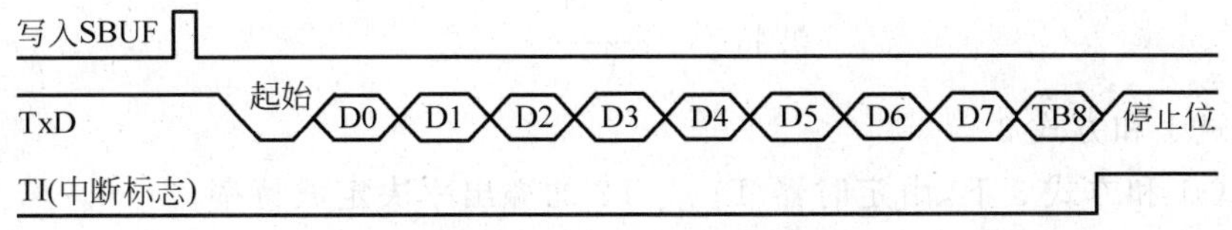

图 8-1-13 方式 2 的发送时序

(2) 接收

当 RI=0 时,置位 REN,启动串行口接收过程。当检测到 RxD 引脚输入电平发生负跳变时,接收器以所选择波特率的 16 倍速率采样 RxD 引脚电平,以 16 个脉冲中的 7、8、9 三个脉冲为采样点,取两个或两个以上相同值为采样电平。若检测电平为低电平,说明起始位有效,以同样的检测方法接收这一帧信息的其余位。接收过程中,8 位数据装入接收 SBUF,第 9 位数据装入 RB8。接收到停止位时,若 SM2=0 或 SM2=1,且接收到的 RB8=1,则置位 RI,向 CPU 请求中断;否则,不置位 RI 标志,接收数据丢失。方式 2 的接收时序如图 8-1-14 所示。

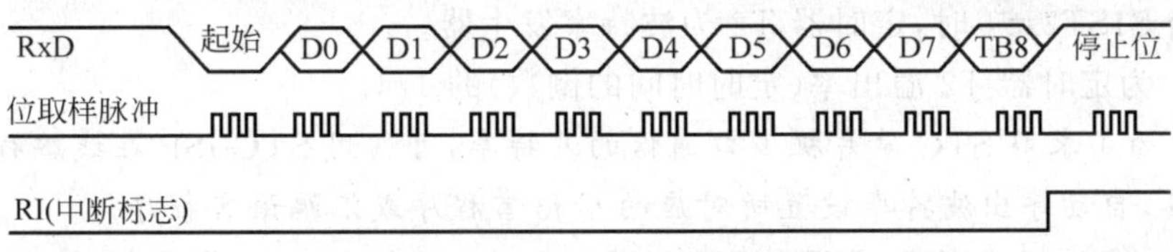

图 8-1-14 方式 2 的接收时序

4) 方式 3

串行口 1 工作在方式 3 时,同方式 2 一样,为 11 位 UART。方式 2 与方式 3 的区别在于波特率的设置方法不同,方式 2 的波特率为 $f_{SYS}/64$(SMOD 为 0)或 $f_{SYS}/32$(SMOD 为 1);方式 3 数据传输的波特率同方式 1 一样,取决于定时器 T1 的溢出率或 T2 的溢出率。

方式 3 的发送过程与接收过程,除发送、接收速率不同以外,其他过程和方式 2 完全一致。因方式 2 和方式 3 在接收过程中,只有当 SM2=0 或 SM2=1,且接收到的 RB8 为 1 时,才会置位 RI,向 CPU 申请中断请求接收数据;否则,不会置位 RI 标志,接收数据丢失。因此,方式 2 和方式 3 常用于多机通信中。

3. 串行口 1 的波特率

在串行通信中,收、发双方对传送数据的速率(即波特率)要有一定的约定,才能进行正常的通信。单片机的串行口 1 有 4 种工作方式。其中,方式 0 和方式 2 的波特率是固定的;方式 1 和方式 3 的波特率可变,通过设置 AUXR 中的 S1ST2 控制位来选择 T1 或 T2 作为串行口 1 的波特率发生器。

1) 方式 0 和方式 2

在方式 0 中,波特率为 $f_{SYS}/12$(UART_M0x6 为 0 时)或 $f_{SYS}/2$(UART_M0x6 为 1 时)。

在方式2中，波特率取决于PCON中的SMOD值。当SMOD=0时，波特率为$f_{SYS}/64$；当SMOD=1时，波特率为$f_{SYS}/32$，即

$$波特率=\frac{2^{SMOD}}{64}\cdot f_{SYS}$$

2）方式1和方式3

在方式1和方式3下，由定时器T1或T2的溢出率决定波特率。

（1）当S1ST2=0时，定时器T1为波特率发生器。

波特率由定时器T1的溢出率（T1定时时间的倒数）和SMOD共同决定，即

$$方式1和方式3的波特率=\frac{2^{SMOD}}{32}\cdot T1溢出率$$

其中，T1的溢出率为T1定时时间的倒数，取决于单片机定时器T1的计数速率和定时器的预置值。计数速率与TMOD寄存器中的C/$\overline{T}$位有关，当C/$\overline{T}$=0时，计数速率为$f_{SYS}/12$(T1x12=0时)或f_{SYS}(T1x12=1时)；当C/$\overline{T}$=1时，计数速率为外部输入时钟频率。

当定时器T1作为波特率发生器使用时，通常工作在方式0或方式2，即自动重装初始值的16位或8位定时器。为了避免溢出而产生不必要的中断，此时应禁止T1中断。

（2）当S1ST2=1时，定时器T2为波特率发生器。

波特率为定时器T2溢出率（定时时间的倒数）的1/4。

提示：为了求解STC单片机串口通信的波特率，可利用STC-ISP在线编程软件中的波特率工具，自动导出波特率设置所对应的C语言程序或汇编语言程序。

【例8-1-1】 设单片机采用11.059MHz晶振，串行口1工作在方式1，波特率为9600b/s，T1为波特率发生器，T1工作在方式0。利用STC-ISP在线编程软件中的波特率工具，自动导出相应波特率所对应的C语言程序。

解 启动STC-ISP在线编程软件，选择波特率计算工具，然后按题意设置相关参数，再单击"生成C代码"按钮，系统自动生成所需的C程序代码，如图8-1-15所示。单击"复制代码"按钮，将生成的C代码粘贴到应用程序文件中。

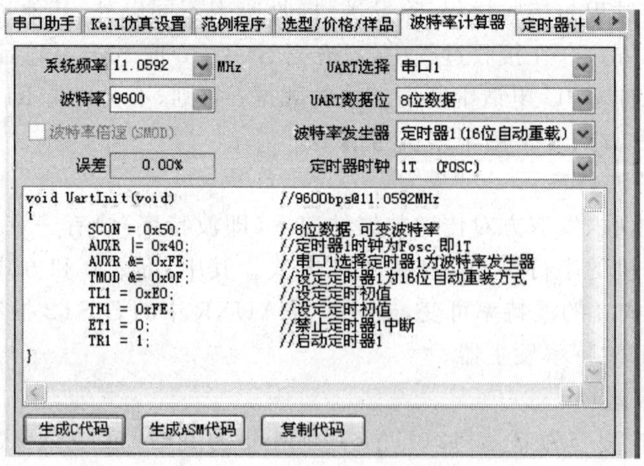

图8-1-15 波特率计算器工具

4. 串行口 1 应用举例

方式 0 的编程和应用如下所述。

串行口方式 0 是同步移位寄存器方式。应用方式 0 可以扩展并行 I/O 口,比如在键盘、显示器接口中,外扩串行输入并行输出的移位寄存器(如 74LS164),每扩展一片移位寄存器,可扩展一个 8 位并行输出口。可以用来连接一个 LED 显示器完成静态显示,或作为键盘中的 8 根列线使用。

【例 8-1-2】 使用 2 块 74HC595 芯片扩展 16 位并行口,外接 16 只 LED。电路连接图如图 8-1-16 所示。利用它的串入并出功能和锁存输出功能,把 LED 从右向左依次点亮,并不断循环(16 位流水灯)。

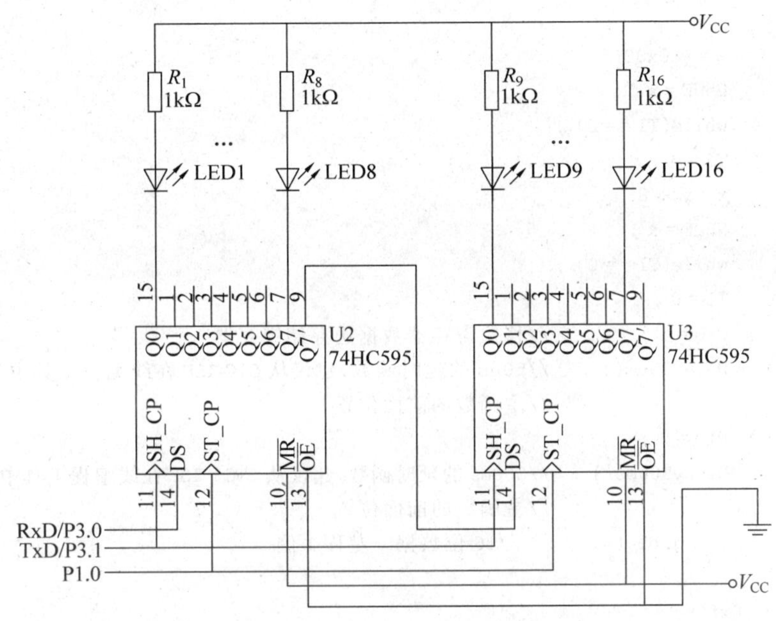

图 8-1-16　串行口方式 0 扩展输出口

解　74595 和 74164 功能相仿,都是 8 位串行输入并行输出移位寄存器。74164 的驱动电流(25mA)比 74595(35mA)小。74595 的主要优点是具有数据存储寄存器,在移位的过程中,输出端的数据保持不变。这在串行速度慢的场合很有用处,数码管没有闪烁感。而且 74595 具有级联功能,能扩展更多的输出口。

Q0～Q7 是并行数据输出口,即存储寄存器的数据输出口;Q7′是串行输出口,用于连接级联芯片的串行数据输入端 DS;ST_CP 是存储寄存器的时钟脉冲输入端(低电平锁存);SH_CP 是移位寄存器的时钟脉冲输入端(上升沿移位);$\overline{OE}$ 是三态输出使能端;$\overline{MR}$ 是芯片复位端(低电平有效。低电平时,移位寄存器复位);DS 是串行数据输入端。

```
#include <stc15.h>            //包含 STC15W4K32S4 单片机的头文件
#include <intrins.h>
#include <gpio.h>
#define uchar unsigned char
```

```
#define uint unsigned int
uchar x;
uint y = 0xfffe;
void main(void)
{
    uchar i ;
    gpio();
    SCON = 0x00;
    while(1)
    {
        for(i = 0;i < 16 ;i++)
        {
            x = y&0x00ff ;
            SBUF = x ;
            while(TI == 0) ;
            TI = 0 ;
            x = y >> 8 ;
            SBUF = x ;
            while(TI == 0) ;
            TI = 0 ;
            P10 = 1 ;         //移位寄存器数据送存储锁存器
            Delay50μs() ;     //50μs 的延时函数,建议从 STC-ISP 在线编程工具中获得,并放在
                              //主函数的前面位置
            P10 = 0 ;
            Delay500ms() ;    //500ms 的延时函数,建议从 STC - ISP 在线编程工具中获得,并放在
                              //主函数的前面位置
            y = _irol_(y,1) ;  //16 位数据 y 左移 1 位
        }
        y = 0xfffe;
    }
}
```

5. 双机通信

双机通信用于单片机和单片机之间交换信息。对于双机异步通信，通常采用两种方式：查询方式和中断方式。但在很多应用中，双机通信的接收方采用中断的方式来接收数据，以提高 CPU 的工作效率；发送方仍然采用查询方式发送。

双机通信的两个单片机的硬件可直接连接，如图 8-1-17 所示，甲机的 TxD 接乙机的 RxD，甲机的 RxD 接乙机的 TxD，甲机的 GND 接乙机的 GND。但单片机的通信采用 TTL 电平传输信息，其传输距离一般不超过 5m，所以实际应用中通常采用 RS-232C 标准电平进行点对点通信连接，如图 8-1-18 所示。MAX232 是电平转换芯片。RS-232C 标准电平是 PC 串行通信标准，详细内容参见本项目任务 2。

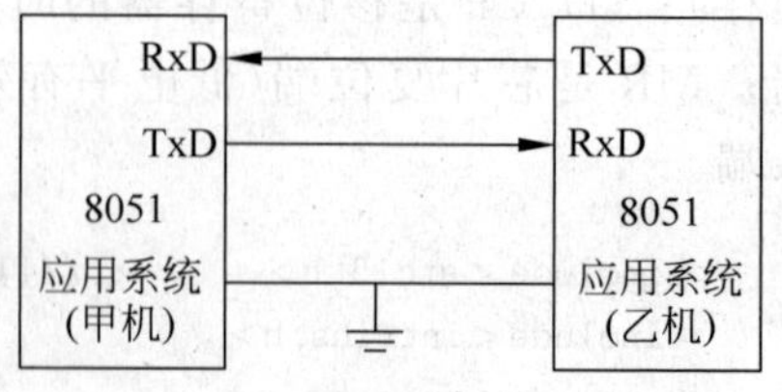

图 8-1-17 双机异步通信接口电路

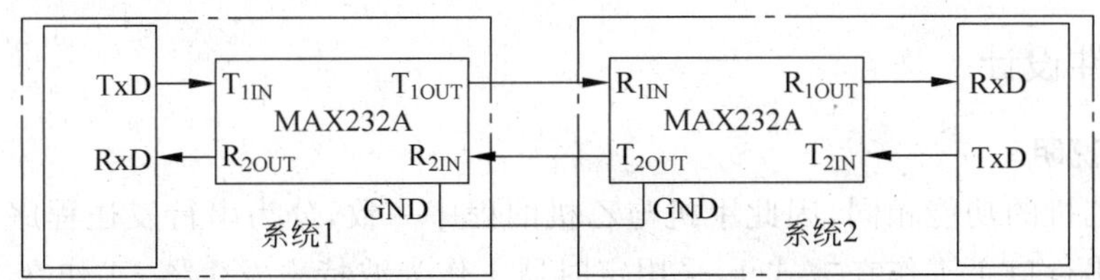

图 8-1-18　点对点通信接口电路

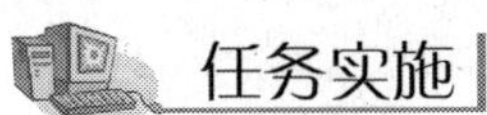

一、任务要求

甲、乙双机的功能一致。要求：接收 2 个开关输入信号，通过串行口 1 发出；串行接收对方发出的开关输入数据，根据接收到的信号，做出不同的动作：当接收到的开关输入信号为 00 时，点亮绿色 LED；当接收到的开关输入信号为 01 时，点亮红色 LED；当接收到的开关输入信号为 10 时，点亮蓝色 LED；当接收到的开关输入信号为 11 时，点亮黄色 LED。

二、硬件设计

采用 2 个 STC15W4K32S4 单片机，将甲机单片机 P3.0 与乙机单片机 P3.1 相接，甲机单片机 P3.1 与乙机单片机 P3.0 相接，甲机单片机的地线与乙机单片机的地线相接，2 个开关信号从 P3.3、P3.2 引脚输入，P1.7 控制绿色 LED，P1.6 控制红色 LED，P1.5 控制蓝色 LED，P1.4 控制黄色 LED。电路原理图如图 8-1-19 所示。

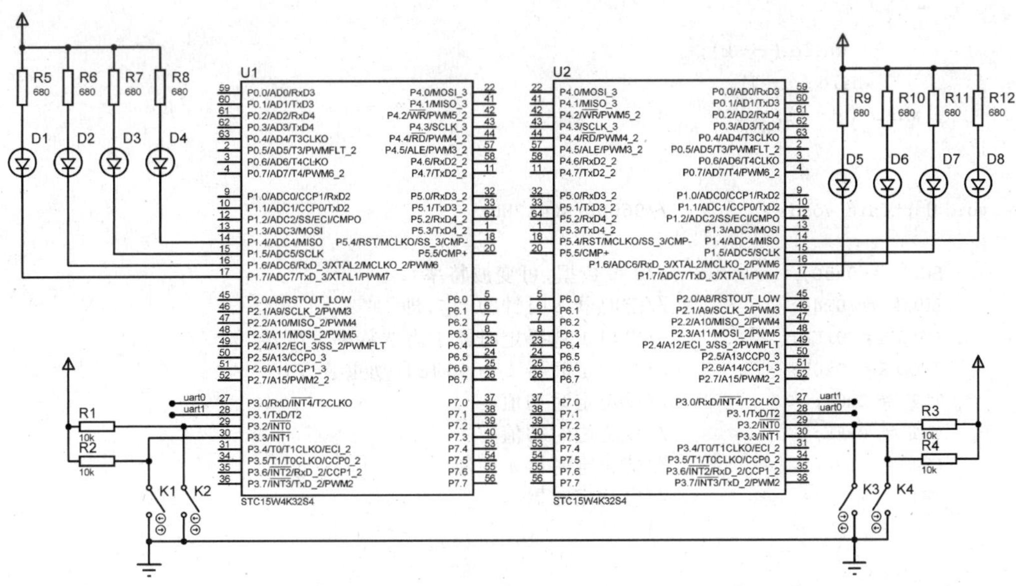

图 8-1-19　双机通信电路原理图

注：利用 Proteus 软件绘图时，元器件序号不能重复。

三、软件设计

1. 程序说明

甲机与乙机的功能相同，因此甲机与乙机的程序一致，分为串行发送程序与串行接收程序。设定串行口 1 工作在方式 1，采用定时器 1 作为波特率发生器，工作在方式 0，双方约定波特率为 9600b/s。

2. 项目八任务 1 程序：项目八任务 1.c

```
#include <stc15.h>              //包含支持 STC15W4K32S4 单片机的头文件
#include <intrins.h>
#include <gpio.h>               //I/O 初始化文件
#define uchar unsigned char
#define uint unsigned int
uchar temp;
uchar temp1;
void Delay100ms()               //@12MHz
{
    unsigned char i, j, k;

    _nop_();
    _nop_();
    i = 5;
    j = 144;
    k = 71;
    do
    {
        do
        {
            while (--k);
        } while (--j);
    } while (--i);
}

void UartInit(void)             //9600b/s@12MHz
{
    SCON = 0x50;                //8 位数据,可变波特率
    AUXR |= 0x40;               //定时器 1 时钟为 fosc,即 1T
    AUXR &= 0xFE;               //串口 1 选择定时器 1 为波特率发生器
    TMOD &= 0x0F;               //设定定时器 1 为 16 位自动重装方式
    TL1 = 0xCT;                 //设定定时初值
    TH1 = 0xFE;                 //设定定时初值
    ET1 = 0;                    //禁止定时器 1 中断
    TR1 = 1;                    //启动定时器 1
}

void main()
{
    gpio();
```

```
    UartInit();
    ES = 1;
    EA = 1;
    while(1)
    {
        temp = P3;
        temp = temp&0x0c;
        ES = 0;
        SBUF = temp;
        while(TI == 0);
        TI = 0;
        ES = 1;
        Delay100ms();
    }
}
void uart_isr() interrupt 4
{
    if(RI == 1)
    {
        RI = 0;
        temp1 = SBUF;
        switch(temp1&0x0c)
        {
            case 0x00:P17 = 0;P16 = 1;P15 = 1;P14 = 1;break;
            case 0x04:P17 = 1;P16 = 0;P15 = 1;P14 = 1;break;
            case 0x08:P17 = 1;P16 = 1;P15 = 0;P14 = 1;break;
            default:P17 = 1;P16 = 1;P15 = 1;P14 = 0;break;
        }
    }
}
```

四、系统调试

1. 编辑、编译

用 Keil C 编辑、编译程序“项目八任务 1. c”，生成机器代码文件“项目八任务 1. hex”。

2. Proteus 仿真调试

(1) 按图 8-1-19 绘制电路。

(2) 将“项目八任务 1. hex”加载到 STC15W4K32S4 单片机中。

(3) 按表 8-1-3 所示进行调试并记录。

表 8-1-3　双机通信测试表

甲机(输入)		乙机(输出)				乙机(输入)		甲机(输出)			
K1	K2	LED1	LED2	LED3	LED4	K1	K2	LED1	LED2	LED3	LED4
0	0					0	0				
0	1					0	1				
1	0					1	0				
1	1					1	1				

3. 实操与调试

(1) 采用 2 个 STC15W4K32S4 系列单片机实验箱，将甲机单片机 P3.0 与乙机单片机 P3.1 相接，甲机单片机 P3.1 与乙机单片机 P3.0 相接，甲机单片机的地线与乙机单片机的地线相接；按图 8-1-19 连接甲机、乙机内部硬件电路。

(2) 利用 STC-ISP 在线编程软件，将“项目八任务 1.hex”下载到甲机与乙机的单片机中。

(3) 按表 8-1-3 所示进行调试并记录。

知识延伸

一、STC15W4K32S4 单片机串行口 2

STC15W4K32S4 单片机串行口 2 默认对应的发送、接收引脚是 TxD2/P1.1、RxD2/P1.0，通过 P_SW2 设置 S2_S 控制位，串行口 2 的 TxD2、RxD2 硬件引脚可切换为 P4.7、P4.6。

与单片机串行口 2 有关的特殊功能寄存器有：单片机串行口 2 控制寄存器、与波特率设置有关的定时器/计数器 T2 相关寄存器、与中断控制相关的寄存器，详见表 8-1-4。

表 8-1-4　与单片机串行口 2 有关的特殊功能寄存器

	地址	B7	B6	B5	B4	B3	B2	B1	B0	复位值
S2CON	9AH	S2SM0		S2SM2	S2REN	S2TB8	S2RB8	S2TI	S2RI	0x00 0000
S2BUF	9BH	串行口 2 数据缓冲器								
T2L	D7H	T2 的低 8 位								0000 0000
T2H	D6	T2 的高 8 位								0000 0000
AUXR	8EH	T0x12	T1x12	UART_M0x6	T2R	T2_C/$\overline{T}$	T2x12	EXTRAM	S1ST2	0000 0000
IE2	AFH	—	ET4	ET3	ES4	ES3	ET2	ESPI	ES2	x000 0000
IP2	B5H	—	—	—	—	PPWMFD	PPWM	PSPI	PS2	xxxx 0000
P_SW2	BAH	—	—	—	—	—	S4_S	S3_S	S2_S	xxxx x000

1. 串行口 2 控制寄存器 S2CON

串行控制寄存器 S2CON 用于设定串行口 2 的工作方式、串行接收控制以及设置状态标志。字节地址为 9AH，其格式如下。

	地址	B7	B6	B5	B4	B3	B2	B1	B0	复位值
S2CON	9AH	S2SM0	—	S2SM2	S2REN	S2TB8	S2RB8	S2TI	S2RI	0x00 0000

各位说明如下。

(1) S2SM0：用于指定串行口 2 的工作方式，如表 8-1-5 所示。串行口 2 的波特率为 T2 定时器溢出率的 1/4。

表 8-1-5　串行口 2 工作方式选择

S2SM0	工作方式	功　能	波　特　率
0	方式 0	10 位 UART	T2 溢出率/4
1	方式 1	11 位 UART	

(2) S2SM2：串行口 2 多机通信控制位，用于方式 1 中。在方式 1 处于接收状态时，若 S2SM2＝1，且接收到的第 9 位数据 S2RB8 为 0，不激活 S2RI；若 S2SM2＝1，且 S2RB8＝1，则置位 S2RI 标志。在方式 1 处于接收状态时，若 S2SM2＝0，不论接收到的第 9 位 S2RB8 是 0 还是 1，S2RI 都以正常方式被激活。

(3) S2REN：允许串行口 2 接收控制位，由软件置位或清零。S2REN＝1 时，启动接收；S2REN＝0 时，禁止接收。

(4) S2TB8：串行口 2 发送数据的第 9 位。在方式 1 中，由软件置位或复位，可作为奇偶校验位。在多机通信中，可作为区别地址帧或数据帧的标识位。一般约定地址帧时，S2TB8 为 1；数据帧时，S2TB8 为 0。

(5) S2RB8：在方式 1 中，是串行口 2 接收到的第 9 位数据，作为奇偶校验位或地址帧或数据帧的标识位。

(6) S2TI：串行口 2 发送中断标志位。在发送停止位之初，由硬件置位。S2TI 是发送完一帧数据的标志，既可以用查询的方法，也可以用中断的方法来响应该标志；然后在相应的查询服务程序或中断服务程序中，由软件清除 S2TI。

(7) S2RI：串行口 2 接收中断标志位。在接收停止位的中间，由硬件置位。S2RI 是接收完一帧数据的标志，同 S2TI 一样，既可以用查询的方法，也可以用中断的方法来响应该标志；然后在相应的查询服务程序或中断服务程序中，由软件清除 S2RI。

2. 串行口 2 数据缓冲器 S2BUF

S2BUF 是串行口 2 的数据缓冲器，同 SBUF 一样，一个地址对应两个物理上的缓冲器。当对 S2BUF 写操作时，对应的是串行口 2 的发送缓冲器，同时，写缓冲器操作又是串行口 2 的启动发送命令；当对 S2BUF 读操作时，对应的是串行口 2 的接收缓冲器，用于读取串行口 2 串行接收进来的数据。

3. 串行口 2 的中断控制

IE2 的 ES2 位是串行口 2 的中断允许位，“1”表示允许，“0”表示禁止。

IP2 的 PS2 位是串行口 2 的中断优先级的设置位，“1”为高级，“0”为低级。

串行口 2 的中断向量地址是 0043H，其中断号是 8。

二、STC15W4K32S4 单片机串行口 3

STC15W4K32S4 单片机串行口 3 默认对应的发送、接收引脚是 TxD3/P0.1、RxD3/P0.0，通过设置 P_SW2 的 S3_S 控制位，串行口 3 的 TxD3、RxD3 硬件引脚可切换为 P5.1、P5.0。

与单片机串行口 3 有关的特殊功能寄存器有：单片机串行口 3 控制寄存器、与波特率设置有关的定时器/计数器 T2 及 T3 的相关寄存器、与中断控制相关的寄存器，详见表 8-1-6。

表 8-1-6　与单片机串行口 3 有关的特殊功能寄存器

	地址	B7	B6	B5	B4	B3	B2	B1	B0	复位值
S3CON	ACH	S3SM0	S3ST3	S3SM2	S3REN	S3TB8	S3RB8	S3TI	S3RI	0000 0000
S3BUF	ADH	串行口 3 数据缓冲器								xxxx xxxx
T2L	D7H	T2 的低 8 位								0000 0000
T2H	D6	T2 的高 8 位								0000 0000
AUXR	8EH	T0x12	T1x12	UART_M0x6	T2R	T2_C/$\overline{T}$	T2x12	EXTRAM	S1ST2	0000 0000
T3L	D4H	T3 的低 8 位								0000 0000
T3H	D5H	T3 的高 8 位								0000 0000
T4T3M	D1H	T4R	T4_C/$\overline{T}$	T4x12	T4CLKO	T3R	T3_C/$\overline{T}$	T3x12	T3CLKO	0000 0000
IE2	AFH	—	ET4	ET3	ES4	ES3	ET2	ESPI	ES2	x000 0000
P_SW2	BAH	—	—	—	—	—	S4_S	S3_S	S2_S	xxxx x000

1. 串行口 3 控制寄存器 S3CON

串行口 3 控制寄存器 S3CON 用于设定串行口 3 的工作方式、串行接收控制以及设置状态标志。字节地址为 ACH，单片机复位时，所有位全为 0，其格式如下。

	地址	B7	B6	B5	B4	B3	B2	B1	B0	复位值
S3CON	ACH	S3SM0	S3ST3	S3SM2	S3REN	S3TB8	S3RB8	S3TI	S3RI	0000 0000

各位说明如下。

（1）S3SM0：用于指定串行口 3 的工作方式，如表 8-1-7 所示。

表 8-1-7　串行口 3 工作方式选择

S3SM0	工作方式	功　能	波　特　率
0	方式 0	10 位 UART	T2 溢出率/4，或 T3 溢出率/4
1	方式 1	11 位 UART	

（2）S3ST3：串行口 3 选择波特率发生器控制位。

① 0：选择定时器 T2 为波特率发生器，其波特率为 T2 溢出率的 1/4。

② 1：选择定时器 T3 为波特率发生器，其波特率为 T3 溢出率的 1/4。

（3）S3SM2：串行口 3 多机通信控制位，用在方式 1 中。在方式 1 处于接收状态时，若 S3SM2＝1，且接收到的第 9 位数据 S3RB8 为 0，不激活 S3RI；若 S3SM2＝1，且 S3RB8＝1，则置位 S3RI 标志。在方式 1 处于接收状态时，若 S3SM2＝0，不论接收到第 9 位数据 S3RB8 是 0 还是 1，S3RI 都以正常方式被激活。

（4）S3REN：允许串行口 3 串行接收控制位。由软件置位或清零。S3REN＝1 时，启动接收；S3REN＝0 时，禁止接收。

（5）S3TB8：串行口 3 发送数据的第 9 位。在方式 1 中，由软件置位或复位，可作为奇偶校验位；在多机通信中，可作为区别地址帧或数据帧的标识位。一般约定地址帧时，S3TB8 为 1；数据帧时，S3TB8 为 0。

（6）S3RB8：在方式 1 中，是串行口 3 接收到的第 9 位数据，作为奇偶校验位或地址帧、数据帧的标识位。

(7) S3TI：串行口 3 发送中断标志位。在发送停止位之初由硬件置位。S3TI 是发送完一帧数据的标志，既可以用查询的方法，也可以用中断的方法来响应该标志；然后在相应的查询服务程序或中断服务程序中，由软件清除 S3TI。

(8) S3RI：串行口 3 接收中断标志位。在接收停止位的中间由硬件置位。S3RI 是接收完一帧数据的标志，同 S3TI 一样，既可以用查询的方法，也可以用中断的方法来响应该标志；然后在相应的查询服务程序或中断服务程序中，由软件清除 S3RI。

2. 串行口 3 数据缓冲器 S3BUF

S3BUF 是串行口 3 的数据缓冲器，同 SBUF 一样，一个地址对应两个物理上的缓冲器。当对 S3BUF 写操作时，对应的是串行口 3 的发送缓冲器，同时写缓冲器操作又是串行口 3 的启动发送命令；当对 S3BUF 读操作时，对应的是串行口 3 的接收缓冲器，用于读取串行口 3 串行接收进来的数据。

3. 串行口 3 的中断控制

IE2 的 ES3 位是串行口 3 的中断允许位，"1"表示允许，"0"表示禁止。

串行口 3 的中断向量地址是 008BH，其中断号是 17；串行口 3 的中断优先级固定为低级。

三、STC15W4K32S4 单片机串行口 4

STC15W4K32S4 单片机串行口 4 默认对应的发送、接收引脚是 TxD4/P0.3、RxD4/P0.2，通过设置 P_SW2 的 S4_S 控制位，串行口 4 的 TxD4、RxD4 硬件引脚可切换为 P5.3、P5.2。

与单片机串行口 4 有关的特殊功能寄存器有：单片机串行口 4 控制寄存器、与波特率设置有关的定时器/计数器 T2 及 T4 的相关寄存器、与中断控制相关的寄存器，详见表 8-1-8。

表 8-1-8　与单片机串行口 4 有关的特殊功能寄存器

	地址	B7	B6	B5	B4	B3	B2	B1	B0	复位值
S4CON	84H	S4SM0	S4ST4	S4SM2	S4REN	S4TB8	S4RB8	S4TI	S4RI	0000 0000
S4BUF	85H	串行口 3 数据缓冲器								xxxx xxxx
T2L	D7H	T2 的低 8 位								0000 0000
T2H	D6	T2 的高 8 位								0000 0000
AUXR	8EH	T0x12	T1x12	UART_M0x6	T2R	T2_C/$\overline{T}$	T2x12	EXTRAM	S1ST2	0000 0000
T4L	D2H	T4 的低 8 位								0000 0000
T4H	D3H	T5 的高 8 位								0000 0000
T4T3M	D1H	T4R	T4_C/$\overline{T}$	T4x12	T4CLKO	T3R	T3_C/$\overline{T}$	T3x12	T3CLKO	0000 0000
IER	AFH	—	ET4	ET3	ES4	ES3	ET2	ESPI	ES2	x000 0000
P_SW2	BAH	—	—	—	—	—	S4_S	S3_S	S2_S	xxxx x000

1. 串行口 4 控制寄存器 S4CON

串行口 4 控制寄存器 S4CON 用于设定串行口 4 的工作方式、串行接收控制以及设置状态标志。字节地址为 84H，单片机复位时，所有位全为 0，其格式如下。

	地址	B7	B6	B5	B4	B3	B2	B1	B0	复位值
S4CON	84H	S4SM0	S4ST3	S4SM2	S4REN	S4TB8	S4RB8	S4TI	S4RI	0000 0000

各位说明如下。

(1) S4SM0：用于指定串行口 4 的工作方式，如表 8-1-9 所示。

表 8-1-9　串行口 4 工作方式选择

S4SM0	工作方式	功　能	波　特　率
0	方式 0	10 位 UART	T2 溢出率/4，或 T4 溢出率/4
1	方式 1	11 位 UART	

(2) S4ST3：串行口 4 选择波特率发生器控制位。

① 0：选择定时器 T2 为波特率发生器，其波特率为 T2 溢出率的 1/4。

② 1：选择定时器 T4 为波特率发生器，其波特率为 T4 溢出率的 1/4。

(3) S4SM2：串行口 4 多机通信控制位，用在方式 1 中。在方式 1 处于接收状态时，若 S4SM2＝1，且接收到的第 9 位数据 S4RB8 为 0，不激活 S4RI；若 S4SM2＝1，且 S4RB8＝1，则置位 S4RI 标志。在方式 1 处于接收状态时，若 S4SM2＝0，不论接收到的第 9 位数据 S4RB8 为 0 还是为 1，S4RI 都以正常方式被激活。

(4) S4REN：允许串行口 4 接收控制位。由软件置位或清零。S4REN＝1 时，启动接收；S4REN＝0 时，禁止接收。

(5) S4TB8：串行口 4 发送数据的第 9 位。在方式 1 中，由软件置位或复位，可作为奇偶校验位；在多机通信中，可作为区别地址帧或数据帧的标识位。一般约定地址帧时，S4TB8 为 1；数据帧时，S4TB8 为 0。

(6) S4RB8：在方式 1 中，是串行口 4 接收到的第 9 位数据，作为奇偶校验位或地址帧、数据帧的标识位。

(7) S4TI：串行口 4 发送中断标志位。在发送停止位之初由硬件置位。S4TI 是发送完一帧数据的标志，既可以用查询的方法，也可以用中断的方法来响应该标志；然后在相应的查询服务程序或中断服务程序中，由软件清除 S4TI。

(8) S4RI：串行口 4 接收中断标志位。在接收停止位的中间由硬件置位。S4RI 是接收完一帧数据的标志，同 S4TI 一样，S4TI 既可以用查询的方法，也可以用中断的方法来响应该标志；然后在相应的查询服务程序或中断服务程序中，由软件清除 S4RI。

2. 串行口 4 数据缓冲器 S4BUF

S4BUF 是串行口 4 的数据缓冲器，同 SBUF 一样，一个地址对应两个物理上的缓冲器。当对 S4BUF 写操作时，对应的是串行口 4 的发送缓冲器，同时写缓冲器操作又是串行口 4 的启动发送命令；当对 S4BUF 读操作时，对应的是串行口 4 的接收缓冲器，用于读取串行口 4 串行接收的数据。

3. 串行口 4 的中断控制

IE2 的 ES4 位是串行口 4 的中断允许位，“1”表示允许，“0”表示禁止。

串行口 4 的中断向量地址是 0093H，其中断号是 18；串行口 4 的中断优先级固定为低级。

任务拓展

采用串行口 2 实现双机通信,功能同本任务要求。试画出硬件电路图,编写程序,并上机调试。

任务 2　STC15W4K32S4 单片机与 PC 间的串行通信

任务说明

本任务学习 STC15W4K32S4 单片机与 PC 之间的串行通信,以便 PC 对单片机进行管理与控制。STC15W4K32S4 单片机的在线编程就是利用 PC 的串口与 STC15W4K32S4 单片机的串口通信的。在 PC 端有两种串口实现方法:一是利用 PC 的 RS-232C 串口,二是利用 PC USB 接口模拟 RS-232C 串口。

相关知识

STC15W4K32S4 单片机与 PC 的通信

1. 单片机与 PC RS-232 串行通信的接口设计

在单片机应用系统中,与上位机的数据通信主要采用异步串行方式。在设计通信接口时,必须根据需要选择标准接口,并考虑传输介质、电平转换等问题。采用标准接口后,能够方便地把单片机和外设、测量仪器等有机地连接起来,构成一个测控系统。例如,当需要单片机和 PC 通信时,通常采用 RS-232 接口进行电平转换。

RS-232C 是使用最早、应用最多的一种异步串行通信总线标准。它是美国电子工业协会(EIA)1962 年公布,1969 年最后修订而成的。其中,RS 表示 Recommended Standard,232 是该标准的标识号,C 表示最后一次修订。

RS-232C 主要用来定义计算机系统的一些数据终端设备(DTE)和数据电路终接设备(DCE)之间的电气性能。8051 单片机与 PC 的通信通常采用这种类型的接口。

RS-232C 串行接口总线适用于设备之间的通信距离不大于 15m,传输速率最大为 20Kb/s 的场合。

1) RS-232C 信息格式标准

RS-232C 采用串行格式,如图 8-2-1 所示。该标准规定:信息的开始为起始位,信息的结束为停止位;信息本身可以是 5、6、7、8 位再加 1 位奇偶位。如果两个信息之间无信息,则写"1",表示空。

2) RS-232C 电平转换器

RS-232C 规定了自己的电气标准。由于它是在 TTL 电路之前研制的,所以其电平不是+5V 和地,而是采用负逻辑,即

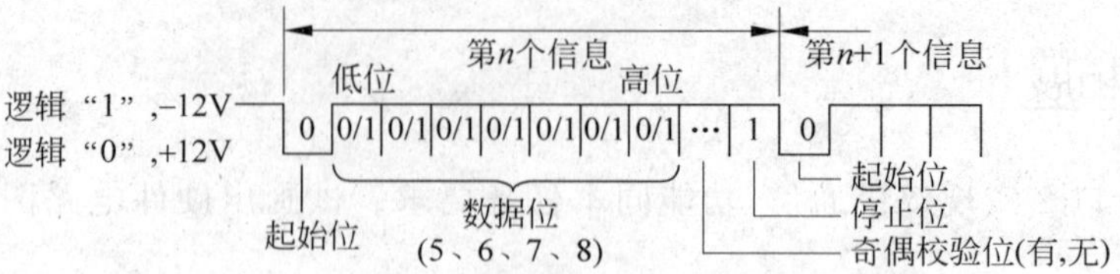

图 8-2-1　RS-232C 信息格式

（1）逻辑“0”：＋5～＋15V，PC 机 RS-232C 逻辑“0”电平为＋12V。

（2）逻辑“1”：－5～－15V，PC 机 RS-232C 逻辑“1”电平为－12V。

因此，RS-232C 不能和 TTL 电平直接相连，使用时必须进行电平转换，否则将使 TTL 电路烧坏，实际应用时必须要注意。

目前，常用的电平转换电路是 MAX232 或 STC232。MAX232 的逻辑结构图如图 8-2-2 所示。

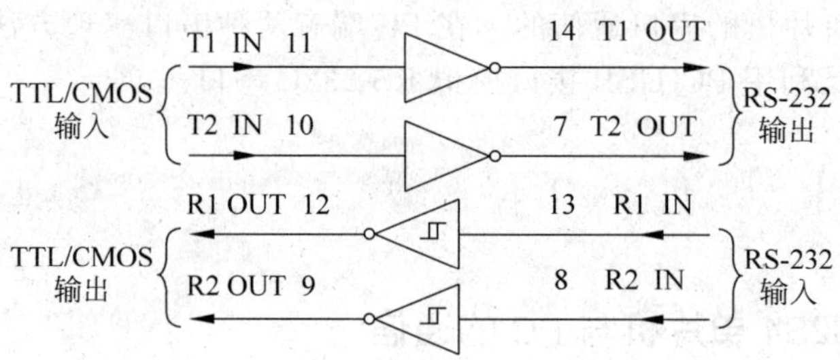

图 8-2-2　MAX232 的逻辑结构图

3）RS-232C 总线规定

RS-232C 标准总线为 25 根，使用 25 个引脚的连接器，各信号引脚的定义如表 8-2-1 所示。

表 8-2-1　RS-232C 标准总线

引脚	定　义	引脚	定　义
1	保护地(PE)	14	辅助通道发送数据
2	发送数据(TxD)	15	发送时钟(TxC)
3	接收数据(RxD)	16	辅助通道接收数据
4	请求发送(RTS)	17	接收时钟(RxC)
5	清除发送(CTS)	18	未定义
6	数据通信设备准备就绪(DSR)	19	辅助通道请求发送
7	信号地(SG)	20	数据终端设备就绪(DTR)
8	接收线路信号检测(DCD)	21	信号质量检测
9	接收线路建立检测	22	音响指示
10	线路建立检测	23	数据速率选择
11	未定义	24	发送时钟
12	辅助通道接收线信号检测	25	未定义
13	辅助通道清除发送		

连接器的机械特性：由于 RS-232C 并未定义连接器的物理特性，因此出现了 DB-25、DB-15 和 DB-9 各种类型的连接器，其引脚的定义各不相同。下面分别介绍两种连接器。

(1) DB-25。DB-25 型连接器的外形及信号线分配如图 8-2-3(a)所示，各引脚功能与表 8-2-1 所示一致。

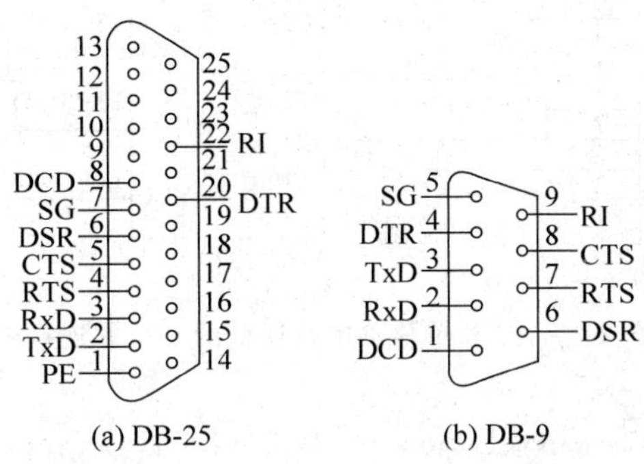

图 8-2-3　DB-25、DB-9 连接器引脚图

(2) DB-9 连接器。DB-9 连接器只提供异步通信的 9 个信号，如图 8-2-3(b)所示。DB-9 型连接器的引脚分配与 DB-25 型引脚信号完全不同。因此，若与配接 DB-25 型连接器的 DCE 设备连接，必须使用专门的电缆线。

在通信速率低于 20kb/s 时，RS-232C 直接连接的最大物理距离为 15m(50 英尺)。

2. RS-232C 接口与 8051 单片机的通信接口设计

在 PC 系统内都装有异步通信适配器，利用它实现异步串行通信。该适配器的核心元件是可编程的 Intel 8250 芯片，它使 PC 有能力与其他具有标准 RS-232C 接口的计算机或设备通信。STC15W4K32S4 单片机本身具有一个全双工串行口，因此只要配以电平转换的驱动电路、隔离电路，就可组成一个简单可行的通信接口。同样，PC 和单片机之间的通信也分为双机通信和多机通信。

关于 PC 和单片机串行通信的硬件连接，最简单的是零调制三线经济型，这是全双工通信必需的最少线路。计算机的 9 针串口只连接其中的三根线：第 5 脚的 GND，第 2 脚的 RxD，第 3 脚的 TxD，如图 8-2-4 所示。这也是 STC15W4K32S4 单片机的程序下载电路。

3. STC15W4K32S4 单片机与 PC USB 总线通信的接口设计

目前，PC 常用串行通信接口是 USB 接口，绝大多数不再将 RS-232C 串行接口作为标配。为了现代 PC 能与 STC 单片机串行通信，采用 CH340G 将 USB 总线转串口 UART，采用 USB 总线模拟 UART 通信。USB 总线转 UART 电路见项目二任务 1 图 2-1-4 所示。

STC15W4K 系列与 IAP15W4K58S4 单片机可直接与计算机的 USB 接口通信，其电路如图 8-2-5 所示。实际上，STC 单片机与 PC 的通信线路也就是 STC 单片机的在线编程电路。

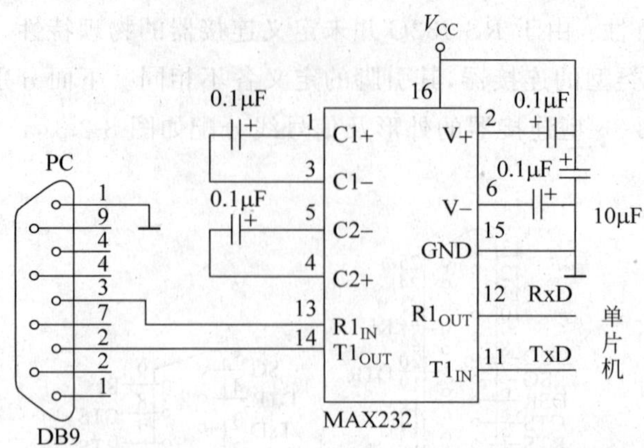

图 8-2-4　PC 和单片机串行通信的三线制连接电路

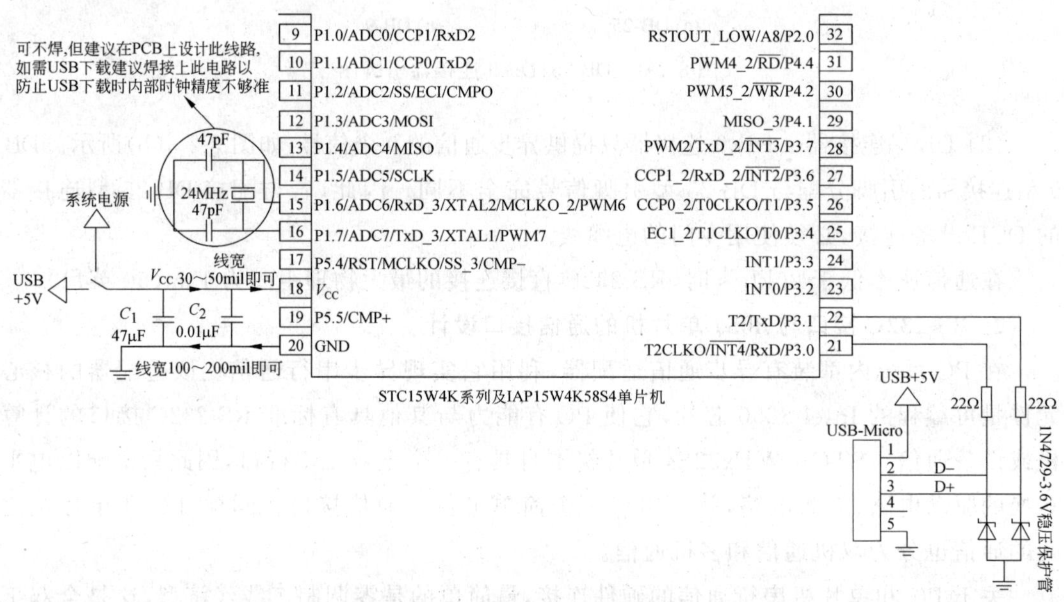

图 8-2-5　USB 直接在线编程电路

4. STC15W4K32S4 单片机与 PC 串行通信的程序设计

通信程序设计分为计算机（上位机）程序设计与单片机（下位机）程序设计。

为了实现单片机与 PC 的串口通信，PC 端需要开发相应的串口通信程序。这些程序通常用高级语言开发，比如 Visual C++、Visual Basic 等。在实际开发调试单片机端的串口通信程序时，也可以使用 STC 系列单片机下载程序中内嵌的串口调试程序或其他串口调试软件（如串口调试精灵软件）来模拟 PC 端的串口通信程序。这也是在实际工程开发，特别是团队开发时常用的办法。

串口调试程序无须任何编程，即可实现 RS-232C 的串口通信，有效提高工作效率，使串口调试方便、透明地进行。它可以在线设置各种通信速率、奇偶校验、通信口，无须重新启动程序。发送数据可发送十六进制（HEX）格式和文本（ASCII 码）格式，可以设置定时发送的数据以及时间间隔。可以自动显示接收到的数据，支持 HEX 或文本（ASCII 码）格式显示。它是工程技术人员监视、调试串口程序的必备工具。

单片机程序设计根据不同项目的功能要求设置串口，并利用串口与 PC 进行数据通信。

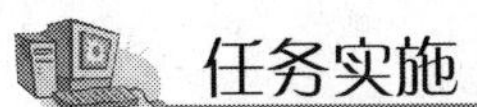

任务实施

一、任务要求

PC 通过串口调试程序（STC 系列单片机 STC-ISP 在线编程软件内嵌有串口助手）发送单个十进制数码（0～9）字符，串行接收单片机发送过来的数据。

单片机串行接收 PC 串行发送的数据，然后按“Receving Data：串行接收数据”发送给 PC，同时将串行接收数据送数码管显示。

二、硬件设计

采用 STC15W4K32S4 系列单片机实验箱。本任务可直接利用 STC15W4K32S4 单片机的在线编程电路实现 PC 与单片机间的串行通信。硬件连接图如图 8-2-6 所示。

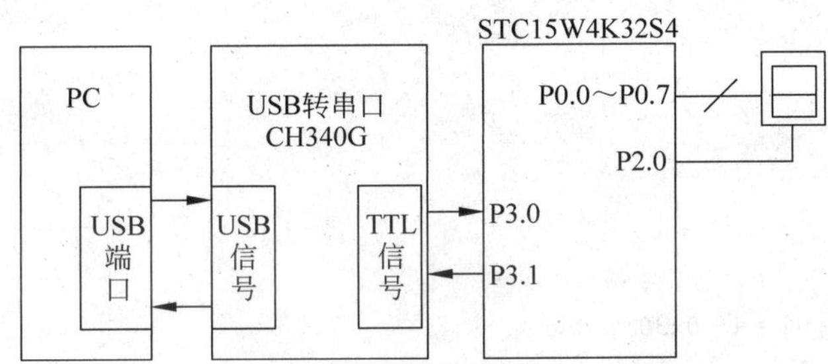

图 8-2-6 PC 与 STC15W4K32S4 单片机间的通信

三、软件设计

1. 程序说明

PC 发送的是十进制数据的 ASCII 码。因为十进制数据的 ASCII 码与十进制数据间相差 30H，串行接收的数据减去 30H 后就是十进制数字。

串行口的初始化函数通过 STC-ISP 在线编程软件获得。串行发送通过查询方式完成，串行接收通过中断完成。

2. 项目八任务 2 程序文件：项目八任务 2.c

```
#include <stc15.h>          //包含支持 STC15W4K32S4 单片机的头文件
#include <intrins.h>
#include <gpio.h>           //I/O 初始化文件
#define uchar unsigned char
```

```
#define uint unsigned int
#include <display.h>
uchar code as[] = "Receving Data:";
uchar a = 0x30;
/* ---------- 串行口初始化函数 ---------- */
void UartInit(void)          //9600b/s@12MHz
{
    SCON  = 0x50;            //8 位数据,可变波特率
    AUXR |= 0x40;            //定时器 1 时钟为 fosc,即 1T
    AUXR &= 0xFE;            //串口 1 选择定时器 1 为波特率发生器
    TMOD &= 0x0F;            //设定定时器 1 为 16 位自动重装方式
    TL1  = 0xCT;             //设定定时初值
    TH1  = 0xFE;             //设定定时初值
    ET1  = 0;                //禁止定时器 1 中断
    TR1  = 1;                //启动定时器 1
}
/* -------------------- 主函数 ----------------------- */
void main(void)
{
    uchar i;
    gpio();
    UartInit();
    ES = 1;
    EA = 1;
    while(1)
    {
        Dis_buf[0] = a - 0x30;
        display();
        if(RI)               //检测串行接收标志
        {
            RI = 0;i = 0;    //清零 RI,并依次发送预置字符串与接收数据
            while(as[i]!= '\0'){SBUF = as[i];while(!TI);TI = 0;i++;}
            SBUF = a;while(!TI);TI = 0;
            ES = 1;          //开中断,以接收下一个 PC 发送的数据
        }
    }
}
/* ------------- 串口中断服务函数 --------------- */
void serial_serve(void) interrupt 4
{
    a = SBUF;                //读串行接收数据
    ES = 0;
}
```

四、系统调试

1. 编辑、编译

用 Keil C 编辑、编译“项目八任务 2. c”程序，生成机器代码“项目八任务 2. hex”。

2. Proteus 仿真调试

(1) 在 Proteus 仿真软件中用虚拟终端模拟 PC 的串口，调用 2 个虚拟终端，一个用作发送，一个用作接收，如图 8-2-7 所示（虚拟终端直接与单片机串口相接，也可以通过 RS-232 转换芯片将虚拟终端与单片机串口相接）。

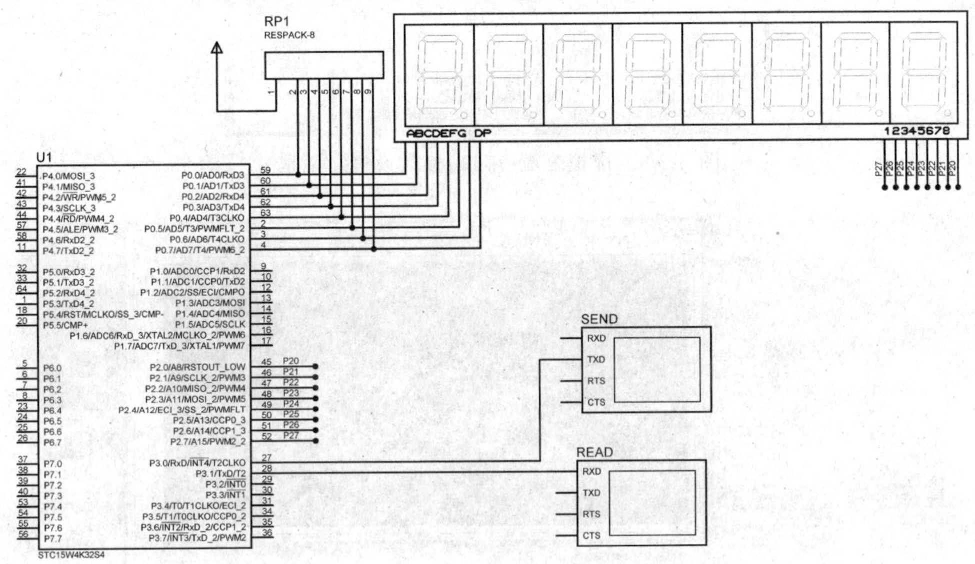

图 8-2-7　仿真电路图

(2) 将“项目八任务 2. hex”程序下载到单片机中。

(3) 设置串口（虚拟终端）的参数，包括波特率、数据位与奇偶校验位等，要求与单片机串口 1 的参数（波特率为 9600b/s，数据位为 8 位，无奇偶校验位，停止位为 1 位）一致。设置方法：右击要设置的虚拟终端（串口），在弹出的快捷菜单中选择“编辑属性”选项，则弹出串口参数设置对话框，如图 8-2-8 所示。依次设置发送终端与接收中断的串口参数。

(4) 单击 Proteus 仿真按钮，弹出虚拟终端的操作框，在发送终端（SEND）右击，选择 Echo Typed Characters 选项，用于在发送终端输入字符。

(5) 在发送终端输入字符 6，观察读取终端（READ）以及 LED 数码管的信息，如图 8-2-9 所示。

(6) 依次输入其他字符，验证程序功能并记录。

3. 实操与调试

(1) 用 USB 线将 PC 与 STC15W4K32S4 系列单片机实验箱连接，按图 8-2-7 所示连接硬件电路。

(2) 运行 STC-ISP 在线编程软件，将“项目八任务 2. hex”程序下载到 STC15W4K32S4 系列单片机实验箱单片机中，下载完毕自动进入运行模式。

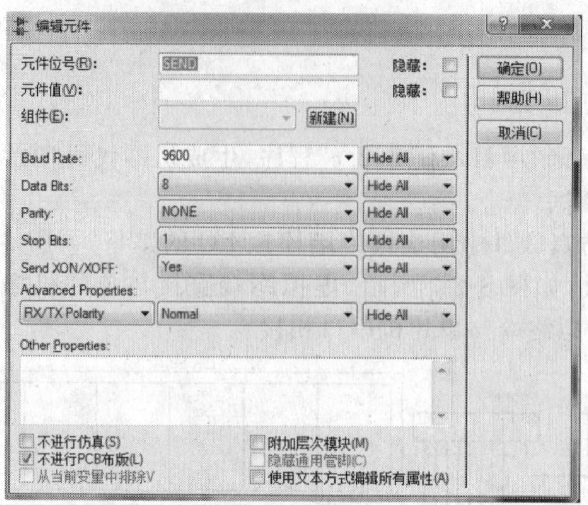

图 8-2-8　虚拟终端(串口)参数设置对话框

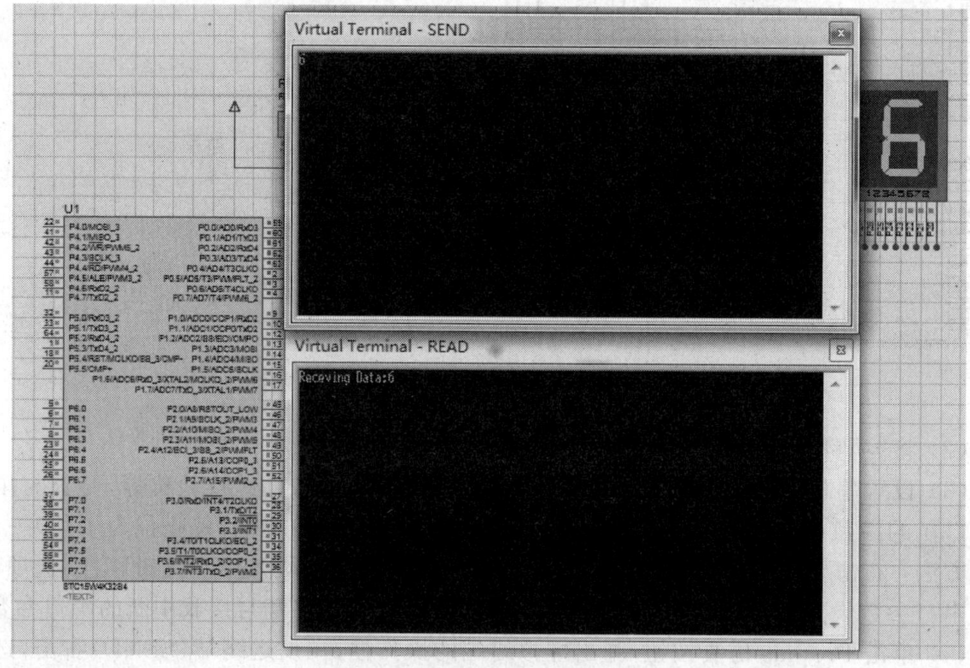

图 8-2-9　仿真效果图

(3) 选择 STC-ISP 在线编程软件的串口助手,进行串口选择与参数设置,如图 8-2-10 所示。

① 根据下载程序的 USB 模拟的串口号选择串行助手的串口号,如 COM4。

② 设置串口参数：波特率与单片机串口的波特率一致(9600b/s),无校验位,停止位为 1 位。

③ 发送缓冲区与接收缓冲区的格式都选择文本(字符)格式。

④ 单击“打开串口”按钮。

(4) 在发送缓冲区输入数字 3,单击“发送数据”按钮。

① 观察接收缓冲区的内容,如图 8-2-10 所示。

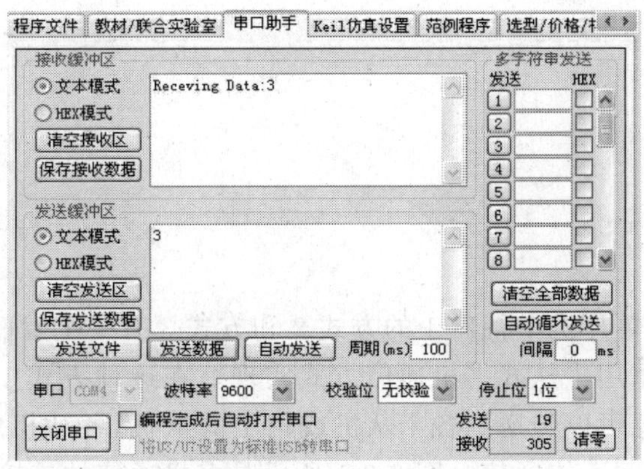

图 8-2-10　串口助手的发送与接收界面

② 观察 STC15W4K32S4 系列单片机实验箱数码管显示内容。

(5) 在串口助手的发送缓冲区依次输入十进制数码 0～9 字符，观察串口调试助手的接收缓冲区内容和 STC15W4K32S4 系列单片机实验箱数码管显示内容，并做好记录。

(6) 在串口助手的发送缓冲区输入英文字符，如字符 A，观察串口调试助手的接收缓冲区内容和 STC15W4K32S4 系列单片机实验箱数码管显示内容，并做好记录。

(7) 比较步骤(5)与步骤(6)，观察到的内容有何不同，分析其原因，并提出解决方法。

任务拓展

通过串口助手发送大写英文字母，单片机串行接收后，根据不同的英文字母向 PC 发送不同的信息，并在 STC15W4K32S4 系列单片机实验箱数码管显示串行接收的英文字母，具体要求如表 8-2-2 所示。

表 8-2-2　PC 与 STC15W4K32S4 单片机间串行通信控制功能表

PC 串行助手发送的字符	单片机向 PC 发送的信息
A	“你的姓名”
B	“你的性别”
C	“你的就读学校名称”
D	“你的就读专业名称”
E	“你的学生证号”
其他字符	非法命令

任务 3　STC15W4K32S4 单片机间的多机通信

任务说明

本任务学习 STC15W4K32S4 单片机间的多机通信，以便 PC(单片机)对其他单片机进行管理与控制。本任务利用 STC15W4K32S4 单片机的多机通信功能实现一台主机与两台从机之间的通信。

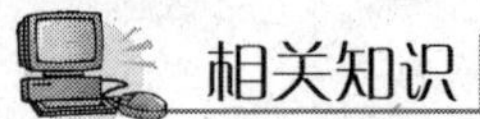

相关知识

一、多机通信

STC15W4K32S4 单片机串行口 1 的方式 2 和方式 3 有一个专门的应用领域，即多机通信。这一功能通常采用主从式多机通信方式实现。在这种方式中，有一台主机和多台从机。主机发送的信息可以传送到各个从机或指定的从机，各从机发送的信息只能被主机接收，从机与从机之间不能通信。图 8-3-1 所示是多机通信的连接示意图。

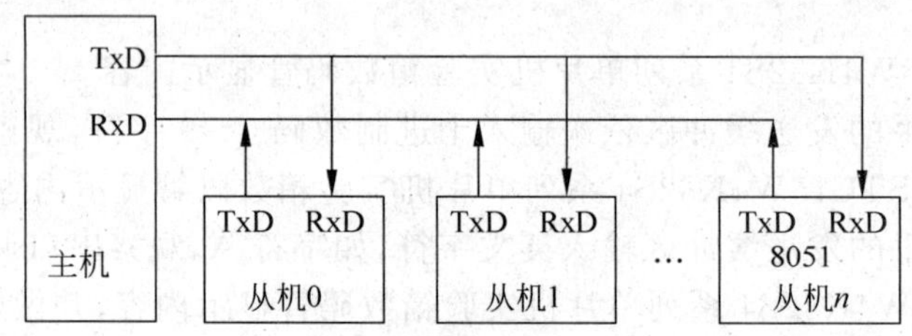

图 8-3-1　多机通信连接示意图

多机通信主要依靠主、从机之间正确地设置与判断 SM2，以及发送或接收的第 9 位数据（TB8 或 RB8）来完成。在单片机串行口以方式 2 或方式 3 接收时，有以下两种情况。

（1）若 SM2＝1，表示允许多机通信。当接收到的第 9 位数据（RB8）为 1 时，置位 RI 标志，向 CPU 发出中断请求；当接收的第 9 位数据为 0 时，不置位 RI 标志，不产生中断，信息将丢失，即不能接收数据。

（2）若 SM2＝0，则接收到的第 9 位数据无论是 1 还是 0，都会置位 RI 中断标志，即接收数据。

在编程前，首先要给各从机定义地址编号，系统中允许接有 256 台从机，地址编码为 00H～FFH。在主机想发送一个数据块给某台从机时，它必须先送出一个地址字节，以辨认从机。多机通信的过程简述如下。

（1）主机发送一帧地址信息，与所需从机联络。主机应置 TB8 为 1，表示发送的是地址帧。例如：

```
SCON = 0xd8H;                  //设串行口为方式 3,TB8 = 1,允许接收
```

（2）所有从机的 SM2 为 1，处于准备接收一帧地址信息的状态。例如：

```
SCON = 0xf0;                   //设串行口为方式 3,SM2 = 1,允许接收
```

（3）各从机接收地址信息。各从机串行接收完成后，因为接收到的第 9 位数据 RB8 为 1，则置位中断标志 RI。串行接收中断服务程序中，首先判断主机送过来的地址信息与自己的地址是否相符。对于地址相符的从机，清零 SM2，以接收主机随后发来的所有信息。对于地址不相符的从机，保持 SM2 为 1 的状态，对主机随后发来的信息不理睬，直到

发送新的一帧地址信息。

(4) 主机发送控制指令或数据信息给被寻址的从机。其中,主机置 TB8 为 0,表示发送的是数据或控制指令。对于没选中的从机,因为 SM2=1,而串行接收到的第 9 位数据 RB8 为 0,所以不会置位串行接收中断标志 RI,对主机发送的信息不接收;对于选中的从机,因为 SM2 为 0,串行接收后会置位 RI 标志,引发串行接收中断,执行串行接收中断服务程序,接收主机发过来的控制命令或数据信息。

二、应用实例

【例 8-3-1】 设系统晶振频率为 11.0592MHz,以 9600b/s 的波特率通信。

(1) 主机向指定从机(如从机 10)发送指定位置为起始地址(如扩展 RAM0000H)的若干个(如 10 个)数据,以发送空格(20H)作为结束。

(2) 从机接收主机发来的地址帧信息,并与本机的地址号相比较,若不符合,仍保持 SM2=1 不变;若相等,使 SM2 清零,准备接收后续的数据信息,直至接收到空格数据信息为止,并置位 SM2。

解 主机和从机的程序流程图如图 8-3-2 所示。

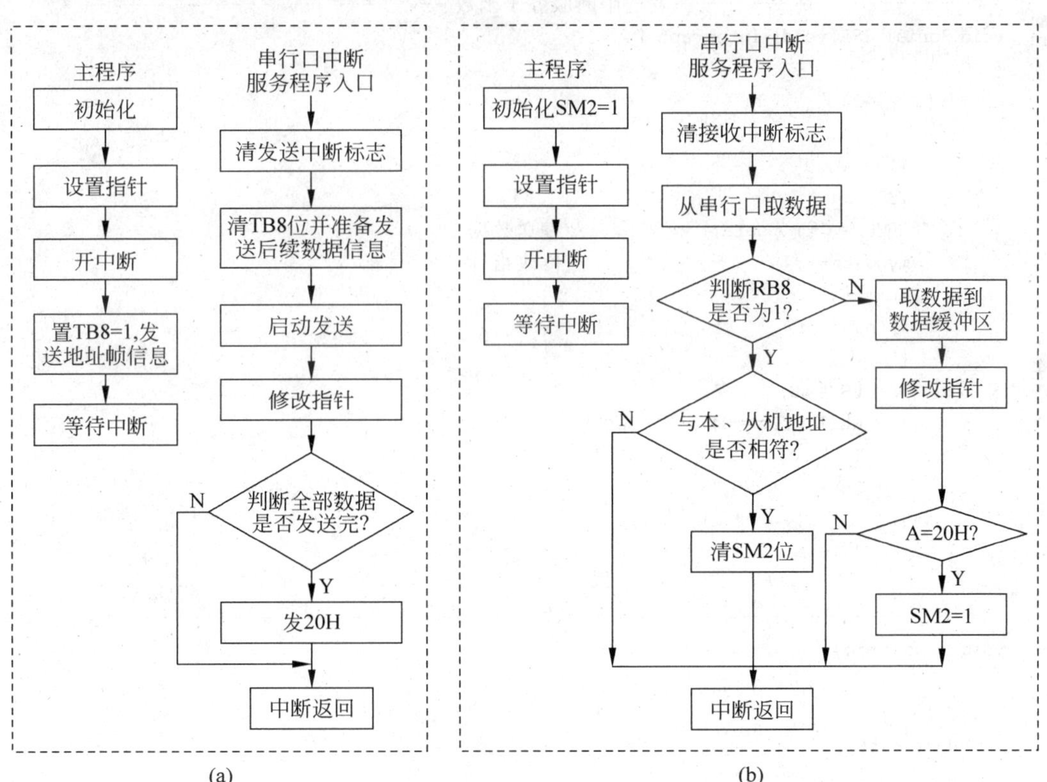

图 8-3-2　多机通信主机与从机程序流程图

(1) 主机程序

```
#include <stc15.h>                  //包含支持 STC15W4K32S4 单片机的头文件
#include <intrins.h>
#include <gpio.h>                   //I/O 初始化文件
```

```
#define uchar unsigned char
#define uint unsigned int
uchar xdata  ADDRT[10];                 //设置保存数据的扩展 RAM 单元
uchar SLAVE = 10;                       //设置从机地址号的变量
uchar num = 10, *mypdata;               //设置要传送数据的字节数
/*---------------波特率子函数,从 STC-ISP 在线编程工具中获得---------------*/
void UartInit(void)                     //9600b/s@11.0592MHz
{
    SCON = 0xD0;                        //方式 3,允许串行接收
    AUXR |= 0x40;                       //定时器 1 时钟为 fSYS
    AUXR &= 0xFE;                       //串口 1 选择定时器 1 为波特率发生器
    TMOD &= 0x0F;                       //设定定时器 1 为 16 位自动重装方式
    TL1 = 0xE0;                         //设定定时初值
    TH1 = 0xFE;                         //设定定时初值
    ET1 = 0;                            //禁止定时器 1 中断
    TR1 = 1;                            //启动定时器 1
}
/*---------------------发送中断服务子函数-------------------------*/
void Serial_ISR(void) interrupt 4
{
    if(TI == 1)
    {
        TI = 0;
        TB8 = 0;
        SBUF = *mypdata;                //发送数据
        mypdata++;                      //修改指针
        num--;
        if(num == 0)
        {
            ES = 0;
            while(TI == 0);
            TI = 0;
            SBUF = 0x20;
        }
    }
}
/*-------------------------主函数-------------------------------*/
void main (void)
{
    GPIO();
    UartInit();
    mypdata = ADDRT;
    ES = 1;
    EA = 1;
    TB8 = 1;
    SBUF = SLAVE;                       //发送从机地址
    while(1);                           //等待中断
}
```

(2) 从机程序

```
#include <stc15.h>                   //包含支持 STC15W4K32S4 单片机的头文件
#include <intrins.h>
#include <gpio.h>                    //I/O 初始化文件
#define uchar unsigned char
#define uint unsigned int
uchar xdata ADDRR[10];
uchar SLAVE = 10, rdata, *mypdata;
/*---------串行口波特率子函数从 STC-ISP 在线编程工具中获得-----------*/
void UartInit(void)                  //9600b/s@12MHz,从 STC-ISP 工具中获得
{
    SCON = 0xF0;                     //方式 3,允许多机通信,允许串行接收
    AUXR |= 0x40;                    //定时器 1 时钟为 fSYS
    AUXR &= 0xFE;                    //串口 1 选择定时器 1 为波特率发生器
    TMOD &= 0x0F;                    //设定定时器 1 为 16 位自动重装方式
    TL1 = 0xE0;                      //设定定时初值
    TH1 = 0xFE;                      //设定定时初值
    ET1 = 0;                         //禁止定时器 1 中断
    TR1 = 1;                         //启动定时器 1
}
/*-----------------接收中断服务子函数--------------------------*/
void Serial_ISR(void) interrupt 4
{
    RI = 0;
    rdata = SBUF;                    //将接收缓冲区的数据保存到 rdata 变量中
    if(RB8)                          //RB8 为 1 说明收到的信息是地址
    {
        if(rdata == SLAVE)           //如果地址相等,则 SM2 = 0
            SM2 = 0;
    }
    else                             //接收到的信息是数据
    {
        *mypdata = rdata;
        mypdata++;
        if(rdata == 0x20)            //所有数据接收完毕,令 SM2 为 1,为下一次接收地址信
                                     //息做准备
            SM2 = 1;
    }
}
/*-----------------------主函数----------------------------*/
void main (void)
{
    gpio();                          //调用 I/O 初始化函数
    UartInit();                      //调用串口 1 的初始化函数
    mypdata = ADDRR;                 //取存放数据数组的首地址
    ES = 1;                          //开放串行口 1 中断
    EA = 1;
    while(1);                        //等待中断
}
```

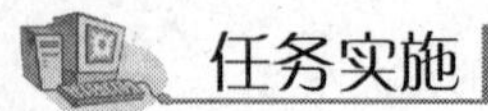

一、任务要求

设置 1 个开关，用于选择从机。当开关断开时选择从机 1，从主机 P1 口输入的数据通过串口 1 传送到从机 1，并用数码管显示；当开关合上时，选择从机 2，从主机 P1 口输入的数据通过串口 1 传送到从机 2，并用数码管显示。

二、硬件设计

采用项目四任务 4 所述的数码管用于显示。根据题意设计的主机电路如图 8-3-3 所示，2 个从机电路一样，如图 8-3-4 所示。

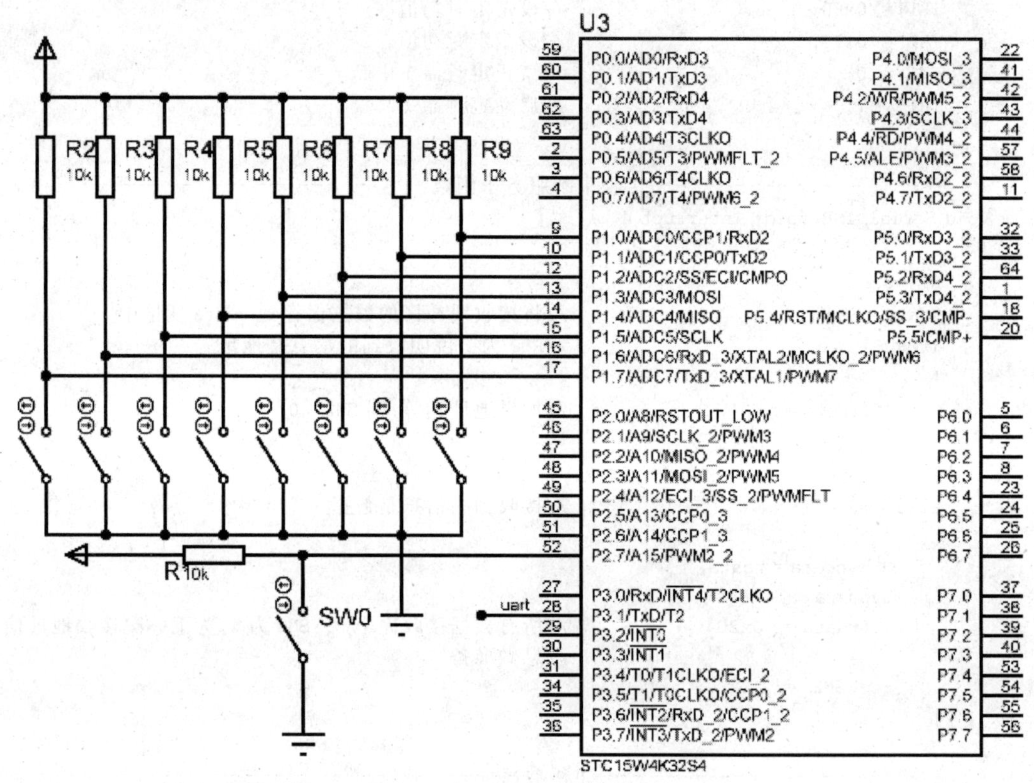

图 8-3-3　多机通信主机电路

三、软件设计

1. 程序说明

本任务程序分主机程序与从机程序。其中，从机程序中又区分从机 1 与从机 2。从机程序中的数据显示程序直接采用包含库文件与调用显示函数的方法实现。

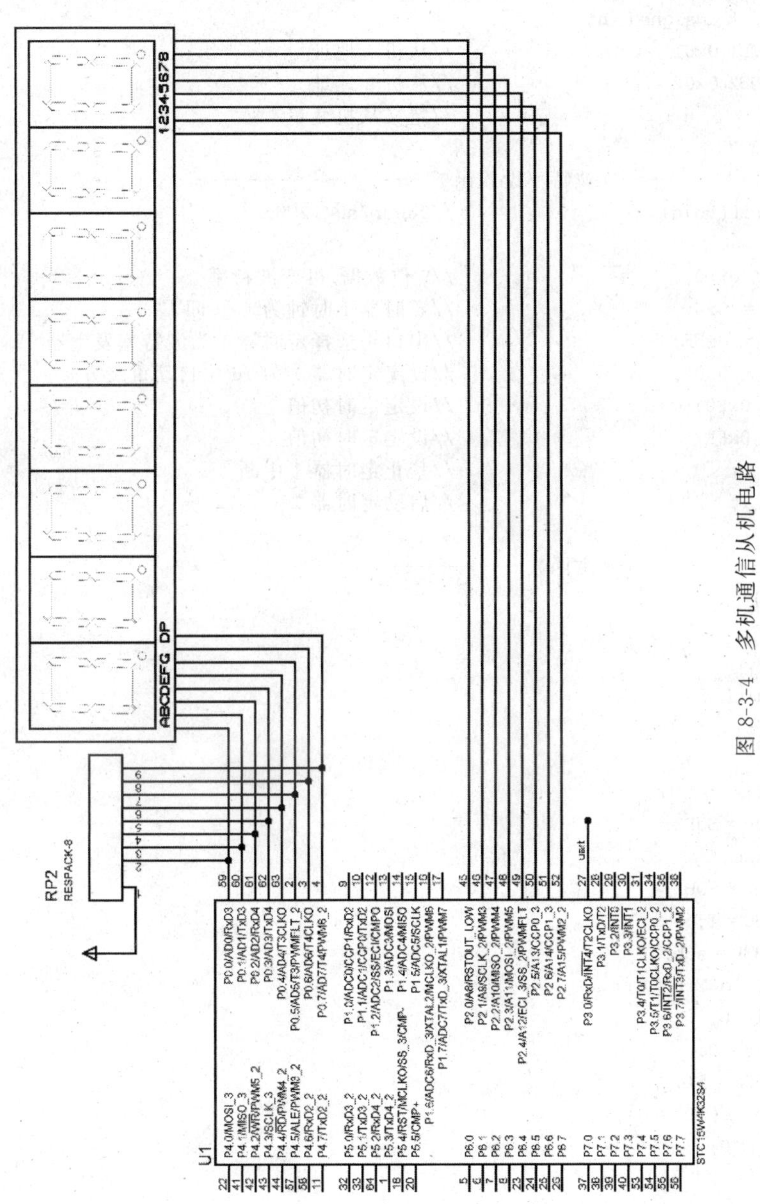

图 8-3-4　多机通信从机电路

2. 主机程序：项目八任务3(主).c

```
#include<stc15.h>
#include<intrins.h>
#include<gpio.h>                    //I/O初始化文件
#define uchar unsigned char
#define uint unsigned int
#define SUB1 0x01                   //从机1地址
#define SUB2 0x02                   //从机2地址
uchar sub;                          //定义从机变量
sbit k1 = P2^7;
/* ---------------- 波特率设置函数 --------------------- */
void UartInit(void)                 //9600b/s@12MHz
{
    SCON = 0xD0;                    //9位数据,可变波特率
    AUXR |= 0x40;                   //定时器1时钟为fosc,即1T
    AUXR &= 0xFE;                   //串口1选择定时器1为波特率发生器
    TMOD &= 0x0F;                   //设定定时器1为16位自动重装方式
    TL1 = 0xE0;                     //设定定时初值
    TH1 = 0xFE;                     //设定定时初值
    ET1 = 0;                        //禁止定时器1中断
    TR1 = 1;                        //启动定时器1
}
/* ---------------- 主函数 --------------------- */
void main()
{
    gpio();
    UartInit();
    while(1)
    {
        if(k1 == 0)
        sub = SUB2;
        else
        sub = SUB1;
        TB8 = 1;
        SBUF = sub;
        while(TI == 0);
        TI = 0;
        TB8 = 0;
        SBUF = P1;
        while(TI == 0);
        TI = 0;
    }
}
```

3. 从机程序：项目八任务3(从).c

```
#include<stc15.h>
#include<intrins.h>
#include<gpio.h>                    //I/O初始化文件
```

```
#define uchar unsigned char
#define uint unsigned int
#include <display.h>
#define SUB 0x01                          //从机1地址为01,从机2时改为02
/* ---------------- 波特率设置函数 --------------------- */
void UartInit(void)                       //9600b/s@12MHz
{
    SCON = 0xD0;                          //9位数据,可变波特率
    AUXR |= 0x40;                         //定时器1时钟为fosc,即1T
    AUXR &= 0xFE;                         //串口1选择定时器1为波特率发生器
    TMOD &= 0x0F;                         //设定定时器1为16位自动重装方式
    SM2 = 1;
    TL1 = 0xE0;                           //设定定时初值
    TH1 = 0xFE;                           //设定定时初值
    ET1 = 0;                              //禁止定时器1中断
    TR1 = 1;                              //启动定时器1
}
/* ---------------- 主函数 --------------------- */
void main()
{
    gpio();
    UartInit();
    ES = 1;
    EA = 1;
    while(1)
    {
        display();

    }

}
/* ---------------- 串行口1中断函数 --------------------- */
void s_isr() interrupt 4
{
    RI = 0;
    if(RB8 == 1)
    {
        if(SBUF == SUB)SM2 = 0;
    }
    else
    {
        SM2 = 1;
        Dis_buf[0] = SBUF % 10;
        Dis_buf[1] = SBUF/10 % 10;
        Dis_buf[2] = SBUF/100 % 10;

    }
}
```

四、系统调试

1. 编辑与编译用户程序，生成机器代码

（1）用 Keil C 编辑、编译“项目八任务 3(主).c”程序，生成机器代码文件“项目八任务 3(主).hex”。

（2）设置“项目八任务 3(从).c”程序中的从机号为 1，用 Keil C 编辑、编译“项目八任务 3(从).c”程序，生成机器代码文件“项目八任务 3(从)1.hex”。

（3）修改“项目八任务 3(从).c”程序中的从机号为 2，用 Keil C 编辑、编译“项目八任务 3(从).c”程序，生成机器代码文件“项目八任务 3(从)2.hex”。

2. Proteus 仿真调试

（1）因电路元件较多，应选择较大尺寸的图纸。

① 单击“系统”下拉菜单，选择“设置纸张大小”选项。

② 选择 A2 纸张。

（2）按图 8-3-3 与图 8-3-4 绘制主机电路与两个从机电路。

（3）将“项目八任务 3(主).hex”加载到主机的 STC15W4K32S4 单片机中。

（4）将“项目八任务 3(从)1.hex”加载到从机 1 的 STC15W4K32S4 单片机中。

（5）将“项目八任务 3(从)2.hex”加载到从机 2 的 STC15W4K32S4 单片机中。

（6）运行与调试程序。

① K1 断开时，修改主机 P1 口输入数据，观察从机 1 与从机 2 的数码显示并记录。

② K1 合上时，修改主机 P1 口输入数据，观察从机 1 与从机 2 的数码显示并记录。

3. 实操与调试

（1）需要准备 3 台 STC15W4K32S4 系列单片机实验箱，其中一台命名为主机，一台命名为从机 1，一台命名为从机 2；用 USB 线将 PC 与 STC15W4K32S4 系列单片机实验箱连接。

（2）将“项目八任务 3(主).hex”下载到主机的单片机中。

（3）将“项目八任务 3(从)1.hex”下载到从机 1 的单片机中。

（4）将“项目八任务 3(从)2.hex”下载到从机 2 的单片机中。

（5）按图 8-3-3 所示，连接 3 台 STC15W4K32S4 系列单片机实验箱。

（6）打开 3 台 STC15W4K32S4 系列单片机实验箱电源，进入自动运行模式并调试。

① K1 断开时，修改主机 P1 口输入数据，观察从机 1 与从机 2 的数码显示并记录。

② K1 合上时，修改主机 P1 口输入数据，观察从机 1 与从机 2 的数码显示并记录。

任务拓展

完善多机通信硬件电路与修改程序，实现主机与从机间的双向通信。当主机选中的从机接收到地址信号后，向主机发送一个应答信号。主机接收到从机发送的应答信号后，点亮主机通信正常指示灯；若在 1s 内未接到应答信号，点亮通信错误指示灯。

知识延伸

一、STC15W4K32S4 单片机串行口 1 的中继广播方式

所谓串行口的中继广播方式，是指单片机串行口发送引脚(TxD)的输出可以实时反映串行口接收引脚(RxD)输入的电平状态。

STC15W4K32S4 单片机串行口 1 具有中继广播方式功能，通过设置 CLK_DIV 特殊功能寄存器的 B4 位实现。CLK_DIV 的格式如下。

	地址	B7	B6	B5	B4	B3	B2	B1	B0	复位值
CLK_DIV	97H	MCKO_S1	MCKO_S0	ADRJ	Tx_Rx	—	CLKS2	CLKS1	CLKS0	0000 x000

Tx_Rx 是串行口 1 中继广播方式设置位。Tx_Rx＝0，串行口 1 为正常工作方式；Tx_Rx＝1，串行口 1 为中继广播方式。

串行口 1 中继广播方式除通过设置 Tx_Rx 来选择外，还可以在 STC-ISP 在线编程软件中设置。

当单片机的工作电压低于上电复位门槛电压时，Tx_Rx 默认为 0，即串行口默认为正常工作方式；当单片机的工作电压高于上电复位门槛电压时，单片机首先读取用户在 STC-ISP 在线编程软件中的设置。如果用户允许了“单片机 TxD 引脚的对外输出实时反映 RxD 端口输入的电平状态”，即中继广播方式，则上电复位后，TxD 引脚的对外输出实时反映 RxD 端口输入的电平状态；如果用户未选择“单片机 TxD 引脚的对外输出实时反映 RxD 端口输入的电平状态”，则上电复位后，串行口 1 为正常工作方式。

在 STC-ISP 在线编程软件中，可设置串行口 1 的发送/接收为 P3.7/P3.6，并设置中继广播方式，P3.7 引脚输出 P3.6 引脚的输入电平。

在 STC-ISP 在线编程软件中，单片机上电后就可以执行；若用户程序中的设置与 STC-ISP 在线编程软件中的设置不一致，执行到相应的用户程序，就会覆盖原来 STC-ISP 在线编程软件中的设置。

二、STC15W4K32S4 单片机串行口硬件引脚的切换

通过对特殊功能寄存器 P_SW1(AUXR1)中 S1_S1、S1_S0 位的控制，可实现串行口 1 的发送与接收硬件在不同引脚间切换；通过对特殊功能寄存器 P_SW2 中的 S2_S、S3_S 和 S4_S 位的控制，可实现串行口 2、串行口 3 和串行口 4 的发送与接收硬件引脚在不同引脚间切换。P_SW1(AUXR1)、P_SW2 的数据格式如下。

	地址	B7	B6	B5	B4	B3	B2	B1	B0	复位值
P_SW1 (AUXR1)	A2H	S1_S1	S1_S0	CCP_S1	CCP_S0	SPI_S1	SPI_S0	0	DPS	0000 00x0
P_SW2	BAH	EAXSFR	0	0	0	—	S4_S	S3_S	S2_S	0000 x000

1. 串行口1硬件引脚切换

串行口1硬件引脚切换由P_SW1中的S1_S1、S1_S0位控制,具体切换情况如表8-3-1所示。

表8-3-1 串行口1硬件引脚切换

S1_S1	S1_S0	串行口1	
		TxD	RxD
0	0	P3.1	P3.0
0	1	P3.7(TxD_2)	P3.6(RxD_2)
1	0	P1.7(TxD_3)	P1.6(RxD_3)
1	1	无效	

2. 串行口2、3、4硬件引脚切换

串行口2、3、4硬件引脚切换分别由P_SW2中的S2_S、S3_S、S4_S位控制,具体切换情况如表8-3-2～表8-3-4所示。

表8-3-2 串行口2硬件引脚切换

S2_S	串行口2	
	TxD4	RxD4
0	P1.1	P1.0
1	P4.7(TxD2_2)	P4.6(RxD2_2)

表8-3-3 串行口3硬件引脚切换

S3_S	串行口3	
	TxD3	RxD3
0	P0.1	P0.0
1	P5.1(TxD3_2)	P5.0(RxD3_2)

表8-3-4 串行口4硬件引脚切换

S4_S	串行口4	
	TxD4	RxD4
0	P0.3	P0.2
1	P5.3(TxD4_2)	P5.2(RxD4_2)

习 题

一、填空题

1. 微型计算机的数据通信分为________与串行通信两种类型。
2. 串行通信中,按数据传送方向,分为________、半双工与________三种制式。
3. 串行通信中,按同步时钟类型,分为________与同步串行通信两种方式。
4. 异步串行通信以字符帧为发送单位,每个字符帧包括________、数据位与

________ 3 个部分。

5. 异步串行通信中，起始位是________，停止位是________。

6. STC15W4K32S4 单片机有________个________的串行口。

7. STC15W4K32S4 单片机包含 2 个________、1 个移位寄存器、1 个串行口控制寄存器与 1 个________。

8. STC15W4K32S4 单片机串行口 1 的数据缓冲器是________。实际上，1 个地址对应 2 个寄存器。当对数据缓冲器进行写操作时，对应的是________数据寄存器，又是串行口 1 发送的启动命令；当对数据缓冲器进行读操作时，对应的是________数据寄存器。

9. STC15W4K32S4 单片机串行口 1 有 4 种工作方式，方式 0 是________，方式 1 是________，方式 2 是________，方式 3 是________。

10. STC15W4K32S4 单片机串行口 1 的多机通信控制位是________。

11. STC15W4K32S4 单片机串行口 1 方式 0 的波特率是________，方式 1、方式 3 的波特率是________，方式 2 的波特率是________。

12. STC15W4K32S4 单片机串行口 1 的中断请求标志包含 2 个，发送中断请求标志是________，接收中断请求标志是________。

二、选择题

1. 当 SM0＝0，SM1＝1 时，STC15W4K32S4 单片机串行口 1 工作在________。

A. 方式 0　　B. 方式 1　　C. 方式 2　　D. 方式 3

2. 若使 STC15W4K32S4 单片机串行口 1 工作在方式 2，SM0、SM1 的值应设置为________。

A. 0、0　　B. 0、1　　C. 1、0　　D. 1、1

3. STC15W4K32S4 单片机串行口 1 串行接收时，在________情况下，串行接收结束后，不会置位串行接收中断请求标志 RI。

A. SM2＝1，RB8＝1　　B. SM2＝0，RB8＝1

C. SM2＝1，RB8＝0　　D. SM2＝0，RB8＝0

4. STC15W4K32S4 单片机串行口 1 在方式 2、方式 3 中，若使串行发送的第 9 位数据为 1，则在串行发送前，应使________置 1。

A. RB8　　B. TB8　　C. TI　　D. RI

5. STC15W4K32S4 单片机串行口 1 在方式 2、方式 3 中，若想串行发送的数据为奇校验，应使 TB8 ________。

A. 置 1　　B. 置 0　　C. ＝P　　D. ＝$\overline{P}$

6. STC15W4K32S4 单片机串行口 1 在方式 1 时，一个字符帧的位数是________位。

A. 8　　B. 9　　C. 10　　D. 11

三、判断题

1. 同步串行通信中，发送、接收双方的同步时钟必须完全同步。　　(　　)

2. 异步串行通信中，发送、接收双方可以拥有各自的同步时钟，但发送、接收双方的通信速率要求一致。　　(　　)

3. STC15W4K32S4 单片机串行口 1 在方式 0、方式 2 中，S1ST2 的值不影响波特率的大小。（　）

4. STC15W4K32S4 单片机串行口 1 在方式 0 中，PCON 的 SMOD 控制位的值会影响波特率的大小。（　）

5. STC15W4K32S4 单片机串行口 1 在方式 1 中，PCON 的 SMOD 控制位的值会影响波特率的大小。（　）

6. STC15W4K32S4 单片机串行口 1 在方式 1、方式 3 中，S1ST2＝1 时，选择 T1 为波特率发生器。（　）

7. STC15W4K32S4 单片机串行口 1 在方式 1、方式 3 中，当 SM2＝1 时，串行接收到的第 9 位数据为 1 时，串行接收中断请求标志 RI 不会置 1。（　）

8. STC15W4K32S4 单片机串行口 1 串行接收的允许控制位是 REN。（　）

9. STC15W4K32S4 单片机的串行口 2、串行口 3、串行口 4 有 4 种工作方式。（　）

10. STC15W4K32S4 单片机串行口 1 有 4 种工作方式，而串行口 2、串行口 3、串行口 4 只有 2 种工作方式。（　）

11. STC15W4K32S4 单片机在应用中，串行口 1 的串行发送与接收引脚是固定不变的。（　）

12. 通过编程设置，STC15W4K32S4 单片机串行口 1 的串行发送引脚的输出信号可以实时反映串行接收引脚的输入信号。（　）

四、问答题

1. 微型计算机数据通信有哪两种工作方式？各有什么特点？

2. 异步串行通信中，字符帧的数据格式是怎样的？

3. 什么叫波特率？如何利用 STC-ISP 在线编程工具获得 STC15W4K32S4 单片机串行口波特率的应用程序？

4. STC15W4K32S4 单片机串行口 1 有哪 4 种工作方式？如何设置？各有什么功能？

5. 简述 STC15W4K32S4 单片机串行口 1 方式 2、方式 3 的相同点与不同点。

6. STC15W4K32S4 单片机的串行口 2、串行口 3、串行口 4 有哪两种工作方式？如何设置？各有什么功能？

7. 简述 STC15W4K32S4 单片机串行口 1 多机通信的实现方法。

8. 简述 STC15W4K32S4 单片机串行口 1 广播中继功能的实现方法。

五、程序设计题

1. 甲机按 1s 定时从 P1 口读取输入数据，并通过串行口 2 按奇校验方式发送到乙机；乙机通过串行口 3 串行接收甲机发过来的数据，并进行奇校验。如无误，LED 数码管显示串行接收到的数据；如有误，重新接收。若连续 3 次有误，向甲机发送错误信号，甲、乙机同时进行声光报警。

画出硬件电路图，编写程序，并上机调试。

2. 通过 PC 向 STC15W4K32S4 单片机发送控制命令，具体要求如习题表 8-1 所示。

习题表　8-1

PC 发送字符	STC15W4K32S4 单片机功能要求
0	P1 控制的 LED 循环左移
1	P1 控制的 LED 循环右移
2	P1 控制的 LED 按 500ms 时间间隔闪烁
3	P1 控制的 LED 按 500ms 时间间隔,高 4 位与低 4 位交叉闪烁
非 0、1、2、3 字符	P1 控制的 LED 全亮

画出硬件电路图,编写程序,并上机调试。

项目九 Project 9

单片机应用系统的设计与实践

本项目以电子时钟为例，系统地学习与实践单片机应用系统的开发过程，适用于为期1周的实训。本项目要求用单片机设计一个电子时钟，用6位LED数码管显示电子时钟时、分、秒，采用24h(小时)计时方式；使用按键开关实现电子时钟的时间校对。

为了实现LED显示器的数字显示，可采用静态显示法或动态显示法；键盘输入可采用独立按键结构或矩阵结构；计时功能可采用软件程序计时方式或定时器硬件计时方式实现，也可以采用专用的时钟芯片。

通过单片机设计电子时钟，可以很好地了解单片机的使用方法，主要表现在以下3个方面。

(1) 电子时钟简单，并且具备最小单片机应用系统的基本构成。通过这个实例，读者可以明白构成一个最简单，同时具备实用性的单片机需要哪些外围设备的基本电路。

(2) 电子时钟电路中使用了单片机应用系统中最常用的输入/输出设备：按键开关和数码管。

(3) 电子时钟程序最能反映单片机中定时器和中断的用法。单片机中的定时和中断是单片机最重要的资源，也是应用最广泛的功能。电子时钟程序主要就是利用定时器和中断实现计时和显示功能的。

知识点：

◆ 独立式键盘与矩阵键盘。
◆ 键盘状态的监测方法。
◆ 键盘的按键识别与处理。
◆ 键盘的去抖动。
◆ 单片机应用系统的开发原则与开发流程。
◆ 单片机应用系统工程设计报告的编制。

技能点：

◆ 键盘与单片机的接口电路设计。
◆ 键盘与数码管显示的软件编程。
◆ 电子时钟电路的软、硬件调试。

任务1　独立键盘的应用编程

任务说明

独立键盘是单片机应用系统中最常用的，一般采用查询方式识别按键状态。此外，由于按键的机械特性有抖动现象，在按键处理中还要考虑去抖动问题。本任务主要学习独立按键的工作特性与应用编程。

相关知识

一、键盘工作原理

键盘是单片机应用系统不可缺少的重要输入设备，主要负责向计算机传递信息。用户通过键盘向计算机输入各种指令、地址和数据，实现简单的人机通信。它一般由若干个按键组合成开关矩阵。按照接线方式不同，分为两种：一种是独立式接法；另一种是矩阵式接法。

键盘由一组规则排列的按键组成，一个按键实际上是一个常开型开关元件，也就是说，键盘是一组规则排列的开关。

1. 按键的分类

按键按照结构原理分为两类：一类是触点式开关按键，如机械式开关、导电橡胶式开关等；另一类是无触点开关按键，如开关管、晶闸管、固态继电器等。前者造价低，后者寿命长。目前，单片机系统中最常见的是触点式开关按键。

按照接口原理，分为编码键盘与非编码键盘两类，主要区别是识别键符及给出相应键码的方法。编码键盘主要是用硬件实现对键的识别，并产生键编号或键值，如BCD码键盘、ASCII码键盘等。非编码键盘主要是靠自编软件实现键盘的识别与定义。

编码键盘能够由硬件逻辑自动提供与键对应的编码，一般还具有去抖动和多键、窜键保护电路。这种键盘使用方便，但需要较多的硬件，价格较贵，一般的单片机应用系统较少采用。非编码键盘只简单地提供行和列的矩阵引线，其他工作均由软件完成。但由于其经济实用，较多地应用于单片机应用系统中。下面重点介绍非编码键盘接口电路。

2. 按键的工作原理

在单片机应用系统中，除了复位按键有专门的复位电路及专一的复位功能外，其他按键都是以开关状态来设置控制功能或输入数据。当所设置的功能键或数字键按下时，计算机应用系统应完成该按键设定的功能。键信息输入是与软件结构密切相关的过程。

对于一组键或一个键盘，总有一个接口电路与CPU相连。CPU采用查询或中断方式了解有无按键按下，并检查是哪一个键按下，以此获取该按键的键号（或者说键值、按键编码），然后通过跳转指令转入执行该按键的功能程序，执行后返回主程序。

3. 按键的结构与特点

键盘通常使用机械触点式按键开关,其主要功能是把机械上的通断转换成为电气上的逻辑关系。也就是说,它能提供标准的TTL逻辑电平,以便与通用数字系统的逻辑电平相容。

机械式按键在按下或释放时,由于机械弹性作用的影响,通常伴随有一定时间的触点机械抖动,然后其触点才稳定下来。其抖动过程如图9-1-1所示。t_1、t_3为抖动时间,与开关的机械特性有关,一般为5~10ms。t_2为键闭合的稳定期,其时间由使用者按键的动作确定,一般为几百毫秒至几秒。t_0、t_4为键释放期。

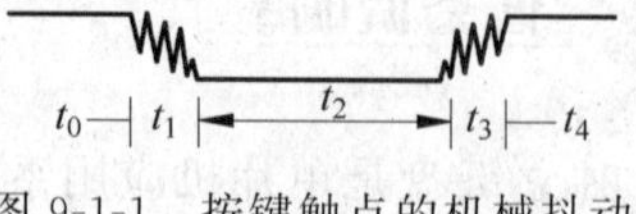

图9-1-1 按键触点的机械抖动

这种抖动对于人来说是感觉不到的,但对单片机来说,完全可以感应到,因为单片机处理的速度在微秒级。

在触点抖动期间检测按键的通与断状态,可能导致判断出错。即按键一次按下或释放被错误地认为是多次操作,这种情况不允许出现。为了克服按键触点机械抖动导致的检测误判,必须采取去抖动措施,可从硬件和软件两方面考虑。

在硬件上,采用在键输出端加RS触发器(双稳态触发器)构成去抖动电路或RC积分去抖动电路。图9-1-2所示是一种由RS触发器构成的去抖动电路。触发器一旦翻转,触点抖动不会对其产生任何影响。

也可利用一个RC积分电路来控制抖动电压。图9-1-3所示是RC防抖动电路。

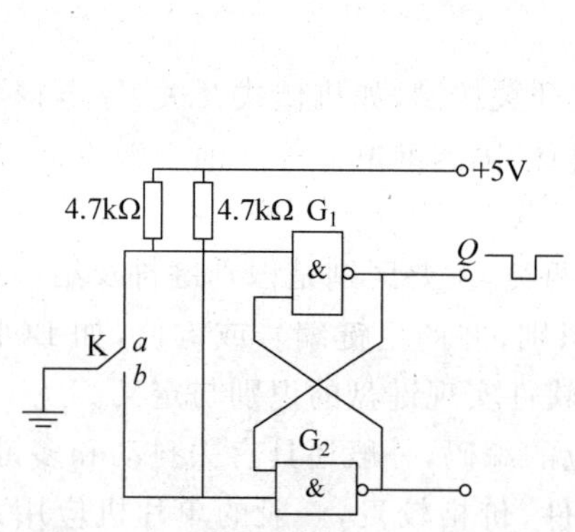

图9-1-2 双稳态去抖(单次脉冲)电路

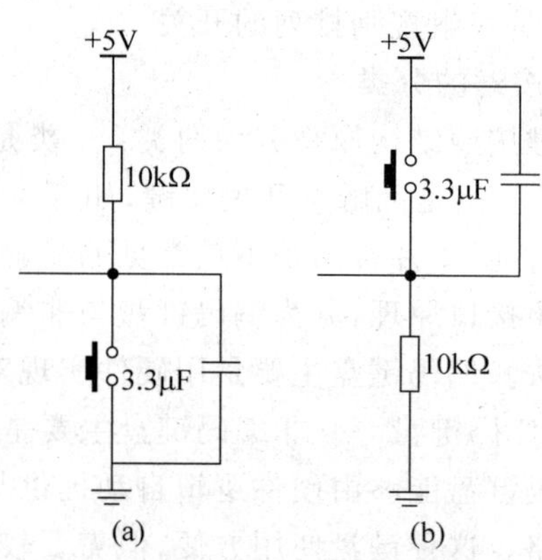

图9-1-3 RC防抖动电路

以图9-1-3(a)为例,假设按键在常态时时间较长,电容两端电压已充满为+5V。当按键按下时,电容两端的电压通过短路快速放电,电容两端呈现低电平,即使按键有抖动,电容会再次充电,但RC时间常数较大,充电速度远低于放电速度,在抖动期间,电容两端仍然维持为低电平;当按键释放时,同样,由于电容的充电速度远低于放电速度,在抖动期间仍维持低电平,抖动过后,电容两端电压才稳定上升为高电平,不受抖动的影响。这种方式简单有效,所增加成本与电路复杂度都不高,称得上是实用的硬件去抖动电路。

软件上采取的措施是:在检测到有按键按下时,执行一个10ms左右(具体时间视所使用的按键调整)的延时程序后,确认该键电平是否仍保持闭合状态电平。若仍保持闭合状态电平,则确认该键处于闭合状态。同理,在检测到该键释放后,采用相同的步骤进行确认,从而消除抖动的影响。

4．按键的编码

一组按键或键盘都要通过I/O口线查询按键的开关状态。根据键盘结构不同,采用不同的编码。无论有无编码,以及采用什么编码,最后都要转换成为与指定数值相对应的键值,实现按键功能程序跳转。一个完善的键盘控制程序应具备以下功能。

(1) 检测有无按键按下,并采取硬件或软件措施,消除键盘按键机械触点抖动的影响。

(2) 可靠的逻辑处理办法。对于短按功能键,一次按键只执行一次操作,需要进行键释放处理(键释放的识别,可不考虑键抖动因素);对于长按功能键,采用定时检测方法,实现连续处理功能,如数字的"加1""减1"功能键。

(3) 准确输出按键值(或键号),满足跳转指令要求。

二、独立式按键

单片机应用系统中,往往只需要几个功能键,此时可采用独立式按键结构。

1．独立式按键结构

独立式按键是直接用I/O口线构成的单个按键电路,其特点是每个按键单独占用一根I/O口线,每个按键的工作不会影响其他I/O口线的状态。独立式按键的典型应用如图9-1-4所示。

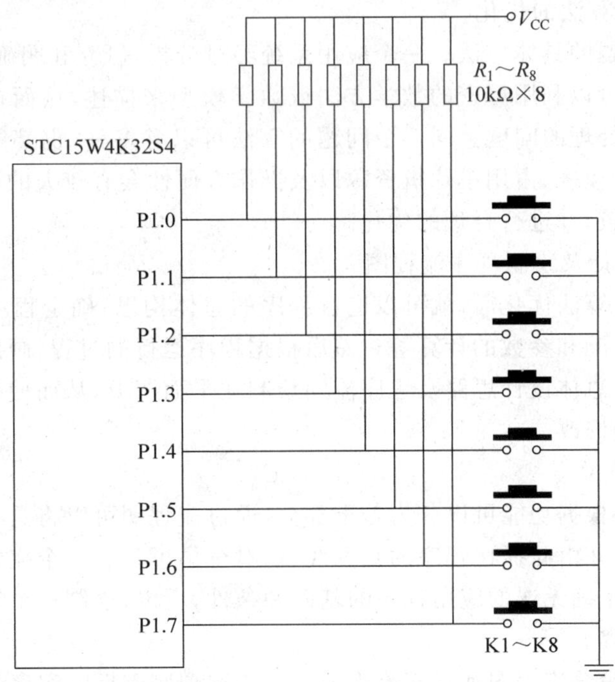

图 9-1-4　独立式按键电路

独立式按键电路配置灵活，软件结构简单，但每个按键必须占用一根 I/O 口线，因此在按键较多时，I/O 口线浪费较大，不宜采用。

图 9-1-4 中所示按键输入均采用低电平有效，此外，上拉电阻保证按键断开时 I/O 口线有确定的高电平。当 I/O 口线内部有上拉电阻时，外电路可不接上拉电阻。

2. 独立式按键的识别与处理

独立式按键软件常采用查询式结构。先逐位查询每根 I/O 口线的输入状态，如某一根 I/O 口线输入为低电平，则可确认该 I/O 口线对应的按键已按下，然后转向该键的功能处理程序。识别与处理流程如下所述。

(1) 检测有无按键按下，如"if(P10==0);"。

(2) 软件去抖(一般调用 10ms 延时函数)。

(3) 键确认，如"if(P10==0);"。

(4) 键处理。

(5) 键释放，如"while(P10==0);"。

三、程序的编制

1. 程序编制的步骤

1) 系统任务的分析

首先，要对单片机应用系统的任务进行深入分析，明确系统的设计任务、功能要求和技术指标。其次，要对系统的硬件资源和工作环境进行分析。这是单片机应用系统程序设计的基础和条件。

2) 提出算法与算法的优化

算法是解决问题的具体方法。一个应用系统经过分析、研究和明确规定后，对应实现的功能和技术指标可以利用严密的数学方法或数学模型来描述，从而把一个实际问题转化成由计算机进行处理的问题。同一个问题的算法可以有多种，也都能完成任务或达到目标，但程序的运行速度、占用单片机资源以及操作方便性会有较大的区别，所以，应对各种算法进行分析比较，并进行合理的优化。

3) 程序总体设计及绘制程序流程图

经过任务分析、算法优化后，就可以进行程序的总体构思，确定程序的结构和数据形式，并考虑资源的分配和参数的计算等。然后根据程序运行的过程，画出程序执行的逻辑顺序，用图形符号将总体设计思路及程序流向绘制在平面图上，从而使程序的结构关系直观明了，便于检查和修改。

2. 程序流程图

通常，应用程序根据功能可以分为若干部分，通过流程图可以将具有一定功能的各部分有机地联系起来，并由此抓住程序的基本线索，对全局可以有一个完整的了解。清晰正确的流程图是编制正确无误的应用程序的基础和条件，所以，绘制一个好的流程图是程序设计的一项重要内容。

流程图可以分为总流程图和局部流程图。总流程图侧重反映程序的逻辑结构和各程序模块之间的相互关系。局部流程图反映程序模块的具体实施细节。对于简单的应用程序，可以不画流程图。但当程序较为复杂时，绘制流程图是一个良好的编程习惯。

常用的流程图符号有开始和结束符号、工作任务（肯定性工作内容）符号、判断分支（疑问性工作内容）符号、程序连接符号、程序流向符号等，如图 9-1-5 所示。

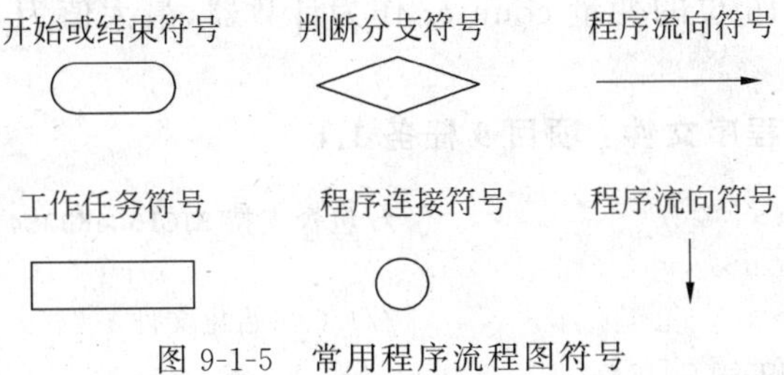

图 9-1-5　常用程序流程图符号

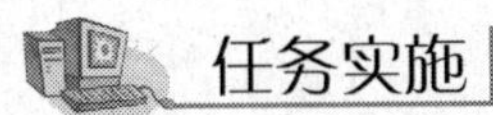

一、任务要求

设计加 1、减 1 功能键各 1 个。当按动加 1、减 1 功能键时，软件计数器执行加 1 或减 1 操作，计数器值送 LED 数码管显示。

二、硬件设计

K1(P3.2)为加 1 功能键，K2(P3.3)为减 1 功能键，采用 8 位共阴极 LED 数码管显示，电路原理图如图 9-1-6 所示。

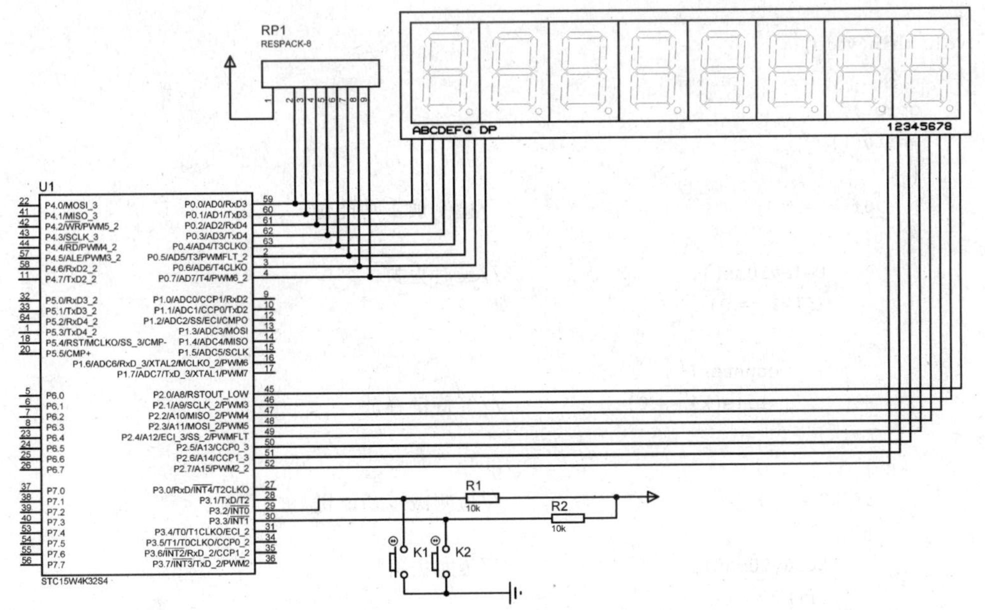

图 9-1-6　加 1 与减 1 计数电路

三、软件设计

1. 程序说明

一是要设计一个 16 位的变量 counter 作为计数器,最大值为 65535,采用 5 位显示;二是对按键去抖动。

2. 项目 9 任务 1 程序文件:项目 9 任务 1.c

```
#include <stc15.h>                    //包含支持 STC15W4K32S4 单片机的头文件
#include <intrins.h>
#include <gpio.h>                     //I/O 初始化文件
#define uchar unsigned char
#define uint unsigned int
#include <display.h>
sbit k1 = P3^2;
sbit k2 = P3^3;
uint counter = 0;
void Delay10ms()                      //@12MHz
{
    unsigned char i, j;

    i = 117;
    j = 184;
    do
    {
        while (--j);
    } while (--i);
}
void main(void)
{
    gpio();
    while(1)
    {
        if(k1 == 0)                   //检测加 1 功能键
        {
            Delay10ms();              //延时去抖
            if(k1 == 0)
            {
                counter++;
                while(k1 == 0);       //等待键释放
            }
        }
        if(k2 == 0)                   //检测减 1 功能键
        {
            Delay10ms();              //延时去抖
            if(k2 == 0)
            {
                if(counter!= 0)
```

```
                {
                    counter -- ;
                    while(k2 == 0);
                }
            }
                                              //等待键释放
        }
        Dis_buf[0] = counter % 10;            //取个位数,送显示缓冲区
        Dis_buf[1] = counter/10 % 10;         //取十位数,送显示缓冲区
        Dis_buf[2] = counter/100 % 10;        //取百位数,送显示缓冲区
        Dis_buf[3] = counter/1000 % 10;       //取千位数,送显示缓冲区
        Dis_buf[4] = counter/10000 % 10;      //取万位数,送显示缓冲区
        display();
    }
}
```

四、系统调试

1. 编辑、编译

用 Keil C 编辑、编译目九任务 1. c 程序,生成机器代码文件“项目九任务 1. hex”。

2. Proteus 仿真调试

(1) 按图 9-1-6 所示绘制电路。

(2) 将“项目九任务 1. hex”加载到 STC15W4432S4 单片机中。

(3) 运行与调试程序。

① 按动 K1,观察显示结果并记录;长按 K1,观察显示结果并记录。

② 按动 K2,观察显示结果并记录;长按 K2,观察显示结果并记录。

③ 分析正常按键与长按键,程序运行的结果有何不同,分析其产生原因。

3. 实操与调试

在开发板上按图 9-1-6 连接电路,将文件“项目九任务 1. hex”下载到单片机中,并按 Proteus 仿真要求进行调试。

任务拓展

修改程序,使得长按 K1 键实现连续加 1 功能,长按 K2 键实现连续减 1 功能。

任务 2　矩阵键盘与应用编程

任务说明

当需要输入十进制数码时,所需按键数大于 10 个,如采用独立式按键键盘,所需 I/O 口需要 10 个以上。为节约 I/O 口,拟采用一种新的键盘结构,即矩阵键盘。本任务学习矩阵键盘的工作原理与编程方法。

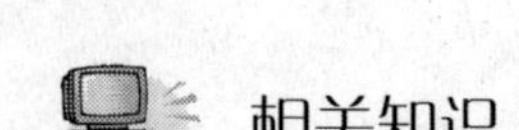

一、矩阵键盘的结构与原理

1. 矩阵键盘的结构

矩阵键盘由行线和列线组成，按键位于行、列线的交叉点上，其结构如图 9-2-1 所示。

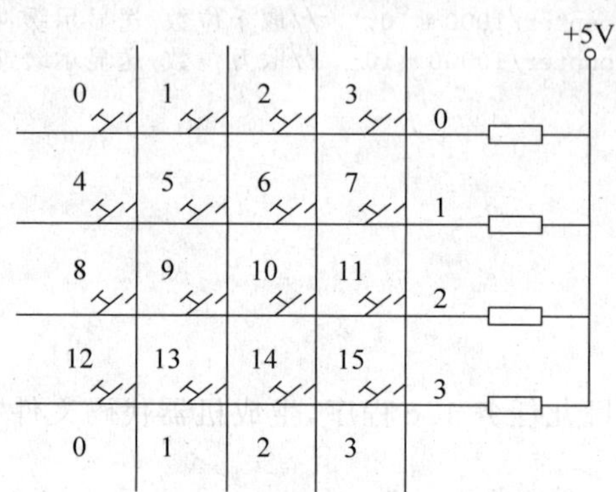

图 9-2-1 矩阵键盘结构

由图可知，一个 4×4 的行、列结构可以构成含有 16 个按键的键盘。显然，在按键数量较多时，矩阵键盘比独立式按键键盘节省很多 I/O 口。

在矩阵键盘中，行、列线分别连接到按键开关的两端，行线通过上拉电阻接到＋5V 上。当无键按下时，行线处于高电平状态；当有键按下时，行、列线将导通，此时，行线电平将由与此行线相连的列线电平决定。这是识别按键是否按下的关键。然而，矩阵键盘中的行线、列线和多个按键相连，各按键按下与否均影响该键所在行线和列线的电平，各按键间将相互影响。因此，必须将行线、列线信号配合起来适当处理，才能确定闭合键的位置。

2. 矩阵键盘按键的识别

识别按键的方法很多，最常见的是扫描法和翻转法。

1）扫描法

下面以图 9-2-1 中 8 号键的识别为例，说明扫描法识别按键的过程。

按键按下时，与此键相连的行线与列线导通，行线在无键按下时处在高电平。显然，如果让所有的列线也处在高电平，按键按下与否不会引起行线电平变化。因此，必须使所有列线处在低电平。只有这样，当有键按下时，该键所在的行电平才会由高电平变为低电平。CPU 根据行电平的变化，判定相应的行有键按下。8 号键按下时，第 2 行一定为低电平；然而，第 2 行为低电平时，能否肯定是 8 号键按下呢？回答是否定的，因为 9、10、11 号键按下同样会使第 2 行为低电平。为进一步确定具体键，不能使所有列线在同一时刻都处在低电平，可在某一时刻只让一条列线处于低电平，其余列线均处于高电平；另一时刻，让下一列处在低电平，依此循环。这种依次轮流，每次选通一列的工作方式称为键盘扫描。采用键盘扫描后，再来观察 8 号键按下时的工作过程。当第 0 列处于低电平时，第 2 行处于低电平；而第 1、2、3 列处于低电平时，第 2 行处在高电平。由此判定，按下的键应是第 2 行与第 0 列的交叉点，即 8 号键，有

$$键值=行号\times 4(行数)+列号$$

2）翻转法

确认有键按下后，按以下步骤获得按键对应的键码，再根据键码获取按键的键值。

（1）行全扫描，读取列码。

（2）列全扫描，读取行码。

（3）将行、列码组合在一起，得到按键的键码。

（4）根据键盘的键码，通过比较法获取按键的键值。

注：翻转法是预先计算出每个按键的键码，再从键号 0 开始，顺序地将各个按键的键码存放在一个数组中，然后用获取的键码与数组中各按键键码相比较，相等时对应的顺序号即为按键的键号（键值）。

二、键盘的工作方式

在单片机应用系统中，键盘扫描只是 CPU 的工作内容之一。CPU 对键盘的响应取决于键盘的工作方式，键盘的工作方式应根据实际应用系统中 CPU 的工作状况而定，其选取原则是既要保证 CPU 能及时响应按键操作，又不要过多地占用 CPU 工作时间。通常，键盘的工作方式有三种，即编程扫描、定时扫描和中断扫描。

1. 编程扫描方式

编程扫描方式是利用 CPU 完成其他工作的空余调用键盘扫描子程序来响应键盘输入的要求。在执行键功能程序时，CPU 不再响应键输入要求，直到 CPU 重新扫描键盘为止。

键盘扫描程序一般包括以下内容。

（1）判别有无键按下。

（2）键盘扫描，取得闭合键的行、列值。

（3）用计算法或查表法得到键值。

（4）判断闭合键是否释放。如没释放，继续等待。

（5）保存闭合键键号，同时转去执行该闭合键的功能。

2. 定时扫描方式

定时扫描方式就是每隔一段时间对键盘扫描一次。它利用单片机内部的定时器产生一定时间（例如 10ms）的定时，定时时间到，就产生定时器溢出中断；CPU 响应中断后，对键盘扫描，并在有键按下时识别出该键，再执行该键的功能程序。定时扫描方式的硬件电路与编程扫描方式相同。

3. 中断扫描方式

采用上述两种键盘扫描方式，无论是否按键，CPU 都要定时扫描键盘，而单片机应用系统工作时，并非经常需要键盘输入，因此，CPU 经常处于空扫描状态。为提高 CPU 的工作效率，采用中断扫描工作方式。其工作过程如下：当无键按下时，CPU 处理自己的

工作；当有键按下时，产生中断请求，CPU转去执行键盘扫描子程序，并识别键号。中断扫描键盘电路如图 9-2-2 所示。

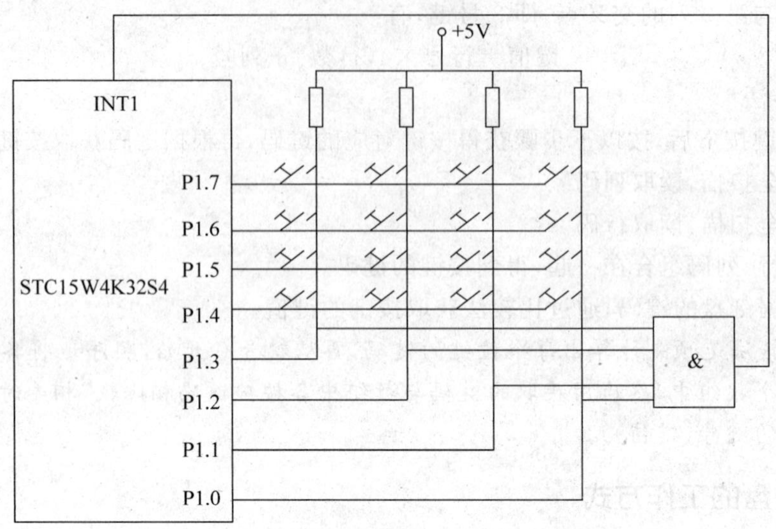

图 9-2-2 中断扫描键盘电路

图 9-2-2 所示是一种简易键盘接口电路。该键盘是由单片机 P1 口的高、低 4 位构成的 4×4 键盘。键盘的列线与 P1 口的低 4 位相连，键盘的行线与 P1 口的高 4 位相连，因此 P1.4～P1.7 是扫描输出线，P1.0～P1.3 是扫描输入线。图 9-2-2 中的 4 输入与门用于产生按键中断，其输入端与各列线相连，再通过上拉电阻接至＋5V 电源；输出端接至 STC15W4K32S4 的外部中断输入端 INT1。具体工作过程如下：当键盘无键按下时，与门各输入端均为高电平，保持输出端为高电平；当有键按下时，INT1 端为低电平，向 CPU 申请中断。若 CPU 开放外部中断，将响应中断请求，转去执行键盘扫描子程序。

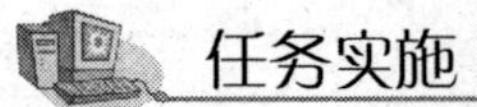

一、任务要求

4×4 键盘对应十六进制数码 0～9、A～F。当按下按键时，对应的数码在数码管上显示。

二、硬件设计

P1 接 4×4 矩阵键盘，以 P1.0～P1.3 为列线，以 P1.4～P1.7 为行线，具体接口电路如图 9-2-3 所示。采用 STC15W4K32S4 单片机开发板的数码管显示。

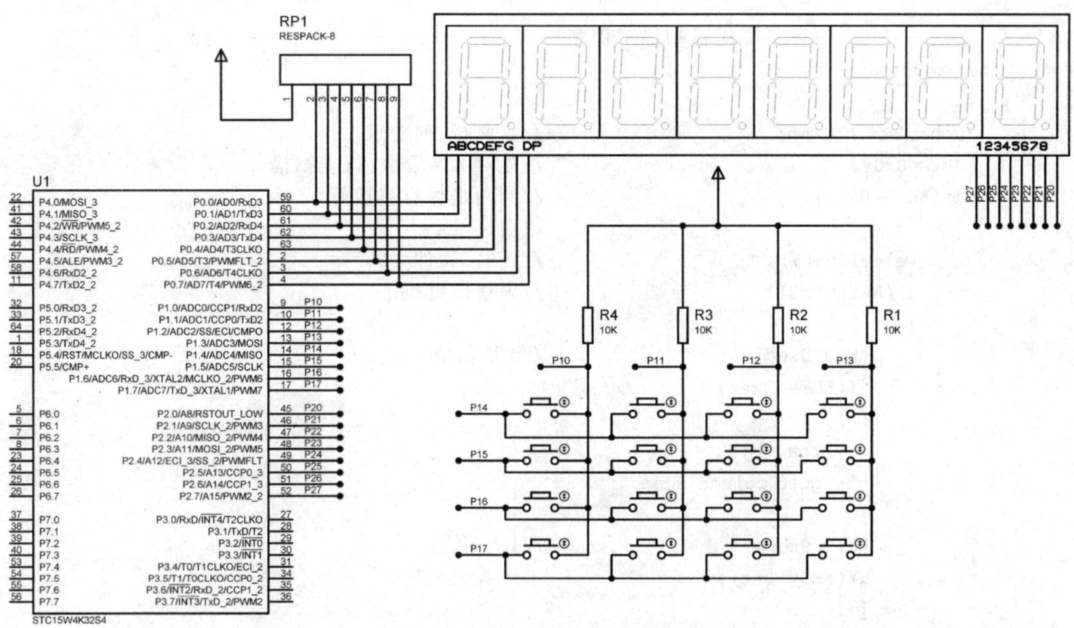

图 9-2-3　键盘扫描电路

三、软件设计

1. 程序说明

矩阵键盘按键的识别采用扫描法实现，先确定行号，再确定列号，根据行号乘 4 加列号得到按键的键值。键值送数码管最低位显示。

2. 项目九任务 2 程序文件：项目九任务 2.c

```
#include <stc15.h>                    //包含支持 STC15W4K32S4 单片机的头文件
#include <intrins.h>
#include <gpio.h>                     //I/O 初始化文件
#define uchar unsigned char
#define uint  unsigned int
#include <display.h>
#define KEY P1
uchar key_volume;                     //定义键值存放变量
void Delay10ms()                      //@12MHz
{
    unsigned char i, j;

    i = 117;
    j = 184;
    do
    {
        while (--j);
    } while (--i);
```

```
}
/* ----------------- 键盘扫描子程序 ------------------------- */
uchar keyscan()
{
    uchar row,column;                       //定义行、列变量
    KEY = 0x0f;                             //先对 KEY 置数,行全扫描
    if(KEY!= 0x0f)                          //判断是否有键按下
    {
        Delay10ms();                        //延时,软件去抖
        if(KEY!= 0x0f)                      //确认按键按下
        {
            KEY = 0xef;                     //0 行扫描
            if(KEY!= 0xef)
            {
                row = 0;
                goto colume_scan;
            }
            KEY = 0xdf;                     //1 行扫描
            if(KEY!= 0xdf)
            {
                row = 1;
                goto colume_scan;
            }
            KEY = 0xbf;                     //2 行扫描
             if(KEY!= 0xbf)
             {
                row = 2;
                goto colume_scan;
             }
             KEY = 0x7f;                    //3 行扫描
             if(KEY!= 0x7f)
             {
                row = 3;
                goto colume_scan;
            }
            KEY = 0xff;
            return(16);
        colume_scan:
            if((KEY&0x01) == 0)column = 0;
              else if((KEY&0x02) == 0)column = 1;
                else if((KEY&0x04) == 0)column = 2;
                  else   column = 3;
            key_volume = row * 4 + column;
        }
    }
    else
    KEY = 0xff;
    return (16);
}
```

```
/* -------------- 主程序 ------------------------------- */
main()
{
    gpio();
    KEY = 0xff;
    while(1)
    {
        keyscan();
        Dis_buf[0] = key_volume;
        display();
    }
}
```

四、系统调试

1. 编辑、编译

用 Keil C 编辑、编译“项目九任务 2. c”程序，生成机器代码文件“项目九任务 2. hex”。

2. Proteus 仿真调试

(1) 按照图 9-2-3 绘制电路。

(2) 将“项目九任务 2. hex”加载到 STC15W4K32S4 单片机中。

(3) 运行与调试程序。

① 按动 0～9、A～F 按键，观察与记录运行结果。

② 分析正常按键与长按键，程序运行的结果有何不同，分析其产生原因。

3. 实操与调试

在开发板上按图 9-2-3 连接电路，将文件“项目九任务 2. hex”下载到单片机中，并按 Proteus 仿真要求进行调试。

任务拓展

(1) 修改程序，新输入的按键值在数码管的最低位显示，原先数码管上的值依次往左移动 1 位，最高位自然丢失，并要求能实现高位自动灭零(高位无效的“0”不显示)。

(2) 设计一个 2 位数的加法计算器。

任务 3　电子时钟的设计与实践

任务说明

利用定时器实现 24h 计时，用 8 位 LED 数码管显示，应用独立键盘实现调时。本任务主要锻炼学生的综合编程能力。

一、单片机应用系统的开发原则

根据不同的应用场合,单片机应用系统的设计应遵循以下原则。

1. 可靠性高

在设计过程中,要把系统的安全性、可靠性放在首位。一般来讲,系统的可靠性可以从以下几个方面进行考虑。

(1) 在器件使用上,应选用可靠性高的元器件,以防止元器件的损坏影响系统的可靠运行。

(2) 选用典型电路,排除电路的不稳定因素。

(3) 采用必要的冗余设计或增加自诊断功能。

(4) 采取必要的抗干扰措施,以防止环境干扰。可采用硬件抗干扰或软件抗干扰措施。

2. 性能价格比高

单片机自身就具有高性能、体积小和功耗低的特点,因此在系统设计时除保持高性能外,还应简化外围硬件电路,在系统性能许可的范围内尽可能地用软件程序取代硬件电路,以降低系统的制造成本。

3. 操作维护方便

操作维护方便表现在操作简单、直观形象和便于操作。在系统设计时,在系统性能不变的情况下,应尽可能地简化人机交互接口。

4. 设计周期短

系统设计周期是衡量一个产品有无社会效益的主要依据,只有缩短设计周期,才能有效地降低系统设计成本,充分发挥新系统的技术优势,及早地占领市场并具有竞争力。

二、单片机应用系统的开发流程

单片机应用系统主要由硬件和软件两部分组成。硬件除单片机本身的芯片以外,还包括单片机输入/输出通道、人机交互通道等。软件则是各种工作程序的集合,只有将硬件和软件有机地紧密配合才能设计出高性能的单片机应用系统。归纳起来,单片机应用系统的设计过程大致有以下几个方面。

1. 任务确定

单片机应用系统可以分为智能仪器仪表和工业测控系统两大类。无论哪一类,都必须以市场需求为前提。所以,在系统设计前,首先要进行广泛的市场调查,了解该系统的市场应用概况,分析系统当前存在的问题,研究系统的市场前景,确定系统开发设计的目的和目标。简单地说,就是通过调研克服缺点,开发新功能。

在确定了大方向的基础上,就应该对系统的具体实现进行规划,包括应该采集信号的种类、数量、范围，输出信号的匹配和转换，控制算法的选择，技术指标的确定等。

2. 方案设计

确定了研制任务后，就可以进行系统的总体方案设计。主要包括以下两个方面。

1）单片机机型和器件的选择

（1）性能特点要适合所要完成的任务，避免过多的功能闲置。

（2）性能价格比要高，以提高整个系统的性能价格比。

（3）结构原理要熟悉，以缩短开发周期。

（4）货源要稳定，有利于批量的增加和系统的维护。

2）硬件与软件的功能划分

系统的硬件和软件要做统一的规划。因为一种功能往往是既可以由硬件实现，又可以由软件实现。要根据系统的实时性和系统的性能价格比进行综合确定。

一般情况下，用硬件实现速度比较快，可以节省 CPU 的时间，但系统的硬件接线复杂、系统成本较高。用软件实现则较为经济，但要更多地占用 CPU 的时间。所以，在 CPU 时间不紧张的情况下，应尽量采用软件。如果系统回路多、实时性要求强，则要考虑用硬件完成。例如，在显示接口电路设计时，为了降低成本，可以采用软件译码的动态显示电路。但是，如果系统的取样路数多、数据处理量大，则应改为硬件静态显示。

3. 硬件设计与调试

硬件的设计是根据总体设计要求，在选择完单片机机型的基础上，具体确定系统中所要使用的元件，并设计出系统的电路原理图，经过必要的实验后完成工艺结构设计、电路板制作和样机的组装。主要硬件设计包括以下几个方面。

1）单片机电路设计

主要完成时钟电路、复位电路、供电电路的设计。

2）输入/输出通道设计

主要完成传感器电路、放大电路、多路开关、A/D 转换电路、D/A 转换电路、开关量接口电路、驱动及执行机构的设计。

3）控制面板设计

主要完成按键、开关、显示器、报警等电路的设计。

4）硬件调试

硬件调试分静态调试和动态调试。

（1）静态调试，包括目测、采用万用表测试、加电检查。

① 目测。首先是对单片机应用系统的印制电路板进行仔细检查，检查它的印制线是否有断线、是否有毛刺、线与线和线与焊盘之间是否有粘连、焊盘是否脱落、过孔是否未金属化现象等。若无质量问题，则在安装、焊接上所有的分离元件和集成电路插座后，再一次进行目测，检查元器件是否焊接正确、焊点是否有毛刺、焊点是否有虚焊、焊锡是否使线与线或线与焊盘之间短路等。通过目测可以查出某些明确的器件、设计故障，并及时予以排除。

② 采用万用表测试。先用万用表复核目测中认为可疑的边线或接点，再检查所有电源的电源线和地线之间是否有短路现象。这一点必须要在加电前查出，否则会造成器件

或设备的毁坏。

③ 加电检查。首先检查各电源的电压是否正常，然后检查各个芯片插座电源端的电压是否在正常范围内、固定引脚的电平是否正确。然后在断电的状态下将集成芯片逐一插入相应的插座中，并加电仔细观察芯片或器件是否出现打火、过热、变色、冒烟和异味等现象，如有异常现象，应立即断电，找出原因予以排除。总之，静态调试是检查印制电路板、连接和元器件部分有无物理性故障，静态调试完成后，接着进行动态调试。

（2）动态调试。动态调试是目标系统在工作的状态下，发现和排除硬件中存在的器件内部故障、器件间连接的逻辑错误等的一种硬件检查。硬件的动态调试必须在开发系统的支持下进行，故称为联机仿真调试。动态调试借助于开发系统资源来设计目标系统中单片机外围电路，具体方法是利用开发系统友好的交互界面，可以有效地对目标系统的单片机外围扩展电路进行访问、控制，使系统在运行中暴露问题，从而发现故障并予以排除。典型有效的访问、控制外围扩展电路的方法是对电路进行循环读或写操作，使得电路中主要测试点的状态可以通过常规测试仪器测试出来，以此检测被调试电路是否按预期的工作状态运行。

4. 软件设计与调试

单片机应用系统的设计中，软件设计占有重要的位置。单片机应用系统的软件通常包括数据采集和处理程序、控制算法实现程序、人机对话程序和数据处理与管理程序。

软件设计通常采用模块化程序设计、自顶向下的程序设计方法。

单片机应用系统的软件设计是研制过程中任务最繁重的一项工作，对于一些较复杂的应用系统，不仅要使用汇编语言来编程，有时还需要使用高级语言编程。软件设计包括编写程序的总体方案、画出程序流程图、编制具体程序以及对程序检查和修改等。

1）程序的总体设计

程序的总体设计是指从系统高度考虑程序结构、数据格式与程序功能的实现方法和手段。程序的总体设计包括拟定总体设计方案、确定算法和绘制程序流程图等。在拟定总体设计方案时，要根据单片机应用系统的具体情况，确定一个切合实际的程序设计方法。一般常用的程序设计方法有以下3种。

（1）模块化程序设计。模块化程序设计的思想是将一个功能完整的、较长的程序分解成若干个功能相对独立的、较小的程序模块，各个程序模块分别进行设计、编程和调试，最后把各个调试好的程序模块装配起来进行联调，最终成为一个有实用价值的程序。

（2）自顶向下逐步求精程序设计。自顶向下逐步求精程序设计要求从系统级的主干程序开始，从属的程序和子程序先用符号来代替，集中力量解决全局问题，然后再层层细化逐步求精，编制从属程序和子程序，最终完成一个复杂程序的设计。

（3）结构化程序设计。结构化程序设计是一种理想的程序设计方法，它是指在编程过程中对程序进行适当限制，特别是限制转移指令的使用，对程序的复杂程度进行控制，使程序的编排顺序和程序的执行流程保持一致。

2）程序的编制

目前，单片机主要有两种编程语言：汇编语言和C51。如系统的实时控制较高，一般建议采用汇编语言编程；如系统中数据处理较多，采用 C51 编程会更方便些。

3）软件调试

软件调试是通过对目标程序的汇编、连接、执行来发现程序中存在的语法错误与逻辑错误，并加以排除和纠正的过程。在软件调试中主要针对逻辑性错误进行讨论。软件调试与所选用的软件结构和程序设计方法有关。但有一点是共同的，即软件调试一般遵循先独立后联机、先分块后组合、先“单步”后“连续”的原则。在具体技术而言，可采用 Keil μVsion 集成开发环境的调试功能进行调试，但更推荐采用 Proteus 仿真软件进行调试。

（1）先独立后联机。一般来说单片机应用系统中的软件和硬件是密切联系的，但这不等于说所有的目标程序都必须依赖硬件运行。如软件对被测参数进行数值处理或做某项事务处理时，往往是与硬件无关的。把与硬件无关的、功能相对独立的目标程序段抽取出来，形成与硬件无关和依赖硬件的两大类目标程序。这样就可以先脱离目标系统硬件，直接在开发系统上对独立于硬件的程序进行调试。这类程序调试完后，再将目标系统与开发系统相连，对依赖于硬件的程序进行联机调试。联机调试成功后，再进行这两大块程序总调试。

（2）先分块后组合。在目标系统规模较大、任务较多的情况下，系统的软件设计往往采用模块化的设计方法。调试时，先按各个子模块进行调试。在子模块调试完后，将相互有关联的程序模块逐块组合起来加以调试，以解决在模块连接中可能出现的逻辑错误。对于所有程序模块的整体组合是在系统联调中进行的，由于各个程序模块通过调试已排除了内部错误，所以软件总调的工作量大大减少。

（3）“单步”调试。调试软件程序的关键是实现对错误的定位。准确发现程序（或硬件电路）中错误的最有效方法是采用单步加断点的运行方式调试程序。在调试程序时，先利用断点运行方式进行粗调，将故障定位在一个程序段的小范围内；然后根据故障程序段再使用单步运行方式进行错误的精确定位，这样就可以做到调试的快捷和准确。通常在调试完成后，还要进行连续运行调试，以防止某些错误在单步执行时被掩盖。

对于一些实时系统，可能无法采用单步调试，为了能较快地对程序的错误进行定位，可使用连续加断点运行方式调试这类程序。

5. 系统联调与性能测试

系统联调是指目标系统的软件在其硬件上实际运行，将软件和硬件联合起来进行调试，从中发现硬件故障或软、硬件设计错误。系统联调时，可以采用 Proteus 仿真软件进行系统联调，再用实物进行系统联调。系统联调主要解决以下问题。

（1）软、硬件是否按设计的要求配合工作。

（2）系统运行时是否有潜在的设计时难以预料的错误。

（3）系统的动态性能指标（包括精度、速度等参数）是否满足设计要求。系统联调时，首先是调试与硬件有关的各程序段，既可以检验程序的正确性，又可以在各功能独立的情况下，检验软、硬件的配合情况；然后再将软件、硬件按系统工作的要求进行综合运行，采用全速断点、连续运行方式进行总调试，以解决在系统总体运行情况下软件、硬件的协调与提高系统动态性能。系统联调的具体操作方法：先在开发系统环境下，进行在线仿真（如采用 STC15W4K32S4 单片机仿真器）。若发现问题，则可按照软件、硬件调试方法准确地对错误进行定位，并分析原因找出解决办法。在系统联调完成后，就可将目标程序固化到目标系统单片机的程序存储器中，则可使目标系统脱离开发系统，进行测试。

对于一些运行环境比较恶劣的单片机应用系统，在系统联调后，还要进行现场调试，通过目标系统在现场运行，发现可靠设计中的问题，并找出相应的解决方法。

单片机应用系统的设计与开发流程如图 9-3-1 所示。

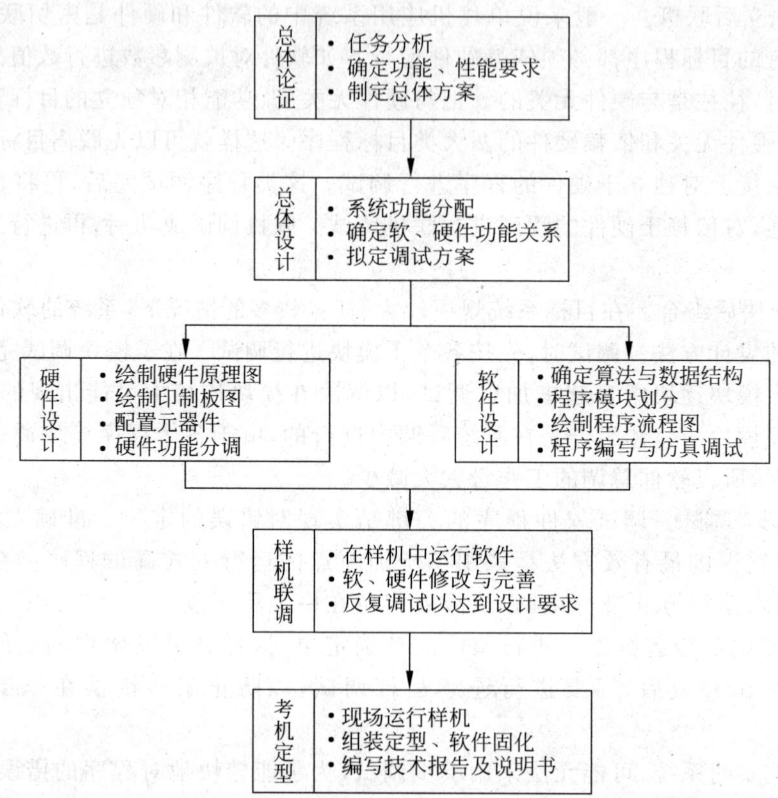

图 9-3-1 单片机应用系统的设计与开发流程

三、工程设计报告的编制

1. 报告内容

(1) 封面。封面上应包括设计系统名称、设计人姓名、设计单位名称及完成时间。

(2) 目录。目录中应包括工程设计报告的章节标题、附录的内容，以及章节标题、附录的内容所对应的页码。目录的页码采用 Word 软件自动生成功能完成。

(3) 摘要与关键词。摘要是对设计报告的总结，摘要一般 300 字左右。摘要的内容应包括目的、方法、结果和结论，即应包括设计的主要内容、主要方法和主要创新点。

摘要中不应出现“本文、我们、作者”之类的词语，一般用第三人称和被动式。英文摘要内容(可选)应与中文相对应；中文摘要前要加“摘要：”，英文摘要前要加“Abstract：”。

关键词按 GB/T 3860 的原则与方法选取。一般选 3～6 个关键词。中、英文关键词应一一对应。中文关键词前冠以“关键词：”，英文关键词前冠以“Key words：”。

(4) 正文。正文是工程设计报告的核心。正文的主要内容有：系统设计、单元电路设计、软件设计、系统测试与结论。

① 系统设计。主要介绍系统设计思路与总体方案的可行性论证，各功能模块的划分与组成，介绍系统的工作原理与工作过程。总体方案的选择既要考虑它的先进性，又要考虑它实现的可能性以及产品的性能价格比。

② 单元电路设计。在单元电路设计中，需要对确定的各单元电路的工作原理进行介绍，对各单元电路进行分析和设计，并对电路中的有关参数进行计算及元器件的选择等。

③ 软件设计。应注意介绍软件设计的平台、开发工具和实现方法，应详细介绍程序的流程方框图、实现的功能以及程序清单。如果程序较长，程序清单在附录中给出。

④ 系统测试。详细介绍系统的性能指标或功能的测试方法、步骤，所用仪器的设备名称、型号，测试记录的数据和绘制图标、曲线。

⑤ 结论。根据测试数据进行综合分析，对产品做一个完整的、结论性的评价，也就是一个结论性的意见。

(5) 参考文献。参考文献部分应列出在设计过程中参考的主要书籍、期刊、标准等。参考文献的格式如下。

① 专著、论文集、学位论文、报告。

[序号] 作者(.)文献题名(专著[M]，论文集[C]，学位论文[D]，报告[R])(.)出版地(：)出版社(，)出版年号(.)

例如：

[1]丁向荣.电气控制与 PLC 应用技术[M]. 上海：上海交通大学出版社，2005.

② 期刊文章。

[序号] 作者(.)文献题名([J])(.)刊名(，)卷(期)(：)起止页码(.)

例如：

[2]丁向荣，林知秋.基于 PLC 运行模式的单片机应用系统设计[J].机电工程，2004(21)：32～33.

③ 国际、国家标准。

[序号] 标准编号(，)标准名称([S])

例如：

[3] GB 4706.1—1998，家用和类似用途电器的安全 第一部分：通用要求([S])

参考文献中作者是英文拼写的，应该姓在前，名在后。参考文献在正文中应标注相应的引用位置，在引文的右上角用方括号标出。

(6) 附录。附录应包括元器件明细表、仪器设备清单、电路图图纸、设计的程序清单、系统(作品)使用说明等。

元器件明细表的栏目应包括：序号；名称、型号及规格；数量；备注(元器件位号)。

仪器设备清单的栏目应包括：序号；名称、型号及规格；主要技术指标；数量；备注（仪器仪表生产厂家）。

电路图图纸要注意选择合适的图幅大小、标注栏。程序清单要有注释，总的和分段的功能说明。

2. 字体要求

一级标题：小二号黑体，居中占五行，标题与题目之间空一个汉字的空。

二级标题：三号标宋，居中占三行，标题与题目之间空一个汉字的空。

三级标题：四号黑体，顶格占二行。标题与题目之间空一个汉字的空。

四级标题：小四号粗楷体，顶格占一行。标题与题目之间空一个汉字的空。

标题中的英文字体均采用 Times New Roman 体，字号同标题字号。

四级标题下的分级标题的标题字号为五宋。

所有文中图和表要先有说明再有图表。图要清晰，并与文中的叙述要一致，对图中内容的说明尽量放在文中。图序、图题（必须有）为小五号宋体，居中排于图的正下方。

表序、表题为小五号黑体，居中排于表的正上方；图和表中的文字为六号宋体；表格四周封闭，表跨页时另起表头。

图和表中的注释、注脚为六号宋体；数学公式居中排，公式中字母正斜体和大小写前后要统一。

公式另行居中，公式末不加标点，有编号时可靠右侧顶边线；若公式前有文字，如例、解等。文字顶格写，公式仍居中；公式中的外文字母之间、运算符号与各量符号之间应空半个数字的间距；若对公式有说明，可接排，如：式中，A——××；B——XX；当说明较多时则另起行顶格写“式中 A——XX”；回行与 A 对齐写“B——XX”；公式中矩阵要居中且行列上下左右对齐。

一般物理量符号用斜体[如：$f(x)$、x、y 等]；矢量、张量、矩阵符号一律用黑斜体；计量单位符号、三角函数、公式中的缩写字符、温标符号、数值等一律用正体；下角标若为物理量一律用斜体，若是拉丁文、希腊文或人名缩写用正体。

物理量及技术术语全文统一，要采用国际标准。

任务实施

一、任务要求

采用 24h 计时与 LED 数码管显示，具备时、分、秒调时功能。

二、硬件设计

设置 3 个按键：K0、K1、K2。K0 为时分秒初始值调整键，K1 为加 1 键，K2 为减 1 键。K0、K1、K2 分别与 P3.2、P3.3、P3.4 连接，采用 8 位 LED 数码管模块显示，电路原理如图 9-3-2 所示。

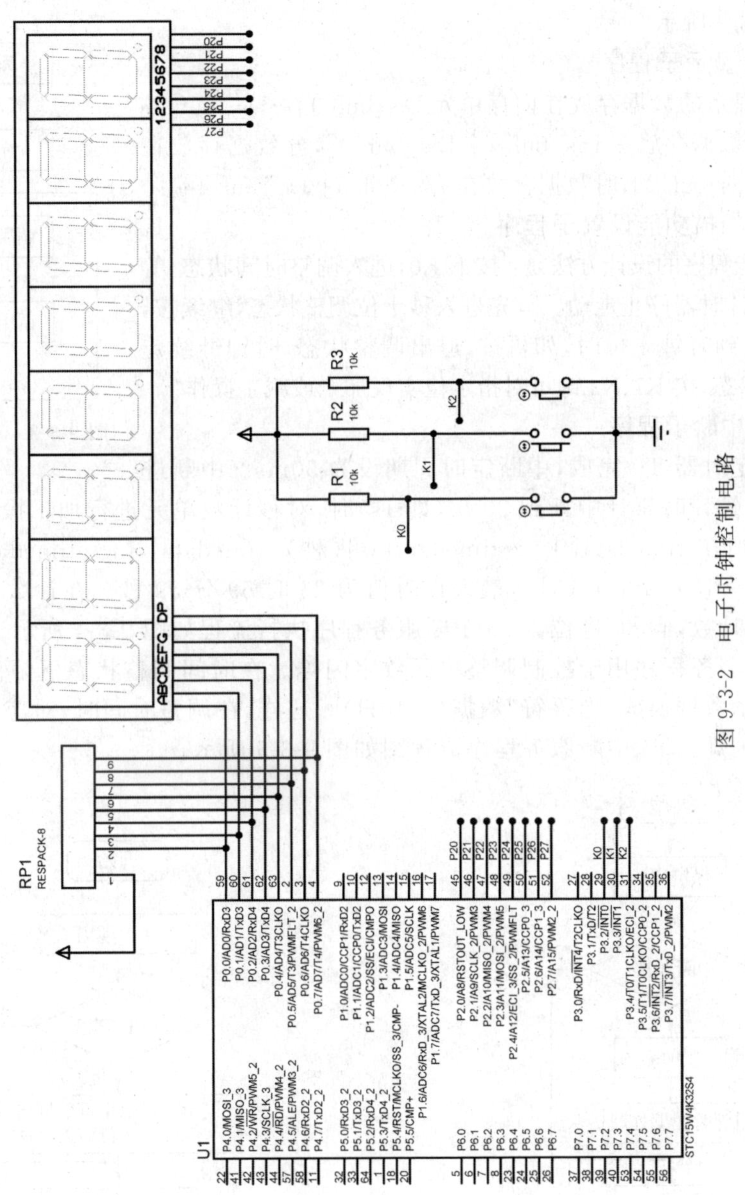

图 9-3-2　电子时钟控制电路

三、软件设计

1. 程序说明

1）主程序

主程序主要是循环调用显示子程序及实现键盘扫描功能，流程如图 9-3-3 所示。

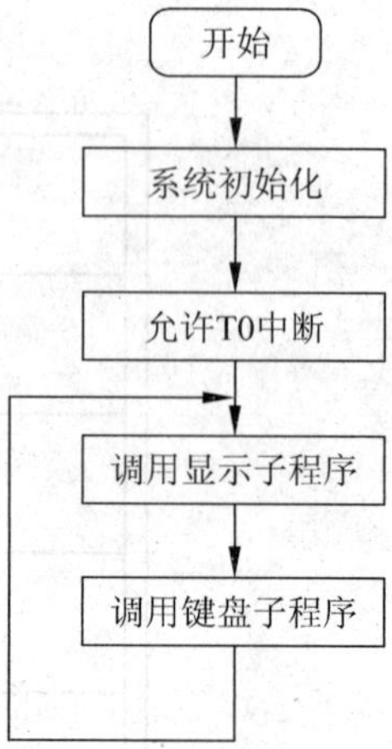

2）LED 显示子程序

数码管显示的数据存放在内存单元 Dis_buf[0]～Dis_buf[5]中。其中，秒数据存放在 Dis_buf[1]、Dis_buf[0]，分数据存放在 Dis_buf[3]、Dis_buf[2]，时数据存放在 Dis_buf[5]、Dis_buf[4]。

3）键盘扫描功能设置子程序

调时功能程序的设计方法是：按下 K0，进入调整时间状态，等待操作，此时计时器停止走动。首先进入秒十位调整状态，继续按，往前进 1 位；到时钟十位时，如再按，退出调整状态，时钟继续走动。在调时状态，按 K1、K2 键可对指定位实现加 1 或减 1 操作。

开始

系统初始化

允许T0中断

调用显示子程序

调用键盘子程序

图 9-3-3　主程序流程图

4）定时中断子程序

计时用定时器 T0 完成，中断定时周期设为 50ms。中断进入后，判断时钟计时累计中断到 20 次（即 1s）时，对秒计数单元进行加 1 操作。时钟计数单元地址分别在 timedata[1]～timedata[0]（秒）、timedata[3]～timedata[2]（分）和 timedata[5]～timedata[4]（时），最大计时值为 23 时 59 分 59 秒。在计数单元中采用十进制 BCD 码计数，满 60 进位。T0 中断服务程序执行流程如图 9-3-4 所示。

T1 中断服务程序用于控制调整单元数字闪烁。在时间调整状态下，每过 0.3s，将对应单元的显示数据换成“熄灭符”数据（#10H）。这样，在调整时间时，对应调整单元的显示数据间隔闪烁。T1 中断服务程序流程图如图 9-3-5 所示。

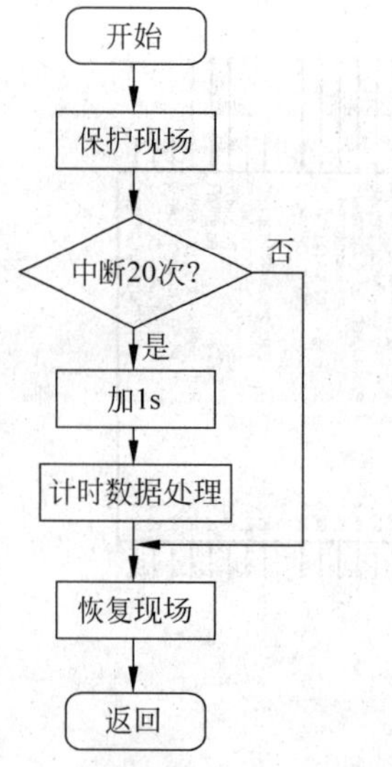

图 9-3-4　T0 中断服务程序流程图

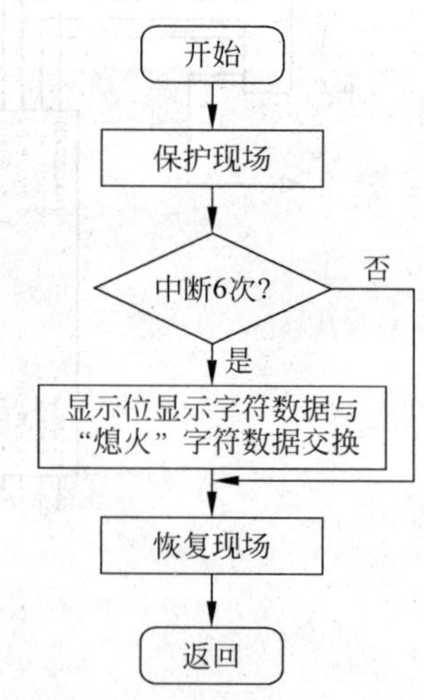

图 9-3-5　T1 中断服务程序流程图

2. 项目九任务3程序文件：项目九任务3.c

```
#include <stc15.h>                        //包含支持STC15W4K32S4单片机的头文件
#include <intrins.h>
#include <gpio.h>                         //I/O初始化文件
#define uchar unsigned char
#define uint unsigned int
#include <display.h>
/* -------- 定义k0、k1、k2输入引脚 ---------- */
sbit k0 = P3^2;
sbit k1 = P3^3;
sbit k2 = P3^4;
uchar data timedata[6] = {0x00,0x00,0x00,0x00,0x02,0x01,}; //计时单元数据初值,共6个
uchar data con1s = 0x00,con03s = 0x00,con = 0x00;   //秒定时用
uchar a = 16,b;                           //用于闪烁功能交换数据
/* ----- 系统时钟为12MHz时,是10ms延时函数 --------- */
void Delay10ms()                          //@12MHz
{
    unsigned char i, j;

    i = 117;
    j = 184;
    do
    {
        while (--j);
    } while (--i);
}

/* -------------------- 键盘扫描子程序 -------------------------- */
void keyscan()
{
    EA = 0;
    if(k0 == 0)
    {
        Delay10ms();
        while(k0 == 0);
        if(Dis_buf[con] == 16)
        {
            b = Dis_buf[con];Dis_buf[con] = a;
            a = b;
        }
        con++;TR0 = 0;ET0 = 0;TR1 = 1;ET1 = 1;
        if(con >= 6)
        {con = 0;TR1 = 0;ET1 = 0;TR0 = 1;ET0 = 1;}
    }
    if(con!= 0)
    {
        if(k1 == 0)
        {
            Delay10ms();
            while(k1 == 0);
```

```
                timedata[con]++;
                switch(con)
                {
                    case 1:
                    case 3: if(timedata[con]>= 6)    //判断是否是分、秒十位。如是,加到大
                                                     //于 5,变为 0
                        {timedata[con] = 0;}
                        break;
                    case 2:
                    case 4:  if(timedata[con]>= 10) //判断是否是时、分个位。如是,加到
                                                     //大于 9,变为 0
                        {timedata[con] = 0;}
                        break;
                    case 5: if(timedata[con]>= 3)    //判断是否是小时十位。如是,加到
                                                     //大于 2,变为 0
                        {timedata[con] = 0;}
                        break;
                    default:;
                }
                Dis_buf[con] = timedata[con];a = 0x10;
            }
        }
        if(con!= 0)
        {
            if(k2 == 0)
            {
                Delay10ms();
                while(k2 == 0);
                switch(con)

                {
                    case 1:
                    case 3: if(timedata[con] == 0)   //判断是否是分、秒十位。如是,减到
                                                     //等于 0,变为 5
                        {timedata[con] = 0x05;}
                        else {timedata[con] -- ;}
                        break;
                    case 2:
                    case 4: if(timedata[con] == 0)   //判断是否是时、分个位。如是,减到
                                                     //等于 0,变为 9
                        {timedata[con] = 0x09;}
                        else {timedata[con] -- ;}
                        break;
                        case 5: if(timedata[con] == 0)   //判断是否是小时十位。如是,
                                                         //减到等于 0,变为 2
                            {timedata[con] = 0x02;}
                            else {timedata[con] -- ;}
                            break;
                        default:;
                }
                Dis_buf[con] = timedata[con];a = 0x10;
            }
        }
```

```
    EA = 1;
}

/* ------------- 定时器初始化 ------------------------------------ */
void Timer0Init(void)                          //50ms@12.000MHz
{
    AUXR &=  0x7F;                             //定时器时钟 12T 模式
    TMOD &=  0xF0;                             //设置定时器模式
    TL0  =  0xB0;                              //设置定时初值
    TH0  =  0x3C;                              //设置定时初值
    TF0  =  0;                                 //清除 TF0 标志
    TR0  =  1;                                 //定时器 0 开始计时
}
void Timer1Init(void)                          //50ms@12.000MHz
{
    AUXR &=  0xBF;                             //定时器时钟 12T 模式
    TMOD &=  0x0F;                             //设置定时器模式
    TL1  =  0xB0;                              //设置定时初值
    TH1  =  0x3C;                              //设置定时初值
    TF1  =  0;                                 //清除 TF1 标志
    TR1  =  1;                                 //定时器 1 开始计时
}

/* ----------------------- 主程序 -------------------------------- */
void main()
{
    uchar i;
    gpio();
    Timer0Init();
    Timer1Init();
    TMOD = 0X00;
    ET0 = 1;
    ET1 = 1;
    EA = 1;
    TR1 = 0;                                   //关闭 T1
    for(i = 0;i < 6;i++)
    {
        Dis_buf[i] = timedata[i];
    }
    while(1)
    {
        display();
        keyscan();
    }
}

/* ------------------------ T0 中断处理子程序 ------------------------ */
void Timer0_int (void) interrupt 1
{
    con1s++;
    if(con1s == 20)
    {
        con1s = 0x00;
```

```
        timedata[0]++;
        if(timedata[0]>=10)
        {
            timedata[0]=0;timedata[1]++;
            if(timedata[1]>=6)
            {
                timedata[1]=0;timedata[2]++;
                if(timedata[2]>=10)
                {
                    timedata[2]=0;timedata[3]++;
                    if(timedata[3]>=6)
                    {
                        timedata[3]=0;timedata[4]++;
                        if(timedata[4]>=10)
                        {
                            timedata[4]=0;timedata[5]++;
                        }
                        if(timedata[5]==2)
                        {
                            if(timedata[4]==4)
                            {
                                timedata[4]=0;timedata[5]=0;
                            }
                        }
                    }
                }
            }

        }
        Dis_buf[0]=timedata[0];
        Dis_buf[1]=timedata[1];
        Dis_buf[2]=timedata[2];
        Dis_buf[3]=timedata[3];
        Dis_buf[4]=timedata[4];
        Dis_buf[5]=timedata[5];
    }
}
/*------------------------0.3s闪烁中断子程序-----------------------*/
void Timer1_int (void) interrupt 3
{
    con03s++;
    if(con03s==6)
    {
        con03s=0x00;
        b=Dis_buf[con];Dis_buf[con]=a;a=b;
    }
}
```

四、系统调试

1. 编辑、编译

用 Keil C 编辑、编译程序“项目九任务 3. c”，生成机器代码文件“项目九任务 3. hex”。

2. Proteus 仿真调试

（1）按图 9-3-2 绘制电路。

（2）将“项目九任务 3. hex”下载到 STC15W4K32S4 单片机中。

（3）运行与调试。按表 9-3-1 所示进行调试。

表 9-3-1　电子时钟测试表

参　数					时		分		秒	
					十	个	十	个	十	个
正常计时	初始时间									
	5min									
	10min									
调试	K0	第 1 次	K1	初始值						
				调整值						
			K2	初始值						
				调整值						
		第 2 次	K1	初始值						
				调整值						
			K2	初始值						
				调整值						
		第 3 次	K1	初始值						
				调整值						
			K2	初始值						
				调整值						
		第 4 次	K1	初始值						
				调整值						
			K2	初始值						
				调整值						
		第 5 次	K1	初始值						
				调整值						
			K2	初始值						
				调整值						
		第 6 次	K1	初始值						
				调整值						
			K2	初始值						
				调整值						
综合测试	通过 K0、K1、K2 调整到 23:59:30，并记录									
	计时 40s 后，观察与记录时钟值									

测试技巧如下。

正常计时的测试，可把时间周期缩小：如设 5s 为 1min，5min 为 1h。测试正常后恢复原来的时间进行整机测试，通过抽样检查与标准表（如手机时间）进行比对，判断电子时钟的计时是否符合要求。

五、实操与调试

在开发板上按图 9-3-2 连接电路，将“项目九任务 3. hex”文件下载到单片机中，并按 Proteus 仿真要求进行调试。

任务拓展

1. 在电子时钟的基础上，增加 1 组闹铃，闹铃可用 LED 闪烁来模拟。画出电路图，编写程序并调试。

2. 按如下作品功能设计一个多功能电子时钟。

如图 9-3-6 所示为 4×4 矩阵键盘与键名。

1	2	3	调时
4	5	6	闹铃 1
7	8	9	闹铃 2
Esc	0	秒表	倒计时秒表

图 9-3-6　矩阵键盘与键名

（1）上电时，电子时钟按正常的 24 小时制计时。

（2）按动调时键，进入时钟调时功能，调整位闪烁显示，直接输入数字，调整位移向下一位，可从时的十位数到分的个位数巡回调整，按动调时键确认调时时间；按 Esc 键，退出设置，恢复到原来的时间计时。

（3）按动闹铃 1，进入闹铃 1 时间设置，调整位闪烁显示，直接输入数字，调整位移向下一位，可从时的十位数到分的个位数巡回调整，按动闹铃 1 键确认闹铃 1 时间，返回计时状态；按 Esc 键，退出闹铃 1 设置，并取消闹铃 1，返回计时状态。

（4）按动闹铃 2，进入闹铃 2 时间设置，调整位闪烁显示，直接输入数字，调整位移向下一位，可从时的十位数到分的个位数巡回调整，按动闹铃 2 键确认闹铃 2 时间，返回计时状态；按 Esc 键，退出闹铃 2 设置，并取消闹铃 2，返回计时状态。

（5）按动秒表键，进入秒表功能，显示器显示“000.0”，再次按动秒表键，开始计时，计时精度为 0.1s，再次按动秒表键，停止计时，再次按动，又累加计时，再按动又停止……按 Esc 键，返回计时状态。

（6）按动倒计时秒表键，进入倒计时秒表功能，显示器显示“0000”，可直接输入数字设置倒计时秒表的时间，按动倒计时秒表键确认倒计时时间，显示器显示“0000.0”，再次按动倒计时秒表键，启动倒计时，按 0.1s 间隔倒计时，当倒计时到 0000.0s 时，声光报警；按 Esc 键，返回计时状态。

（7）闹铃 1 与闹铃 2 的闹铃声要有区别。

习　题

一、填空题

1. 按键的机械抖动时间一般为________。消除机械抖动的方法有硬件去抖和软件驱动。硬件去抖主要有________触发器和________两种；软件去抖是通过调用的________延时程序来实现的。

2. 键盘按按键的结构原理分为________和________两种；按接口原理分为________和________两种；按按键的连接结构分为________和________两种。

3. 独立键盘中的各个按键是________，与微处理器的接口关系是每个按键占用一个________。

4. 当单片机有8位I/O口线用于扩展键盘时，若采用独立键盘，可扩展________个按键；若采用矩阵键盘结构，最多可扩展________个按键。

5. 为保证每次按键动作只完成一次功能，必须对按键做________处理。

6. 单片机应用系统的设计原则，包括________、________、操作维护方便与________四个方面。

二、选择题

1. 按键的机械抖动时间一般为________ ms。

A. 1～5　　B. 5～10　　C. 10～15　　D. 15～20

2. 软件去抖是通过调用延时程序来避开按键的抖动时间。去抖延时程序的延时时间一般为________ ms。

A. 5　　B. 10　　C. 15　　D. 20

3. 人为按键的操作时间一般为________ ms。

A. 100　　B. 500　　C. 750　　D. 1000

4. 若P1.0连接一个独立按键，未按时是高电平，键释放处理正确的语句是________。

A. while(P10==0);　　B. if(P10==0);

C. while(P10!=0);　　D. while(P10==1);

5. 若P1.1连接一个独立按键，未按时是高电平，键识别处理正确的方法是________。

A. if(P11==0)　　B. if(P11==1)

C. while(P11==0)　　D. while(P11==1)

6. 在画程序流程图时，代表疑问性操作的框图是________。

A.　　B.　　C.　　D.

7. 在工程设计报告的参考文献中，代表期刊文章的标识是________。

A. M　　B. J　　C. S　　D. R

8. 在工程设计报告的参考文献中，D代表的是________。

A. 专著　　B. 论文集　　C. 学位论文　　D. 报告

三、判断题

1. 机械开关与机械按键的工作特性是一致的，仅是称呼不同而已。（ ）

2. PC 键盘属于非编码键盘。（ ）

3. 单片机用于扩展键盘的 I/O 口线为 10 根，可扩展的最大按键数为 24 个。（ ）

4. 键释放处理中，也必须进行去抖动处理。（ ）

5. 参考文献中，文献题名后面的英文标识“M”代表是专著。（ ）

四、问答题

1. 简述编码键盘与非编码键盘的工作特性。在单片机应用系统中，一般采用编码键盘，还是非编码键盘？

2. 画出 RS 触发器的硬件去抖电路，并分析其工作原理。

3. 编程实现独立按键的键识别与键确认。

4. 在矩阵键盘处理中，全扫描指的是什么？

5. 简述矩阵键盘中巡回扫描识别键盘的工作过程。

6. 简述矩阵键盘中翻转法识别键盘的工作过程。

7. 在有键释放处理的程序中，若按键时间较长，会出现动态 LED 数码管显示变暗或闪烁。请分析原因，并提出解决方法。

8. 在 LED 数码管显示中，如何让选择位闪烁显示？

9. 在很多单片机应用系统中，为了防止用户误操作，设计有键盘锁定功能。请问应该如何实现键盘锁定功能？

10. 简述单片机应用系统的开发流程。

11. 单片机应用系统的可靠性设计主要从哪几个方面考虑？

12. 简述在单片机应用系统开发中，如何提高系统的性能价格比。

13. 简述一个工程设计报告应包含哪些内容。

五、程序设计题

1. 设计一只独立按键，采用 LED 数码管显示。第 1 次按键显示数字 1，第 2 次按键显示数字 2，以此类推，第 9 次按键显示数字 9，周而复始。画出硬件电路图，绘制程序流程图，编写程序并上机调试。

2. 设计一个 4×3 矩阵键盘，采用 LED 数码管显示。每个按键对应显示一串字符，自定义显示内容。画出硬件电路图，绘制程序流程图，编写程序并上机调试。

3. 利用 T0、T1 设计频率计，T2 输出可编程时钟，用自己设计的频率计测量自身 T2 输出的可编程时钟。同时设计 2 个按键，一个用于增加 T2 输出时钟的频率，一个用于减小 T2 输出时钟的频率。有关 T2 输出频率的初始值、上限值、下限值以及调整步长自定义。试编程并上机调试。

项目十 Project 10

创新设计DIY

本项目在前述各任务实施的基础上，引入部分历年全国电子设计大赛试题以及比较典型的应用设计课题，供学生自主选择、自主设计与制作，也可作为电子设计竞赛题目或毕业设计题目。

课题一　数字时钟与数字温度计

设计任务

设计并制作一个数字温度计，原理方框图如图 10-1-1 所示。

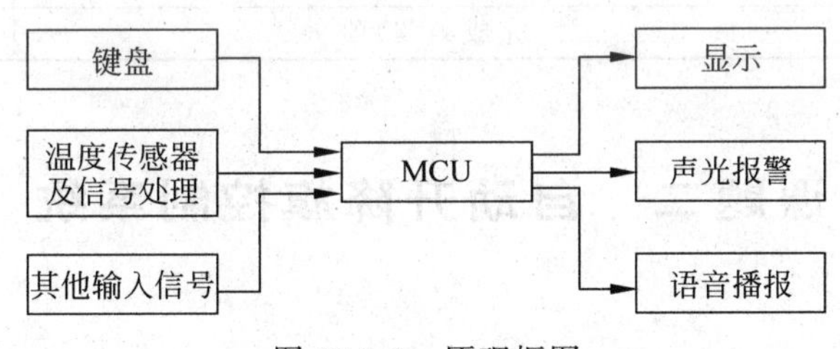

图 10-1-1　原理框图

设计要求

1. 基本要求

(1) 测量并显示温度值，温度测量误差≤±1℃。

(2) 测量范围：0～100℃。

(3) 能同时显示当前测量日期、时间、温度。

(4) 可调整显示日期、时间，具有整点报时功能，具有闹铃设置功能。

(5) 测量温度超过设定的温度上、下限，启动蜂鸣器和指示灯报警。

(6) 温度显示稳定。

2. 发挥部分

(1) 增加摄氏温度与华氏温度转换功能。

(2) 连接多个温度传感器，微控制器能够识别不同的传感器，显示相应的温度值，用于监测多个区域的环境温度。

(3) 设定整点语音自动播报时间、温度，手动实时播报时间、温度。

(4) 其他。

评价标准

通过作品演示与现场答辩，按表 10-1-1 所示评分标准进行评价。

表 10-1-1 评分标准

项　　目		满　　分
基本部分	设计与总结报告：方案比较、设计与论证，理论分析与计算，电路图及有关设计文件，测试方法与仪器，测试数据及测试结果分析	50
	完成第(1)项	10
	完成第(2)项	5
	完成第(3)项	10
	完成第(4)项	10
	完成第(5)项	10
	完成第(6)项	5
发挥部分	完成第(1)项	10
	完成第(2)项	10
	完成第(3)项	20
	完成第(4)项	10

课题二　自动升降旗控制系统

设计任务

设计一个自动升降旗控制系统，用于自动控制升旗和降旗。升旗时，在旗杆的最高端自动停止；降旗时，在最低端自动停止。

自动升降旗控制系统的机械模型如图 10-2-1 所示。旗帜的升降由电动机驱动。该系统有两个控制按键，一个是上升键，一个是下降键。

设计要求

1. 基本要求

(1) 按下上升键后，国旗匀速上升，同时流畅地演奏国歌；上升到最高端时自动停止，国歌停奏；按下下降键后，国旗匀速下降，降旗时不放国歌，下降到最低端时自动停止。

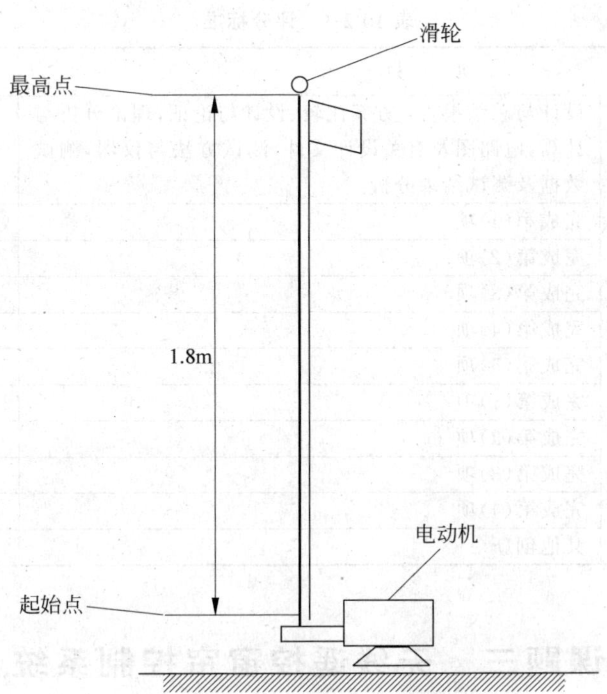

图 10-2-1　自动升降旗控制系统的机械模型

(2) 能在指定的位置自动停止。

(3) 为避免误动作,国旗在最高端时,按上升键不起作用；国旗在最低端时,按下降键不起作用。

(4) 升、降旗的时间均为 43s,与国歌的演奏时间相等。升旗时演奏国歌,国旗从旗杆的最下端上升到顶端；降旗时不演奏国歌,国旗从旗杆的最上端下降到底端。

(5) 数字即时显示旗帜所在的高度,以厘米(cm)为单位,误差不大于 2cm。

2. 发挥部分

增设一个开关,控制半旗状态,该状态由一个发光二极管显示。

(1) 半旗状态(根据《国旗法》)。升旗时,按上升键,奏国歌,国旗从最低端上升到最高端之后,国歌停奏,然后自动下降到总高度的 2/3 处停止；降旗时,按下降键,国旗先从 2/3 高度处上升到最高端,再自动从最高端下降到底之后自动停止,国歌停奏。

(2) 不论旗帜在顶端还是在底端,关断电源之后重新通电,旗帜所在的高度数据显示不变。

(3) 要求升、降旗的速度可调整。在旗杆高度不变的情况下,升、降旗时间的调整范围是 30～120s,步进 1s。此时国歌停奏。

(4) 具有无线遥控升、降旗及停止功能。

说明：旗帜用大于 100g 的重物代替。

评价标准

通过作品演示与现场答辩,按表 10-2-1 所示的评分标准进行评价。

表 10-2-1　评分标准

项　　目		得分
基本要求	设计与总结报告：方案比较、设计与论证，理论分析与计算，电路图及有关设计文件，测试方法与仪器，测试数据及测试结果分析	50
	完成第(1)项	10
	完成第(2)项	10
	完成第(3)项	10
	完成第(4)项	10
	完成第(5)项	10
发挥部分	完成第(1)项	10
	完成第(2)项	10
	完成第(3)项	10
	完成第(4)项	10
	其他创新	10

课题三　无线遥控窗帘控制系统

设计任务

设计制作一个窗帘升降器系统，用于手控、光控、遥控设置其上升、停止、下降动作。窗帘系统用模拟装置代替，示意图如图 10-3-1 所示。

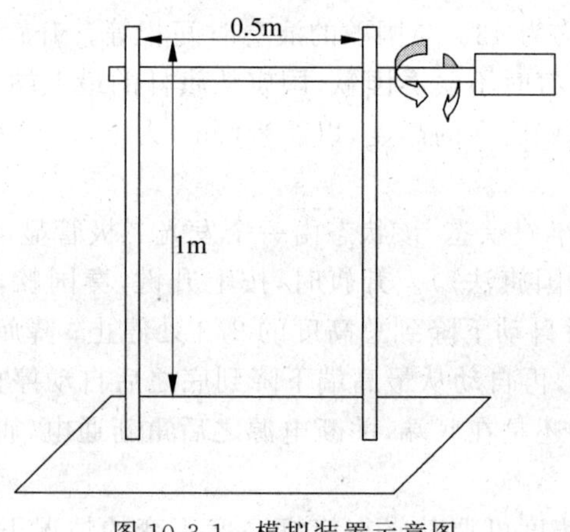

图 10-3-1　模拟装置示意图

设计要求

1. 基本要求

(1) 具有使电动机变速升、降功能(慢速 3min/m，中速 2min/m，快速 1min/m)。

(2) 具有存储功能，即"停止"后，重新运转时，保持最近设置的转速，掉电后默认为慢速。

(3) 具有显示“上升↑”“停止‖”“下降↓”的功能。

(4) 具有键盘、红外遥控、光感应控制功能。

(5) 可载重500g左右。

(6) 具有最高点、最低点自动停止功能。

2. 发挥部分

(1) 能用键盘设定任意停止点。

(2) 用显示设备显示电动机转速。

(3) 能用语音报停、上升、下降状态及电动机转速。

(4) 其他(如声控等)。

评价标准

通过作品演示与现场答辩,按表10-3-1所示的评分标准进行评价。

表10-3-1　评分标准

项　　目		满　　分
基本要求	设计与总结报告：方案设计与论证,理论分析与计算,电路图,测试方法与数据,测试结果分析	50
	完成第(1)项	10
	完成第(2)项	5
	完成第(3)项	10
	完成第(4)项	15
	完成第(5)项	5
	完成第(6)项	5
发挥部分	完成(1)项	15
	完成(2)项	15
	完成(3)项	10
	完成(4)项	10

课题四　点阵电子显示屏

设计任务

设计并制作一台简易LED电子显示屏,16行×32列点阵显示,原理示意图如图10-4-1所示。

设计要求

1. 基本要求

设计并制作LED电子显示屏和控制器。

(1) 自制一台简易16行×32列点阵LED电子显示屏。

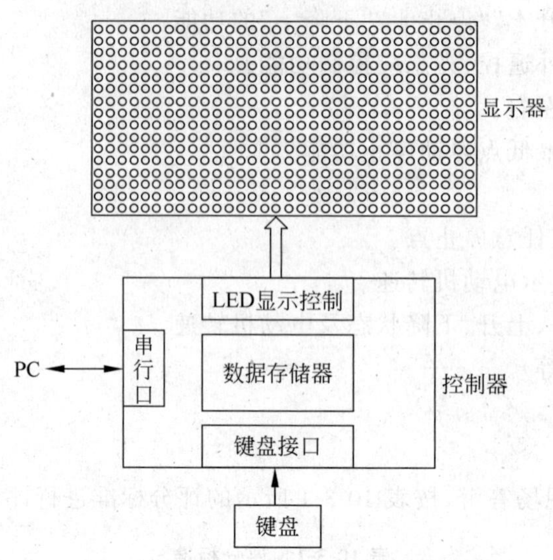

图 10-4-1　LED 电子显示屏原理框图

（2）自制显示屏控制器，扩展键盘和相应的接口实现多功能显示控制。显示屏显示的数字和字母亮度适中，无闪烁。

（3）显示屏通过按键切换显示数字和字母。

（4）显示屏能显示 4 组特定数字或者英文字母组成的句子，通过按键切换显示内容。

（5）能显示 4 组特定汉字组成的句子，通过按键切换显示内容。

2. 发挥部分

（1）自制一台简易 16 行×64 列点阵 LED 电子显示屏。

（2）LED 显示屏亮度连续可调。

（3）实现信息左、右滚屏显示，预存信息的定时循环显示。

（4）实现实时时间显示，显示屏数字显示"时：分：秒"（例如 18:38:59）。

（5）增大到 10 组（每组汉字 8 个或 16 个数字和字符）预存信息。信息具有掉电保护。

（6）实现和 PC 通信，通过 PC 串口直接更新显示信息（须做 PC 客户程序）。

（7）其他发挥功能。

设计说明

（1）显示格式和显示信息可以自定义。

（2）LED 电子显示屏只允许使用 8×8 LED 点阵显示模块。

（3）显示屏的显示控制方案和控制器的选择方案任选。

（4）不允许使用 LED 集成驱动模块。

评价标准

通过作品演示与现场答辩，按表 10-4-1 所示的评分标准进行评价。

表 10-4-1　评分标准

项　　目		满　分
基本要求	设计与总结报告：方案比较、设计与论证，理论分析与计算，电路图及有关设计文件，测试方法与仪器，测试数据及测试结果分析	50
	完成第(1)项	20
	完成第(2)项	15
	完成第(3)项	5
	完成第(4)项	5
	完成第(5)项	5
发挥部分	完成第(1)项	7
	完成第(2)项	8
	完成第(3)项	10
	完成第(4)项	5
	完成第(5)项	5
	完成第(6)项	5
	完成第(7)项	10

课题五　可循迹复现的智能电动小车

设计任务

设计并制作一辆智能电动车。

设计要求

1. 基本要求

(1) 小车可无线遥控。

① 遥控实现小车模式切换：可遥控小车进入遥控行走、循迹行走、倒退复现、正向复现四种模式。

② 遥控实现小车行走控制：可遥控小车前进、后退、左转弯、右转弯。

③ 遥控距离不少于 5m。

④ 遥控可用红外或无线射频方式实现，后者得分较高。

(2) 小车可识别地上的黑色轨迹线，实现循迹行走。

① 黑色轨迹线线宽不超过 2cm。

② 轨迹线最小转弯半径不小于 25cm。

③ 评审测试使用一条长度近 10m 的黑色轨迹曲线，沿该曲线行走时，每处转折均有计分，错过者不得分。

④ 所有转折均顺利完成者，将按时间分等级给分。最短时间完成者，分数最高。

（3）小车可重现走过的轨迹。

① 小车能记录循迹行走轨迹，可倒退复现与正向复现，轨迹形状与原轨迹基本一致。

② 小车能记录遥控行走轨迹，可倒退复现与正向复现，轨迹形状与原轨迹基本一致。

③ 记录轨迹长度越长越好，不少于 10m。

2. 发挥部分

（1）小车重现轨迹可倍数放大（3 倍以上），即轨迹形状基本一致，但曲径、距离放大相应倍数。

（2）小车可同时记录多条轨迹（3 条以上），由遥控选择其中任一条轨迹复现。

（3）小车可自动寻找充电站进行充电。

① 小车能寻找并自主行走到充电站。

② 充电站能对小车有效充电。

说明：电动车允许用玩具车改装，其外围尺寸（含车体的附加装置）的限制为：长度≤35cm，宽度≤15cm。

评价标准

通过作品演示与现场答辩，按表 10-5-1 所示的评分标准进行评价。

表 10-5-1　评分标准

项　目		满　分
基本要求	设计与总结报告：方案比较、设计与论证，理论分析与计算，电路图及有关设计文件，测试方法与仪器，测试数据及测试结果分析	50
	完成第（1）项	15
	完成第（2）项	20
	完成第（3）项	15
发挥部分	完成第（1）项	20
	完成第（2）项	20
	完成第（3）项	10

课题六　液位自动控制装置

设计任务

设计并制作一个储水水箱液位监测与水泵控制装置，控制示意图如图 10-6-1 所示。

设计要求

1. 基本要求

（1）通过键盘设定 B 瓶里的液位（0～25cm 内的任意值）。通过控制电磁阀（或类似于电磁阀的装置），使 B 瓶的液位达到设定值。

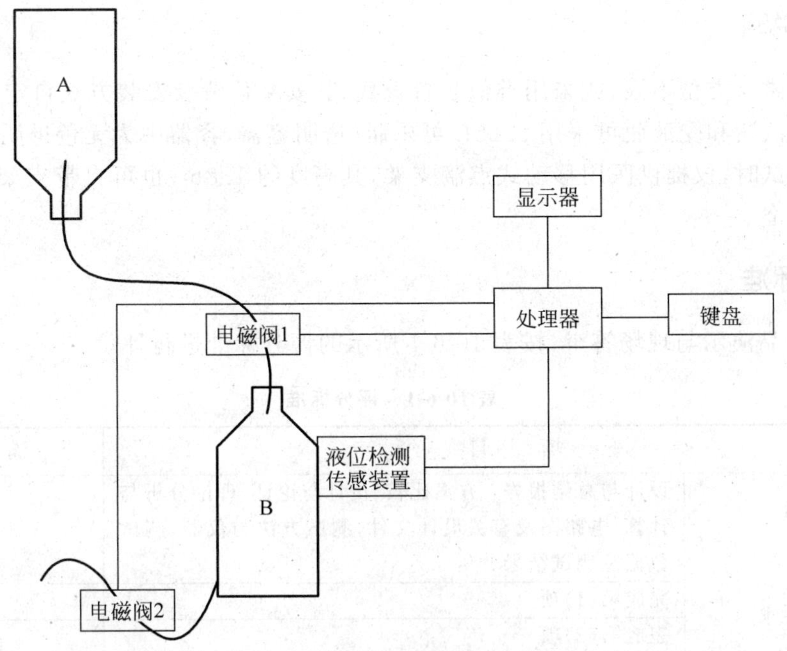

图 10-6-1　液位控制装置示意图

(2) 液位误差不超过±0.3cm。

(3) 液位超过 25cm 或液位低于 2cm 时,发出警报。

(4) 显示器能实时显示当前液位状态和瓶内液体重量,以及阀门状态。

2. 发挥部分

设计并制作一个由主站控制 8 个从站的有线监控系统。在这 8 个从站中,只有一个从站是按基本要求制作的一套液位监控装置,其他从站为模拟从站(仅要求制作一个模拟从站)。

(1) 主站功能。

① 具有所有基本要求里的功能。

② 可显示从站传输过来的从站号和液位信息,可控制从站液位。

③ 在巡回检测时,主站能任意设定要查询的从站数量、从站号和各从站的液位信息。

④ 收到从站发来的报警信号后,能声光报警并显示相应的从站号;可自动调整从站液位为 20cm。

(2) 从站功能。

① 能输出从站号、液位信息和报警信号;从站号可以任意设定。

② 接收主站设定的液位控制信息并显示。

③ 对异常情况报警和自动调整。

(3) 主站和从站间的通信方式不限,通信协议自定,但应尽量减少信号传输线的数量。

(4) 其他。

设计说明

(1) 电磁阀类型不限，或采用类似装置替代，其安装位置及安装方式自定。

(2) 储液瓶和受液瓶可采用 2.25L 可乐瓶（透明容器，容器中为无色透明液体）。

(3) 测试时，仅提供医用移动式点滴支架，其高度约 1.8m，也可自带支架；测试所需其他设备自备。

评价标准

通过作品演示与现场答辩，按表 10-6-1 所示的评分标准进行评价。

表 10-6-1 评分标准

项目		满分
基本要求	设计与总结报告：方案比较、设计与论证，理论分析与计算，电路图及有关设计文件，测试方法与仪器，测试数据及测试结果分析	50
	完成第(1)项	15
	完成第(2)项	10
	完成第(3)项	5
	完成第(4)项	15
	工艺	5
发挥部分	完成第(1)项	16
	完成第(2)项	24
	其他创新	10

课题七 智力竞赛"助手"

设计任务

设计并制作一个智力竞赛"助手"。

设计要求

1. 基本要求

(1) 具有 4 人以上的抢答功能。

(2) 具有 4 人以上的表决功能。

(3) 具有时钟与定时功能。

(4) 具有辩论双方用时统计功能。

2. 发挥部分

(1) 具有大屏幕显示功能（含大屏幕显示器以及驱动电路）。

(2) 能够遥控输入抢答或表决数据信号。

(3) 能够与 PC 通信,用 PC 对智力竞赛"助手"进行操作。

(4) 其他。

评价标准

通过作品演示与现场答辩,按表 10-7-1 所示的评分标准进行评价。

表 10-7-1 评分标准

项目		满分
基本要求	设计与总结报告:方案比较、设计与论证,理论分析与计算,电路图及有关设计文件,测试方法与仪器,测试数据及测试结果分析	50
	完成第(1)项	10
	完成第(2)项	10
	完成第(3)项	10
	完成第(4)项	15
	工艺	5
发挥部分	完成第(1)项	15
	完成第(2)项	15
	完成第(3)项	15
	其他创新	5

课题八 太阳能 LED 交通警示板

设计任务

设计并制作一个交通警示板。该装置以太阳能为能源,以铅酸蓄电池为蓄能部件和电路工作电源。该警示板设置在夜间有事故隐患的路段,LED 不间断地闪烁。白天可关闭。

设计要求

1. 基本要求

(1) 设计并制作太阳能光伏板对电池的充电装置。

(2) 设计并制作以电池为电源的 LED 闪烁工作装置。

(3) 设计并制作以太阳能光伏板为传感器的光控电路,控制 LED 在白天关闭、夜间开启。

2. 发挥部分

(1) 在基本要求的基础上,利用 LED 作为显示单元,设计制作该路段白天通过车辆数量的传感、计数、显示装置。最大显示数为 99。该装置在光控开关控制下,白天开启、晚上关闭。

(2) 给蓄电池加上充、放电保护装置,防止过充电和过放电。

(3) 给光控电路增加避免瞬时光照(如夜间闪电、过往车辆灯光等)引起误动作的功能电路。

(4) 其他。

设计说明

(1) 推荐选用 6V、2AH 铅酸蓄电池。

(2) 基于上述蓄电池，建议太阳能光伏板的参数为：峰值电压 8.5V，峰值电流 310mA，峰值功率 2.5W。

(3) 警示 LED 与显示 LED 可共用。推荐选用 1 英寸 LED 数码管。作为警示灯光时，可显示为“日”字。

评价标准

通过作品演示与现场答辩，按表 10-8-1 所示的评分标准进行评价。

表 10-8-1 评分标准

项　目		满　分
基本要求	设计与总结报告：方案比较、设计与论证，理论分析与计算，电路图及有关设计文件，测试方法与仪器，测试数据及测试结果分析	50
	完成第(1)项	15
	完成第(2)项	15
	完成第(3)项	15
	工艺	5
发挥部分	完成第(1)项	15
	完成第(2)项	10
	完成第(3)项	15
	其他创新	10

课题九　汽车安全行车保障系统

设计任务

设计并制作一个汽车安全行车保障系统，以提高行车安全系数。

1. 基本要求

(1) 汽车侧面测障电路：当侧面障碍物离汽车距离小于 0.5m 时，有语言提示。

(2) 倒车超声波测距：小于 1m 时，开始语言提示。

(3) 主、副驾安全带提示与控制装置：当主驾未系安全带时，提示与控制汽车无法启动。

(4) 防长时间驾驶(疲劳)提示。

2. 发挥部分

(1) 自动限速提示与控制功能：当汽车速度超过设定速度的 10%～20%时，语言提示；当超过设定速度的 20%以上时，启动限速系统，将行车速度限制在设定速度以下。

(2) 防醉酒驾车功能。

① 每次开车时，要求输入一个较长的行车密码，才能启动汽车，在一定程度上可防止司机醉酒驾车。

② 测试司机的酒精度，判断司机是否处于醉酒状态，决定是否能启动汽车。

③ 其他。

设计说明

(1) 汽车的行车与测速可用普通的直流电动机加霍尔元件测试电路来模拟，编程时根据电动机的转速按比例减小来设定汽车的速度。

(2) 对于酒精度实验，可在密封的容器内，用酒精兑水的方法来调节酒精浓度。

评价标准

通过作品演示与现场答辩，按表 10-9-1 所示的评分标准进行评价。

表 10-9-1 评分标准

项	目	满 分
基本要求	设计与总结报告：方案比较、设计与论证，理论分析与计算，电路图及有关设计文件，测试方法与仪器，测试数据及测试结果分析	50
	完成第(1)项	15
	完成第(2)项	10
	完成第(3)项	10
	完成第(4)项	10
	工艺	5
发挥部分	完成第(1)项	20
	完成第(2)项	20
	其他创新	10

课题十 波形采集、存储与回放系统

(2011 年全国大学生电子设计竞赛试题)

设计任务

设计并制作一个波形采集、存储与回放系统，示意图如图 10-10-1 所示。该系统能同时采集两路周期信号波形，要求系统断电恢复后，能连续回放已采集的信号，并显示在示波器上。

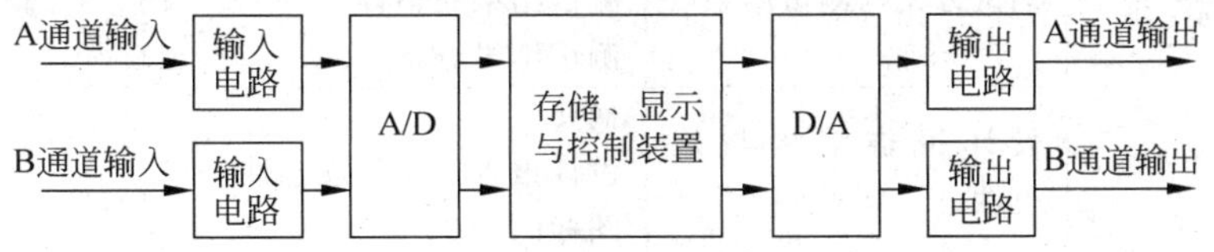

图 10-10-1 波形采集、存储与回放系统框图

设计要求

1. 基本要求

(1) 能完成对A通道单极性信号(高电平约4V,低电平接近0V)、频率为1kHz的信号的采集、存储与回放。要求系统输入阻抗不小于10kΩ。

(2) 采集、回放时能测量并显示信号的高电平、低电平和信号周期。原信号与回放信号电平之差的绝对值≤50mV,周期之差的绝对值≤5%。

(3) 系统功耗≤50mW,尽量降低系统功耗,系统内不允许使用电池。

2. 发挥部分

(1) 增加B通道对双极性、电压峰—峰值为100mV、频率为10Hz~10kHz信号的采集。可同时采集、存储与连续回放A、B两通道信号,并分别测量和显示A、B两路信号的周期。B通道原信号与回放信号幅度峰—峰值之差的绝对值≤50mV,周期之差的绝对值≤5%。

(2) A、B两通道信号的周期不相同时,以两个信号最小公倍周期连续回放信号。

(3) 可以存储两次采集的信号,回放时用按键或开关选择指定的信号波形。

(4) 其他。

设计说明

(1) 本系统处理的正弦波信号频率范围限定在10Hz~10kHz,三角波信号频率范围限定在10Hz~2kHz,方波信号频率范围限定在10Hz~1kHz。

(2) 预留电源电流的测试点。

(3) 采集与回放时采用示波器监视。

(4) 采集、回放时显示的周期和幅度应该是信号的实际测量值,规定采用十进制数字显示,周期以ms为单位,幅度以mV为单位。

评价标准

通过作品演示与现场答辩,按表10-10-1所示的评分标准进行评价。

表10-10-1 评分标准

项目		主要内容	满分
设计报告	系统方案	总体方案设计	4
	理论分析与计算	A/D及采样频率依据	5
	电路与程序设计	两通道输入/输出电路设计	5
	测试方案与测试结果	测试方案及仪器 测试结果完整性 测试结果分析	4
	设计报告结构与规范性	摘要 设计报告正文的规范性 图标的规范性	2
	总分		20

续表

项　　目		主 要 内 容	满　　分
基本要求	实际制作完成情况		50
发挥部分	完成第(1)项		20
	完成第(2)项		20
	完成第(3)项		5
	其他创新		5
	总　　分		50

课题十一　简易自动电阻测试仪

(2011 年全国大学生电子设计竞赛试题)

设计任务

设计并制作一台简易的自动电阻测量仪。

设计要求

1. 基本要求

(1) 测量量程为 100Ω、1kΩ、10kΩ、10MΩ 四挡。测量准确度为±(1%读数+2 字)。

(2) 3 位数字显示(最大显示数必须为 999),能自动显示小数点和单位,测量速率大于 5 次/s。

(3) 100Ω、1kΩ、10kΩ 三挡量程具有自动量程转换功能。

2. 发挥部分

(1) 具有自动电阻筛选功能,即在进行电阻筛选测量时,用户通过键盘输入要求的电阻值和筛选的误差值。测量时,仪器在给出被测电阻值的同时,给出该电阻是否符合筛选要求的指标。

(2) 设计并制作一个能自动测量和显示电位器阻值随旋转角度变化曲线的辅助装置,要求曲线各点的测量准确度为±(5%读数+2 字),全程测量时间不大于 10s,测量点不少于 15 点。辅助装置连接示意图如图 10-11-1 所示。

(3) 其他。

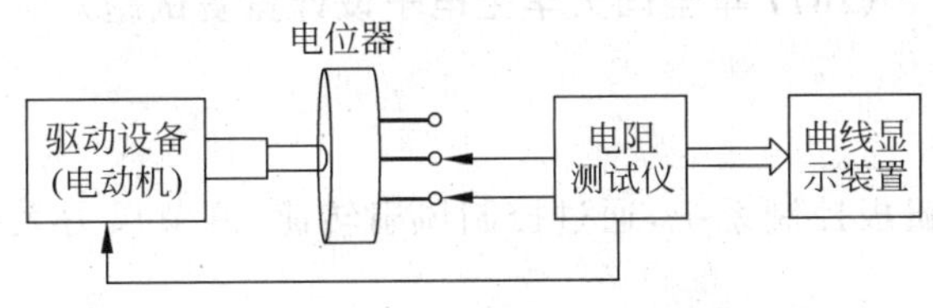

图 10-11-1　辅助装置连接示意图

设计说明

（1）在辅助装置中，要求采用 4.7kΩ 旋转式单圈电位器，并规定采用线性电位器。

（2）要求电位器的三个端子作为测试端子引出。

评价标准

通过作品演示与现场答辩，按表 10-11-1 所示的评分标准进行评价。

表 10-11-1　评分标准

项　目		主要内容	满　分
设计报告	系统方案	比较与选择 方案描述	3
	理论分析与计算	电阻测量原理 自动量程转换与筛选功能 电阻器阻值变化曲线装置	6
	电路与程序设计	电路设计与程序设计	6
	测试方案与测试结果	测试方案及测试条件 测试结果完整性 测试结果分析	3
	设计报告结构与规范性	摘要 设计报告正文的规范性 图标的规范性	2
	总　分		20
基本要求	实际制作完成情况		50
发挥部分	完成第(1)项		15
	完成第(2)项		30
	完成第(3)项		5
	总　分		50

课题十二　帆板控制系统

（2011 年全国大学生电子设计竞赛试题）

设计任务

设计并制作一个帆板控制系统，通过控制风扇转速，调节风力大小，改变帆板转角 θ，如图 10-12-1 所示。

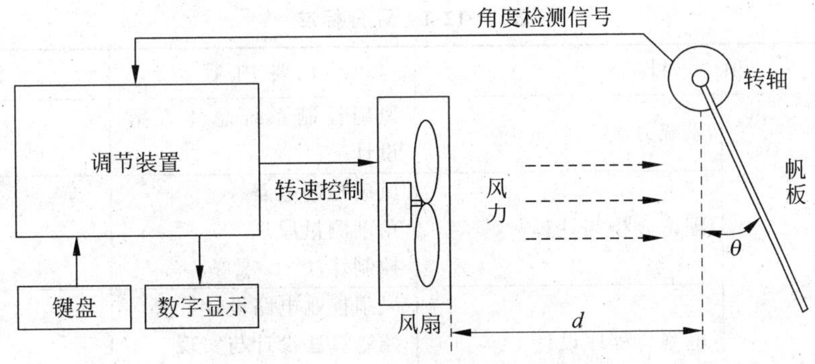

图 10-12-1　帆板控制系统框图

设计要求

1. 基本要求

(1) 用手转动帆板时,能够数字显示帆板的转角 θ,显示范围为 0°～60°,分辨率为 2°,绝对误差≤5°。

(2) 当间距 d＝10cm 时,通过操作键盘控制风力的大小,使帆板转角 θ 在 0°～60°范围内变化,并要求实时显示 θ。

(3) 当间距 d＝10cm 时,通过操作键盘控制风力的大小,使帆板转角 θ 稳定在 45°±5°范围内,要求控制过程在 10s 内完成,实时显示 θ,并声光提示,以便测试。

2. 发挥部分

(1) 当间距 d＝10cm 时,通过键盘设定帆板转角,其范围为 0°～60°。要求 θ 在 5s 内达到设定值,并实时显示 θ,最大误差的绝对值不超过 5°。

(2) 当间距 d＝7～15cm 时,通过键盘设定帆板转角,其范围为 0°～60°。要求 θ 在 5s 内达到设定值,并实时显示 θ,最大误差的绝对值不超过 5°。

(3) 其他。

设计说明

(1) 调速装置自制。

(2) 选用台式计算机散热风扇或其他形式的直流供电轴流风扇,但不能选用带有自动调速功能的风扇。

(3) 帆板的材料和厚度自定,固定轴应足够灵活,不阻碍帆板运动。帆板形式及具体制作尺寸如图 10-12-2 所示。

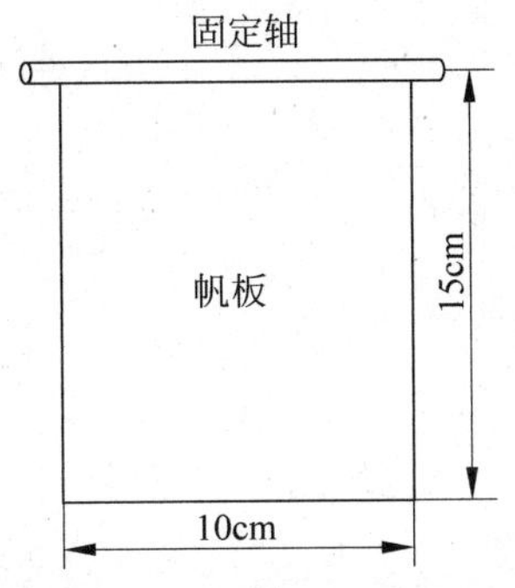

图 10-12-2　帆板制作尺寸图

评价标准

通过作品演示与现场答辩,按表 10-12-1 所示的评分标准进行评价。

表 10-12-1　评分标准

项　目		主 要 内 容	满分
设计报告	系统方案	风扇控制系统总体方案设计	3
	理论分析与计算	风扇控制电路 角度测量原理 控制算法	5
	电路与程序设计	风扇控制电路设计计算 控制算法设计与实现 总体电路图	6
	测试方案与测试结果	测试方案及仪器 测试结果完整性 测试结果分析	4
	设计报告结构与规范性	摘要 设计报告正文的规范性 图标的规范性	2
	总分		20
基本要求	实际制作完成情况		50
发挥部分	完成第(1)项		20
	完成第(2)项		25
	其他		5
	总分		50

附录 1 Appendix 1

ASCII码表

b3b2b1b0	b6b5b4							
	000	001	010	011	100	101	110	111
0000	NUL	DLE	SP	0	@	P	、	p
0001	SOH	DC1	!	1	A	Q	a	q
0010	STX	DC2	”	2	B	R	b	r
0011	ETX	DC3	#	3	C	S	c	s
0100	EOT	DC4	$	4	D	T	d	t
0101	ENQ	NAK	%	5	E	U	e	u
0110	ACK	SYN	&	6	F	V	f	v
0111	BEL	ETB	,	7	G	W	g	w
1000	BS	CAN	(	8	H	X	h	x
1001	HT	EM	)	9	I	Y	i	y
1010	LF	SUB	*	:	J	Z	j	z
1011	VT	ESC	+	;	K	[	k	{
1100	FF	FS	,	<	L	\	l	|
1101	CR	GS	—	=	M	]	m	}
1110	SO	RS	.	>	N	↑	n	~
1111	SI	US	/	?	O	←	o	DEL

说明：ASCII 码表中各控制字符的含义如下。

NUL	空字符	VT	垂直制表符	SYN	空转同步
SOH	标题开始	FF	换页	ETB	信息组传送结束
STX	正文开始	CR	回车	CAN	取消
ETX	正文结束	SO	移位输出	EM	介质中断
EOY	传输结束	SI	移位输入	SUB	换置
ENQ	请求	DLE	数据链路转义	ESC	溢出
ACK	确认	DC1	设备控制 1	FS	文件分隔符
BEL	响铃	DC2	设备控制 2	GS	组分隔符
BS	退格	DC3	设备控制 3	RS	记录分隔符
HT	水平制表符	DC4	设备控制 4	US	单元分隔符
LF	换行	NAK	拒绝接收	DEL	删除
SP	空格				

Appendix 2

STC15W4K32S4系列单片机指令系统表

指　　令	功能说明	机　器　码	字节数	指令执行时间（系统时钟数）
数据传送类指令				
MOV　A,Rn	寄存器送累加器	E8～EF	1	1
MOV　A,direct	直接地址单元内容送累加器	E5(direct)	2	1
MOV　A,@Ri	间接 RAM 送累加器	E6～E7	1	1
MOV　A,#data	立即数送累加器	74(data)	2	1
MOV　Rn,A	累加器送寄存器	F8～FF	1	1
MOV　Rn,direct	直接地址单元内容送寄存器	A8～AF(direct)	2	1
MOV　Rn,#data	立即数送寄存器	78～7F(data)	2	1
MOV　direct,A	累加器送直接地址单元	F5(direct)	2	1
MOV　direct,Rn	寄存器送直接地址单元	88～8F(direct)	2	1
MOV　direct1,direct2	直接地址单元 2 内容送直接地址单元 1	85(direct1)(direct2)	3	1
MOV　direct,@Ri	间接 RAM 送直接地址单元	86～87(direct)	2	1
MOV　direct,#data	立即数送直接地址单元	75(direct)(data)	3	1
MOV　@Ri,A	累加器送间接 RAM	F6～F7	1	1
MOV　@Ri,direct	直接地址单元内容送间接 RAM	A6～A7(direct)	2	1
MOV　@Ri,#data	立即数送间接 RAM	76～77(data)	2	1
MOV　DPTR,#data16	16 位立即数送数据指针	90(data15～8)(data7～0)	3	1
MOVC　A,@A+DPTR	以 DPTR 为变址寻址的程序存储器读操作	93	1	4
MOVC　A,@A+PC	以 PC 为变址寻址的程序存储器读操作	83	1	3
MOVX　A,@Ri	外部 RAM(8 位地址)读操作	E2～E3	1	3[1]

续表

指　　令	功 能 说 明	机　器　码	字节数	指令执行时间（系统时钟数）
MOVX　A,@ DPTR	外部 RAM(16 位地址)读操作	E0	1	2[1]
MOVX　@Ri,A	外部 RAM(8 位地址)写操作	F2～F3	1	3[1]
MOVX　@ DPTR,A	外部 RAM(16 位地址)写操作	F0	1	2[1]
PUSH　direct	直接地址单元内容进栈	C0(direct)	2	1
POP　direct	直接地址单元内容出栈	D0(direct)	2	1
XCH　A,Rn	交换累加器和寄存器	C8～CF	1	1
XCH　A,direct	交换累加器和直接字节	C5(direct)	2	1
XCH　A,@Ri	交换累加器和间接 RAM	C6～C7	1	1
XCHD　A,@Ri	交换累加器和间接 RAM 的低 4 位	D6～D7	1	1
SWAP　A	半字节交换	C4	1	1
		算术运算指令		
ADD　A,Rn	寄存器加到累加器	28～2F	1	1
ADD　A,direct	直接地址单元内容加到累加器	25(direct)	2	1
ADD　A,@Ri	间接 RAM 加到累加器	26～27	1	1
ADD　A,#data	立即数加到累加器	24(data)	2	1
ADDC　A,Rn	寄存器带进位加到累加器	38～3F	1	1
ADDC　A,direct	直接地址单元内容带进位加到累加器	35(direct)	2	1
ADDC　A,@Ri	间接 RAM 带进位加到累加器	36～37	1	1
ADDC　A,#data	立即数带进位加到累加器	34(data)	2	1
SUBB　A,Rn	累加器带寄存器	98～9F	1	1
SUBB　A,direct	累加器带借位减去直接地址单元内容	95(direct)	2	1
SUBB　A,@Ri	累加器带借位减去间接 RAM	96～97	1	1
SUBB　A,#data	累加器带借位减去立即数	94(data)	2	1
MUL　AB	A 乘以 B	A4	1	2
DIV　AB	A 除以 B	84	1	6
INC　A	累加器加 1	04	1	1
INC　Rn	寄存器加 1	08～0F	1	1

续表

指　　令	功能说明	机器码	字节数	指令执行时间（系统时钟数）
INC　direct	直接地址单元内容加 1	05(direct)	2	1
INC　@Ri	间接 RAM 加 1	06～07	1	1
INC　DPTR	数据指针加 1	A3	1	1
DEC　A	累加器减 1	14	1	1
DEC　Rn	寄存器减 1	18～1F	1	1
DEC　direct	直接地址单元内容减 1	15(direct)	2	1
DEC　@Ri	间接 RAM 减 1	16～17	1	1
DA　A	十进制调整	D4	1	3
		逻辑运算		
ANL　A,Rn	R.n 与 A 相与,结果送 A	58～5F	1	1
ANL　A,direct	直接地址单元内容与累加器相与,结果送 A	55(direct)	2	1
ANL　A,@Ri	间接 RAM 与 A 相与,结果送 A	56～57	1	1
ANL　A,#data	立即数与 A 相与,结果送 A	54(data)	2	1
ANL direct,A	A 与直接地址单元内容相与,结果送地址单元	52(direct)	2	1
ANL direct,#data	立即数与地址单元内容相与,结果送地址单元	53(direct)(data)	3	1
ORL　A,Rn	R.n 与 A 相或,结果送 A	48～4F	1	1
ORL　A,direct	直接地址单元内容与累加器相或,结果送 A	45(direct)	2	1
ORL　A,@Ri	间接 RAM 与 A 相或,结果送 A	46～47	1	1
ORL　A,#data	立即数与 A 相或,结果送 A	44(data)	2	1
ORL direct,A	A 与直接地址单元内容相或,结果送地址单元	42(direct)	2	1
ORL direct,#data	立即数与地址单元内容相或,结果送地址单元	43(direct)(data)	3	1
XRL　A,Rn	R.n 与 A 相异或,结果送 A	68～6F	1	1
XRL　A,direct	直接地址单元内容与累加器相异或,结果送 A	65(direct)	2	1
XRL　A,@Ri	间接 RAM 与 A 相异或,结果送 A	66～67	1	1
XRL　A,#data	立即数与 A 相异或,结果送 A	64(data)	2	1

续表

指　令	功能说明	机器码	字节数	指令执行时间（系统时钟数）
XRL direct,A	A与直接地址单元内容相异或，结果送地址单元	62(direct)	2	1
XRL direct,#data	立即数与地址单元内容相异或，结果送地址单元	63(direct)(data)	3	1
CLR A	累加器清零	E4	1	1
CPL A	累加器取反	F4	1	1
移位操作				
RL A	循环左移	23	1	1
RLC A	带进位循环左移	33	1	1
RR A	循环右移	03	1	1
RRC A	带进位循环右移	13	1	1
位操作指令				
MOV C,bit	直接地址位送进位位	A2(bit)	2	1
MOV bit,C	进位位送直接地址位	92(bit)	2	1
CLR C	进位位清零	C3	1	1
CLR bit	直接地址位清零	C2(bit)	2	1
SETB C	进位位置1	D3	1	1
SETB bit	直接地址位置1	D2(bit)	2	1
CPL C	进位位取反	B3	1	1
CPL bit	直接地址位取反	B2(bit)	2	1
ANL C,bit	直接地址位与C相与，结果送C	82(bit)	2	1
ANL C,/bit	直接地址位的取反值与C相与，结果送C	B0(bit)	2	1
ORL C,bit	直接地址位与C相或，结果送C	72(bit)	2	1
ORL C,/bit	直接地址位的取反值与C相或，结果送C	A0(bit)	2	1
控制转移指令				
LJMP addr16	长转移	02addr15～0	3	3
AJMP addr11	绝对转移	addr10～800001 addr7～0	2	3
SJMP rel	短转移	80(rel)	2	3
JMP @A+DPTR	间接转移	73	1	4
JZ rel	累加器为零转移	60(rel)	2	1/3[2]
JNZ rel	累加器不为零转移	70(rel)	2	1/3[2]

续表

指　　令	功能说明	机　器　码	字节数	指令执行时间（系统时钟数）
CJNE A,direct,rel	A与直接地址单元内容比较,不相等转移	B5(direct)(rel)	3	2/3[3]
CJNE A,＃data,rel	A与立即数比较,不相等转移	B4(data)(rel)	3	1/3[2]
CJNE Rn,＃data,rel	Rn与立即数比较,不相等转移	B8～BF(data)(rel)	3	2/3[3]
CJNE @Ri,＃data,rel	间接RAM与立即数比较,不相等转移	B6～B7(data)(rel)	3	2/3[3]
DJNZ Rn,rel	寄存器内容减1,不为零转移	D8～DF(rel)	2	2/3[3]
DJNZ　direct,rel	直接地址单元内容减1,不为零转移	D5(direct)(rel)	3	2/3[3]
JC rel	进位位为1转移	40(rel)	2	1/3[2]
JNC rel	进位位为0转移	50(rel)	2	1/3[2]
JB bit,rel	直接地址位为1转移	20(bit)(rel)	3	1/3[2]
JNB bit,rel	直接地址位为0转移	30(bit)(rel)	3	1/3[2]
JBC rel	直接地址位为1转移并清零该位	10(bit)(rel)	3	1/3[2]
LCALL addr16	长子程序调用	12addr15～0	3	3
ACALL addr11	绝对子程序调用	addr10～810001 addr7～0	2	3
RET	子程序返回	22	1	3
RETI	中断返回	32	1	3
NOP	空操作	00	1	1

注：[1]：访问外部扩展RAM时,指令的执行周期与寄存器BUS_SPEED中的SPEED[1:0]位有关。

[2]：对应条件跳转指令的执行时间会依据条件是否满足而不同。当条件不满足时,不会发生跳转而继续执行下一条指令,此时条件跳转语句的执行时间为1个时钟；当条件满足时,则会发生跳转,此时条件跳转语句的执行时间为3个时钟。

[3]：对应条件跳转指令的执行时间会依据条件是否满足而不同。当条件不满足时,不会发生跳转而继续执行下一条指令,此时条件跳转语句的执行时间为2个时钟；当条件满足时,则会发生跳转,此时条件跳转语句的执行时间为3个时钟。

附录 3 Appendix 3

STC15W4K32S4系列单片机特殊功能寄存器一览表

附表 3-1

符号	寄存器名称	地址	位地址与符号								复位值
			B7	B6	B5	B4	B3	B2	B1	B0	
P0	P0 端口	80H									1111,1111
SP	堆栈指针	81H									0000,0111
DPL	数据指针(低字节)	82H									0000,0000
DPH	数据指针(高字节)	83H									0000,0000
S4CON	串口 4 控制寄存器	84H	S4SM0	S4ST4	S4SM2	S4REN	S4TB8	S4RB8	S4TI	S4RI	0000,0000
S4BUF	串口 4 数据寄存器	85H									0000,0000
PCON	电源控制寄存器	87H	SMOD	SMOD0	LVDF	POF	GF1	GF0	PD	IDL	0011,0000
TCON	定时器控制寄存器	88H	TF1	TR1	TF0	TR0	IE1	IT1	IE0	IT0	0000,0000
TMOD	定时器模式寄存器	89H	GATE	C/T	M1	M0	GATE	C/T	M1	M0	0000,0000
TL0	定时器 0 低 8 为寄存器	8AH									0000,0000
TL1	定时器 1 低 8 为寄存器	8BH									0000,0000
TH0	定时器 0 高 8 为寄存器	8CH									0000,0000
TH1	定时器 1 高 8 为寄存器	8DH									0000,0000
AUXR	辅助寄存器 1	8EH	T0x12	T1x12	UART_M0x6	T2R	T2_C/T	T2x12	EXTRAM	S1ST2	0000,0001
INT_CLKO	中断与时钟输出控制寄存器	8FH	—	EX4	EX3	EX2	—	T2CLKO	T1CLKO	T0CLKO	x000,x000
P1	P1 端口	90H									1111,1111
P1M1	P1 口配置寄存器 1	91H									0000,0000
P1M0	P1 口配置寄存器 0	92H									0000,0000
P0M1	P0 口配置寄存器 1	93H									0000,0000
P0M0	P0 口配置寄存器 0	94H									0000,0000
P2M1	P2 口配置寄存器 1	95H									0000,0000
P2M0	P2 口配置寄存器 0	96H									0000,0000
CLK_DIV	时钟分频寄存器	97H	MCKO_S1	MCKO_S0	ADRJ	TX_RX	—	CLKS2	CLKS1	CLKS0	0000,x000
SCON	串口 1 控制寄存器	98H	SM0/FE	SM1	SM2	REN	TB8	RB8	TI	RI	0000,0000
SBUF	串口 1 数据寄存器	99H									0000,0000
S2CON	串口 2 控制寄存器	9AH	S2SM0	—	S2SM2	S2REN	S2TB8	S2RB8	S2TI	S2RI	0100,0000
S2BUF	串口 2 数据寄存器	9BH									0000,0000
P1ASF	模拟输入端口设置寄存器	9DH	P17ASF	P16ASF	P15ASF	P14ASF	P13ASF	P12ASF	P11ASF	P10ASF	0000,0000
P2	P2 端口	A0H									1111,1111
BUS_SPEED	总线速度控制寄存器	A1H	—	—	—	—	—	—	EXRTS[1:0]		xxxx,xx10
P_SW1	外设端口切换寄存器 1	A2H	S1_S1	S1_S0	CCP_S1	CCP_S0	SPI_S1	SPI_S0	0	DPS	0000,0000
IE	中断允许寄存器	A8H	EA	ELVD	EADC	ES	ET1	EX1	ET0	EX0	0000,0000
WKTCL	掉电唤醒定时器低字节	AAH									1111,1111
WKTCH	掉电唤醒定时器高字节	ABH	WKTEN								0111,1111

续表

符号	寄存器名称	地址	位地址与符号								复位值
			B7	B6	B5	B4	B3	B2	B1	B0	
S3CON	串口 3 控制寄存器	ACH	S3SM0	S3ST3	S3SM2	S3REN	S3TB8	S3RB8	S3TI	S3RI	0000,0000
S3BUF	串口 3 数据寄存器	ADH									0000,0000
IE2	中断允许寄存器 2	AFH	—	ET4	ET3	ES4	ES3	ET2	ESPI	ES2	x000,0000
P3	P3 端口	B0H									1111,1111
P3M1	P3 口配置寄存器 1	B1H									n000,0000
P3M0	P3 口配置寄存器 0	B2H									n000,0000
P4M1	P4 口配置寄存器 1	B3H									0000,0000
P4M0	P4 口配置寄存器 0	B4H									0000,0000
IP2	中断优先级控制寄存器 2	B5H	—	—	—	PX4	PPWMFD	PPWM	PSPI	PS2	x000,0000
IP	中断优先级控制寄存器	B8H	PPCA	PLVD	PADC	PS	PT1	PX1	PT0	PX0	0000,0000
SADEN	串口 1 从机地址屏蔽寄存器	B9H									0000,0000
P_SW2	外设端口切换寄存器 2	BAH	EAXSFR	0	0	0	—	S4_S	S3_S	S2_S	0000,x000
ADC_CONTR	ADC 控制寄存器	BCH	ADC_ POWER	SPEED1	SPEED0	ADC_ FLAG	ADC_ START	CHS2	CHS1	CHS0	0000,0000
ADC_RES	ADC 转换结果高位寄存器	BDH									0000,0000
ADC_RESL	ADC 转换结果低位寄存器	BEH									0000,0000
P4	P4 端口	C0H	P4[7:0]								1111,1111
WDT_CONTR	看门狗控制寄存器	C1H	WDT_FLAG	—	EN_WDT	CLR_WDT	IDL_WDT	PS2	PS1	PS0	0x00,0000
IAP_DATA	IAP 数据寄存器	C2H									1111,1111
IAP_ADDRH	IAP 高地址寄存器	C3H									0000,0000
IAP_ADDRL	IAP 低地址寄存器	C4H									0000,0000
IAP_CMD	IAP 命令寄存器	C5H	—	—	—	—	—	—	CMD[1:0]		xxxx,xx00
IAP_TRIG	IAP 触发寄存器	C6H									xxxxx,xxxx
IAP_CONTR	IAP 控制寄存器	C7H	IAPEN	SWBS	SWRST	CMD_FAIL	—	WT2	WT1	WT0	0000,x000
P5	P5 端口	C8H	—	—							xx11,1111
P5M1	P5 口配置寄存器 1	C9H	—	—							xx11,1111
P5M0	P5 口配置寄存器 0	CAH	—	—							xx11,1111
SPSTAT	SPI 状态寄存器	CDH	SPIF	WCOL	—	—	—	—	—	—	00xx,xxxx
SPCTL	SPI 控制寄存器	CEH	SSIG	SPEN	DORD	MSTR	CPOL	CPHA	SPR[1:0]		0000,0100
SPDAT	SPI 数据寄存器	CFH									0000,0000
PSW	程序状态字寄存器	D0H	CY	AC	F0	RS1	RS0	OV	—	P	0000,00x0
T4T3M	定时器 4/3 控制寄存器	D1H	T4R	T4_C/T	T4x12	T4CLKO	T3R	T3_C/T	T3x12	T3CLKO	0000,0000
T4H	定时器 4 高字节	D2H									0000,0000
T4L	定时器 4 低字节	D3H									0000,0000
T3H	定时器 3 高字节	D4H									0000,0000
T3L	定时器 3 低字节	D5H									0000,0000
T2H	定时器 2 高字节	D6H									0000,0000
T2L	定时器 2 低字节	D7H									0000,0000
CCON	PCA 控制寄存器	D8H	CF	CR	—	—	—	—	CCF1	CCF0	00xx,0000
CMOD	PCA 模式寄存器	D9H	CIDL	—	—	—	CPS2	CPS1	CPS0	ECF	0xxx,0000
CCAPM0	PCA 模块 0 模式控制寄存器	DAH	—	ECOM0	CAPP0	CAPN0	MAT0	TOG0	PWM0	ECCF0	x000,0000
CCAPM1	PCA 模块 1 模式控制寄存器	DBH	—	ECOM1	CAPP1	CAPN1	MAT1	TOG1	PWM1	ECCF1	x000,0000
ACC	累加器	E0H									0000,0000
CMPCR1	比较器控制寄存器 1	E6H	CMPEN	CMPIF	PIE	NIE	PIS	NIS	CMPOE	CMPRES	0000,0000
CMPCR2	比较器控制寄存器 2	E7H	INVCMPO	DISFLT	LCDTY[5:0]						0000,0000
CL	PCA 计数器低字节	E9H									0000,0000
CCAP0L	PCA 模块 0 低字节	EAH									0000,0000
CCAP1L	PCA 模块 1 低字节	EBH									0000,0000
B	B 寄存器	F0H									0000,0000
PWMCFG	增强型 PWM 配置寄存器	F1H	—	CBTADC	C7INI	C6INI	C5INI	C4INI	C3INI	C2INI	x000,0000
PCA_PWM0	PCA0 的 PWM 模式寄存器	F2H	EBS0_1	EBS0_0	—	—	—	—	EPC0H	EPC0L	00xx,xx00
PCA_PWM1	PCA1 的 PWM 模式寄存器	F3H	EBS1_1	EBS1_0	—	—	—	—	EPC1H	EPC1L	00xx,xx00

续表

符号	寄存器名称	地址	位地址与符号								复位值
			B7	B6	B5	B4	B3	B2	B1	B0	
PWMCR	PWM 控制寄存器	F5H	ENPWM	ECBI	ENC7O	ENC6O	ENC5O	ENC4O	ENC3O	ENC2O	0000,0000
PWMIF	增强型 PWM 中断标志寄存器	F6H	—	CBIF	C7IF	C6IF	C5IF	C4IF	C3IF	C2IF	x000,0000
PWMFDCR	PWM 异常检测控制寄存器	F7H	—	—	ENFD	FLTFLIO	EFDI	FDCMP	FDIO	FDIF	xx00,0000
CH	PCA 计数器高字节	F9H									0000,0000
CCAP0H	PCA 模块 0 高字节	FAH									0000,0000
CCAP1H	PCA 模块 1 高字节	FBH									0000,0000
PWMCR	PWM 控制寄存器	FEH	ENPWM	ECBI	—	—	—	—	—	—	00xx,xxxx
复位配置寄存器		FFH	—	ENLVR	—	P54RST	—	—	LVDS[1:0]		0000,0000

附表 3-2

符号	寄存器名称	地址	位地址与符号								复位值
			B7	B6	B5	B4	B3	B2	B1	B0	
PWMCH	PWM 计数器高字节	FFF0H	—								x000,0000
PWMCL	PWM 计数器低字节	FFF1H									0000,0000
PWMCKS	PWM 时钟选择	FFF2H	—	—	—	SELT2	PWM_PS[3:0]				xxx0,0000
TADCPH	触发 ADC 计数值高字节	FFF3H	—								x000,0000
TADCPL	触发 ADC 计数值低字节	FFF4H									0000,0000
PWM2T1H	PWM2T1 计数值高字节	FF00H	—								x000,0000
PWM2T1L	PWM2T1 计数值低字节	FF01H									0000,0000
PWM2T2H	PWM2T2 数值高字节	FF02H	—								x000,0000
PWM2T2L	PWM2T2 数值低字节	FF03H									0000,0000
PWM2CR	PWM2 控制寄存器	FF04H	—	—	—	—	PWM2_PS	EPWM2I	EC2T2SI	EC2T1SI	xxxx,0000
PWM3T1H	PWM3T1 计数值高字节	FF10H	—								x000,0000
PWM3T1L	PWM3T1 计数值低字节	FF11H									0000,0000
PWM3T2H	PWM3T2 数值高字节	FF12H	—								x000,0000
PWM3T2L	PWM3T2 数值低字节	FF13H									0000,0000
PWM3CR	PWM3 控制寄存器	FF14H	—	—	—	—	PWM3_PS	EPWM3I	EC3T2SI	EC3T1SI	xxxx,0000
PWM4T1H	PWM4T1 计数值高字节	FF20H	—								x000,0000
PWM4T1L	PWM4T1 计数值低字节	FF21H									0000,0000
PWM4T2H	PWM4T2 数值高字节	FF22H	—								x000,0000
PWM4T2L	PWM4T2 数值低字节	FF23H									0000,0000
PWM4CR	PWM4 控制寄存器	FF24H	—	—	—	—	PWM4_PS	EPWM4I	EC4T2SI	EC4T1SI	xxxx,0000
PWM5T1H	PWM5T1 计数值高字节	FF30H	—								x000,0000
PWM5T1L	PWM5T1 计数值低字节	FF31H									0000,0000
PWM5T2H	PWM5T2 数值高字节	FF32H	—								x000,0000
PWM5T2L	PWM5T2 数值低字节	FF33H									0000,0000
PWM5CR	PWM5 控制寄存器	FF34H	—	—	—	—	PWM5_PS	EPWM5I	EC5T2SI	EC5T1SI	xxxx,0000
PWM6T1H	PWM6T1 计数值高字节	FF40H	—								x000,0000
PWM6T1L	PWM6T1 计数值低字节	FF41H									0000,0000
PWM6T2H	PWM6T2 数值高字节	FF42H	—								x000,0000
PWM6T2L	PWM6T2 数值低字节	FF43H									0000,0000
PWM6CR	PWM6 控制寄存器	FF44H	—	—	—	—	PWM6_PS	EPWM6I	EC6T2SI	EC6T1SI	xxxx,0000
PWM7T1H	PWM7T1 计数值高字节	FF50H	—								x000,0000
PWM7T1L	PWM7T1 计数值低字节	FF51H									0000,0000
PWM7T2H	PWM7T2 数值高字节	FF52H	—								x000,0000
PWM7T2L	PWM7T2 数值低字节	FF53H									0000,0000
PWM7CR	PWM7 控制寄存器	FF54H	—	—	—	—	PWM7_PS	EPWM7I	EC7T2SI	EC7T1SI	xxxx,0000

附录 4 Appendix 4

STC15W4K32S4单片机内部接口硬件切换控制

STC15W4K32S4 系列单片机的内部接口串口 1、串口 2、串口 3、串口 4、SPI、PCA、PWM 外部引脚可以在多个 I/O 直接进行切换,以实现一个外设当作多个设备进行分时复用。

1. 功能脚切换相关寄存器

与 STC15W4K32S4 系列单片机的内部接口串口 1、串口 2、串口 3、串口 4、SPI、PCA、PWM 外部引脚切换有关的特殊功能寄存器如附表 4-1 所示。

附表 4-1 与 STC15W4K32S4 系列单片机的内部接口、外部引脚切换有关的特殊功能寄存器

符号	描 述	地址	位地址与符号								复位值
			B7	B6	B5	B4	B3	B2	B1	B0	
P_SW1	外设端口切换寄存器 1	A2H	S1_S1	S1_S0	CCP_S1	CCP_S0	SPI_S1	SPI_S0	0	DPS	0000,0000
P_SW2	外设端口切换寄存器 2	BAH	EAXSFR	0	0	0	—	S4_S	S3_S	S2_S	0x00,0000
PWM2CR	PWM2 控制寄存器	FF04H	—	—	—	—	PWM2_PS	EPWM2I	EC2T2SI	EC2T1SI	00x0,0000
PWM3CR	PWM3 控制寄存器	FF14H	—	—	—	—	PWM3_PS	EPWM3I	EC3T2SI	EC3T1SI	00x0,0000
PWM4CR	PWM4 控制寄存器	FF24H	—	—	—	—	PWM4_PS	EPWM4I	EC4T2SI	EC4T1SI	00x0,0000
PWM5CR	PWM5 控制寄存器	FF34H	—	—	—	—	PWM5_PS	EPWM5I	EC5T2SI	EC5T1SI	00x0,0000
PWM6CR	PWM6 控制寄存器	FF44H	—	—	—	—	PWM6_PS	EPWM6I	EC6T2SI	EC6T1SI	00x0,0000
PWM7CR	PWM7 控制寄存器	FF54H	—	—	—	—	PWM7_PS	EPWM7I	EC7T2SI	EC7T1SI	00x0,0000

2. 内部接口引脚切换关系

(1) 串行口 1 硬件引脚切换

串行口 1 硬件引脚切换由 S1_S1、S1_S0 进行控制,具体切换情况见附表 4-2。

附表 4-2 串行口 1 硬件引脚切换

S1_S1	S1_S0	串行口 1	
		TxD	RxD
0	0	P3.1	P3.0
0	1	P3.7(TxD_2)	P3.6(RxD_2)
1	0	P1.7(TxD_3)	P1.6(RxD_3)
1	1	无效	

(2) 串行口 2、3、4 硬件引脚切换

串行口 2、3、4 硬件引脚切换分别由 S2_S、S3_S、S4_S 进行控制,具体切换情况如附表 4-3～附表 4-5 所示。

附表 4-3　串行口 2 硬件引脚切换

S2_S	串行口 2	
	TxD4	RxD4
0	P1.1	P1.0
1	P4.7(TxD2_2)	P4.6(RxD2_2)

附表 4-4　串行口 3 硬件引脚切换

S3_S	串行口 3	
	TxD3	RxD3
0	P0.1	P0.0
1	P5.1(TxD3_2)	P5.0(RxD3_2)

附表 4-5　串行口 4 硬件引脚切换

S4_S	串行口 4	
	TxD4	RxD4
0	P0.3	P0.2
1	P5.3(TxD4_2)	P5.2(RxD4_2)

（3）PCA 模块的引脚切换

通过对特殊功能寄存器 P_SW1(AUXR1)、P_SW2 中的 CCP_S0、CCP_S1 位的控制，可实现 PCA 模块功能引脚在不同端口进行切换，如附表 4-6 所示。

附表 4-6　PCA 模块功能引脚的切换关系表

CCP_S1	CCP_S0	PCA 模块功能引脚		
		ECI	CCP0	CCP1
0	0	P1.2	P1.1	P1.0
0	1	P3.4(ECI_2)	P3.5(CCP0_2)	P3.6(CCP1_2)
1	0	P2.4(ECI _3)	P2.5(CCP0_3)	P2.6(CCP1_3)
1	1	无效		

（4）SPI 接口的引脚切换

通过对特殊功能寄存器 P_SW1(AUXR1)中的 SPI_S1、SPI_S0 位的控制，可实现 SPI 接口功能引脚在不同端口进行切换，如附表 4-7 所示。

附表 4-7　SPI 接口功能引脚的切换关系

SPI_S1	SPI_S0	SPI 接口功能引脚			
		$\overline{SS}$	MOSI	MISO	SCLK
0	0	P1.2	P1.3	P1.4	P1.5
0	1	P2.4(SS_2)	P2.3(MOSI _2)	P2.2(MISO _2)	P2.1(SCLK _2)
1	0	P5.4(SS_3)	P4.0(MOSI _3)	P4.1(MISO _3)	P4.3(SCLK _3)
1	1	无效			

（5）增强型 PWM 输出引脚的切换

增强型 PWM 输出通道 2～增强型 PWM 输出通道 7 输出引脚的切换分别由增强型 PWM 控制寄存器 PWM2CR、PWM3CR、PWM4CR、PWM5CR、PWM6CR、PWM7CR 的 B3(PWMn_PS，n＝2～7)位控制，如附表 4-8 所示。

附表 4-8　增强型 PWM 输出引脚的切换关系

PWMn_PS	PWM2 通道	PWM3 通道	PWM4 通道	PWM5 通道	PWM6 通道	PWM7 通道
0	P3.7	P2.1	P2.2	P2.3	P1.6	P1.7
1	P2.7	P4.5	P4.4	P4.2	P0.7	P0.6

附录 5 Appendix 5

微型计算机中数的表示方法

1. 机器数与真值

数学中的正、负用符号"＋"和"－"表示，计算机中是如何表示数的正负呢？在计算机中数据是存放在存储单元内，而每个存储单元由若干二进制位组成，其中每一数位或是0或是1。刚好数的符号或为＋号或为－号，这样就可用一个数位来表示数的符号。在计算机中规定用"0"表示"＋"，用"1"表示"－"。用来表示数的符号的数位被称为"符号位"(通常为最高数位)，于是数的符号在计算机中已数码化了，但从表示形式上看符号位与数值位毫无区别。

设有两个数 x_1、x_2：

$$x_1 = +1011011B; \quad x_2 = -1011011B$$

它们在计算机中分别表示为(带下划线部分为符号位，字长为8位)：

$$x_1 = \underline{0}1011011B; \quad x_2 = \underline{1}1011011B$$

为了区分这两种形式的数，我们把机器中以编码形式表示的数称为机器数($x_1 = \underline{0}1011011B$ 及 $x_2 = \underline{1}1011011B$)，而把原来一般书写形式表示的数称为真值($x_1 = +1011011B$ 及 $x_2 = -1011011B$)。

若一个数的所有数位均为数值位，则该数为无符号数；若一个数的最高数位为符号位而其他数位为数值位，则该数为有符号数。由此可见，对于同一存储单元，它存放的无符号数和有符号数所能表示的数值范围是不同的[如存储单元为8位，当它存放无符号数时，因有效的数值位为8位，故该数的范围为0～255；当它存放有符号数时，因有效的数值位为7位，故该数的范围(补码)为－128～＋127]。

2. 原码

对于一个二进制数，如用最高数位表示该数的符号("0"表示"＋"号，"1"表示"－"号)，其余各数位表示其数值本身，则称为原码表示法。

若 $x = \pm x_1 x_2 \cdots x_{n-1}$，则 $[x]_{原码} = x_0 x_1 x_2 \cdots x_{n-1}$。其中，$x_0$ 为原机器数的符号位，它满足：

$$x_0 = \begin{cases} 0, & x \geqslant 0 \\ 1, & x < 0 \end{cases}$$

3. 反码

$[x]_{原} = 0 x_1 x_2 \cdots x_{n-1}$，则 $[x]_{反} = [x]_{原}$；

$[x]_{原}=1x_1x_2\cdots x_{n-1}$，则$[x]_{反}=1\overline{x_1}\,\overline{x_2}\cdots\overline{x_{n-1}}$。

也就是说，正数的反码与其原码相同（反码=原码），而负数的反码为保持原码的符号位不变，数值位按位取反。

4. 补码

1）补码的引进

以日常生活中经常遇到的钟表“对时”为例来说明补码的概念，假定现在是北京标准时间八时整，而一只表却指向十时整。为了校正此表，可以采用倒拨和顺拨两种方法：倒拨就是反时针减少 2 小时（把倒拨视为减法，相当于 10－2=8），时针指向 8；还可将时针顺拨 10 小时，时针同样也指向 8，把顺拨视为加法，相当于 10＋10=12（自动丢失）＋8=8，这自动丢失的数（12）就叫作模（mod），上述加法称为“按模 12 的加法”，用数学式可表示为

$$10+10=12+8=8(\mathrm{mod}12)$$

因时针转一圈会自动丢失一个数 12，故 10－2 与 10＋10 是等价的，称 10 和－2 对模 12 互补，10 是－2 对模 12 的补码。引进补码概念后，就可将原来的减法 10－2=8 转化为加法 10＋10=12（自动丢失）＋8=8（mod12）。

2）补码的定义

通过上面的例子不难理解计算机中负数的补码表示法。设寄存器（或存储单元）的位数为 n 位，则它能表示的无符号数最大值为 2^n-1，逢 2^n 进 1（即 2^n 自动丢失）。换句话说，在字长为 n 的计算机中，数 2^n 和 0 的表示形式一样。若机器中的数以补码表示，则数的补码以 2^n 为模，即

$$[x]_{补}=2^n+x(\mathrm{mod}2^n)$$

若 x 为正数，则$[x]_{补}=x$；若 x 为负数，则$[x]_{补}=2^n+x=2^n-|x|$。即负数 x 的补码等于模 2^n 加上其真值或减去其真值的绝对值。

在补码表示法中，零只有唯一的表示形式：0000…0。

3）求补码的方法

根据上述介绍可知，正数的补码等于原码。下面介绍负数求补码的三种方法。

（1）根据真值求补码

根据真值求补码就是根据定义求补码，即有

$$[x]_{补}=2^n+x=2^n-|x|$$

即负数的补码等于 2^n（模）加上其真值，或者等于 2^n（模）减去其真值的绝对值。

（2）根据反码求补码（推荐使用方法）

$$[x]_{补}=[x]_{反}+1$$

（3）根据原码求补码

负数的补码等于其反码加 1，这也可理解为负数的补码等于其原码各位（除符号位外）取反并在最低位加 1。如果反码的最低位是 1，它加 1 后就变成 0，并产生向次最低位的进位。如次最低位也为 1，它同样变成 0，并产生向其高位的进位（这相当于在传递进位），这进位一直传递到第 1 个为 0 的位为止，于是可得到这样的转换规律：从反码的最低位起直到第一个为 0 的位以前（包括第一个为 0 的位），一定是 1 变 0，第一个为 0 的位

以后的位都保持不变，由于反码是由原码求得，因此可得从原码求补码的规律为：从原码的最低位开始到第1个为1的位之间（包括此位）的各位均不变，此后各位取反，但符号位保持不变。

特别要指出，在计算机中凡是带符号的数一律用补码表示且符号位参加运算，其运算结果也是用补码表示，若结果的符号位为“0”，则表示结果为正数，此时可以认为它是以原码形式表示的（正数的补码即为原码）；若结果的符号位为“1”，则表示结果为负数。它是以补码形式表示的，若是要用原码来表示该结果，还需要对结果求补（即除符号位外“取反加1”），即

$$[[x]_{补}]_{补}=[x]_{原}$$

附录 6 C51常用头文件与库函数

Appendix 6

1. stdio.h(输入/输出函数)

函数名	函数原型	功　能	返回值	说明
clearerr	void clearerr(FILE * fp);	使fp所指文件的错误,标志和文件结束标志置0	无返回值	
close	int close(int fp);	关闭文件	成功返回0,不成功返回-1	非ANSI标准
creat	int creat(char * filename, int mode);	以mode所指的方向建立文件	成功返回正数,否则返回-1	非ANSI标准
eof	inteof(int fd);	检查文件是否结束	遇文件结束返回1,否则返回0	非ANSI标准
fclose	int fclose(FILE * fp);	关闭fp所指的文件,释放文件缓冲区	有错返回非0,否则返回0	
feof	int feof(FILE * fp);	检查文件是否结束	遇文件结束符返回非零值,否则返回0	
fgetc	int fgetc(FILE * fp);	从fp所指定的文件中取得下一个字符	返回所得到的字符,若读入出错,返回EOF	
fgets	char * fgets(char * buf, int n,FILE * fp);	从fp指向的文件读取一个长度为(n-1)的字符串,存入起始地址为buf的空间	返回地址buf,若遇文件结束或出错,返回NULL	
fopen	FILE * fopen(char * filename,char * mode);	以mode指定的方式打开名为filename的文件	成功返回一个文件指针(文件信息区的起始地址),否则返回0	
fprintf	int fprintf(FILE * fp, char * format,args,...);	把args的值以format指定的格式输出到fp所指定的文件中	返回实际输出的字符数	
fputc	int fputc(char ch,FILE * fp);	将字符ch输出到fp指向的文件中	成功则返回该字符,否则返回非0	
fputs	int fputs(char * str, FILE * fp);	将str指向的字符串输出到fp所指定的文件	返回0,若出错返回非0	

续表

函数名	函数原型	功　能	返回值	说明
fread	int fread(char * pt, unsigned size, unsigned n, FILE * fp);	从fp所指定的文件中读取长度为size的n个数据项,存到pt所指向的内存区	返回所读的数据个数,如遇到文件结束或者出错返回0	
fscanf	int fscanf(FILE * fp, char format, args,…);	从fp指定的文件中按format给定的格式将输入数据送到args所指向的内存单元(args是指针)	返回已输入的个数	
fseek	int fseek(FILE * fp, long offset, int base);	将fp所指向的文件的位置指针移到以base所指出的位置为基准、以offset为位移量的位置	返回当前位置,否则,返回−1	
ftell	long ftell(FILE * fp);	返回fp所指向的文件中的读写位置	成功则返回fp所指向的文件中的读写位置	
fwrite	int fwrite(char * ptr, unsigned size, unsigned n, FILE * fp);	把ptr所指向的n * size个字节输出到fp所指向的文件中	成功则返回写到fp文件中的数据项的个数	
getc	int getc(FILE * fp);	从fp所指向的文件中读入一个字符	成功则返回所读的字符,若文件结束或出错,返回EOF	
getchar	int getchar(void);	从标准输入设备读取下一个字符	成功则返回所读字符,若文件结束或出错,返回−1	
getw	int getw(FILE * fp);	从fp所指向的文件读取下一个字(整数)	成功则返回输入的整数,如文件结束或出错,返回−1	非ANSI标准函数
open	int open(char * filename, int mode);	以mode指出的方式打开已存在的名为filename的文件	成功则返回文件号(正数),如打开失败,返回−1	非ANSI标准函数
printf	int printf(char * format, args,…);	按format指向的格式字符串所规定的格式,将输出表列args的值输出到标准输出设备	成功则返回输出字符的个数,若出错,返回负数。format可以是一个字符串,或字符数组的起始地址	
putc	int putc(int ch, FILE * fp);	把一个字符ch输出到fp所指的文件中	成功则返回输出的字符ch,若出错,返回EOF	
putchar	int putchar(char ch);	把字符ch输出到标准输出设备	成功则返回输出的字符ch,若出错,返回EOF	
puts	int puts(char * str);	把str指向的字符串输出到标准输出设备	成功则返回换行符,若失败,返回EOF	

续表

函数名	函数原型	功　能	返回值	说明
putw	int putw(int w,FILE * fp);	将一个整数 w(即一个字)写到 fp 指向的文件中	返回输出的整数,若出错,返回 EOF	非 ANSI 标准函数
read	int read(int fd,char * buf,unsigned count);	从文件号 fd 所指示的文件中读 count 个字节到由 buf 指示的缓冲区中	返回真正读入的字节个数,如遇文件结束返回 0,出错返回−1	非 ANSI 标准函数
rename	int rename(char * oldname, char * newname);	把由 oldname 所指的文件改名为由 newname 所指的文件名	成功返回 0,出错返回−1	
rewind	void rewind(FILE * fp);	将 fp 指示的文件中的位置指针置于文件开头位置,并清除文件结束标志和错误标志	无返回值	
scanf	int scanf(char * format, args,…);	从标准输入设备按 format 指向的格式字符串所规定的格式,输入数据给 args 所指向的单元,读入并赋给 args 的数据个数。args 为指针	如遇文件结束返回 EOF,出错返回 0	
write	int write(int fd,char * buf,unsigned count);	从 buf 指示的缓冲区输出 count 个字符到 fd 所标志的文件中	返回实际输出的字节数,如出错返回−1	非 ANSI 标准函数

2. math.h(数学函数)

函数名	函数原型	功　能	返回值	说明
abs	int abs(int x);	求整型 x 的绝对值	返回计算结果	
acos	double acos(double x);	计算 cos−1(x)的值,x 应在−1 到 1 范围内	返回计算结果	
asin	double asin(double x);	计算 sin−1(x)的值,x 应在−1 到 1 范围内	返回计算结果	
atan	double atan(double x);	计算 tan−1(x)的值	返回计算结果	
atan2	double atan2(double x, double y);	计算 tan−1/(x/y)的值	返回计算结果	
cos	double cos(double x);	计算 cos(x)的值,x 的单位为弧度	返回计算结果	
cosh	double cosh(double x);	计算 x 的双曲余弦 cosh(x)的值	返回计算结果	
exp	double exp(double x);	求 e^x 的值	返回计算结果	
fabs	duoble fabs(fouble x);	求 x 的绝对值	返回计算结果	

续表

函数名	函数原型	功　能	返回值	说明
floor	double floor(double x);	求出不大于 x 的最大整数	返回该整数的双精度实数	
fmod	double fmod(double x, double y);	求整除 x/y 的余数	返回该余数的双精度	
frexp	double frexp(double x, double * eptr);	把双精度数 val 分解为数字部分(尾数)x 和以 2 为底的指数 n,即 val=x * 2n,n 存放在 eptr 指向的变量中,0.5≤x<1	返回数字部分 x	
log	double log(double x);	求 $\log_e x$,Inx	返回计算结果	
log10	double log10(double x);	求 $\log_{10} x$	返回计算结果	
modf	double modf (double val,double * iptr);	把双精度数 val 分解为整数部分和小数部分,把整数部分存到 iptr 指向的单元	返回 val 的小数部分	
pow	double pow(double x, double * iprt);	计算 xy 的值	返回计算结果	
rand	int rand(void);	产生−90 到 32767 间的随机整数	返回随机整数	
sin	double sin(double x);	计算 sinx 的值,x 单位为弧度	返回计算结果	
sinh	double sinh(double x);	计算 x 的双曲正弦函数 sinh(x)的值	返回计算结果	
sqrt	double sqrt(double x);	计算根号 x,x 应≥0	返回计算结果	
tan	double tan(double x);	计算 tan(x)的值,x 单位为弧度	返回计算结果	
tanh	double tanh(double x);	计算 x 的双曲正切函数 tanh(x)的值	返回计算结果	

3. ctype.h(字符函数)

函数名	函数原型	功　能	返回值	说明
isalnum	int isalnum(int c)	判断字符 c 是否为字母或数字	当 c 为数字 0～9 或字母 a～z 及 A～Z 时,返回非零值,否则返回零	
isalpha	int isalpha(int c)	判断字符 c 是否为英文字母	当 c 为英文字母 a～z 或 A～Z 时,返回非零值,否则返回零	
iscntrl	int iscntrl(int c)	判断字符 c 是否为控制字符	当 c 在 0x00～0x1F 之间或等于 0x7F(DEL)时,返回非零值,否则返回零	

续表

函数名	函数原型	功 能	返回值	说明
isxdigit	int isxdigit(int c)	判断字符 c 是否为十六进制数字	当 c 为 A～F,a～f 或 0～9 之间的十六进制数字时，返回非零值,否则返回零	
isgraph	int isgraph(int c)	判断字符 c 是否为除空格外的可打印字符	当 c 为可打印字符(0x21－0x7e)时,返回非零值,否则返回零	
islower	int islower(int c)	检查 c 是否为小写字母	是,返回 1；不是,返回 0	
isprint	int isprint(int c)	判断字符 c 是否为含空格的可打印字符		
ispunct	int ispunct(int c)	判断字符 c 是否为标点符号。标点符号指那些既不是字母数字,也不是空格的可打印字符	当 c 为标点符号时,返回非零值,否则返回零	
isspace	int isspace(int c)；	判断字符 c 是否为空白符。空白符指空格、水平制表、垂直制表、换页、回车和换行符	当 c 为空白符时,返回非零值,否则返回零	
isupper	int isupper(int c)	判断字符 c 是否为大写英文字母	当 c 为大写英文字母(A～Z)时,返回非零值,否则返回零	
tolower	int tolower(int c)	将字符 c 转换为小写英文字母	如果 c 为大写英文字母,则返回对应的小写字母；否则返回原来的值	
toupper	int toupper(int c)	将字符 c 转换为大写英文字母	如果 c 为小写英文字母,则返回对应的大写字母；否则返回原来的值	
toascii	int toascii(int c)	将字符 c 转换为 ascii 码,toascii 函数将字符 c 的高位清零,仅保留低七位	返回转换后的数值	

4. string. h(字符串函数)

函数名	函数原型	功 能	返回值	说明
memset	void * memset (void * dest,int c,size_t count)	将 dest 前面 count 个字符置为字符 c	返回 dest 的值	
memmove	void * memmove (void * dest,const void * src,size_t count)	从 src 复制 count 字节的字符到 dest。如果 src 和 dest 出现重叠,函数会自动处理	返回 dest 的值	

续表

函数名	函数原型	功　能	返回值	说明
memcpy	void * memcpy(void * dest,const void * src,size_t count)	从 src 复制 count 字节的字符到 dest。与 memmove 功能一样,只是不能处理 src 和 dest 出现重叠	返回 dest 的值	
memchr	void * memchr(const void * buf,int c,size_t count)	在 buf 前面 count 字节中查找首次出现字符 c 的位置。找到了字符 c 或者已经搜寻了 count 个字节,查找即停止	操作成功则返回 buf 中首次出现 c 的位置指针,否则返回 NULL	
memccpy	void * _memccpy(void * dest,const void * src,int c,size_t count)	从 src 复制 0 个或多个字节的字符到 dest。当字符 c 被复制或者 count 个字符被复制时,复制停止	如果字符 c 被复制,函数返回这个字符后面紧挨一个字符位置的指针。否则返回 NULL	
memcmp	int memcmp(const void * buf1, const void * buf2,size_t count)	比较 buf1 和 buf2 前面 count 个字节大小	返回值<0,表示 buf1 小于 buf2; 返回值为 0,表示 buf1 等于 buf2; 返回值>0,表示 buf1 大于 buf2	
memicmp	int memicmp(const void * buf1,const void * buf2,size_t count)	比较 buf1 和 buf2 前面 count 个字节。与 memcmp 不同的是,它不区分大小写	返回值<0,表示 buf1 小于 buf2; 返回值为 0,表示 buf1 等于 buf2; 返回值>0,表示 buf1 大于 buf2	
strlen	size_t strlen(const char * string)	获取字符串长度,字符串结束符 NULL 不计算在内	没有返回值指示操作错误	
strrev	char * strrev(char * string)	将字符串 string 中的字符顺序颠倒过来。NULL 结束符位置不变	返回调整后的字符串的指针	
_strupr	char * _strupr(char * string)	将 string 中所有小写字母替换成相应的大写字母,其他字符保持不变	返回调整后的字符串的指针	
_strlwr	char * _strlwr(char * string)	将 string 中所有大写字母替换成相应的小写字母,其他字符保持不变	返回调整后的字符串的指针	
strchr	char * strchr(const char * string,int c)	查找字符 c 在字符串 string 中首次出现的位置,NULL 结束符也包含在查找中	返回一个指针,指向字符 c 在字符串 string 中首次出现的位置,如果没有找到,则返回 NULL	

续表

函数名	函数原型	功　能	返回值	说明
strrchr	char * strrchr (const char * string,int c)	查找字符c在字符串string中最后一次出现的位置，也就是对string进行反序搜索，包含NULL结束符	返回一个指针，指向字符c在字符串string中最后一次出现的位置，如果没有找到，则返回NULL	
strstr	char * strstr(const char * string,const char * strSearch)	在字符串string中查找strSearch子串	返回子串strSearch在string中首次出现位置的指针。如果没有找到子串strSearch，则返回NULL。如果子串strSearch为空串，函数返回string	
strdup	char * strdup (const char * strSource)	函数运行中会自己调用malloc函数为复制strSource字符串分配存储空间，然后再将strSource复制到分配到的空间中。注意要及时释放这个分配的空间	返回一个指针，指向为复制字符串分配的空间；如果分配空间失败，则返回NULL值	
strcat	char * strcat(char * strDestination，const char * strSource)	将源串strSource添加到目标串strDestination后面，并在得到的新串后面加上NULL结束符。源串strSource的字符会覆盖目标串strDestination后面的结束符NULL。在字符串的复制或添加过程中没有溢出检查，所以要保证目标串空间足够大。不能处理源串与目标串重叠的情况	返回strDestination值	
strncat	char * strncat(char * strDestination，const char * strSource,size_t count)	将源串strSource开始的count个字符添加到目标串strDest后，源串strSource的字符会覆盖目标串strDestination后面的结束符NULL。如果count大于源串长度，则会用源串的长度值替换count值，得到的新串后面会自动加上NULL结束符，与strcat函数一样，本函数不能处理源串与目标串重叠的情况	返回strDestination值	

续表

函数名	函数原型	功 能	返回值	说明
strcpy	char * strcpy(char * strDestination, const char * strSource)	复制源串 strSource 到目标串 strDestination 所指定的位置，包含 NULL 结束符。不能处理源串与目标串重叠的情况	返回 strDestination 值	
strncpy	char * strncpy(char * strDestination, const char * strSource, size_t count)	将源串 strSource 开始的 count 个字符复制到目标串 strDestination 所指定的位置。如果 count 值小于或等于 strSource 串的长度，不会自动添加 NULL 结束符到目标串中，而 count 大于 strSource 串的长度时，则将 strSource 用 NULL 结束符填充补齐 count 个字符，复制到目标串中。不能处理源串与目标串重叠的情况	返回 strDestination 值	
strset	char * strset (char * string, int c)	将 string 串的所有字符设置为字符 c，遇到 NULL 结束符停止	返回内容调整后的 string 指针	
strnset	char * strnset (char * string, int c, size_t count)	将 string 串开始 count 个字符设置为字符 c，如果 count 值大于 string 串的长度，将用 string 的长度替换 count 值	返回内容调整后的 string 指针	
size_t strspn	size_t strspn(const char * string, const char * strCharSet)	查找任何一个不包含在 strCharSet 串中的字符（字符串结束符 NULL 除外）在 string 串中首次出现的位置序号	返回一个整数值，指定在 string 中全部由 characters 中的字符组成的子串的长度，如果 string 以一个不包含在 strCharSet 中的字符开头，函数将返回 0 值	
size_t strcspn	size_t strcspn (const char * string, const char * strCharSet)	查找 strCharSet 串中任何一个字符在 string 串中首次出现的位置序号，包含字符串结束符 NULL	返回一个整数值，指定在 string 中全部由非 characters 中的字符组成的子串的长度，如果 string 以一个包含在 strCharSet 中的字符开头，函数将返回 0 值	

续表

函数名	函数原型	功　能	返回值	说明
strspnp	char * strspnp (const char * string, const char * strCharSet)	查找任何一个不包含在strCharSet串中的字符(字符串结束符NULL除外)在string串中首次出现的位置指针	返回一个指针，指向非strCharSet中的字符在string中首次出现的位置	
strpbrk	char * strpbrk (const char * string, const char * strCharSet)	查找strCharSet串中任何一个字符在string串中首次出现的位置，不包含字符串结束符NULL	返回一个指针，指向strCharSet中任一字符在string中首次出现的位置。如果两个字符串参数不含相同字符，则返回NULL值	
strcmp	int strcmp(const char * string1, const char * string2)	比较字符串string1和string2大小	返回值<0，表示string1小于string2； 返回值为0，表示string1等于string2； 返回值>0，表示string1大于string2	
stricmp	int stricmp (const char * string1, const char * string2)	比较字符串string1和string2大小，和strcmp不同，比较的是它们的小写字母版本	返回值<0，表示string1小于string2； 返回值为0，表示string1等于string2； 返回值>0，表示string1大于string2	
strcmpi	int strcmpi (const char * string1, const char * string2)	等价于stricmp函数		
strncmp	int strncmp (const char * string1, const char * string2, size_t count)	比较字符串string1和string2大小，只比较前面count个字符。比较过程中，任何一个字符串的长度小于count，则count将被较短的字符串的长度取代。此时如果两串前面的字符都相等，则较短的串要小	返回值<0，表示string1的子串小于string2的子串； 返回值为0，表示string1的子串等于string2的子串； 返回值>0，表示string1的子串大于string2的子串	
strnicmp	int strnicmp(const char * string1, const char * string2, size_t count)	比较字符串string1和string2大小，只比较前面count个字符。与strncmp不同的是，比较的是它们的小写字母版本	返回值与strncmp相同	

续表

函数名	函数原型	功　能	返回值	说明
strtok	char * strtok(char * strToken,const char * strDelimit)	在 strToken 串中查找下一个标记，strDelimit 字符集则指定了在当前查找调用中可能遇到的分界符	返回一个指针，指向在 strToken 中找到的下一个标记。如果找不到标记，就返回 NULL 值，每次调用都会修改 strToken 内容，用 NULL 字符替换遇到的每个分界符	

5. malloc. h(或 stdlib. h，或 alloc. h，动态存储分配函数)

函数名	函数原型	功　能	返回值	说明
calloc	void * calloc(unsigned int num, unsigned int size);	按所给数据个数和每个数据所占字节数开辟存储空间	分配内存单元的起始地址，如不成功，返回 0	
free	void free(void * ptr);	将以前开辟的某内存空间释放	无	
malloc	void * malloc(unsigned int size);	开辟指定大小的存储空间	返回该存储区的起始地址，如内存不够返回 0	
realloc	void * realloc(void * ptr, unsigned int size);	重新定义所开辟内存空间的大小	返回指向该内存区的指针	

6. reg51. h(C51 函数)

该头文件对标准 8051 单片机的所有特殊功能寄存器以及可寻址的特殊功能寄存器位进行了地址定义，在 C51 编程中，必须包含该头文件，否则，8051 单片机的特殊功能寄存器符号以及可寻址位符号就不能直接使用了。

7. intrins. h(C51 函数)

函数名	函数原型	功　能	返回值	说明
crol	unsigned char _crol_(unsigned char val,unsigned char n)	将 char 字符循环左移 n 位	char 字符循环左移 n 位后的值	
cror	unsigned char _cror_(unsigned char val,unsigned char n);	将 char 字符循环右移 n 位	char 字符循环右移 n 位后的值	
irol	unsigned int _irol_(unsigned int val, unsigned char n);	将 val 整数循环左移 n 位	val 整数循环左移 n 位后的值	
iror	unsigned int _iror_(unsigned int val, unsigned char n);	将 val 整数循环右移 n 位	val 整数循环右移 n 位后的值	

续表

函数名	函数原型	功　能	返回值	说明
lrol	unsigned int _lrol_(unsigned int val, unsigned char n);	将 val 长整数循环左移 n 位	val 长整数循环左移 n 位后的值	
crol	unsigned char _crol_(unsigned char val, unsigned char n)	将 char 字符循环左移 n 位	char 字符循环左移 n 位后的值	
cror	unsigned char _cror_(unsigned char val, unsigned char n);	将 char 字符循环右移 n 位	char 字符循环右移 n 位后的值	
lror	unsigned int _lror_(unsigned int val, unsigned char n);	将 val 长整数循环右移 n 位	val 长整数循环右移 n 位后的值	
nop	void _nop_(void);	产生一个 NOP 指令	无	
testbit	bit _testbit_(bit x);	产生一个 JBC 指令,该函数测试一个位,如果该位置为 1,则将该位复位为 0。_testbit_只能用于可直接寻址的位;在表达式中使用是不允许的	当 x 为 1 时返回 1,否则返回 0	

Appendix 7

C语言编译常见错误信息一览表

序号	错 误 信 息	错误信息说明
1	Bad call of in-line function	内部函数非法调用,在使用一个宏定义的内部函数时,没能正确调用
2	Irreducable expression tree	不可约表达式树,这种错误指的是文件行中的表达式太复杂,使得代码生成程序无法为它生成代码
3	Register allocation failure	存储器分配失败,这种错误指的是文件行中的表达式太复杂,代码生成程序无法为它生成代码
4	＃operator not followed by maco argument name	＃运算符后没跟宏变量名称,在宏定义中,＃用于标识一宏变串。＃号后必须跟一个宏变量名称
5	'xxxxxx' not an argument	xxxxxx 不是函数参数,在源程序中将该标识符定义为一个函数参数,但此标识符没有在函数中出现
6	Ambiguous symbol 'xxxxxx'	二义性符 xxxxxx,两个或多个结构的某一域名相同,但具有的偏移、类型不同
7	Argument ＃ missing name	参数＃名丢失,参数名已脱离用于定义函数的函数原型。如果函数以原型定义,该函数必须包含所有的参数名
8	Argument list syntax error	参数表出现语法错误,函数调用的参数间必须以逗号隔开,并以一个右括号结束。若源文件中含有一个其后不是逗号也不是右括号的参数,则出错
9	Array bounds missing	数组的界限符"]"丢失,在源文件中定义了一个数组,但此数组没有以下右方括号结束
10	Array size too large	数组太大,定义的数组太大,超过了可用内存空间
11	Assembler statement too long	汇编语句太长:内部汇编语句最长不能超过 480 字节
12	Bad configuration file	配置文件不正确,TURBOC. CFG 配置文件中包含的不是合适命令行选择项的非注解文字。配置文件命令选择项必须以一个短横线开始
13	Bad file name format in include directive	包含指令中文件名格式不正确,包含文件名必须用引号("filename. h")或尖括号(<filename>)括起来,否则将产生本类错误。如果使用了宏,则产生的扩展文本也不正确,因为无引号没办法识别
14	Bad ifdef directive syntax	ifdef 指令语法错误,＃ifdef 必须以单个标识符(只此一个)作为该指令的体

续表

序号	错误信息	错误信息说明
15	Bad ifndef directive syntax	ifndef 指令语法错误，# ifndef 必须以单个标识符（只此一个）作为该指令的体
16	Bad undef directive syntax	undef 指令语法错误，# undef 指令必须以单个标识符（只此一个）作为该指令的体
17	Bad file size syntax	位字段长语法错误，一个位字段长必须是1～16位的常量表达式
18	Call of non-functin	调用未定义函数，正被调用的函数无定义，通常是由于不正确的函数声明或函数名拼错而造成
19	Cannot modify a const object	不能修改一个长量对象，对定义为常量的对象进行不合法操作（如常量赋值）引起本错误
20	Case outside of switch	Case 出现在 switch 外：编译程序发现 Case 语句出现在 switch 语句之外，这类故障通常是由于括号不匹配造成的
21	Case statement missing	Case 语句漏掉，Case 语句必须包含一个以冒号结束的常量表达式，如果漏了冒号或在冒号前多了其他符号，则会出现此类错误
22	Character constant too long	字符常量太长，字符常量的长度通常只能是一个或两个字符长，超过此长度则会出现这种错误
23	Compound statement missing	漏掉复合语句，编译程序扫描到源文件未时，未发现结束符号（大括号），此类故障通常是由于大括号不匹配所致
24	Conflicting type modifiers	类型修饰符冲突：对同一指针，只能指定一种变址修饰符（如 near 或 far）；而对于同一函数，也只能给出一种语言修饰符（如 Cdecl、pascal 或 interrupt）
25	Constant expression required	需要常量表达式，数组的大小必须是常量，本错误通常是由于 # define 常量的拼写错误引起
26	Could not find file 'xxxxxx. xxx'	找不到 xxxxxx. xxx 文件，编译程序找不到命令行上给出的文件
27	Declaration missing	漏掉了说明，当源文件中包含了一个 struct 或 union 域声明，而后面漏掉了分号，则会出现此类错误
28	Declaration needs type or storage class	说明必须给出类型或存储类，正确的变量说明必须指出变量类型，否则会出现此类错误
29	Declaration syntax error	说明出现语法错误，在源文件中，若某个说明丢失了某些符号或输入多余的符号，则会出现此类错误
30	Default outside of switch	Default 语句在 switch 语句外出现，这类错误通常是由于括号不匹配引起的
31	Define directive needs an identifier	Define 指令必须有一个标识符，# define 后面的第一个非空格符必须是一个标识符，若该位置出现其他字符，则会引起此类错误
32	Division by zero	除数为零，当源文件的常量表达式出现除数为零的情况，则会造成此类错误
33	Do statement must have while	do 语句中必须有 While 关键字，若源文件中包含了一个无 While 关键字的 do 语句，则出现本错误

续表

序号	错 误 信 息	错误信息说明
34	Do while statement missing(	do while 语句中漏掉了符号“(”,在 do 语句中,若 while 关键字后无左括号,则出现本错误
35	Do while statement missing;	do while 语句中掉了分号:在 do 语句的条件表达式中,若右括号后面无分号则出现此类错误
36	Duplicate Case	Case 情况不唯一,Switch 语句的每个 case 必须有一个唯一的常量表达式值。否则导致此类错误发生
37	Enum syntax error	Enum 语法错误,若 enum 说明的标识符表格式不对,将会引起此类错误发生
38	Enumeration constant syntax error	枚举常量语法错误,若赋给 enum 类型变量的表达式值不为常量,则会导致此类错误发生
39	Error Directive :xxxx	Error 指令:xxxx,源文件处理#error 指令时,显示该指令指出的信息
40	Error Writing output file	写输出文件错误,这类错误通常是由于磁盘空间已满,无法进行写入操作而造成
41	Expression syntax error	表达式语法错误,本错误通常是由于出现两个连续的操作符,括号不匹配或缺少括号、前一语句漏掉了分号引起的
42	Extra parameter in call	调用 xxxxxxxx 函数时出现了多余参数
43	File name too long	文件名太长,#include 指令给出的文件名太长,致使编译程序无法处理,则会出现此类错误
44	For statement missing)	for 语名缺少“)”,在 for 语句中,如果控制表达式后缺少右括号,则会出现此类错误
45	For statement missing(	for 语句缺少“(”
46	For statement missing;	for 语句缺少“;”
47	Function call missing)	函数调用缺少“)”,如果函数调用的参数表漏掉了右括号或括号不匹配,则会出现此类错误
48	Function definition out of place	函数定义位置错误
49	Function doesn't take a variable number of argument	函数不接收可变的参数个数
50	Goto statement missing label	Goto 语句缺少标号
51	If statement missing	If 语句缺少“(”
52	If statement missing)	If 语句缺少“)”
53	Illegal initalization	非法初始化
54	Illegal octal digit	非法八进制数
55	Illegal pointer subtraction	非法指针相减
56	Illegal structure operation	非法结构操作
57	Illegal use of floating point	浮点运算非法
58	Illegal use of pointer	指针使用非法
59	Improper use of a typedef symbol	typedef 符号使用不当
60	Incompatible storage class	不相容的存储类型

续表

序号	错误信息	错误信息说明
61	Incompatible type conversion	不相容的类型转换
62	Incorrect commadn line argument: xxxxxx	不正确的命令行参数：xxxxxxx
63	Incorrect commadn file argument: xxxxxx	不正确的配置文件参数：xxxxxxx
64	Incorrect number format	不正确的数据格式
65	Incorrect use of default	deflult 不正确使用
66	Initializer syntax error	初始化语法错误
67	Invaild indrection	无效的间接运算
68	Invalid macro argument separator	无效的宏参数分隔符
69	Invalid pointer addition	无效的指针相加
70	Invalid use of dot	点使用错
71	Macro argument syntax error	宏参数语法错误
72	Macro expansion too long	宏扩展太长
73	Mismatch number of parameters in definition	定义中参数个数不匹配
74	Misplaced break	break 位置错误
75	Misplaced continue	位置错
76	Misplaced decimal point	十进制小数点位置错
77	Misplaced else	else 位置错
78	Misplaced else driective	else 指令位置错
79	Misplaced endif directive	endif 指令位置错
80	Must be addressable	必须是可编址的
81	Must take address of memory location	必须是内存一地址
82	No file name ending	无文件终止符
83	No file names given	未给出文件名
84	Non-protable pointer assignment	对不可移植的指针赋值
85	Non-protable pointer comparison	不可移植的指针比较
86	Non-protable return type conversion	不可移植的返回类型转换
87	Not an allowed type	不允许的类型
88	Out of memory	内存不够
89	Pointer required on left side of	操作符左边须是一指针
90	Redeclaration of 'xxxxxx'	xxxxxx 重定义
91	Size of structure or array not known	结构或数组大小不定
92	Statement missing;	语句缺少“;”
93	Structure or union syntax error	结构或联合语法错误
94	Structure size too large	结构太大
95	Subscription missing]	下标缺少“]”
96	Switch statement missing (	switch 语句缺少“(”
97	Switch statement missing)	switch 语句缺少“)”

续表

序号	错 误 信 息	错误信息说明
98	Too few parameters in call	函数调用参数太少
	Too few parameter in call to'xxxxxx'	调用 xxxxxx 时参数太少
99	Too many cases	cases 太多
100	Too many decimal points	十进制小数点太多
101	Too many default cases	defaut 太多
102	Too many exponents	阶码太多
103	Too many initializers	初始化太多
104	Too many storage classes in declaration	说明中存储类型太多
105	Too many types in decleration	说明中类型太多
106	Too much auto memory in function	函数中自动存储太多
107	Too much global define in file	文件中定义的全局数据太多
108	Type mismatch in parameter #	参数#类型不匹配
109	Type mismatch in parameter # in call to 'XXXXXXX'	调用 XXXXXXX 时参数#类型不匹配
110	Type missmatch in parameter 'XXXXXXX'	参数 XXXXXXX 类型不匹配
111	Type mismatch in parameter 'XXXXXXXX' in call to 'YYYYYYYY'	调用 YYYYYYY 时参数 XXXXXXXX 数据类型不匹配
112	Type mismatch in redeclaration of 'XXX'	重定义类型不匹配
113	Unable to creat output file 'XXXXXXXX. XXX'	不能创建输出文件 XXXXXXXX. XXX
114	Unable to create turboc. lnk	不能创建 turboc. lnk
115	Unable to execute command 'xxxxxxxx'	不能执行 xxxxxxxx 命令
116	Unable to open input file 'xxxxxxx. xxx'	不能打开输入文件 xxxxxxxx. xxx
117	Undefined label 'xxxxxxx'	标号 xxxxxxx 未定义
118	Undefined structure 'xxxxxxxxx'	结构 xxxxxxxxxx 未定义
119	Undefined symbol 'xxxxxxx'	符号 xxxxxxxx 未定义
120	Unexpected end of file in comment started on line #	源文件在某个注释中意外结束
121	Unexpected end of file in conditional stated on line #	源文件在#行开始的条件语句中意外结束
122	Unknown preprocessor directive 'xxx'	不认识的预处理指令：xxx
123	Untermimated character constant	未终结的字符常量
124	Unterminated string	未终结的串

续表

序号	错 误 信 息	错误信息说明
125	Unterminated string or character constant	未终结的串或字符常量
126	User break	用户中断
127	Value required	赋值请求
128	While statement missing (	While 语句漏掉“(”
129	While statement missing)	While 语句漏掉“)”
130	Wrong number of arguments in of 'xxxxxxxx'	调用 xxxxxxxx 时参数个数错误

附录 8 Appendix 8

Keil C库函数的制作

目前我们在学习和开发单片机时广泛采用 C 语言进行编程，通常会将一些常用功能函数独立出来，单独存储在一个文件中，扩展名可为“.c”或“.h”，如 LED 数码管显示函数、LCD1602 显示函数等。初学时，为了更直观，更多的是直接在主函数中采用包含的方法，把调用函数所在的文件包含到主函数文件，使用时直接调用即可。

但为了更好地进行管理，采用模块化编程；有时，为了保护自己的劳动成果，保护自己的知识产权，可对自定义的函数进行加密，将自定义的功能函数进行封装，制作属于自己的库函数。下面介绍 Keil C51 的模块化编程与 Keil C51 库函数的制作。

一、Keil C51 的模块化编程

1. 模块化编程思想

模块化编程的主要思想其实就是将我们的程序分为一个个模块来使用，一个模块分为两个部分，一个是功能模块源代码.c 文件，另一个是调用模块的.h 头文件。

2. 模块化编程

下面以 LED 数码管显示为例说明模块化编程的方法。

通用独立的 LED 数码显示函数的文件如附图 8-1 所示，可以存储为“.c”或“.h”格式文件，如 display.c 或 display.h 供主函数文件包含以及调用使用。当采用模块化编程时，就需要分别设计功能模块源代码“.c”文件和相应的声明头文件“.h”。

1) c 源文件的设计

“.c”源文件一般为是函数主体文件，用于实现具体功能，是实现程序功能的源代码。与上述的独立功能文件的格式是一致的，但为了便于后期更好地对 c 源文件代码进行调用以及将功能模块 c 文件封装成库函数，将对上述“.c”源代码做如下处理。

(1) 将涉及到 I/O 引脚的定义抽取出来，放到该 c 文件对应的头文件(display.h)。

(2) 常用的宏定义放到该 c 文件对应的头文件(display.h)。

经过修改的 display.c 如附图 8-2 所示。

可以看到模块化编程的 display.c 的宏定义不见了，将放在该功能函数文件相对应的声明头文件“.h”中，在此为 display.h。

2) h 文件

在编写.h 头文件时需要将“.c”源文件中端口的定义以及一些宏定义放在“.h”文件中，方便之后修改。

```
#include<stcl5.h>
#include<intrins.h>
#define font_PORT  P0                //定义字形码输出端口
#define position_PORT  P2            //定义位控制码输出端口
uchar code  SEG7[]={0x3f,0x06,0x5b,0x4f,0x66,0x6d,0x7d,0x07,0x7f,0x6f,0x77,
                    0x7c,0x39,0x5e,0x79,0x71,0x00,0xbf,0x86,0xdb,0xcf,0xe6,
                    0xed,0xfd,0x87,0xff,0xef };
  //定义"0、1、2、3、4、5、6、7、8、9"，"A、B、C、D、E、F"以及"灭"的字形码
  //定义"0、1、2、3、4、5、6、7、8、9"（含小数点）的字形码
uchar code  Scan_bit[]={0xfe,0xfd,0xfb,0xf7,0xef,0xdf, 0xbf, 0x7f};   //定义扫描位控制码
uchar data  Dis_buf[]={0,16,16,16,16,16,16,16};   //定义显示缓冲区，最低位显示"0"，其它为"灭"
/*————延时函数————*/
void Delaylms()        //@11.0592MHz
{
    unsigned char i, j;
    _nop_();
    _nop_();
    _nop_();
    i = 11;
    j = 190;
    do
    {
      while (--j);
    } while (--i);
}
/*————显示函数————*/
void display(void)
{
    uchar i;
    for(i=0;i<8;i++)
    {
        position_PORT =0xff; font_PORT =SEG7[Dis_buf[i]]; position_PORT = Scan_bit[i]; Delaylms ();
    }
}
```

附图 8-1　LED 数码管显示功能函数文件格式

```
#include <stcl5.h>                   //包含支持IAP15W4K58S4单片机的头文件
#include <intrins.h>
#include<display.h>
uchar code  SEG7[]={0x3f,0x06,0x5b,0x4f,0x66,0x6d,0x7d,0x07,0x7f,
                    0x6f,0x77,0x7c,0x39,0x5e,0x79,0x71,0x00,0xbf,
                    0x86,0xdb,0xcf,0xe6,0xed,0xfd,0x87,0xff,0xef };
  //定义"0、1、2、3、4、5、6、7、8、9"，"A、B、C、D、E、F"以及"灭"的字形码
  //定义"0、1、2、3、4、5、6、7、8、9"（含小数点）的字形码
uchar code  Scan_bit[]={0xfe,0xfd,0xfb,0xf7,0xef,0xdf, 0xbf, 0x7f};   //定义扫描位控制码
uchar data  Dis_buf[]={0,16,16,16,16,16,16,16};   //定义显示缓冲区，最低位显示"0"，其它为"灭"
/*————延时函数————*/
void Delaylms()    //@11.0592MHz
{
    unsigned char i, j;
    _nop_();
    _nop_();
    _nop_();
    i = 11;
    j = 190;
    do
    {
      while (--j);
    } while (--i);
}
/*————显示函数————*/
void display(void)
{
    uchar i;
    for(i=0;i<8;i++)
    {
        position_PORT =0xff; font_PORT =SEG7[Dis_buf[i]]; position_PORT = Scan_bit[i]; Delaylms();
    }
}
```

附图 8-2　模块化编程的 display. c

“. h”文件总的原则是：不该让外界知道的信息不出现在头文件里，而外界调用模块内接口函数或者是接口变量所必需的信息一定要出现在头文件里，否则外界就无法正确调用。因而为了让外部函数或者文件调用我们提供的接口功能，就必须包含我们提供的

这个接口描述文件“.h”文件。同时，我们自身模块也需要包含这份模块头文件，因为其包含了模块源文件中所需要的宏定义或者端口定义。

（1）.h文件的编写格式

首先在头文件编写之前需要预防重复定义，通常使用条件编译命令＃ifndef--＃endif。若要建立声明头文件的“.c”文件的名称是time.c，则其对应的声明头文件的名称为time.h，其编写格式为：

```
#ifndef  TIME_H
#define  TIME_H
…                          //宏定义以及一些端口的定义
                           //函数的外部声明与全局变量定义
#endif
```

其中，＃define FILENAME_H为基本格式，FILENAME_H为头文件名称中字母全部为大写，“.”改为“_”，使用单下划线后紧跟一个H表明是头文件。

（2）display.h文件

display.h对应的声明头文件如附图8-3所示。

```
#ifndef DISPLAY_H
#define DISPLAY_H
#define font_PORT  P0              //定义字形码输出端口
#define position_PORT  P2          //定义位控制码输出端口
#define uchar unsigned char
#define uint  unsigned int
extern void display(void);
extern uchar data  Dis_buf[]; //定义显示缓冲区，最低位显示"0"，其它为"灭"
#endif
```

附图8-3　display.h文件

3）调用模块化文件中的功能函数

（1）在调用主文件中，使用包含命令（＃include）将被调函数文件所在文件（display.c）的声明头文件（display.h）包含进去即可。

（2）利用Keil C集成开发环境进行调试时，除要添加主函数文件以外，还需要将display.h对应的display.c文件添加到工程项目中。

二、Keil C51库函数的制作

模块化编程的“.c”函数，经过调试无误后就可以进行库函数封装了。封装方法如下。

1）移走不需封装的“.c”文件

若要封装LED数码管显示文件（display.c），则除此文件外，其他文件移走，如附图8-4所示。

```
Target 1
  Source Group 1
    display.c
```

附图8-4　保留的封装文件

注意：在封装成库时是可以将多个c文件同时封装成一个库文件的，多个c文件要记得在每个c文件中都必须包含该库的.h头文件。

2）进行Keil设置

在Project→Options for Target→Output的选项页中，选择Crate Library（创建库函数）

功能，并将库文件明修改为与封装文件名相同，或其他指定的名字，具体设置如附图 8-5 所示。完成后，单击 OK 按钮确认。

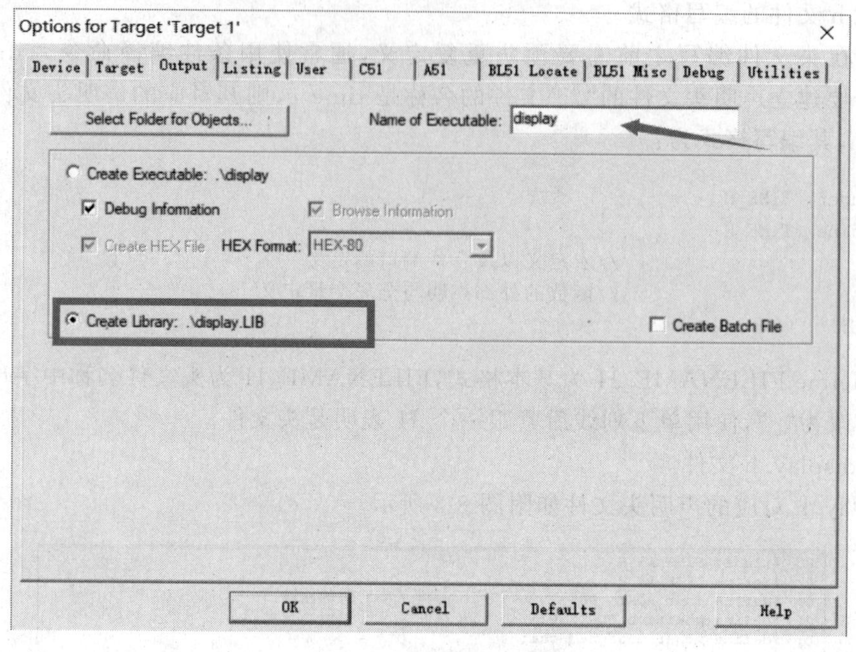

附图 8-5　创建库文件

3）编译

单击“编译”按钮，完成后即可生成库文件。库文件存放在当前的项目文件夹中，其后缀名为. lib。这时，对应的“. c”文件 display. c 就可以删除了。

三、Keil C51 库函数的调用

库函数的调用很简单，一是在调用的主程序文件中用包含命令将库函数对应的声明头文件包含进来；二是将被调用函数[如 display()]的库文件(如 display. lib)添加到工程项目中，在主程序文件中直接调用了。当然原被封装的“. c”文件(display. c)也就不用添加到工程项目中，实际就不需要存在了。

注意：主程序文件编写完成后要编译时，需将 Keil 设置中的 Project→Options for Target→Output 选项页中的选项改过来，选择 Create Executable(创建可执行文件)功能。

参 考 文 献

[1] 宏晶科技. STC15 系列单片机技术手册[Z]. 2014.
[2] 风标电子. Proteus V8 教程[Z]. 2021.
[3] 丁向荣. 单片机应用系统与开发技术项目教程[M]. 北京：清华大学出版社，2017.